지역사회 영양학

장남수 · 강명희 · 정혜경 공저

光文閣

머 리 말

만성퇴행성 질환의 증가와 함께 보건의료 체계의 초점이 질병진료에서 건강증진으로 방향 전환을 하면서 영양개선이 그 중요성을 더해가고 있는 시점에, 수 년 전부터 지역사회 영양학 교과서가 필요하다는 점을 절실히 느끼고 있었으나 원고에 손을 대기 시작한 후 4년이 흘러 이제야 탈고하게 되었다. 지역사회 영양학 책에 대한 구상을 할 때는 철학이 있고 정성이 담긴 완벽한 책을 쓰리라는 각오를 가지고 책 쓰기에 임했지만 막상 원고를 집필하기 시작하니 책을 쓰는 어려움은 더욱 커가기만 하고 터널의 끝은 점점 멀어만 가는 듯 했다 .

지난 4년만 보더라도 우리의 사회와 식품영양 환경에는 많은 변화가 있었다. 경제위기, 북한의 개방 움직임, 인터넷의 확산, 유전자 조작식품, 광우병, 인간 게놈의 DNA 염기 배열 완전 판독 등 각각 그 파급효과가 엄청나게 큰 변화를 많이 보면서 인류 사회의 변화의 속도와 폭이 점점 빨라지고 있음을 실감하고 있다. 이러한 역동적인 환경에서 지역사회 영양학이라는 학문이 태어났던 것을 미루어볼 때 지역사회 영양학의 미래는 앞으로 일어날 우리 사회와 식품영양 환경의 변화를 비교적 정확하게 예측하고 적절히 대처하는 능력에 달려있으리라 생각된다. 이 지역사회 영양학 책이 이 점을 가르쳐주는 책이 되기를 바란다.

우리나라는 1995년 국민건강증진법이 제정 공포된 이래 지역 보건법이 개정되었고 보건소에 전문인력으로 영양사 배치가 의무화되는 법적 제도장치가 마련되기는 했으나 정작 영양사가 배치된 보건소는 전국적으로 몇 군데 되지 않고 그나마 정규직이 아닌 일용직이 대부분이며 수도 서울에는 한 곳도 없는 실정이다. 하루 빨리 보건소마다 지역사회 영양사가 배치되어 이들이 적절한 영양개선 프로그램을 개발하고 수행하여 우리나라 국민의 만성질환을 예방하고 건강 증진을 위해 일할 수 있는 때가 오기를 바란다.

이 책은 현재 대학에서 지역사회 영양학을 가르치고 있고, 지역사회 영양 관련 연구활동이 왕성한 저자들에 의해 쓰여졌다. 뿐만 아니라, 우리 나라와 외국의 지역사회 현장에서 영양 프로그램을 수행한 경험이 있는 필자들에 의해 저술되었다. 저자들은 각각 농촌진흥청 농촌영양개선연수원(현 농촌생활연구소)에서 생활지도관(연구관)으로, 순천향 의대 예방의학과 연구원으로, 예일대와 워싱턴 의대 예방의학과의 영양연구원으로 영양 프로그램 수행과 연구를 수행했던 풍부한 지역사회 현장 경험을 가지고 있다.

이 책은 모두 14장으로 구성되어 있다. 1~4장에는 지역사회 영양학의 개념과 관련 지식, 영양조사 방법, 우리 나라 사람의 건강영양실태에 대하여 서술되어 있고, 5~7장에서는 지역사회 진단방법과 목표 집단의 영양평가, 영양행동의 이론 및 영양프로그램 도구, 영양프로그램의 계획에 대하여 다루었다. 또한 8~11장에서는 임신, 수유, 영유아, 어린이, 청소년, 성인, 노인 등 생활주기와 각종 만성질환별 영양개선 프로그램에 대하여 다루었고, 12~14장에서는 영양행정과 영양정책, 우리 나라의 지역사회 영양프로그램, 세계의 영양문제에 대해 언급하였다.

이 책의 출판을 위해 도움을 준 각 교수 연구실의 대학원생들과 광문각 편집실 직원들, 무엇보다도 오래 참고 기다려주신 박정태 광문각 사장님께 감사드린다.

2001년 2월
저자 일동

차 례

차 례

1

지역사회 영양학의 개념

대한영양사회

제 1 장

지역사회 영양학의 개념

사회 경제 수준이 향상되면서 식생활과 관련이 깊은 만성퇴행성 질환의 중요성이 점차 증대되고 있다. 이에 따라 공중보건에서 영양이 차지하는 비중이 점점 커지고 있고 국가적으로는 만성퇴행성질환 관리에 소요되는 경제적 비용을 감소시키려는 차원에서도 국민의 영양관리에 과감히 투자해야 할 때에 이르렀다. 이 장에서는 공중보건과 지역 사회 영양의 의의와 목적, 건강과 영양과의 관계에 대한 개념, 국가 건강과 영양 목표, 지역사회 영양사의 역할, 자격과 훈련에 관하여 다루어 본다.

1. 공중보건

1) 공중보건의 정의와 목적

공중 보건은 지역사회나 국가가 과학적 지식과 실천 기술을 총체적으로 활용하여 주민이나 국민의 건강을 회복시킬 목적으로 조직된 노력이라고 정의할 수 있다. 공중 보건의 목적은 주어진 시간과 공간에서 가능한 지식과 자원을 효율적으로 이용하여 시민과 지역사회 주민의 신체적, 정신적, 사회적 건강상태를 유지하고 증진시킴으로써 이들의 삶의 질을 개선시키는데 있다.

2) 공중 보건의 시대적 변천

과거에는 자기 몸을 잘못 관리하거나 운이 나빠서 질병에 걸리며, 능력이 없어서 질병을 제대로 치료하지 못해서 병으로 고생한다고 생각했었다. 그러나 1800년대에 이르러, 개인이나 지역주민의 건강 영양상태가 사회경제적 여건과 밀접하게 관련되어 결정되며, 이런 여건을 개선시키기 위해 정부가 공공

기관이나 조직을 통해 질병예방사업을 주도할 필요가 있다는 인식이 확산되면서 공중보건의 개념이 정립되었다.

19세기에는 공중보건의 범위가 식품의 변질 규제, 상수도 정화, 도시 하수처리 시스템의 건설, 결핵, 천연두, 콜레라, 장티푸스 등의 감염성 질환을 통제하는 등 위생문제에 국한되었다. 20세기초만 하더라도 전염병의 만연으로 수 천명, 수 만명이 한꺼번에 죽는 일이 흔했으나 요즘에는 수질과 개인위생, 환경위생 등이 향상되어 이런 일이 드물게 되었다. 그런가 하면 광우병이나 에이즈는 새로운 전염병 질환으로 우리를 위협하고 있다. 20세기말에 이르러서는 심혈관계질환이나 뇌혈관질환, 관절염, 당뇨병, 치매 등 만성퇴행성 질환이 개발국의 사망 원인이나 질병의 주요 원인으로 대두되었으며 그로 인해 삶의 질이 떨어지고 있다.

우리 나라의 경우, 과거에 비해 공중위생상태가 많이 향상되기는 했으나 아직도 식품변질 범죄가 발생하고, 여름철에 세균성 이질로 인한 식중독 사고가 빈번하게 발생하고 있다. 이를 보면 공중 보건 측면에서 아직도 19세기적인 공중 보건 위생 수준을 벗어나지 못하고 있는 것으로 보인다. 그런가 하면 1980년대 이후에 우리 나라의 주요 사망원인으로 관상심장질환, 뇌혈관 질환, 암 등 만성 퇴행성 질환이 대두되고 있는 추세에 있다. 이에 따라 1990년대 중반 이후부터 공중 보건의 초점이 전염병을 예방하기 위한 예방접종사업에서 벗어나 만성퇴행성 질환을 예방하고 건강증진을 도모하는 건강 관리 사업으로 전향되기에 이르렀다. 이는 마치 우리 나라의 영양상태 수준에 영양 결핍과 영양 과잉의 양극화 현상이 공존하고 있는 것과 같다.

2. 건강관리와 영양

1) 건강의 개념

사람은 누구나 일생동안 건강하게 살기를 원한다. 건강하다는 것은 무엇인가? 건강하게 살아간다는 것은 단순히 질병이 없는 상태를 의미하는 것이 아니라 우리가 가진 잠재력을 충분히 발휘해서 보람되고 행복한 삶을 살아간다는 것을 말한다. 진정한 의미의 건강한 사람은 신체적, 정신적, 사회적 건강이 조화를 이루고 있는 상태에서 일하고, 다른 사람과 즐겁게 지낼 수 있는 사람을 말한다.

표 1-1 건강 상태의 결정 요인

생물학적	생활양식	개인사회환경	지역 사회 환경	제반환경
성별 인종 나이 그 외 유전적 인자	신체활동 식생활 취미 여가활동 약물사용유무: • 흡연 • 술 • 치료약 • 마약 종교 안전습관 (안전 벨트, 손목이나 무릎 보호대 등) 자가 치료 스트레스 관리법	주거 교육 직업 소득 사회적 연계망 (가족, 친구, 동료 등) 사회경제적 지표	기후와 지리 급수 주거형태와 환경 진료시설의 수와 형태 보건 의료 서비스 사회 복지 주요 산업 정치적 구조 보건 관련 지역 기구와 단체 식료품 가게의 수, 형태와 위치 여가 시설 교통체계	국가 식량 및 영양 정책 국가 최저 임금 문화적 신념 문화적 가치 광고 대중매체 식품유통체계

Source: Adapted from Boyle MA and Morris DH, Community Nutrition in Action An Entrepreneurial Approach, 2nd ed., Wadsworth Publishing Company(1999): 9

2) 건강 상태를 결정짓는 요인

지역 주민이나 국민의 건강상태는 표 1-1과 같이 유전, 환경, 보건의료 시스템, 생활양식에 의해 좌우된다. 이중에서 식습관, 운동, 흡연, 음주 등의 생활습관이 건강상태를 결정짓는데 50% 이상의 영향력을 가지는 것으로 보고 있다. 실제로 하바드 대학에서 수행된 간호사 건강연구(Nurses' Health Study) 결과에 의하면 관상심장질환의 발생에 식습관, 운동, 흡연, 음주 등 생활습관이 기여하는 정도가 82%나 되는 것으로 최근에 보고되었다.

식습관이나 영양상태가 질병의 발생이나 사망과 깊이 관련되어 있다는 것은 1960년 이후에 본격적으로 논의되기 시작했다. 유럽과 미국 등 개발국에서는 비만, 심순환계 질환, 당뇨병, 암 등 식생활과 관련이 깊은 만성퇴행성 질환이 의료비 부담을 가중시키는 사회문제로 대두되었다. 그후 식사목표, 식사지침 등을 제정하여 국민들에게 이를 따르도록 하면서 만성퇴행성 질환을 관리하려는 노력을 기울여 왔다.

3) 건강 관리

우리의 건강상태는 삶의 모든 면, 즉 신체 뿐 아니라 감정, 생각, 태도 등에 따라 달라진다. 또 주위 환경, 즉 맑은 공기나 깨끗한 물, 가족과 친구, 일상생활에 얻는 즐거움과 만족, 다른 사람들과의 원만한 대인관계에 의해서도 영향을 받는다. 건강상태를 유지하기 위해서는 건강을 지키기 위한 자기 노력이 필요하다. 규칙적인 운동을 하거나, 스트레스를 해소하거나, 좋은 식습관을 실천하는 등 생활양식을 개선하면서 건강을 유지시키려는 노력이 필요하다.

4) 건강 증진

건강 증진은 건강 잠재력을 보호하고 유지하며 개선시키기 위하여 들이는 모든 노력을 의미하며 그 결과 건강의 균형을 유지하는 것이라고 정의할 수 있다. 건강 증진은 최적 건강상태에 도달하도록 사람들의 생활 양식을 변화시키는 과학과 기술이며, 사람의 행동을 변화시키는데 초점을 맞추고 있다.

건강증진활동의 범위는 매우 포괄적이고 광범위하다. 예를 들면, 올바른 식생활, 규칙적인 운동, 적절한 휴식, 긴장을 해소시키기 위한 여가시간이나 취미생활, 가족이나 친구와의 유대관계 강화 등이 건강증진 활동에 속한다.

건강 증진활동이 바라는 결과는 바로 행동의 변화이다. 흔히 건강증진활동을 중재라고 부르기도 하며 이 활동은 목표 집단을 겨냥하고 있다. 개선이나 중재는 건강증진과 질병예방을 꾀하기 위하여 이미 있는 목표 집단의 행동 관련 조건들을 바꾸는 일을 계획하는 일이다.

5) 중재의 수준과 종류

건강 증진을 위한 중재에는 3가지 수준이 있는데, 첫째, 건강 문제에 대한 인식을 기르는 일, 둘째, 생활 방식을 바꾸는 일, 셋째, 행동변화를 조장하기 위해 환경을 조성하는 일이다.

중재의 대상으로는 중재의 수준에 상관없이 가족, 학교, 직장, 병원에 있는 개인이나 집단, 직장, 교회, 바둑클럽 등 사회적 유대관계로 묶여있는 사람들, 지역사회나 조직 전체, 혹은 시, 도, 군의 주민, 국가의 국민을 목표 집단으로 삼을 수 있다.

중재의 종류는 모유 수유를 권장하는 브로셔를 배포하는 간단한 일에서부터 많은 경비를 들여서 만화영화를 제작하여 텔레비젼 방송을 통해 전 국민에게 저염식이를 권장하는 공익광고 만화영화를 방영하는 복잡한 일에 이르기까지 매우 다양하다.

6) 질병의 예방 수준

질병 예방의 접근방법은 1차, 2차, 3차 단계로 분류되며 다음과 같이 단계에 따라 예방의 수준이 달라진다.

① 1차 예방

1차 예방은 건강을 해치거나 질병을 발생시키는 원인을 직접 차단시키는 것이다. 여기서는 질병 발생과 관련되는 것으로 알려진 위험요인을 조절하는 차원에서 예방하려는 노력을 기울인다. 영양 상태를 개선 하는일, 신체 건강이나, 정서적 안녕을 도모하는 일, 예방 접종을 시행하는 일, 유해환경문제를 개선하는일 등이 1차 예방에 속한다. 결식 아동에게 식사를 제공하는 일 역시 1차 예방에 속한다.

② 2차 예방

건강 검진이나 스크리닝을 통해 질병을 조기 발견하면서 질병을 통제하려는 것을 2차 예방이라 한다. 대형 쇼핑센터나 건강 박람회장에서 혈압을 측정해 주면서 고혈압 환자를 선별하는 것은 2차 예방에 속하는 활동이다. 이렇게 해서 나타난 고혈압 환자를 의사에게 의뢰하여 신속한 처치를 받게 해주면 질

그림 1-1 건강의 연속성과 질병예방의 수준

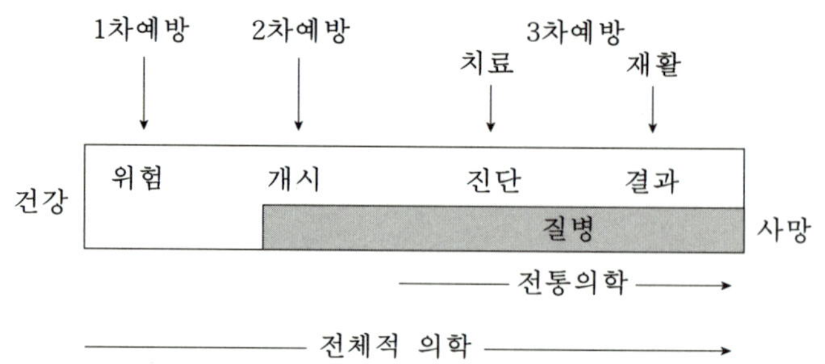

Source: Adapted from Boyle MA and Morris DH, Community Nutrition in Action An Entrepreneurial Approach, 2nd ed., Wadsworth Publishing Company(1999): 8

병의 기간을 단축시키거나 질병의 발병을 지연시킬 수 있다.

③ 3차 예방

3차 예방은 이미 질병에 걸린 사람들을 치료하고 회복시키는데 목표를 두고 있다. 건강 손상을 최소화시키고 질병으로 인한 합병증을 감소시키려는 목적도 있다. 당뇨병 신환자들을 대상으로 식사요법이나 합병증에 관해 교육시키는 일은 3차 예방에 속한다.

건강의 연속성과 질병 예방의 수준에 대한 그림은 그림 1-1에 있다.

7) 건강 목표

건강과 영양상태를 증진시키거나, 삶의 질을 향상시키려는 과업에의 도전은 상당히 복잡하고 어려운 일이다. 1978년 세계보건기구와 국제연합아동기금의 보건 관리에 관한 연합회에서는 세계 모든 사람의 건강을 보호하고 증진시키는 일을 목적으로 설정한 바 있다. 이러한 원대한 목적의 하위 수준의 목표로는 개인과 사회의 건강에 영향을 미치는 신체적, 생물학적, 사회적, 행동적 요인을 이해하는 일과 인간 행동을 바꾸는 일이다.

(1) 유럽연합

국가마다 자국민들을 위한 건강목표가 다르게 마련이다. 유럽연합에서는 건강에 대한 선행조건으로 다음과 같은 4가지 사항을 내세웠다.

- 건강에 가장 큰 위협요인인 전쟁의 위험으로부터의 자유
- 모든 사람에게 평등한 기회제공
- 식량, 깨끗한 식수, 위생, 안락한 주거환경, 교육 수준 등 기본 욕구 충족
- 괜찮은 직장과 사회에서 유용한 역할 수행

(2) 미국

- 건강한 국민 2000(Healthy People 2000)의 건강목표

미국에서는 국민의 건강 삶 수명 연장, 국민들 사이에 있는 건강 격차 감소, 모든 국민의 예방서비스 수혜 등 3가지 궁극적인 목적을 설정하고 표 1-3과 같은 '건강한 국민 2000(Healthy People 2000)'의 세부목표 22개를 세웠다. 건강한 국민 2000에는 건강증진, 건강보호, 예방서비스, 감시와 자료체계 등 4분야의 목표가 있고, 연령고려 목표가 따로 있다. 건강증진에 속하는 목표로는 운동과 체력단련, 영양, 흡연, 약물남용, 가족계획, 정신건강과 정신 장애, 폭력

표 1-2 유럽 연합의 2000년 영양 목표 및 대책

분 류	영양 목표 및 대책
현황 (유럽지역의 영양 문제)	· 지방섭취와 당분섭취의 과다 · 섬유소 섭취의 부족 · 요오드 부족지역의 상존 · 가임여성의 철결핍성 빈혈 · 영양의 불균형이 식사에 대한 지식의 부족에서 비롯되며 광고가 이를 조장함. · 음식점과 패스트푸드점에서의 메뉴선택의 영향이 커짐
목표	· 식이지침과 권장량에 합당한 건강한 식이패턴의 실천 [관련지표] -총에너지 섭취량 중 지방과 단백질의 비율 -체중 2500g 이상의 신생아 비율 -바람직한 연령 대비 체중 또는 신장 대비 체중을 가진 아동 비율 -성별, 연령별 BMI 30 이상의 인구비율 · 식품의 안전성 확보를 위한 품질관리와 유해물질 및 미생물오염에 대한 감시의 강화
추진전략	· 식품생산업자와 판매자의 협조하에 건강한 식습관을 위한 캠페인 및 영양교육의 공동 실시를 통해 실천적 환경 조성 · 증가하는 외식 - 단체급식, 외식, 주문식 등-에 대한 특별한 고려 · 식품표시제도 도입에 의한 소비자에 대한 정보제공을 통하여 건강한 식품선택의 지지환경 조성 · 학교보건교육과 학교급식 서비스의 확대로 장래 성인에 대한 효과적인 식습관 형성 도모 · 직장내 급식서비스와 영양교육 · 식사문제를 가진 사람들의 자조 그룹(self-help group) 형성 지원 · (특히 동구 및 중부 유럽지역의) 식품의 안전성과 영양의 확보를 위한 모니터링과 식중독관리 및 역학조사

출처 : 김혜련(1996)에서 재인용

적 행동, 교육과 지역사회기반 프로그램 등이 있다. 건강보호 관련 목표로는 사고, 직업 안전과 보건, 환경보건, 식품과 의약품 안전, 구강 보건이 있다. 예방서비스에는 모자보건, 심장질환과 뇌졸중, 암, 당뇨병과 만성질환, HIV 감염, 성병, 예방접종과 감염성 질환, 임상예방서비스가 있다. 감시와 자료 시스템 목표는 대중의 건강상태를 이해하고 예방프로그램을 계획하는데 활용될 수

표 1-3 미국의 건강 목표 Healthy people 2000

분 류	건강목표
건강증진	1. 운동과 체력단련 2. 영양 3. 담배 4. 약물남용: 술과 다른 약물 5. 가족 계획 6. 정신 건강과 정신 질환 7. 폭력, 학대 행동 8. 교육과 지역사회 기반 프로그램
건강 보호	9. 불의의 사고, 상처. 10. 산업 안전 및 보건 11. 환경 보건 12. 식품과 의약품 안전 13. 구강 보건
예방 서비스	14. 모자보건 15. 심장병과 뇌졸중 16. 암 17. 당뇨병과 만성질환 18. HIV감염 19. 성병 20. 예방접종 및 감염성 질환 21. 임상 예방 서비스
감시와 자료시스템	22. 감시와 자료 시스템
연령 관련 대상	아동 사춘기 청소년 성인 노인

Source : U. S. Department of Health and Human Services, Public Health Service, Healthy People 2000 : National Health Promotion and Disease Prevention Objectives(Washingtion, D. C. : U. S. Government Printing Office, 1990), P.7

있도록 보건건강자료를 체계적으로 수집, 분석, 해석, 배포하는데 있다.

• 건강한 국민 2010(Healthy People 2010)의 건강목표

미국에서는 2000년 1월 25일에 2010년의 국민건강목표(Healthy People 2010)를 설정해서 공포하였다. ①'건강 삶의 질 향상과 햇수의 증가(increase in quality and year of healthy life)', ②'건강상태에 있어서 인종이나 종족간의 격

차 해소(eliminate health disparity)'라는 2가지 목적하에 10가지 주요건강지표 분야를 설정하고 28개의 중점분야를 정했으며 그 아래 467개의 세부목표를 정하였다. 새로운 건강목표 중 식생활이나 영양관련 항목으로는 10가지 주요건강지표 분야중에 하나로 '과체중과 비만' 분야가 있다. 28가지 중점 분야 중에는 19번째로 '영양과 과체중(Nutrition and Overweight)'라는 분야가 있으며 그 밑에는 체중상태와 성장, 식품과 영양소 섭취, 철결핍과 빈혈, 학교와 직장내 영양상담, 식품 안보 등 5가지 세부분야에 걸친 18개의 세부목표가 설정되어 있다. 표 1-4에는 Healthy People 2010의 10가지 주요건강지표 분야와 28가지 중점 분야, 표 1-6에는 "영양과 과체중 분야"의 목적과 세부 목표가 나타나 있다.

(3) 한국

우리 나라는 2002년 12월 현재 건강수명 66.0세를 2010년에 75.1세로 향상시킬 것을 목표로 국민건강증진종합계획(Health plan 2010)를 발표하였다. 표 1-5에는 각 부문별 목표가 있고, 그림 1-2에는 추진전략이, 표 1-7에는 금연·절주·운동·영양개선 등 범국민건강생활 실천 분야의 영양개선 분야의 세부 추진 계획에 관한 내용이 나타나 있다.

그림 1-2 추진 전략

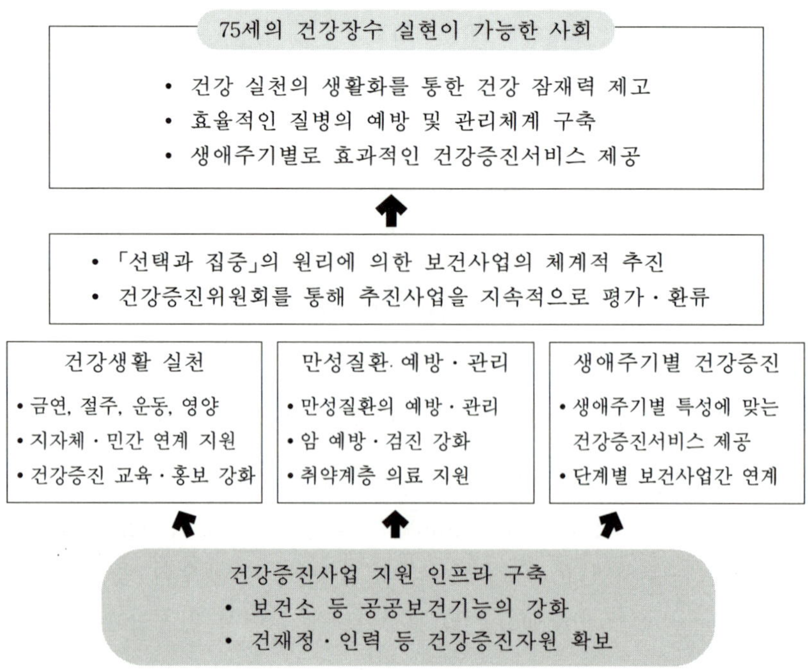

표 1-4 Healthy people 2010 10가지 주요 건강 지표 분야와 28가지 중점분야

주요 건강지표	1. 운동 2. 과체중과 비만 3. 흡연 4. 약물남용 5. 성행동 6. 정신건강 7. 사고 및 폭력 8. 환경의 질 9. 예방접종 10. 보건 의료의 이용
중점분야	1. 양질의 의료 서비스 이용 2. 류마치스, 골다공증, 만성척추질환 3. 암 4. 만성신장질환 5. 당뇨 6. 지체 장애 7. 지역 사회 기반의 교육 프로그램 8. 환경 보건 9. 가족 계획 10. 식품 안전 11. 보건 의사소통 12. 심장병과 뇌졸증 13. HIV 14. 예방접종 및 감염성 질환 15. 사고 및 폭력 예방 16. 모자보건 17. 의료품 안전 18. 정신 보건 및 정신 장애 19. 영양과 과체중 20. 직업 안전 및 보건 21. 구강 보건 22. 운동 및 체력 단련 23. 공중보건의 기반 사항 24. 호흡기 질환 25. 성병 26. 약물남용 27. 흡연 28. 시각과 청각

표 1-5 국민건강증진 종합계획(Health Plan 2010) 부문별 목표

구분		목 표			
건강생활 실천	금연	성인 흡연율	남자 여자	67.8% 4.6%	30% 4%
		청소년 흡연율	고3 남학생 고3 여학생	37.9% 10.5%	5% 2%
	절주	1인당 알코올 소비량 청소년 음주비율		8.7 l 21.0%	7 l 5.0%
	운동	규칙적 운동실천율 (주 3회 이상, 20세 이상)		8.6%	17.2%
	영양	권장 영양소 섭취 인구 비율		30%	50%
		적정체중(18.5≤신체질량지수<25)인구 비율 ※ 신체질량지수(BMI) : 체중(kg)÷신장(m)^2		68.7%	75%
정신보건	정신질환 유병률(알코올 사용장애 포함) 정신질환 치료율 자살 사망률(10만명당) 스트레스 인지율(100명당)			14.4% 2.7% 19.9명 36.7명	10% 3.2% 15.9명 32.7명
구강보건	현존 자연치아 수(65~74세)			17.0개	19개
	치아우식(충치)	5세 우식경험 지수 12세 우식경험 지수		5.5개 3.3개	5.0개 2.8개
모자보건	모성 사망비(10만명당) 영아 사망률(1,000명당) 유배우 부인 인공임신중절율 제왕절개 분만율			20명 7.7명 24.6% 37.7%	12명 5.4명 10% 20%
만성질환 관리	당뇨병 사망률(10만명당)			22.0명	19.0명
	고혈압 유병률(100명당)		남 자 여 자	26.6명 27.9명	19.7명 20.7명
	뇌혈관질환 유병률(1,000명당)		남 자 여 자	9.5명 12.5명	9.0명 11.9명
	허혈성심장질환 유병률(1,000명당)		남 자 여 자	18.0명 10.0명	19.5명 10.9명
	관절염 유병률(1,000명당)		남 자 여 자	5.5명 15.7명	5.5명 16.0명
암관리	조기 검진율	자궁경부암 유방암 위암		33.9% 13.9% 10.9%	50% 25% 20%
	암사망률(10만명당)	위암	남 자 여 자	31.3명 17.2명	20.0명 14.0명
		간암	남 자 여 자	32.5명 10.0명	20.0명 6.0명

표 1-5 국민건강증진 종합계획(Health Plan 2010) 부문별 목표 (계속)

구분		목 표			
암관리	암사망률 (10만명당)	성인 흡연율	남자 여자	67.8% 4.6%	30% 4%
		유방암 자궁암		37.9% 10.5%	5% 2%

표 1-6 Healthy People 2010 영양과 과체중분야의 목적과 세부목표

목 적	세부목표
건강을 증진시키고 식생활이나 체중과 관련된 만성질환을 감소시킨다.	체중상태와 성장 19-1 성인의 건강한 체중 19-2 성인의 비만 19-3 아동과 사춘기의 과체중과 비만 19-4 아동의 성장 부진
	식품과 영양소 섭취 19-5 과일 섭취량 19-6 채소 섭취량 19-7 곡류 섭취량 19-8 포화 지방산 섭취량 19-9 총지방 섭취량 19-10 나트륨 섭취량 19-11 칼슘 섭취량
	철 결핍과 빈혈 19-12 아동과 가임 여성의 철 결핍 19-13 저소득층 임신부의 빈혈 19-14 임신부 철 결핍
	학교와 직장내 영양상담 19-15 학교에서의 식사와 간식 19-16 직장에서의 영양교육과 체중관리 19-17 질병을 위한 영양 상담
	식품안보 19-18 식품안보

표 1-7 금연 · 절주 · 운동 · 영양개선 등 범국민 건강생활 실천 분야

영양개선분야의 세부 추진계획
• 비만 개선 및 당뇨 · 고혈압 예방을 위한 식이지침 개발 · 보급 • 사회복지시설, 영유아 보육시설 대상 영양관리서비스 제공 • 가공식품에 대한 영양표시제 도입 • TV 등 대중매체와 인터넷을 이용한 홍보 및 영양정보 제공

3. 지역사회와 지역사회 영양사

1) 지역사회의 정의와 목적

(1) 지역사회의 정의

일반적으로 지역사회란 지리적으로 위치가 같은 곳에 모여 사는 사람들의 집단을 말한다. 하지만 지역사회 영양사에게 지역사회란 단순히 같은 동, 구, 시, 도 등 동일한 행정지역에 사는 사람들의 집단 뿐 아니라 같은 직장, 학교, 앓고 있는 질병, 연령이나 생리적 특성, 직업과 소득 수준 등 지리적, 사회적, 인구학적, 생리적, 병리적 환경 등이 같은 사람들의 집단을 의미한다. 예를 들면 경기도 수원시 장안구 구민, 이화여대 부속 초등학교 학생들, 당뇨병 환자 집단, 5세 미만의 영유아 집단, 모유 수유를 하는 수유부들의 모임, 홀로 사는 노인 집단, 장애인 복지시설 거주자 집단 등 지역사회 영양사는 매우 다양한 집단을 대상으로 사업을 한다.

(2) 지역사회 영양학의 목적

지역사회 영양학의 목적은 영양학의 과학적 이론을 지역사회에 적용하여 지역사회 구성원의 건강증진을 통해 삶의 질을 향상시키는데 있다. 지역사회 영양학에서는 영양과 관련된 모든 문제를 종합적으로 다루면서 개인은 물론 지역사회라는 집단의 영양상태를 향상시켜서 그들의 건강과 복지를 증진시키는 일을 하고자 한다.

(3) 지역사회 영양학의 의의와 중요성

과학 기술의 발달로 국민의 평균 수명이 점차 증가하며 노동력의 고령화가 중요한 국가 문제로 제기되고 있다. 환경 오염은 식생활 환경을 오염시키며, 이는 국가간의 식량 무역활동의 증가, 다량 급식화 등의 추세와 더불어 식품을 통한 건강 저해의 위험성을 증가시키고 있다.

산업사회와 정보사회에서는 건강한 인력 수급이 국력 증강의 기본이 되며 국민의 건강 증진과 체력의 증강을 위한 기본 바탕으로서 국민 영양 문제가 크게 중요해진다. 영양 결핍이나 영양 과잉 등으로 영양 상태가 불량하면 건강이 나빠지기 쉬우며 작업능력이나 일을 하고자 하는 욕구와 태도에도 악영향을 미쳐서 생산성이 떨어지고 궁극적으로는 국가 경쟁력에까지 손상이 갈 수 있다.

지역사회 영양학은 사회와 국가의 요구에 부응하여 과거의 정적 영양학에서

1-1 지역사회 영양 활동을 했던 영양학자

• Joseph Goldberger :

옥수수 경작기술의 발달과 수확량의 증가로 옥수수를 주요 곡물로 소비했던 18세기에서 19세기 중반에 유럽과 북미 대륙에는 심한 피부염, 설사, 정신 이상 등의 증세를 수반하는 펠라그라 환자가 많았으며 정신 병원에 입원한 환자의 1/3 이 펠라그라 환자로 진단받았을 만큼 펠라그라가 만연하였다. Dr. Goldberger는 미국 보건성 (Public Health Service)의 우두머리로 그 당시 미국 남부에 만연했던 펠라그라 퇴치사업의 총 지휘자였다. 그는 펠라그라가 만연하던 지역을 방문 조사하여 펠라그라의 원인을 찾아내기 위하여 환자의 혈액을 자신에게 수혈하기도 하였고, 환자의 피부 각질과 배설물을 캡슐에 넣어 복용하기도 하여 이 질병이 전염성 질환이 아니라는 사실을 밝혀냈다. 그는 계속적으로 펠라그라의 원인을 추적하여 펠라그라가 옥수수를 주식으로 하면서 고기와 우유를 먹지 못해서 나타나는 영양 결핍증이라는 것을 밝혀냈다. Joseph Goldberger가 이끄는 팀의 펠라그라 퇴치를 위한 열정과 헌신이 매우 지대하였던 까닭에 '펠라그라 기갑대대' 라는 별명이 붙었을 정도였다. 그 후 펠라그라가 옥수수에 부족한 나이아신 비타민의 결핍으로 인해 발생된다는 것이 밝혀졌으며 최근에는 식량 부족상태가 심한 북한, 중국의 도서지역, 아프리가 등 영양 불량이 극심한 몇몇 지역을 제외하고는 펠라그라 환자를 찾아보기 어려울 정도로 지구상에서 펠라그라가 퇴치되었다.

• Cecily Williams

영국인 여의사로서 아프리카 가나에서 의료활동을 했던 Dr. Williams는 아프리카 어린이에게 만연했던 kwashiokor라는 단백질 영양장애를 전 세계에 보고하였다. Kwashiokor는 제 1과 2 사이를 의미하는 말로서 다음 아기 임신으로 인해 모유가 나오지 않는데도 적절한 이유식이 없이 곡류, 전분, 감자류, 플란테인 (plantain) 등으로 만든 멀건 미음을 먹고 자라는 아기에게 나타나는 영양 부족증을 말한다. 이러한 아기들은 식욕 부진, 부종, 설사, 피부염, 지방간, 근육 소모, 정신 장애 등의 증세를 보이다가 사망하였다. Williams는 이 병의 원인이 단백질 부족이라고 밝히고 어린 아기들에게 단백질을 보충시키기 위하여 대두, 땅콩, 종실류 등을 먹이도록 어머니들을 지도하였으며 기타 다른 부문에 대한 육아 영양과 위생교육을 시키는 등 헌신적인 활동을 하여 그 지역 사회의 영양상태를 증진시키는데 큰 공헌을 하였다. 뿐만 아니라 이러한 문제를 전 세계에 알려서 세계보건기구가 이들 나라에 식량 지원, 농업개발 원조 사업 등 구제 사업을 하도록 독려하였다. 또한 영유아의 단백질과 아미노산 영양의 중요성에 대한 학문적 연구를 추진시킨 점도 Williams의 헌신적인 지역사회 영양활동의 산물이라 할 수 있다.

• Jelliffe

영국 태생의 의사로서 남아프리카 공화국에서 의술활동을 폈던 Jelliffe는 지역 주민에게 모유 수유의 중요성을 깨우치면서 지역사회 영양활동을 폈던 사람이다. 한 때 어떤 조제유 제조회사가 아프리카 사람들에게 조제유가 모유보다 아기에게 좋은 영양을 공급한다고 광고하면서 자사 제품 판매에 급급하였을 때 Jelliffe는 깨끗한 물을 확보하기 어려운 아프리카에서 조제유 때문에 아기들이 설사, 구토 등 소화기계 질환에 시달리며 결국 영아 사망률을 높인다는 것을 전세계에 알리고, 아프리카 어머니들에게 모유 수유를 하도록 적극적으로 권장하였다.

부터 사회 속으로 뛰어드는 능동적인 영양학으로서 국민 영양 상태 향상에 기여하는데 의의가 있다. 정보마당 1-1에는 지역사회 영양가의 활동사례가 소개되어 있다.

2) 지역사회 영양학의 역사

2차 세계대전 후 FAO/WHO/UNICEF 등 UN 산하기구들은 세계 곳곳에 빈곤과 영양불량 문제를 해결하기 위해 응용영양사업을 범세계적으로 펼치기 시작하였다. 이에 따라 영양을 사회, 경제, 환경, 심리, 문화적 요인과 통합시킬 필요성이 제기되어 응용영양학(Applied nutrition)이라는 이름으로 교과과정이 개설되었다. 우리 나라에서는 6·25 이후 서양 문화가 확산 발전되면서 영양학이 도입되었고 1950년대 후반부터는 가정과 출신의 이학사를 영양사로 지칭하여 영양 전문가의 책임하에 병원 급식이 시작되었다. 그후 대량 급식의 안전성 문제가 중요시 되어 1962년 영양사에 관한 법규가 포함된 식품 위생법이 제정 공포되었다. 1963년에 보건사회부령 제112호에 영양사에 관한 시행규칙이 공포되면서 영양사의 자격 요건이 규정되었다.

최근들어 한국의 질병양상이 전염성 질환에서 차츰 만성 퇴행성 질환으로 이행되면서 질병의 예방에 중점을 두게 되었고 1992년 영양사의 업무 영역이 포함된 보건소법이 마련되었다. 1995년 국민 건강 증진법이 제정 공포되고 1995년 지역보건법이 제정되어 보건소 영양사 배치 의무화와 영양사의 업무를 지정하고 있으므로 지역사회 영양사의 업무 영역에 대한 법적 근거가 마련되었다. 이러한 법적 근거를 바탕으로 앞으로 지역사회 영양 사업이 확대될 것이다.

3) 지역사회 영양학의 역동성

지역사회 영양사는 지역의 영양상태에 영향을 미치는 요인을 파악하고 그 경향을 분석하여 현재 드러난 문제 뿐 아니라 장래에 닥칠 문제에도 유연하게 대처하여 적절한 대책을 세우는 능력이 필요하다. 따라서 지역 주민의 영양과 건강 상태에 대한 지속적인 모니터링이 필요하고 현재 제공되는 프로그램이나 서비스가 주민들의 요구나 여건에 맞는지 점검하고 보완해야 한다. 지역사회 영양학은 다음과 같은 요인들 때문에 역동성을 지닌다.

- 지역 주민의 연령이 변화되면서 영양소 요구량이나 질병 양상이 달라진다.
- 가족 구조와 유형이 변화되면서 식생활 양식이나 영양취약집단이 변화된다.

- 평균 수명이 늘어나고 노인인구가 증가되는 노령화사회에 대비해야 한다.
- 유동 인구가 증가하여 지역사회의 구성원이 끊임없이 변화된다.
- 여성의 사회 진출이 확대되고, 유자녀 여성의 사회진출 역시 확대되고 있다.
- 식품의 생산과 소비 패턴이 변하고 있다.
- 국민의 건강영양정보에 대한 욕구가 증대되고, 삶의 질을 요구하는 소비자 의식이 확산되고 있다.
- 소득계층간의 격차가 커지고 식생활과 영양 문제를 악화시킬 수 있다.
- 의료보험제도, 국민연금제도의 실시 등 영양과 직결된 의료환경이 변화되고 있다.

정보마당 1-2에는 우리 나라 지역사회영양사가 당면한 환경과 앞으로의 추세에 관한 내용이 있다.

정보마당 1-2 지역사회 영양사가 당면한 환경

최근 세계 여러 곳에서 일어나고 있는 사회경제적 추세는 지역사회영양사에게 매우 의미있는 결과를 지니고 있다. 인종의 다변화, 민족 대이동 현상, 난민들, 국경을 넘나드는 임시노동인력, 방문자 등의 국제 교류로 인종들이 점점 복잡하게 섞이고 있다. 여성이 노동시장에 계속 투입되면서 전통적인 가족관, 가족 구조, 양육습관이 많이 변화될 것이며 따라서 영양프로그램의 형태와 전달방식이 달라질 것이다. 전세계적으로 교육 수준이 높아지면서 소비자의 교육, 훈련, 수입, 언어기술, 경제 잠재력 면에서 상당히 다양한 소비자를 대상으로 하는 전략이 필요할 것이다.

우리 나라 쪽으로 눈을 돌려보도록 하자. 인구 동태 변화만 보더라도 지역사회영양사는 새로운 국면에 당면할 것으로 보인다. 65세 이상 노인 인구의 증가, 가족 구조의 변화, 단독 가구의 증가, 여성의 사회참여와 진출이 증가하여 여성들의 역할이 달라지게 될 것이다.

농축수산물 시장의 개방으로 수입식품이 물밀 듯 밀려들어오는 문제, GMO(genetically modified organism) 식품, 광우병 파동, dioxin파동 등 식품안전문제가 우리를 위협하고 있다. 세균성 이질이 원인이 되는 학교 급식의 위생문제, 빈번하게 뉴스거리로 등장하는 식품의 변질 등 식품 안전문제는 선진국에서는 보기 드문, 하지만 우리나라에서는 흔히 볼 수 있는 시대착오적인 공중 보건문제이다.

북한 주민의 열악한 보건영양실태를 개선시키려는 노력의 일환으로 대북 식량지원정책을 세우는 일에 지역사회 영양사의 활동이 요구될 수 있다. 북한과의 사회경제적, 문화적 교류가 빈번해지면서 북한 주민의 식생활이나 보건영양문제에 대한 우리들의 관심도 증대될 것이며, 혹시 통일이 되는 경우에는 1960년대 이후 남한의 영양개선, 식생활 개선을 주도했던 영양 전문인들의 활동이 많이 요구될 것이다.

한편 남한에서는 BMI 25이상 비만인구의 증가, 당뇨병, 심장병, 암 등 만성퇴행성 질환의 꾸준한 증가로 인해 이들을 관리하는데 드는 의료비용이 점차 증가될 것이다.

1997년도 후반부에 들이닥친 경제위기와 우리 경제의 IMF 관리체제로 구조조정에 대한 요구가 증대되고 많은 사람들이 실업의 위기에 처하게 되어 노숙자를 비롯한 저소득층의 식품영양관리도 사회문제로 대두되었다. 10대와 가임 여성의 무분별한 다이어트, 사춘기 청소년의 무절제한 식습관, 입시 스트레스, 지나친 학업위주로 몸만 크고 체력이 약한 우리의 청소년, 일찍부터 흡연과 음주 습관에 젖은 우리의 장년과 중년, OECD 국가들 중 40대 남성의 사망률 최고를 구가하는 점을 개선하고, 지나친 건강 보조식품의존 성향을 지닌 우리의 중년과 노년 인구를 교육시키는 일도 우리나라 지역사회 영양사가 당면한 중요한 과제이다.

어떤 생활방식, 어떤 식생활이 우리의 영양 상태를 개선시키고 건강과 장수를 가져다 주는 지는 잘 알고 있는데, 문제는 이것을 어떻게 실천하게 하느냐에 달려 있다. 우리 나라 사람들의 건강생활 실천행동양식을 결정짓는 요인을 파악하고, 이를 통해 개선책을 모색하는 일이 필요하다. 무엇이 우리로 하여금, 건강보조식품에 의존하게 하는지, 개인차원에서 어떤 행동을 변화시켜야 하는지, 사회나 국가차원에서는 어떤 규제와 제제를 가해야 하는지 연구해야 한다.

아직도 중앙정부와 지역자치단체에 영양주무부서가 설치되어 있지 않고, 국가주도 영양연구소가 없을 정도로 국민의 영양문제를 중요하게 생각하지 않는 상황에서 앞으로 이러한 일을 성사시키는 것도 지역사회 영양사의 몫일 것이다. 이러한 제도나 부서의 설치의 필요성에 대한 국민적 합의를 끌어내려면 국민들이 영양 문제를 중요하게 인식해야하고 제도적 장치가 필요하다는 여론이 조성되어야겠다.

이 책에서는 한국과 지역사회 영양사에게 필요한 지식과 기술을 습득하여 한국적 상황에 적용할 수 있도록 꾸며 보았다. 통일 한국의 미래는 신체적, 정서적, 정신적으로 건강한 인력에 달려있다. 영양상태가 양호하고 건강한 인력을 수급한다는 중요한 과제가 바로 지역사회 영양사들의 두 어깨에 지워져 있다. 영양전문 세계 시민으로서 우리가 속해있는 아시아 지역 뿐 아니라 전 세계의 영양 개선을 위해 우리의 관심 범위를 넓히는 일이 필요하다.

4) 지역사회 영양사의 역할

지역사회 영양사는 일반 대중, 또는 환자나 고객을 대상으로 영양교육을 실시하고 영양관리를 한다. 이들은 다음과 같이 상담자, 교육자, 감독자, 협력자, 옹호자의 역할을 수행한다. 이 밖에도 자문가나 사업책임자의 역할을 수행하기도 한다.

상담자(Counselor): 개인이나 가족에게 영양문제를 해결할 수 있도록 도와주는 직접적인 영양서비스를 제공한다. 상담자는 피상담자을 경청하고 상담하는 기술, 피 상담자의 반응에 대응하는 기술 등을 숙달해야 한다.

교육자(Educator): 적합한 영양을 얻을 수 있는 식품을 선택하도록 사람들에게 동기를 유발시키고, 식품의 사회경제 문화적 가치와 연계시키도록 교육

해야 한다.

감독자(Supervisor): 사업을 수행하기 위해서 준전문인을 고용해야 하므로 이들을 교육, 훈련시키고 이들이 하는 일을 감독하는 사람으로서의 책임을 수행해야 한다.

협력자(Coordinator): 지역사회 영양사가 속해 있는 기관의 다른 보건 관련 인력들과 한 팀을 이루어 협력하여 지역사회 영양사업이나 보건 사업을 수행해야 한다. 팀의 공동 목표를 수행하기 위해 협력하여 일해야 하며 서로의 지식과 기술을 공유하는 기술을 습득해야 한다.

옹호자(Advocate): 식품업자나 상인들의 잘못된 행위에서부터 소비자를 보호해야 하며 영양개선을 위한 정책을 수립하거나 입법 등의 행위를 적극적으로 옹호해야 한다. 보건과 영양사업을 위한 조직화된 옹호 활동에 참여하는 기술을 익혀야 한다.

자문가(Consultant): 개인이나 집단, 다른 조직이나 단체, 다른 보건관련 인력, 정부기관 등에 자문하는 역할을 수행한다.

사업 책임자(Program manager): 영양사업 수행을 위한 행정적인 뒷받침을 잘 해야 한다. 사업의 경제성을 고려해야 하므로 예산 확보를 위한 행정적인 요소들이 중요하다.

5) 지역사회 영양사가 일하는 곳

지역사회 영양사는 보건소, 회사, 대학교, 건강관련 조직이나 기관, 탁아소, 고아원, 양로원, 장애인 시설 등의 사회복지시설, 체력단련센터, 병원의 외래진료소, 식품회사 등에서 일을 하게 된다.

6) 지역사회 영양사의 교육

지역사회 영양사에게는 영양학 학문의 기초가 든든해야 한다. 영양생화학, 영양소 요구량, 영양판정, 임상 영양, 생활주기영양, 식품성분표, 식습관과 식행동에 대한 지식을 갖추어야 한다. 또한 보건교육, 역학, 지역사회조직, 관리, 마케팅 분야의 이론과 원리에 대한 지식도 갖추어야 한다. 마케팅 기술은 특별히 중요한데 전달해야 하는 영양 메시지를 숙지하는 것만으로 충분하지 않고 그 메시지를 어떻게 전달해야 하는지 방법을 알아야만 하기 때문이다.

지역사회 영양사는 적어도 지역사회영양, 식품과 영양, 임상영양 분야의 학사 학위가 있어야 한다. 경우에 따라서는 품질관리, 생물통계, 연구방법, 조사방법 계획과 분석, 행동과학과 같은 분야에 관해 통달해야 하므로 석사학위가 필요할 수도 있다.

지역사회 영양사는 학부나 대학원 교육 과정을 통해서 일에 필요한 전문지식과 기술을 배우게 되지만 현장에서 직접 일을 하면서 배우거나 재교육을 통해 얻게 되는 기술도 많다. 가정 살림를 꾸리거나 자녀를 양육한 경험을 가지고 지역사회 영양사를 시작한다면 실생활에서 얻은 풍부한 경험으로 이점이 상당히 클 것이다.

미국영양사협회에서는 지역사회 영양사에게 필요한 분야의 지식과 기술을 표 1-8과 같이 영양학, 식품학, 일상식, 의사소통 기술, 보건과학에 관한 전문

표 1-8 공중 보건 영양사의 자기 진단표

미국 영양사 협회의 공중보건영양실천그룹(Public Health Nutrition Practice Group of The American Dietetic Association)에서는 공중보건 분야에서 일하는 영양사들이 업무수행에 필요한 지식을 평가하고 자기발전을 꾀할 수 있도록 진단표를 작성하였다(1988). 각 문항에 대하여 5단계로 나누어 평가한다.

1. 영양과 영양사 실무(Nutrition & Dietetic Practice)
   * 생활주기 영양의 이론과 실습에 대한 지식
     - 영양학, 치료영양, 개인과 집단을 위한 식사계획, 식품선택 조리, 접대
   * 인간행동, 특히 건강과 식사에 관련된 행동에 대한 지식
   * 행동을 변화시키는 기술에 대한 지식
   * 면접과 상담 기술
   * 지역사회 여러 집단의 문화와 생활양식에 대한 지식
   * 영양판정 지식과 기술
     - 인체측정, 생화학적, 임상학적, 식이, 사회경제적
   * 영양판정 자료를 해석하고 이용하는 기술-개인, 모집단
2. 의사소통(Communication)
   * 다양한 청중에게 과학적인 정보를 구두와 문서로 전달하는 기술
     - 소비자/대중, 보건전문인, 대중매체
   * 다양한 의사전달매개를 이용하고 협조할 수 있는 기능
     - 인쇄 매체(신문, 잡지, 회보), 라디오, 필름/비디오, T.V.
   * 보건과 영양프로그램에 참여도를 높이는 방법에 대한 지식
   * 보건과 영양프로그램에서 이용할 수 있는 마케팅 원리에 대한 지식
   * 목표 달성을 위해 협상과 집단 협력을 할 수 있는 기능
   * 이사회, 위원회 등 지역사회기관에 효과적으로 참여하는 기술
   * 자문을 이용하는 기술
3. 보건과학과 실무(Public Health Science and Practice)
   * 지역사회의 건강과 영양문제를 측정하고 기술하는 역학적 접근법에 대한 지식과 이해

* 다음의 원리를 포함하는, 보건통계학에 대한 지식
  - 자료 수집과 처리, 통계분석과 추론, 자료편집과 분석을 위한 컴퓨터 사용
* 연구계획과 방법에 대한 지식
* 연구결과 및 그 결과가 공중보건과 영양 측면에서 갖는 의미를 해석하는 기술
* 다음을 포함하여 지역사회의 건강과 영양 필요성을 평가하는 기술
  - 지역 사회 연락망과 권력구조를 포함한 지역사회에 대한 지식
  - 얻을 수 있는 자료와 이 자료를 이용하는 지식
  - 고객, 지역사회 지도자, 건강한 전문인들의 도움을 받을 수 있는 기술
  - 고객을 의뢰할 수 있는 적절한 지역사회 보건 및 서비스 프로그램에 대한 지식

4. 경영(Management)
* 지역사회 조직에 대한 기술
* 다음을 포함하여 지역사회 평가 자료를 영양 활동을 위한 프로그램 계획에서 사용할 수 있는 지식
  - 목표의 우선순위를 정함
  - 측정가능한 목표의 개발
  - 수행 할 수 있는 활동 계획의 개발
  - 품질 체계의 개발
* 영양 활동 계획을 보건소의 전반적 목표와 계획에 맞추는 기술
* 작업을 조직하고 우선순위를 정하는 기술
* 측정할 수 있는 건강진단 결과나 영양치료의 표준치를 기술하는 등의 품질보증 방법에 대한 지식
* 인사관리의 원리를 응용하는 기술
  - 모집, 직원 채용, 감독, 수행능력평가, 간부 육성
* 보건 활동의 재정 관리 원리를 응용하는 기술
  - 예산 수요 예측 - 보상체계
  - 세입과 지출 관리 - 예산의 준비와 정당화
* 공중보건과 보건영양에 사용 할 수 있는 자금 출처에 대한 지식
* 기금과 약정관리 기술
  - 준비, 교섭, 감시
* 비용/이득과 비용/효과 분석 원리를 응용하는 기술

5. 입법과 옹호(Legislation and Advocacy)
* 현재와 앞으로의 공중보건과 영양문제에 대한 지식
* 집단의 보건과 영양상태에 영향을 줄 수 있는 경제적, 사회적 경향을 아는 기술
* 정부기관계획과 결정에 관련된 정치적 상황에 대한 지식
* 공중보건과 보건영양사업의 입법근거에 대한 지식
* 보건과 영양사업에 영향을 미치는 공공정책, 입법, 규칙에 관계된 중앙 및 지방 정부의 기구와 과정
* 보건과 영양에 영향을 미치는 지역사회 기관의 목표, 기능, 정치에 대한 지식
* 보건과 영양사업을 위한 조직화된 옹호활동에 참여하는 기술

자료 : 백희영, 보건소 배치 영양사를 위한 교육 프로그램 개발, 우리나라 보건소영양사업 어떻게 할 것인가, 1993년도 심포지움, 한국영양학회, 대한영양사회, 1993

지식, 경영에 관한 기술, 입법과 옹호에 대한 지식과 기술 등으로 구분하여 정하였다.

표 1-9에는 공중보건영양사에게 필요한 전공분야 및 관련과목이 나열되어 있다.

표 1-9 공중보건영양사에게 필요한 전공분야 및 관련 과목

분 야	관련 과목
영양과 식품	기초 영양학, 영양소 대사, 인체영양학, 모자영양, 학령기동기/사춘기 영양, 노인영양, 영양판정, 식품학, 조리학, 식생활 관리, 식품위생학
임상영양과 식이요법	병리학, 임상영양학, 식이요법/치료영양학, 만성 질환의 식사관리
영양교육과 상담	의사소통, 영양교육 도구와 매체, 영양교육, 영양상담, 식습관과 식행동, 영양생태학
보건과학	보건학 개론, 역학원리, 보건통계, 보건영양학, 보건영양연구계획 및 방법, 자료분석과 해석
경영과 정책	급식경영학, 단체급식관리 및 인사관리, 영양정책과 경영, 입법과 옹호

자료 : 백희영, 보건소 배치 영양사를 위한 교육 프로그램 개발, 1993

영양과 식품, 일상식에 관한 전문 지식은 학부에서의 기초 영양학, 고급 영양학, 식이요법, 생애주기 영양학, 영양판정, 영양교육, 영양상담, 지역사회 영양학, 식품학, 조리 과학, 식품 위생학, 식품 가공학, 식생활 문화, 식품 구매, 급식 경영학, 단체 급식 등의 교과목을 이수하여 얻을 수 있다.

의사소통 기술은 작문, 영양교육, 영양상담 이론 및 실습 등의 교과목을 통해 획득할 수 있다. 다양한 사회 인구학적 배경을 가진 개인이나 집단에게 영양에 관한 전문 지식을 효과적으로 전달하는 기술과, 한 팀으로 협력하여 사업을 수행하게 될 의사, 간호사 등 다른 보건 전문 인력에게 영양 부문에 관한 전문 지식을 전달하고 협력을 구할 수 있도록 의사소통하는 기술을 습득해야 한다.

지역사회의 건강과 영양문제를 역학적 접근방법으로 측정하고 기술하는 등 보건과학에 관한 전문 지식은 보건학, 역학, 보건 통계학, 보건 영양학 등의 학과목을 통해 얻을 수 있다. 자료 수집, 통계 처리와 분석, 결과를 해석할 수 있는 기술이 필요하다.

활동마당

1. 일주일이나 한달 동안에 주요 일간지에 게재되는 영양관련 기사를 모아 스크랩북을 만든다. 기사 모음에 대한 요약문을 작성하고 기사 내용의 진위에 대하여 수업시간 중에 토론한다.

2. 보건 복지부와 내가 살고있는 지방자치 단체의 homepage를 방문하여 보건영양관련 업무에 대하여 조사하고 발표한다.

2

지역사회영양 관련 지식

농협중앙회

제 2 장

지역사회영양 관련 지식

지역사회에서 영양관련 프로그램을 제대로 수행해내기 위해서는 이에 관련한 지식에 대한 제대로 된 이해가 필요하다. 이러한 지식들이 지역사회 내의 다양한 영양개선활동에 효율적으로 적용되어야 할 것이다.

많은 종류의 지역사회영양 관련지식이 필요하겠지만 본 장에서는 영양연구방법의 일환으로 영양역학에 대한 이해와 영양권장량을 제대로 사용하기 위한 벙법론, 식품성분표의 내용 및 현행 영양표시제도에 대해 공부하려고 하며 또한 지역사회영양연구에 필요한 통계를 간략히 소개하였다.

1. 영양역학

역학(epidemiology)이란 인구집단에서 발생하는 질병이나 건강상태의 분포와 그러한 분포를 결정하는 요인을 규명하는 학문이다. 이 중에서 식이와 질병 발생과의 관계를 중점적으로 연구하는 분야를 영양역학(nutritional epidemiology)이라고 한다. 암이나 심혈관계 질병의 발생 빈도와 분포가 식이 형태나 생활태도와 관련이 있음이 밝혀지고 이에 대한 집중적인 연구결과 이들 질병의 식이요인을 규명하기에 이르렀다. 이러한 영양역학의 결과는 그 예가 무수히 많으며 현재도 매우 활발하게 연구되고 있는 분야이다. 마찬가지로 역학적 방법을 통해 얻은 연구결과의 해석은 예방의학(preventive medicine)이나 지역사회 영양학 분야에서 매우 요긴하게 쓰이는 기초자료가 된다. 이로부터 질병예방을 위한 식이 지침이 마련되고 국민영양교육의 기초가 된다.

1) 역학연구의 목적

역학적 연구의 궁극적 목적은 모든 집단이나 인구에 두루 적용될 수 있는 질병의 위험요인이 무엇인지를 밝히는 것이다. 역학적 방법은 두 가지 중요한 개념에 기초를 두고 있다. 즉 나타난 결과(caseness)와 원인이라고 생각되는 노출(exposure)이다. 나타난 결과란 특정 질병의 유무나 건강상태의 수준이나 또는 관심있는 현상의 최종상태로써 결과적으로 case인지 control인지로 규정지어진다. 노출(exposure)이란 질병의 유무와 관련있다고 여겨지는 변수의 측정값을 말한다. 영양역학에서 가장 관심있는 기본적 노출, 즉 원인이라고 생각되는 요소는 식이섭취이다. 이러한 관점에서 영양역학 연구는 여러 집단에서 관찰되는 특정한 노출(식이요인)의 정도에 따른 질병발생위험간의 관련성을 추정하기 위한 목적으로 설계된다. 집단간의 비교는 질병발생의 배경이 되는 요소들이 무엇인지 파고 들어가는 것이다. 그래서 이러한 접근은 특정한 개인에게서 발생한 질병의 식이요인이 무엇인지를 추적해 가는 것과는 근본적으로 다른 접근 방법이다. 왜냐하면 역학적 연구에서는 분석이나 관심의 대상이 되는 단위가 인구 전체이거나 그 부분을 이루는 소집단이고 결과 또한 집단을 단위로 표현된다. 바로 이와같이 관심의 대상이 인구집단이라고 하는 것이 다른 생리 의학적 방법에서 관심의 대상이 개인인 것과 구별되는 특징이다.

2) 역학연구의 영역

역학적 연구 영역은 크게 두 분야로 나눌 수 있다. 즉 기술적 혹은 분석적 역학연구 분야와 실험적 연구분야이다. 기술역학이나 분석역학은 특정한 식이섭취 유형의 분포를 기술하거나 질병의 결정요인을 설명하는 것이다. 연구설계 모형으로는 단면적 연구(cross-sectional study)나 생태적 비교연구(ecological comparison study), 코호트 연구(cohort study), 환자대조군연구(case-control study)등이 있다. 반면 실험적 역학연구는 보건의 문제나 질병현상에 관여된 특정한 가정을 검토하기 위해 전형적인 실험적 기법을 적용하는 것이다.

(1) 상관관계 연구(Correlation studies)

한 인구집단의 특정 질병 유병률과 그 집단의 특정 식이의 일인당 섭취량을 관찰하여 상관성에 대한 가설을 세우고 연구하는 것이다. 상관관계 연구방법은 질병과 식이와의 관계에 대한 초기 연구 단계에서 중요하며, 이미 존재하고 있는 자료를 이용하여 관계 분석을 할 수 있다. 이때에 질병의 발병요인은 위험인자로 조사하는 변수 이외에도 여러 가지가 있을 수 있으며 또한 이러한 요인 사이에 상호관계가 있을 수 있어 결과 해석에 주의해야 한다. 예를 들어 대장암 발병률과 육류 섭취량 사이에는 높은 상관관계가 성립하나 육류 섭취량이 높은 사람은 식물성 식품의 섭취량이 낮으므로 대장암의 발병원인이 과다한 육류 섭취가 아니라 식물성 식품의 부족일 수도 있다는 것이다. 이 방법의 조사결과는 식이와 질병에 관한 대략적인 윤곽만을 제공할 뿐 원인을 규명할 수 없으며 이러한 상관관계는 집단을 대상으로 할 때는 매우 높으나 개인에 적용할 때는 적합하지 않은 경우가 많다.

상관관계 연구는 국제적인 경향을 추론하는 데 많이 쓰이고 있다. 식품수급표는 각국에서 같은 방법으로 산출하므로 여러 나라의 식품수급표의 값과 질병 발생률을 비교하는 것이 타당하기 때문이다. 또한 시대에 따른 질병 양상의 변화를 식생활 변화와 연관짓는 연구에서도 이용되는 방법이고, 한 지역에서 다른 지역으로 이주한 사람들의 식생활과 질병 변화를 연구하는 데도 유용하게 쓰이는 방법이다.

(2) 코호트 조사(Cohort studies / longitudinal studies)

질병이 없는 연구집단, 즉 코호트를 정하여 그들의 영양상태 혹은 위험인자에 노출된 정도를 파악하고 일정 기간 후에 이들의 질병 발생 정도를 조사하여 영양과 질병과의 관계를 규명하는 방법이다.

코호트란 동일한 시점에서 동질의 특성을 가진 집단을 말한다. 이것은 앞으로 발생하는 질병 유병 정도를 조사하는 전향적 연구(prospective study)로 한 집단이 위험인자에 노출된 정도를 질병 발생 이전에 측정하여 추적하는 것이므로 오차의 개입 가능성이 비교적 적다. 즉, 위험인자를 가진 코호트를 계속하여 추적조사하는 방법이다.

질병의 원인을 조사하는 가장 바람직한 방법이기는 하나 유병률이 낮은 질병의 경우에는 코호트를 구성하는 대상자의 수가 많아야 관계를 규명할 수

그림 2-1 코호트 연구방법의 설명

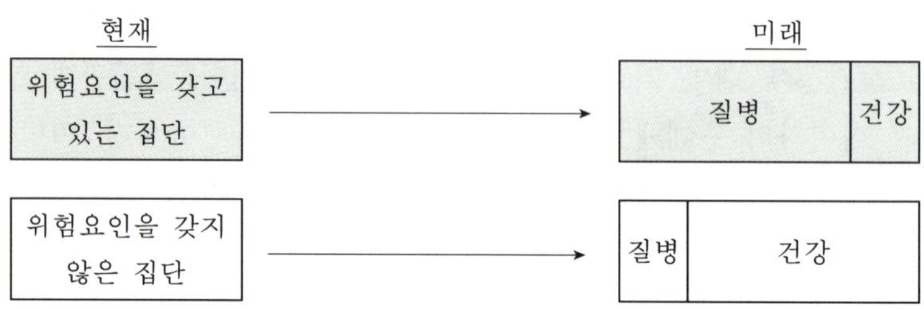

있으며 또한 수년에 걸친 추적조사를 해야 하므로 현실적으로 수행하기는 어려운 방법이다.

(3) 환자군-대조군 연구(Case-control studies)

질병을 가지고 있는 환자군(case)의 과거의 식이요인을 조사하여 질병이 없는 대조군(control)의 식이요인과 비교하는 방법이다. 예를 들어 현재 고혈압을 가진 환자군과 고혈압이 없는 대조군을 선택하여 이들의 식염 섭취 정도를 조사함으로써 고혈압과 식염과의 관계를 규명할 수 있다.

이 방법은 집단보다는 개인의 자료를 수집하는 방법으로 객관성을 가지고 있으며 발생 빈도가 낮거나 잠복기가 긴 질병을 연구하는 데 적합한 방법이다. 발생 빈도가 낮은 질병을 코호트 방법으로 연구하면 상당히 많은 사람을 대상으로 하여도 추적조사 후에 질병에 걸린 사람의 수가 매우 적을 수 있으므로 의미있는 관계를 규명하기 어려우며 잠복기가 긴 질병은 추적기간이 길어야 하기 때문이다. 그러나 환자군-대조군 연구방법은 이미 질병에 걸린 사람을 대상으로 하여 그 환자의 노출 요인을 조사하는 것이므로 환자수가 많아 결과를 유출하기 쉽다.

이 방법은 조사대상자 수가 적으므로 코호트 방법보다 현실적으로 수행하기가 용이하고 또한 식이와 질병의 관계를 규명할 수 있는 좋은 방법이다. 그러나 과거의 식이형태를 조사해야 하는 어려움이 있다. 이때 식사력법이나 식이섭취 빈도방법을 이용할 수 있으며 24시간 회상법은 적당치 않다.

그림 2-2 환자군 - 대조군 연구방법의 설명

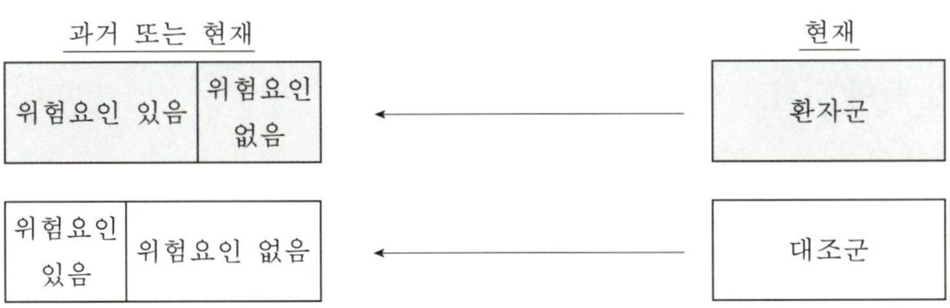

(4) 횡단적 조사

한 시점에서 인구집단의 식이 섭취상태를 조사하여 여러 가지 변수를 측정하는 것이다. 이러한 조사의 대표적인 것으로 국민영양조사가 있다. 이 조사로 질병과 영양과의 관계를 규명할 수는 없으나 현재의 전반적인 영양상태를 파악할 수 있고 또한 영양상태에 영향을 미치는 인자도 함께 조사할 수 있다. 이러한 횡단적 조사는 24시간 회상법이나 식이기록법을 사용할 수 있다.

횡단적 조사에서는 변수의 평균, 분포, 유병률(prevalence) 등을 구하여 영양상태와 영향을 미치는 요인과의 관계를 대략적으로 파악할 수 있어 영양역학 연구의 초기 단계에서 많이 사용한다. 이것은 한 번의 조사로 끝나고 종단적 조사에서처럼 추적조사가 없으므로 간단하고 환자군-대조군 연구에서와 같이 오래된 과거를 회상하는 것이 아니므로 현실적인 방법이다. 그러므로 경제적이고 빨리 행할 수 있는 방법이다.

횡단적 조사의 결과에 근거하여 환자군-대조군 연구 등을 행하면 식이와 질병과의 관계를 확실하게 규명할 수 있다. 또한 국민영양조사와 같이 주기적으로 횡단적 조사를 한 결과가 누적되면 인구집단의 식이섭취의 변화와 질병 양상의 변화를 관계지어 볼 수 있으므로 매우 유용한 자료를 제공한다.

(5) 실험연구

식생활과 질병과의 인과성을 최종적으로 확인하는 방법으로 지역사회를 배경으로도 할 수 있다. 일정규모의 인구집단을 연구대상으로 선정하여 윤리적으로 허용하는 범위내에서 식생활요인을 인위적으로 통제하고 관찰하면서 해당 질병이 발생하기까지 계속 추구 관찰한다. 일정규모 이상의 환자가 발생하면 자료분석을 시행하여 인과성을 평가한다. 임상실험연구의 적용범위는 윤리성의 문제 때문에 매우 제한적이다. 실험에 사용하는 식품이나 약물 등은 적어도 해가 없어야 한다는 점이 전제사항이다. 실험에 응하는 사람은 전적으로 자의적으로 참여를 수락한 사람에 국한하게 된다. 중요한 고려사항은 합당한 연구대상규모, 실험군과 비교군의 무작위 배정, 그리고 효과판정 및 관측의 객관성 유지 등이 있다.

3) 식이 요인의 측정

식이요인과 질병발생과의 상관관계를 검토하기 위해 영양역학적 연구방법을 적용할 때는 항상 식이섭취조사라는 어려움에 당면하게 된다. 이미 언급한 대로 노출이라고 하는 역학적 개념은 가장 중요한 연구변수이거나 또는 질병의 유무와 관련 있는지 여부를 검토하고자 하는 변수를 말한다. 영양역학에서 관심의 초점이 되는 가장 중요한 노출은 식이섭취이다. 식이섭취란 단순히 한

가지의 노출이 아니고 복잡한 노출의 총체적 현상이다. 더구나 식이요인(노출)이란 시시각각으로 변하는 것이다. 특정한 식이요인의 만성적 혹은 장기적 노출의 정도를 (즉 평상시의 식이 유형) 측정해야 하는 문제는 비록 한 개인이라 할지라도 항상 일정한 식이 유형을 고수하는 것이 아니고 매일 매일의 변화가 크다는 것 때문에 어려움이 따른다. 여러 식이 요인간의 상호관계는 특정식이요인과 질병(효과)과의 관계에 대한 연구를 어렵게 한다. 더군다나 우리에게 관심 있는 질병이나 건강상태에 영향을 미친 식이요인의 변화량이 인구집단내에서 충분히 감지될 정도로 그 양이 클 때만 측정이 가능하다는데 더 큰 어려움이 있다. 인구집단을 구성하는 각 개인이 특정 영양소를 섭취하는 양상이 그리 다양하지 않다는 것 또한 이러한 연구의 어려움을 가중시키는 요인이다.

4) 질병발생의 인과성의 기준

관련성의 강도(Strength of the association) :관련성의 강도가 클수록 인과적인 관계일 가능성이 높다. 관련성의 강도는 상대위험도(relative risk) 또는 대응 위험도(odds ratio)를 이용한다

관련성의 일관성(Consistency of the association) : 시간과 장소가 다른 연구 결과들이 일관된 관련성으로 반복하여 보인다면 일관성의 관계일 가능성이 높다

관련성의 특이성(Specification of the association): 한 요인이 다른 질병과도 동시에 관련성을 보인다면 인과성의 가능성은 낮아진다. 또한 한 질병에 관련성을 보이는 요인의 종류가 많으면 많을수록 관련성의 특이성은 낮아져 인과성의 가능성은 낮아진다

요인과 질병과의 시간적 관계(Temporal sequence) : 원인이라고 가정되는 요인에의 노출이 질병발생시점보다 앞서 있었다는 증거가 제시되거나 그 가능성이 증명되어야 한다

기존지식과의 일치정도(Coherence of the association) : 관련성의 강도가 높다 하더라도 해당질병의 발병과정 또는 경과등에 관한 기존 지식과 부합하지 않는다면 인과관계일 가능성은 낮아진다.

2. 영양권장량

영양권장량이란 한 인구집단의 구성원이 건강을 유지하기 위하여 필요로 하는 필수영양소의 섭취수준을 말하는 것으로 건강한 구성원 대부분의 요구를 충족하도록 설정되어 있다. 권장량은 일상식사를 통하여 장기간 섭취할 때에 얻을 수 있는 영양소의 수준으로 책정되어 있으며, 어떤 특정 식품이나 특이한 식이방법을 기준으로 하는 것이 아니다.

우리 나라에서는 현재 2000년에 발간된 "한국인을 위한 영양권장량 제7차 개정"을 사용하고 있다. 한국인의 영양권장량은 1962년에 최초로 책정된 이래 1967년, 1975년, 1980년, 1989년, 1995년, 2000년에 개정이 이루어졌다. 최근 우리 나라에서는 영양과 건강에 대한 관심이 높아지고 새로운 식품이 많이 개발, 보급되면서 일반 대중이나, 단체급식소, 식품제조회사 등에서 영양권장량이 많이 활용되고 있다(표 2-1).

권장량을 설정할 때는 식사로부터 공급될 수 있는 양을 권장량으로 설정하며 일반 건강인을 기준으로 하기 때문에 각 연령층의 표준인(reference individual)을 정하여 그에 알맞은 영양소 필요량을 산정하여 권장량을 설정한다. 그러므로 영양권장량은 인구집단의 평균 체위, 식습관, 식품의 유용성, 생활 방식, 사회경제적 수준, 신체활동 양상 등의 기본 요소에 의해 달라질 수 있다. 따라서 시대가 변화하여 이러한 기본 요소에 변동이 있을 때 이에 적합하도록 영양권장량은 항상 재조정되어야 하므로 주기적으로 권장량을 개정하고 있다.

1) 영양권장량의 의미와 적용

(1) 영양권장량의 의미

영양권장량이란 건강한 정상적인 대다수 국민의 영양필요량을 충족시키기 위하여 과학적 근거를 토대로 전문가들이 합의하여 성별, 연령군별로 설정한 각 필수영양소의 권장 섭취수준이다. 영양권장량이 최초로 설정되던 당시의 목표는 인구 집단의 영양소 결핍으로 인한 질병의 발생을 예방하고 건강을 유지할 수 있도록 하는데 필요한 영양 기준치로 활용하기 위한 것이었다. 따라서 영양권장량은 한 개인의 영양필요량을 의미하는 것은 아니고 특정 인구집단의 영양소 평균량에 표준편차의 2배를 더하여 그 집단의 거의 모든 사람들의 필요량을 충족시킬 수 있는 여유있는 개괄적인 수치이다. 또 영양권장량

표 2-1 한국인 1일 영양권장량(2000년 제7차 개정)

연 령	체중 kg	신장 cm	에너지 kcal	단백질 g	비타민A μgRE	비타민D μg	비타민E mg α-TE	비타민C mg	비타민B_1 mg	비타민B_2 mg	나이아신 mg NE	비타민B_6 mg	엽산 μg	칼슘 mg	인 mg	철 mg	아연 mg
영아 0~12(개월)*	5.6	58	500	15(20)	350	5(10)	3	35(50)	0.2(0.3)	0.3(0.4)	2(3)	0.1(0.2)	60(100)	200(300)	100(200)	2(6)	2(4)
5~11(개월)	9.3	73	750	20	350	10	4	35	0.4	0.5	5	0.4	70	300	300	8	4
소아 1~3(세)	14	92	1200	25	350	10	5	40	0.6	0.7	8	0.5	80	500	500	8	6
4~6	19	111	1600	30	400	10	6	50	0.8	1.0	11	0.6	100	600	600	9	8
7~9	27	127	1800	40	500	10	7	60	0.9	1.1	12	0.8	150	700	700	10	9
남자 10~12(세)	38	144	2200	55	600	10	8	70	1.1	1.3	15	1.1	200	800	800	12	12
13~15	54	162	2500	70	700	10	10	70	1.3	1.5	17	1.4	250	900	900	16	12
16~19	64	172	2700	75	700	10	10	70	1.4	1.6	18	1.5	250	900	900	16	12
20~29	67	174	2500	70	700	5	10	70	1.3	1.5	17	1.4	250	700	700	12	12
30~49	68	170	2500	70	700	5	10	70	1.3	1.5	17	1.4	250	700	700	12	12
50~64	68	168	2300	70	700	10	10	70	1.2	1.4	15	1.4	250	700	700	12	12
65~74	64	167	2000	65	700	10	10	70	1.0	1.2	13	1.4	250	700	700	12	12
75이상	60	166	1800	60	700	10	10	70	1.0	1.2	13	1.4	250	700	700	12	12
여자 10~12(세)	38	144	2000	55	600	10	8	70	1.0	1.2	13	1.1	200	800	800	16	10
13~15	51	158	2100	65	700	10	10	70	1.1	1.3	14	1.4	250	800	800	16	10
16~19	54	160	2100	60	700	10	10	70	1.1	1.3	14	1.4	250	800	800	16	10
20~29	54	161	2000	55	700	5	10	70	1.0	1.2	13	1.4	250	700	700	16	10
30~49	55	158	2000	55	700	5	10	70	1.0	1.2	13	1.4	250	700	700	16	10
50~64	57	157	1900	55	700	10	10	70	1.0	1.2	13	1.4	250	700	700	12	10
65~74	54	154	1700	55	700	10	10	70	1.0	1.2	13	1.4	250	700	700	12	10
75이상	52	152	1600	55	700	10	10	70	1.0	1.2	13	1.4	250	700	700	12	10
임신 전 반			+150	+15	+0	+5	+0	+15	+0.3	+0.3	+1	+0.5	+250	+300	+300	+4**	+3
후 반			+350	+15	+100	+5	+2	+15	+0.4	+0.4	+2	+0.5	+250	+300	+300	+8**	+3
수유			+400	+20	+350	+5	+3	+35	+0.4	+0.5	+4	+0.6	+100	+400	+400	+2	+6

*모유영양아 기준권장량 (괄호안의 수치는 조제유영양아 권장량) **철 보충제 권장

은 특별히 보충제나 특정식품을 섭취하여야 만족할 수 있는 수준으로 설정된 것이 아니며 일상적인 식사가 다양한 식품으로 구성되어 있어 적정 에너지 수준을 충족시키면 얻어질 수 있는 영양소양에 근접하도록 설정된 것이다.

그러나 최근 미국을 중심으로 서구에서는 영양소 권장량의 개념을 확대하여 영양소 부족뿐 아니라 과잉으로 인한 위험도 예방할 수 있도록, 또 만성질환 발생의 위험 요인을 경감시키도록 새로운 지표들이 제안되고 이들을 총칭하여 영양 섭취 기준(Dietary Reference Intake ; DRI)이라 한다. 이는 전 세계적으로 사람의 수명이 길어지고 식이섭취와 관련된 만성퇴행성 질환이 증가하고 있으며 비타민과 무기질 보충제 섭취와 이들 영양소가 강화 또는 첨가된 식품의 이용이 일반화하는 등의 환경 변화에 따른 것이다. 우리 나라도 차후 이에 관한 연구와 각 영양소의 특성에 따라 아래 소개한 참고치들이 개발되어야 할 것이다.

(2) 영양 섭취 기준(Dietary reference intake ; DRI)

① 평균 필요량(estimated average requirement ; EAR)

건강한 인구집단의 50%에 해당하는 사람들의 영양필요량을 충족시키는 수준으로 나머지 50%의 필요량은 충족되지 않을 수 있다. 특정 인구집단의 영양섭취 실태 평가나 식사 계획에 이용할 수 있다.

② 영양 권장량(recommended dietary allowance ; RDA)

건강한 인구 집단의 97~98%의 영양필요량을 충족시키며 상당수의 사람들이 필요로 하는 량보다는 높은 수치이다. 일반적으로 평균필요량(EAR)에 표준편차의 2배를 추가한 값이며 대상 인구 집단이 정상분포를 이루고 있음을 원칙으로 한다.

③ 적정 섭취량(adequate intake ; AI)

평균필요량을 산정할 자료가 부족하여 RDA를 결정할 수 없을 때 건강한 인구집단의 영양소 섭취량을 실험적으로 추정 또는 관찰하여 정하며 체내 영양상태를 정상적으로 유지하기 위해 필요한 섭취량이다.

④ 상한 섭취량(tolerable upper intake level ; UL)

특정 인구 집단에 속한 거의 대부분의 사람에 위해가 되지 않는 영양소 섭취의 상한선으로 그 이상 섭취할 경우 과잉의 위험이 있다. 미량의 영양소인 무기질과 비타민은 체내 요구량은 매우 적은데 비하여 과량을 섭취할 가능성이 많은 영양소이다. 지용성 비타민과 일부 미량원소는 한번 흡수되면 배설도 쉽지 않아 독성을 나타내기 쉽다. 용어 선정에서 이 선까지 섭취하라는 의미가 내포되지 않게 주의를 하였다.

(3) 영양권장량의 적용

영양권장량은 국가적 또는 지역사회 인구집단의 식이 섭취의 적절성을 평가하거나 식량, 영양정책의 수립, 식사의 계획, 식사 질의 평가 및 일반인, 각 급 학교에서의 영양교육, 식이지침 개발, 영양표시의 기준치 등 다양한 영역에서 기준치 또는 참고치로 활용된다.

① 인구집단의 식품 섭취조사 결과 평가와 영양상태 판정의 기준

국가적으로 시행하는 국민 건강 영양조사의 식이섭취 자료를 평가하는 기본 척도로 사용된다. 성별, 연령군별 특정 인구 집단의 영양소 섭취량이 권장량보다 낮을 경우 그 집단의 일부가 영양적 위험에 처해 있을 수 있다. 이러한 낮은 섭취량이 많을수록 그 집단내의 결핍증의 위험이 증가된다고 볼 수 있다. 권장량에 미치지 못한 섭취량과 동시에 임상적, 생화학적 영양소 부족증이 나타나면 영양적 처방이 필요하다. 또한 영양권장량이 개개인의 필요량을 위한 것은 아니나 개인이 장기간에 걸쳐 섭취하는 평균 섭취량을 영양권장량과 비교하여 영양상태를 평가하는 척도로 이용될 수 있다.

② 국가 또는 특정 집단의 식품 공급의 계획 및 평가

권장량은 국가적 식량수급 계획, 학교급식 프로그램, 군대급식 등의 식품 필요량 산출의 근거로 사용되고 또 정부나 보건 복지 기관에서 유아원, 양로원, 장기 거주 시설의 인허가의 기준 근거로 사용된다. 이때 주의점은 영양권장량이 몇몇 가지의 식품이나 보충제로 충족되어서는 안되며 다양한 식품으로 식사가 맛이 있고 먹을 수 있도록 구성되어야 한다

③ 식이 지침과 영양지원 정책 수립

한국인의 식이 지침과 영양 결핍증 및 과잉증 예방을 위한 지침의 기준이 된다. 정량적 수치로 나타난 영양권장량을 일반인들이 쉽게 이해할 수 있도록 현재 우리 국민의 영양상태와 권장량에 근거하여 각종 식사와 관련된 만성퇴행성질환을 조기에 예방하도록 식이지침을 만들 때에 기준이 된다. 또 저소득층의 가계 수입에 대한 가족의 영양권장량을 충족시키는 식품 구매비용의 비율이 적용되며 또 저소득층의 생계지원비 산출에도 권장량이 기준이 된다. 이 경우 식품의 선정은 다양하여야 하고 지나치게 저가 식품만으로 구성되어서는 안된다.

④ 영양 표시, 영양소 강화의 기준 등 각종 영양관련 법규의 입법화 및 행정관리 규정의 설정

영양 표시의 영양소 기준치로 영양권장량이 활용된다. 즉 제품의 영양소 강화가 권장량에 근거하여 적정하도록 각종 법규가 만들어진다. 제7차 개정 한국인의 영양권장량에서도 영양소 기준치를 제안하였다. 식품 생산 업체의 영양식품의 개발과 품질관리에서 영양권장량이 기준이 되며 이때 에너지에 대한 영양소의 조성 즉 영양소 밀도를 권장량에 기준하여 산출할 수 있다.

⑤ 영양교육

각급 학교에서 피교육자와 그 가족들의 좋은 영양상태를 유지키 위해 식품군별로 어느정도의 양을 먹도록 지도하는데 영양권장량이 기준이 된다. 본 한국인의 영양권장량에서도 일반인들을 위한 식사 구성안의 예를 제시하고 이를 바탕으로 우리들에게 익숙한 식품 구성탑을 만들어 영양권장량의 개념을 그림으로 나타내었다.

2) 영양권장량 설정 방법

영양권장량 설정의 첫 과정은 각 필수영양소의 생리적 필요량(physiological requirement)을 결정하는 것이고 이 필요량은 식품에 포함된 영양소의 생체내 불완전한 이용과 인구 집단의 개인차를 감안한 여유분을 추가하여 권장량으로 재조정된다. 영양소의 필수성 여부와 생리적 필요량을 최소 필요량(minimum requirement)으로 할 것인지 영양소의 체내 수용수준(pool)을 포화시키는 수준으로 할 것인지는 지금까지의 과학적 근거에 준하여 국내외 영양전문가의 견해에 따라 결정된다. 다음에 열거하는 방법들이 필요량의 결정과 각 조정과정에 이용되어 왔다.

(1) 영양소 필요량 결정

① 요인가산법(factorial method)

성장을 마친 성인인 경우 체내로부터 손실되는 특정 영양소의 불가피 손실량(obligatory loss)을 보충할 수 있는 영양소량에 근거하여 영양소 필요량을 산정한다. 주로 뇨와 피부를 통한 손실량을 측정하게 된다. 칼슘(제6차 개정 한국인 영양권장량)과 단백질(제2~5차 개정한국인 영양권장량)의 권장량에 이 방법이 적용되었다.

② 영양소의 균형실험(nutrient balance study)

식품을 통한 영양소 섭취량과 체내로부터 배설량과의 균형을 측정하는 방법으로 섭취량과 배설량이 평형을 이루는 최소점을 최소 필요량으로 한다. 이 영양소 평형실험은 실험대상자와 실험조건에 따라 다양한 결과가 나타나지만 영양소의 생리적 이용률(bioavailability)이 포함된 실용적 자료를 제공해 준다. 현 단백질 권장량은 이 방법에 의해 설정되었다.

③ 결핍증유발/회복실험

연구 대상자에게 실험대상 영양소가 결핍된 식이를 계속 공급하여 체내 저장분을 고갈(depletion)시켜 결핍증을 유발시킨 후 대상 영양소를 여러 수준으로 공급하여 결핍증이 회복되는 수준(repletion)에서 필요량을 결정한다. 비타민 A, 나이아신 등의 필요량은 이 방법에 근거하여 산출된 경우가 있으나 결핍증 유발이 선행되어야 하므로 윤리적 측면에서 실험대상자의 선정이 엄격히 제한되고 있다.

④ 생화학적 지표 활용

조직 또는 혈중 영양소의 포화도나 효소의 활성도 등 생체기능의 적정성을 통해 영양소의 필요량을 결정하는 것으로 티아민이나 비타민 C는 이 방법으로 필요량이 추정되었다. 비타민 C의 경우 이 영양소의 섭취가 단기간 필요량에 미치지 못하여도 생리적 기능을 유지하는데 문제가 없도록 체내 pool을 포화시키는 수준이 필요량이라고 본다.

⑤ 식품 섭취량 또는 모유 섭취량 측정

건강한 정상인들의 식품 섭취량을 조사하고 유아의 경우 건강하게 정상발육을 하는 유아의 모유 섭취량을 측정하여 함유된 영양소량을 산출한다. 이 경우는 정확한 섭취량의 측정과 모유 및 광범위한 영양성분 분석자료가 요구된다. 섭취량이 조사된 인구 집단의 영양상태를 동시에 평가하여 영양소 필요량을 조정할 수 있다. 즉 구각염의 발현율이 높다면 그 집단의 리보플라빈의 일상섭취량이 부족하다는 것으로 보아 리보플라빈의 필요량은 일상섭취량 보다 더 많아야 한다.

⑥ 인구집단의 총 식품수급 상태와 그 집단의 영양상태를 조사한 역학 연구로부터 각 영양소별 적정 필요량을 산출해 낸다.

⑦ 동물의 실험결과를 이용하여 사람의 생리적 상황으로 연역 결정할 수도 있다.

한 영양소의 필요량을 결정하기 위하여 위의 다양한 방법이 시대적 상황과 과학환경의 발전에 따라 적용되어 왔다. 그러나 각 나라마다 필요량 산정의 기준이 일치하는 것은 아니며 최근 영양권장량의 국제적 조화를 위하여 영양소 필요량 산정의 기준만은 국제적 통일이 필요하다는 주장이 제기되고 있다.

(2) 식품의 불완전한 생체내 이용효율(bioavailability)에 따른 조정

영양소의 생리적 필요량을 산출한 후 식품이나 식이 구성에 따른 각 영양소의 흡수 이용율의 차이를 감안하여 적정한 수준의 안전율을 부가한다. 즉 철분의 경우 heme 철분과 non-heme 철분의 생체 이용율의 차이가 크기 때문에 일상식의 구성에서 이들의 비율, 또 non-heme 철분의 흡수를 촉진 또는 저해하는 식이 구성인자의 정도를 감안하여 안전율을 적용하게 된다. 칼슘의 경우는 연령에 따른 생체 이용효율이 크게 차이가 있기 때문에 이 점이 고려된다. 요인가산법에 의해 추정된 단백질의 필요량은 식이 구성 단백질의 아미노산 조성에 따라 생체이용율에 차이가 있기 때문에 식물성 단백질 섭취량이 높으면 권장량은 상대적으로 높게 책정된다. 영양권장량이 장기간 공급될 수 있는 일상식사를 통하여 인구 집단이 취할 수 있는 영양소량에 근거하고 있기 때문에 그 인구집단의 일상적인 식이 섭취 양상을 조사분석하여 합당한 안전율을 산정 적용하게 된다.

(3) 인구 집단의 편차를 감안한 안전율 적용

위의 과정을 거쳐 얻어진 영양소의 필요량은 실험대상자나 인구 집단의 평균 필요량이다. 대상 인구집단이 정상 분포를 이룬다면 이 집단의 상당수의 사람들은 실제 필요량이 평균필요량보다 많으며 장기간에 걸쳐 평균필요량 만큼만 취하게 되면 영양결핍의 우려가 있게 된다. 따라서 인구 대다수의 필요량을 만족시킬 수 있는 수준으로 필요량을 상향 조정하게 된다. 즉 평균 필요량에 표준편차의 2배를 추가하여 그 인구집단 97～98%의 필요량을 충족시키는 수준을 정하게 되고 이를 영양권장량이라 부른다. 이와 같은 안전율 적용은 거의 모든 영양소에 적용되지만 에너지만 예외이다. 만일 에너지도 이러한 안전율이 적용되면 인구의 상당수가 에너지 과잉으로 인해 비만이 될 수 있기 때문이다. 에너지 권장량은 국제적으로 FAO/WHO(1986)의 제안에 따라 에너지 소모량에 근거하여 권장량을 산출하며 일반적으로 인구 편차에 따른 안전율은 무시한다.

일반적으로 영양권장량은 (1), (2), (3)의 단계를 거쳐 각 성별, 연령 구간별

표준인의 체위를 적용하여 하나의 수치로 일반인에게 제시된다. 표준인의 결정은 그 집단을 대표하는 바람직한 체위가 기준이 되겠지만 그 기준 설정을 명확히 하기는 어렵기 때문에 보통 그 인구 집단의 평균 체위 값을 가진 사람으로 한다. 영양권장량은 가급적 주변에서 쉽게 구할 수 있는 식품을 장기간 섭취할 때 얻어질 수 있는 양에 바탕을 두어야 실현성 있는 권장량이 된다. 따라서 위의 단계를 거쳐 산정된 권장량이 우리의 식습관, 식이 섭취 실태, 식품의 이용가능성, 경제적 수용성을 배려하여 현실성이 있는가를 확인하여 영양권장량을 확정하게 된다.

3) 영양권장량을 사용할 때의 주의점

식이섭취의 지침이나 평가의 기준으로 현재까지는 영양권장량만한 기준이 없기 때문에 이것을 가장 광범위하게 이용하고 있다. 그러나 몇 가지 주의를 해야 할 점이 있다.

첫째, 현재 한국인의 영양권장량은 대부분이 건강한 사람의 필요량을 상회하도록 책정되어 있음을 인지하고 목적에 따라 사용해야 할 것이다. 식이섭취 실태를 평가하기 위한 기준치가 너무 높으면 정상인 사람이 부족하다고 판정되는 비율이 높아지고, 식이를 계획하는 기준이 너무 낮으면 부족하게 섭취하는 사람의 비율이 높아지게 된다. 영양권장량은 인구집단의 영양소 필요량을 만족시키기 위하여 설정한 것이니 만큼 한 집단의 평균 영양소 섭취량이 권장량에 준하거나 상회하면 대부분의 사람들의 영양결핍증 빈혈율은 상당히 낮을 것이며, 반대로 평균 섭취량이 영양권장량에 미달되면 영양섭취가 취약한 사람들에게서 영양결핍이 일어날 수 있는 가능성이 증가하는 것으로 판단할 수 있다. 그리고 이를 개인에게 적용할 때에는 한 사람이 장기간에 걸쳐 섭취하는 평균 섭취량을 영양권장량과 비교하여 그 사람의 영양상태를 개괄적으로 평가할 수도 있다.

둘째, 현재 우리가 사용하고 있는 영양권장량에는 생체에 필요한 모든 영양소에 대하여 권장량이 설정되어 있지 않다. 그러므로 권장량에 설정된 영양소의 기준을 만족하였다고 하여 그것이 완전한 식이라고 단언할 수는 없다. 그러므로 여러 가지 식품을 골고루 섭취하여 권장량을 충족하였을 때 우리는 권장량에 수록되어 있지 않은 모든 필수 영양소의 섭취도 만족시켰을 것이라고 가정할 수 있다. 이것이 우리가 식품을 골고루 섭취해야 하는 중요한 이유이다.

셋째, 영양권장량은 건강인을 대상으로 한 것이며 식품과 질병과의 관계가 고려되어 있지 않다. 따라서 영양권장량은 특정 개인, 특히 환자의 영양소 섭취량을 측정하여 영양상태를 판정하거나 환자의 식이를 계획하는 도구로는 적절하지 않다. 그러나 이러한 제한점을 이해하고 환자나 특정인에게 변형하여 응용할 수 있다.

넷째, 영양권장량에는 필수영양소의 필요량만을 설정하고 있다. 필수는 아니라도 질병의 예방이나 치료에 도움이 된다고 최근에 밝혀지고 있는 식이성분에 대한 권장량이 설정되어 있지 않다. 예를들어 식이 섬유소의 기능이 중요하게 생각되지만 이들의 권장량은 설정되어 있지 않다. 뿐만 아니라 섭취 제한을 권장하는 콜레스테롤 등의 하한선은 정해져 있지 않다. 그러므로 이러한 것은 앞으로 연구해야 할 과제이다.

3. 영양표시제도(Food labeling)

1) 영양표시제의 기능과 의의

(1) 기능

최근 국민건강증진법이 제정되어 영양관리가 더욱 주요한 위치를 차지하게 되었다. 국민영양개선 사업의 일환으로 포장가공식품의 영양표시제를 정착시켜 국민영양교육의 방편으로 활용되어야 할 시점에 있으며, 이 제도가 필요한 배경은 다음과 같다.

첫째, 국민영양의 불균형이 증가하고 있다는 점이다. 1970년대 이후에 빠른 경제성장에 힘입어 우리의 식생활에서 동물성 식품이 차지하는 비율이 급격히 늘고 있고, 비만을 비롯한 만성퇴행성 질환의 이환율도 꾸준한 증가 추세를 보이고 있으며, 사망원인의 패턴이 구미 선진국의 것을 닮아가는 등, 풍요로움에서 비롯된 영양과다 내지는 영양불균형이라는 여러 부작용이 나타나고 있다. 이에 국민들이 쉽게 영양섭취 내용을 인식할 필요가 생기고 있다.

둘째, 가공식품의 이용이 증대되고 있다. 여성의 사회진출 확대와 핵가족화, 도시화 등 사회적 환경이 변화함에 따라 가정의 식생활 패턴도 바뀌어 가정의 식생활의 비중이 커지게 되었다. 과거의 가정 내 조리형태에서 각종 가공식품과 편의 식품을 구입해 이용하는 추세로 변모되고 있으며, 이러한 경향은 앞으로 더욱 확산되어 갈 전망이다.

셋째, 식품산업의 기술발달을 들 수 있다. 식품업자들은 영양과 건강을 앞세워 특수영양성분을 통한 제품의 차별화를 강조하며 구매력을 강화하려 한다. 우리 시장에는 DHA우유나 칼슘 강화 오렌지주스 등의 제품이 다양하게 나와 있다.

넷째, 영양정보가 홍수처럼 넘치고 있다. 성인병과 영양이나 특수영양성분의 생리기능 등에 관한 최신 정보는 대중매체를 통해 재빨리 전파되고, 소비자는 제품선택시 이런 정보를 활용하려고 한다. 그러나 표시가 충분하지 않으면 상품을 제대로 알수가 없다. 예를 들면, 칼슘과 골다공증, DHA와 두뇌 발달, 토코페롤의 콜레스테롤 감소 효과, 올리고당의 효율성 등의 정보가 여기저기 소개되고 있다.

다섯째, 영양표시가 미흡하고 영양정보가 다양한 양상으로 제시되면 소비자가 제품을 제대로 이해하고 선택하는 데에 정확한 도움이 되지 못한다. 소비자의 식생활과 영양지식에 바탕한 표준화된 양식이 정착되어야 한다.

(2) 의의

영양표시제는 식품의 영양에 대한 적절한 정보를 소비자에게 공급하여 줌으로써 소비자들이 합리적인 식품선택을 하도록 돕기 위한 제도이다. 실제로 영양표시제가 어떻게 활용될지를 다음 세 가지 측면으로 나누어 살펴보자.

첫째, 소비자 측면에서 볼 때 영양표시는 소비자가 건강한 식생활을 유지하도록 도와주는 역할을 한다. 영양표시 자체가 소비자를 위한 교육의 도구가 된다. 소비자들은 영양표시를 통해 영양에 대한 인식을 높이고, 식품을 구입할 때 새로 개발된 상품을 기존 제품과 비교할 수 있으며, 서로 다른 식품의 영양적 가치를 비교할 수 있다. 또한 직접 소비할 때가 아닐 때라도 일반 대중이 영양표시에서 다양한 정보를 보고 배워서, 매일의 식생활에 관련시켜 나가는 것도 영양표시의 역할이다.

영양표시제가 전면적으로 실시되고 있는 구미 각국에서는 소비자들이 식생활과 관련된 건강에의 부담을 줄이고자 열량이나 Na, 콜레스테롤 등의 섭취를 줄이려고 하며, 그들은 영양표시를 보고 자신의 형편에 맞는 식품을 선택한다. 이는 국가차원에서 의료비 부담을 줄이고 개인적 차원에서 조기사망이나 장애로 인한 소득의 경감효과를 감소시키는 등, 중요한 역할을 하는 것으로 평가되고 있다. 한 조사에서 소비자의 과반수 이상이 설탕, 소금, 지방, 방부제 등의 내용물 섭취를 기피하기 위해 영양표시를 이용하며, 영양표시를 활용하는 층은 젊고, 고소득층이며 고학력인 사람이 많다고 지적된 바 있다.

둘째, 식품업자 측면에서 볼 때 식품업자들은 상품개발시 영양면의 품질향상을 촉진하게 되고, 영양표시를 잘 함으로써 기업 이미지를 좋게 하고 판매량을 높이는 중요한 계기가 될 수 있다. 예를 들면, 구미 각국에서 제조업자들이 영양표시제도에 호응하여 자발적으로 제공했는데, 많은 경우 영양표시제도를 통해 기업의 이미지 개선과 판매량 신장, 소비자와의 신뢰구축에서 긍정적 효과를 얻었다 한다.

셋째, 식품의 수출입 측면에서도 영양표시제의 정착이 필요해지고 있다. 세계적으로 무역의 자유화 추세에 따라 우리 제품의 수출과 외국제품의 수입은 피할 수 없는 현실이다. 영양표시제는 수출시 요구되는 영양표시를 용이하게 만족시킬 수 있다. 또 수입식품을 이용하는 우리 국민의 이해를 돕게 된다.

우리들도 UR의 비준으로 수입이 자유화됨에 따라 각종 수입 가공 식품과 농산물을 빈번히 대하게 되었다. 다양한 수입식품들의 포장에 제시된 영양정보는 생산국의 국민을 기준으로 한 것으로서 우리들에게 그대로 적용될 수 없는 내용임에도 불구하고 유통되고 있는 현실이다. 미국의 경우 1994년 5월부터 미국 내 제품 뿐 아니라 수입되는 모든 가공식품에 대해서도 영양표시를 의무화하고 있다.

2) 영양표시제도의 기준

영양표시(nutrition labeling)란 식품표시항목의 하나인 영양에 대한 적절한 정보를 소비자에게 전달해 줌으로써 소비자들의 합리적인 식품선택을 돕기위한 제도이다. 영양적으로 적당한 식사를 계획하는데 있어 많은 포장식품의 레이블(label)에 쓰여진 영양정보는 새로운 도구가 될 수 있다.

일반적으로 가공식품의 표지나 광고에서 그 제품의 영양적 가치를 나타내는 방법은 세가지로 구분해 볼 수 있다.

(1) 영양성분표시(nutrient declaration)

그 식품이 가진 영양적인 가치를 표준화된 양식으로 숫자나 그래프 등을 이용하여 제품의 일정량당(100g(ml), 1인분량당, 혹은 1단위 포장(캔, 병, 봉)당 함량을 사실적으로 표시하는 것을 말한다.

(2) 영양강조표시(nutrition claim)

그 제품이 특별한 영양적 성질을 가지고 있음을 표현하거나 암시하는 모든 표현을 말한다. 이것은 다음과 같이 구분해 볼 수 있다.

① 영양소함량강조표시(nutrition content claim)

그 식품에 함유된 영양소 수준에 대한 영양강조 표시이다.

보통 열량, 지방, 포화지방산, 콜레스테롤, 나트륨 등 우리가 적게 섭취하기를 권장하는 영양소들의 경우에는 “무”, “저” 등의 용어를 사용하여 강조하고, 식이 섬유질이나 단백질, 무기질, 또는 비타민 등 우리가 많이 섭취하기를 권장하는 영양소의 경우에는 “고”, “함유”, “풍부” 등을 사용하여 강조한다. 비교강조 표시가 식품까지의 상대적인 비교인데 비해, 영양소 함량강조표시는 함량의 절대적인 값에 대한 강조 표시이다.

② 비교강조표시(comparative claim)

같은 종류의 식품끼리 영양소 수준을 비교하여 강조 표시하는 경우이다.

덜 들어 있다거나 더 들어 있다는 표현 이외에도 “강화”, “첨가”, 혹은 “라이트” 등도 여기에 해당된다.

③ 영양소기능강조표시(nutrient function claim)

신체 내에서의 특정 영양소의 정상적 기능에 대한 영양강조표시이다.

다음과 같은 경우가 이에 해당된다.

① 칼슘은 뼈와 이를 튼튼하게 하는데 도움이 된다.
② 단백질은 신체조직을 만들고 보수하는데 도움을 준다.
③ 철분은 적혈구를 만드는 한 인자이다.
④ 비타민E는 신체조직내의 지방 산화를 막는다.
⑤ 당류는 신체에 신속하게 에너지를 공급할 수 있다.

(3) 건강정보표시(health claim)

건강정보표시란 그 식품이나 그 식품에 들어있는 영양소 혹은 성분과 질병 혹은 건강과 관련된 증상간에 어떤 관계가 있음을 표현하거나 암시하는 표현을 말한다. 이는 다음의 예와 같이 구분하여 표시할 수 있다.

그러나 영양강조표시 내의 영양소기능 강조표시와 건강정보표시를 별도로 구분할 필요가 있는 지에 대해서는 아직 의견이 분분하다. 만일 건강정보 표시에서 질병과 관련하여 표현하는 것을 금할 경우에는 영양소 기능에 대한 표현만이 가능하기 때문이다.

예

A. 직접적으로 식품이나 영양소 혹은 성분으로 인한 신체의 건강 관련 효과
"X 어유는 혈장 중성지방을 낮추고 응고시간을 증가시킨다."
"X 밀겨는 혈중 콜레스테롤 수준을 낮춘다."
"X 식물성유는 포화지방이 적어서 혈중 콜레스테롤 수준을 낮추는 데 도움을 줄 수 있다."
"혈중 콜레스테롤 수준을 낮추는 가용성 섬유소를 함유함."
"솔비톨 함유, 폴리올은 당류보다 더 천천히 흡수되어서 인슐린반응을 감소시킨다."

B. 어떤 식품에 함유된 영양소나 성분으로 인한 질병 예방
"X는 심장병의 위험을 감소시키는 가용성 섬유소를 함유함"
"X는 심장병의 위험을 감소시키는 포화지방산이 낮음"

C. 식사와 관계된 질병 예방이나 건강 관련 효과
"지방이 낮은 식사는 암 위험을 낮출 수 있다. X는 지방이 낮은 식품이다."
"포화지방은 혈중 콜레스테롤 수준을 높인다. 포화지방이 낮은 식사는 혈중 콜레스테롤 수준을 낮추고 심혈관질병의 위험을 낮출 수 있다. X는 포화지방이 낮다."

3) 우리 나라의 영양표시제도

우리 나라에서도 영양표시제도는 1994년 식품공전에서 그 일부에 대한 규정을 정한 바에 따라 1995년 1월부터 시행되다가, 1995년 12월 말에 공표되어 1996년 1월부터 시행된 식품표시에서는 그 규정이 더욱 세분화되었다. (그동안 식품위생법 시행규칙과 식품공전 등에서 각기 따로 규정하고 있던 표시 관련 조항은 1995년 12월 28일자 고시에 의해 "식품 등의 표시기준"으로 일원화되었다.) 이 중 표시와 관련된 조항은 제2조 "용어의 정의"와 제7조 "식품 등의 세부 표시기준"이다. 영양표시 관련규정의 전문은 표 2-2와 같다.

(1) 영양성분표시

① 표시대상

우리 나라의 경우 특수영양식품이나 건강보조식품은 영양정보표시를 반드시 하여야 하며, 그 외 식품에 대해서는 제조업자가 자사제품에 표시코자 할 경우 규정을 따르도록 하고 있다. 그러나, 이경우에도 영양강조표시를 한 제품이면 영양성분표시를 하여야 한다. 따라서 "칼슘 강화"라고 표시된 비스킷은 영양성분표시를 하여야 한다. 이 규정은 국내제품 뿐 아니라 수입제품에도 동

일하게 적용된다.

② 표시항목

표시항목을 정할 경우에는 국가에서 국민의 건강상의, 또는 식생활상의 문제가 무엇인지가 우선 파악되어야 한다. 코덱스는 각 국이 영양정보를 표시코자 할 경우에 공통적인 항목으로 칼로리, 지방, 단백질, 탄수화물을 규정하고, 그 외 그 나라에서 주요하다고 생각되는 영양소를 첨가하도록 권장하고 있다.

표 2-2 현행 식품위생법상의 영양표시 관련 규정 (식품위생법 제 10조 규정에 의한 식품 등의 표시기준)

제2조(용어의 정의)이 고시에서 사용하는 용어의 정의는 다음과 같다.

7. "영양소"라 함은 식품에 함유된 성분으로서 에너지를 공급하거나 신체의 성장, 발달, 유지에 필요한 것 또는 결핍시 특별한 생화학적, 생리적 변화가 일어나게 하는 것을 말한다.
8. "1인분량"이라 함은 제품의 특성에 따라 그 제품의 주요 소비계층이 1회 섭취하기에 적당한 양을 말한다.
9. "영양성분표시"라 함은 제품의 일정량에 함유된 영양소의 함량을 표시하는 것을 말한다.
10. "영양강조표시"라 함은 제품에 함유된 영양소의 함유 사실 또는 함유 정도를 "무", "저", "고", "강화", "첨가", "감소" 등의 특정한 용어를 사용하여 표시하는 것으로서 다음의 것을 말한다.
    가. "영양소함량강조표시" : 영양소의 함유 사실 또는 함유 정도를 "무○○", "저○○", "고○○", "○○함유" 등과 같은 표현으로 그 영양소의 함량을 강조하여 표시하는 것을 말한다.
    나. "영양소비교강조표시" : 영양소의 함유 사실 또는 함유정도를 "덜", "더", "감소", "강화", "첨가" 등과 같은 표현으로 같은 유형의 제품과 비교하여 표시하는 것을 말한다.

제 7조(식품 등의 세부 표시기준) 식품 등의 세부 표시기준은 '별지1'과 같다.

'별지1' 식품 등의 세부 표시기준(제7조 관련)

1. 식품 등의 일반 기준
    가. 식품(수입식품을 포함한다.)

⋮

9) 영양성분
    가) 표시대상
        (1) 특수영양식품, 또는 건강보조식품
        (2) 영양성분표시를 하고자 하는 식품
        (3) 영양강조표시를 하고자 하는 식품(식품 등의 기준 및 규격에 별도로 정하여져 있는 것은 제외한다.)
    나) 영양성분은 다음 각 호의 구분에 따라 표시하여야 한다.
        (1) 영양성분은 제품이 판매되는 시점에서의 100그램(g)당, 100미리리터(ml)

당, 또는, 1인분량당 함유된 값으로 표시하여야 하며, 제품이 1회 섭취하기에 적당한 양인 경우에는 1회당 함유된 값으로 표시할 수 있다. 다만, 액체에 담긴 것으로서 통상 그 액체을 섭취하지 않는 제품은 고형량에 근거한 함량을 기준으로 산출하여야 한다.

(2) 열량, 탄수화물, 단백질, 지방 및 나트륨은 그 명칭과 함량을 반드시 표시하여야 하고, 비타민, 무기질, 식이섬유질, 당류, 지방산류, 또는 콜레스테롤은 임의로 표시할 수 있으나, 이 경우 반드시 그 명칭과 함량을 표시하여야 한다.

(3) "저", "무", "고(또는 풍부)", "함유" 등의 용어는 다음의 영양소함량강조표시기준에 적합한 경우에만 표시할 수 있다. (영양소함량 강조표시 기준표 참조)**

(4) "덜", "더", "감소 또는 라이트", "첨가" 등의 용어는 다음 각 항목의 조건이 모두 충족되는 경우에만 표시할 수 있다.

(가) 영양소의 함량의 차이를 다른 제품의 표준값과 비교하여 백분율, 또는 절대값으로 표시할 수 있는 경우, 이 경우 다른 제품의 표준값은 시장 점유율이 높은 3개업소 이상의 동일 제품을 대상으로 산출하여야 한다.

(나) 영양소의 함량의 차이가 다른 제품의 표준값과 비교하여 열량 및 많이 함유되어 있는 영양소(대량영양소)의 경우는 최소 25퍼센트(%)이상의 차이가 있어야 하고, 적게 함유되어 있는 영양소(미량영양소)의 경우는 최소 1일 권장량의 10퍼센트(%) 이상의 차이가 있어야 하며, 그 함량 차이의 절대값이 "저" 또는 "함유"의 기준 이상의 차이가 있어야 한다.

(5) 영양성분의 세부 표시방법은 다음에 따른다.

(가) 열량은 킬로칼로리(kcal)로 표시하되 그 값에 가장 가까운 5킬로칼로리(kcal)단위로 표시하여야 하며, 5킬로칼로리(kcal) 미만은 0으로 표시할 수 있다. 탄수화물, 단백질, 지방의 경우에 열량은 100그램(g)당 으로 표시하고, 1그램(g)당 각각 4킬로칼로리(kcal), 4킬로칼로리(kcal), 9킬로칼로리(kcal)를, 알코올과 유기산의 경우에는 1그램(g)당 각각 7킬로칼로리(kcal), 3킬로칼로리(kcal)를 곱한 값의 합으로 한다. 다만, 탄수화물 함량 중 식이섬유질의 함량을 표시할 경우에는 탄수화물 함량에서 식이섬유질 함량을 뺀 값으로 계산 할 수 있다.

(나) 탄수화물은 그램(g)으로 표시하되, 그 값에 가장 가까운 정수로 표시한다. 탄수화물의 함량은 식품 중량에서 조단백질, 조지방, 수분 및 회분의 함량을 뺀 값을 말한다.

① 식이섬유질, 또는, 당류를 표시하고자 하는 때에는 탄수화물 바로 아래에 괄호로 그 명칭과 함량을 탄수화물의 표시방법에 준하여 표시하여야 한다.

(다) 단백질은 그램(g)으로 표시하되 그 값에 가장 가까운 정수로 표시하여야 한다.

(라) 지방은 그램(g)으로 표시하되 3그램(g) 미만은 그 값에 가장 가까운 0.5그램(g)단위로 그 이상은 그 값에 가장 가까운 정수로 표시하여야 한다.

① 포화지방산, 또는, 불포화지방산을 표시하고자 하는 때에는 지방 바로 아래에 괄호로 그 명칭과 함량을 지방의 표시방법에 준하여 표시하여야 한다.

② 콜레스테롤을 표시하고자 하는 때에는 지방 바로 아래에 괄호로 그 명칭과 함량을 미리그램(mg)으로 표시하되 그 값에 가까운 5미리그램(mg)단위로 표시하여야 한다.

(마) 나트륨은 미리그램(mg)으로 표시하되 100미리그램(mg)미만일 경우에는 그 값에 가장 가까운 5미리그램(mg)단위로, 그 이상이면 10미리그램(mg)단위로 표시하여야 한다.

(바) 비타민과 무기질은 그 명칭과 함량을 표시하여야 하고 함량 다음에 괄호로 다음의 한국인 영양권장량표에 의한 1일 권장량을 "1일 권장량ㅇㅇ"으로 표시하여야 한다. 이 경우 한국인 영양권장량 표시에 설정되지 아니한 비타민이나 무기질은 이를 표시하여서는 아니된다.

**〈영양소 함량강조표시 기준표〉

영양성분	강조표시	표 시 조 건
열량	저	100g당 40kcal 미만, 또는 100ml당 20kcal 미만일 때
지방	저	100g당 3g 미만, 또는 100ml당 1.5g 미만일 때
	무	100g/ml당 0.15g 미만일 때
포화지방	저	100g당 1.5g 미만, 또는 100ml당 0.75g미만이고, 열량의 10% 미만일 때
콜레스테롤	저	100g당 20mg 미만, 또는 100ml당 10mg미만이고, 열량의 10%미만이고, 포화지방이 100g당 1.5g미만, 또는, 100ml당 0.75g미만일 때
당류	무	100g/ml당 0.5g 미만일 때
나트륨	저	100g당 120mg 미만일 때
	무	100g당 5mg 미만일 때
식이섬유질	함유	100g당 3g 이상, 또는 100kcal당 1.5g 이상일 때
	고 또는 풍부	100g당 6g 이상, 또는 100kcal당 3g 이상일 때
단백질	함유	100g당 1일 권장량의 10% 이상, 또는 100ml/kcal당 5% 이상일 때
	고 또는 풍부	100g당 1일 권장량의 20% 이상, 또는 100ml/kcal당 10% 이상일 때
비타민 또는 무기질	함유	100g당 1일 권장량의 15% 이상, 또는 100ml당 7.5% 이상, 또는, 100kcal당 5% 이상일 때
	고 또는 풍부	100g당 1일 권장량의 30% 이상, 또는 100ml당 15% 이상, 또는, 100kcal당 10% 이상일 때

이를 우리 나라에 적용시켜 우리 국민의 주요한 문제로 나트륨을 표시토록 하였으며, 따라서 영양정보를 표시할 경우에는 그 제품의 일정량당 "칼로리, 탄수화물, 단백질, 지방, 나트륨" 함량은 반드시 표시하여야 한다. 예를 들어 "비타민 C첨가"라고 표시한 제품은 다섯 가지 강제표시항목과 "비타민 C"함량을 표시한다.

국민의 건강상 더 섭취하여야 할 성분이 무엇이며 덜 섭취하여야 할 성분이 무엇인가를 고려하여 표시항목을 더 늘릴 수도 있을 것이다. 우리 나라 국민 영양조사에서 문제되는 영양소, 예를 들어 칼슘이나 철분까지 반드시 표시토록 한다면, 많은 제품에서 칼슘이나 철분의 함량을 개선 시키기 위한 기술을 개발할 것이며 소비자들은 칼슘이나 철분의 양에 대한 정보를 가지고 제품을 선택할 수 있기 때문에 전체적으로 보아 국민의 칼슘, 또는 철분의 섭취상태가 개선될 수 있다.

③ 표시방법

영양성분의 함량은 제품의 일정량당 "판매"시점에서의 함량이어야 한다. 따라서 제조업자는 그 성분의 유통기한 동안의 함량 변화를 감안하여 표시하여야 한다. 정해진 순서대로 표기되어야 하며, 영양소별로 정해진 명칭과 단위를 사용하고, 반올림규정을 따라야 한다. 비타민과 무기질의 경우에는 함량 다음에 괄호로 영양 권장량을 표시하여야 한다. 이 규정은 소비자로 하여금 그 제품으로부터 하루 권장량의 어느 정도를 얻을 수 있는지를 알게 하는 동시에, 비타민이나 무기질은 그 종류에 따라 어떤 것은 천단위(예를 들어 비타민 A)로, 어떤 것은 소숫점 이하 단위(비타민 B_1)로 들어 있기 때문에 함량만을 표시할 경우 소비자들이 그 제품에 특별히 어떤 비타민이나 무기질이 많이 함유된 것으로 오해하는 것을 방지하기 위해서이다. 이때 특별한 연령층에서만 사용되는 식품(예를 들면 유아식)의 경우에는 그 연령층의 권장량을 사용할 수 있다.

(2) 영양강조표시

영양소함량강조표시에서 사용 가능한 용어나 사용되는 영양소의 종류를 규정으로 정해야만 한다. 왜냐하면 국민영양차원에서 중요하지 않은 영양소까지 강조 표시를 하게 되면 소비자의 혼돈을 초래할 뿐 아니라 때로는 안전성에 문제가 될 수도 있기 때문이다. 예를 들어 제조업자가 제품에 엽산을 첨가하고자 할 경우 엽산이 실제 우리 나라 국민에 필요한 영양소로서 부족되고 있는가에 대한 검토가 우선 이루어져야 한다. 이때 엽산이 국민 전체로 볼 때 주요한 영양소가 되지 못할 경우에는 강조용어를 사용하지 못하도록 하고 단지 그 제품이 가진 실제 량만을 표기토록 하는 방법이 있다.

각 용어별로 영양소별 사용기준을 정할 때 그 값을 얼마로 할 것인지가 문제가 된다. 이와 같은 내용은 나라별로 크게 다를 이유가 없다. 우리 나라에서의 기준은 대부분 코덱스의 기준을 따랐다. 이것은 코덱스의 지침이 전문가들에 의해 충분히 검토된 내용으로 우리가 받아들이기에 별 무리가 없었기 때문이다. 현재로는 "무", "저", "함유" 및 "고" 또는 "풍부"에 대한 기준만 정해져 있다. 규정에서 정한 용어는 그 절대값에 따라야 한다. 즉, 포테이토칩의 경우 지방 함량을 낮춘 제품이라 하더라도 상대적으로 적기는 하지만 여전히 많은 양의 지방을 함유하고 있으므로 "저지방"이라고 표시할 수 없다. 이 경우에는 (기준에 맞을 경우) "지방 감소"라고 표시 할 수는 있다. 두 제품간의 영양소 함량의 차이가 적기 때문에 실질적으로 그 차이가 의미없는 경우에는 비교강조표시를 할 수 있다.

(3) 건강정보표시

우리 나라에서는 건강정보표시와 관련된 규정으로 식품위생법 제6조(허위표시, 과대광고 및 과대포장의 범위)에서 "2. 질병의 치료에 효능이 있다는 내용 또는 의약품으로 혼동할 우려가 있는 내용의 표시, 광고"는 허위표시 및 과대광고로 규정하고 있다. 그러나 질병의 범위나 의약품으로 혼동할 우려가 있는 내용에 대해서 세부 규정이 정해져 있지 않다.

4) 외국의 영양표시제도

미국은 1975년 이래 영양표시제도를 시행하여 왔으며, 1990년에는 영양표시 및 교육법(Nutrition Labeling and Education Act of 1990)에 의해 매우 강력한 규정을 제정하였는데, 특히 이 법에 의해 식품에 건강정보표시를 하도록 허용하였다. 식품에 건강정보표시를 허용한 것은 미국 역사상 처음 있는 일이다. 거의 모든 가공식품은 영양성분을 표시하여야 하며, 이때 국민이 실제 섭취하는 양에 근거한 "1인분량(serving size)"당 영양소 함량을 표시토록 함으로써 각 제품간의 영양소 함량의 비교를 가능하게 하였다. 그러나 이와 같은 제도는 매우 유익하지만, 국민의 섭취량에 대한 자료가 미비한 나라에서 시행하기란 어려우며, 한편으로 국제간의 식품거래에서 나라별로 다른 섭취량을 어떻게 조절할 수 있는지가 문제가 된다.

일본은 그동안 가공식품영양성분표시제도(JSD)를 통하여 업계차원에서의 영양표시제도를 시행하고 있었지만, 정부차원에서 영양표시제도를 도입한 것은 우리 나라보다 늦다. 즉, 1995년 5월 영양개선법을 개정하여, 특수영양식품에서 관리하던 강화식품을 포함하여 영양적 가치를 강조 표시하고자 하는 제품은 규정을 따르도록 하였다. 그 동안 일본은 국민 식생활에서 주요한 식품, 예를 들어 쌀, 밀가루, 빵 등에 영양소와 그 함량을 정하고 그 기준에 맞는 제품에 대해서는 후생성장관의 허가를 받아 특수영양식품이라 표기할 수 있었다. 그러나 식품산업의 발달로 이에 해당되지 않는 제품의 경우에도 많은 영양소들이 첨가되고 있고 이런 제품의 경우 "영양보급"등으로 막연하게 표기할 수 있었으나, "칼슘강화"등 특정한 영양소를 거명할 수 없도록 함으로써 현재 개발되고 있는 제품표기에서 문제가 되어 왔다. 따라서 이번 개정에서는 현대에 와서 그 의미가 퇴색되고 있는 강화식품을 특수영양식품에서 삭제하고 대신 모든 가공식품을 대상으로 영양표시를 할 수 있도록 그 범위를 확대한 것이다.

이와는 별도로 일본이 1991년 9월부터 제도화한 특정보건용 식품은 건강강조표시를 식품에 허용한 첫 번째 시도로, 각 기준에 일치하는 식품에 대해 보건에 효과가 있음을 표시할 수 있도록 허가하는 것이다. 이 때 신청코자 하는 식품은 일반 식품의 형태로 보건의 효과 이외에도 맛이나 식사로서의 만족감 등이 있는 식품이어야 한다. 즉, 건강식품과 같이 정제나 캡슐과 같은 형태여서는 안된다. 현재 쌀에서 글로불린을 제거하였거나 우유에서 인의 함량을 낮춘 제품 등을 포함하여 총 35종이 허가 받았다.

코덱스는 1985년에 "영양표시에 대한 코덱스지침"을 제정하여 영양표시를 할 경우의 표시방법과 대상을 정하였다. 현재 진행 중인 규격으로는 "건강 및 영양강조표시 사용에 대한 코덱스지침서규격초안"으로 여기서는 영양강조표시와 건강정보표시의 구체적인 표시기준을 다루고 있다. 그 외 국가의 식사지침이나 건전한 식사에 대해 주장할 경우에도 따라야 할 기준을 정해 놓고 있다. 현재 가장 쟁점이 되는 내용은 식품에 건강강조표시를 허용할 것인지이다. 즉, 이를 허용할 경우에 어떤 기준을 적용할 것인지는 의견 합의를 이미 보았으나, 허용자체에 대해서는 아직 합의가 이루어지지 않고 있다. 허용하자는 입장에 대한 소비자단체의 반대도 상당하다.

이를 종합해 보면 세계적으로 영양성분표시나 영양소함량강조표시는 이미 정착단계에 이르렀으며, 최근 논란이 되고 있는 부분은 건강강조표시를 식품에 허용할 것인가와 허용할 경우 어떤 기준을 설정할 것인가에 있다. 식품을

정보마당

2-1 코덱스(Codex)란 ?

식품표시제도를 설명할 때 자주 등장하는 코덱스란 어떤 기관인가?

코덱스는 코덱스 국제 식품규격위원회(codex Alimentarius Commission) 을 줄여서 부르는 말로서, 1962년에 설립된 151개국의 회원국을 가진 세계각국의 정부모임체이다. 원래 라틴말로 codex는 법령(code), Alimentarius는 식품(Food)을 말하여서 식품관계법이라는 뜻이다.

1985년에 "영양표시에 대한 코덱스지침"을 제정하여 영양표시를 할 경우의 표시방법과 대상을 정하였다. 현재 진행중인 규격으로는 "건강 및 영양강조표시 사용에 대한 코덱스 지침서 규격 초안"으로 여기서는 영양강조표시와 건강정보표시의 구체적인 표시기준을 다루고 있다. 그 외 국가의 식사지침이나 건강식사에 대해 주장할 경우에도 사용해야 할 기준을 정해놓고 있다.

건강과 관련시켜 식품에 표시하거나 광고하는 것은 1990년대 이전까지만 해도 많은 나라에서 법률로 금지되어 있었다. 이것은 식품을 질병이나 건강관련증상과 관련시킬 경우, 그 제품은 이미 식품이 아니라 약품이라는 기본적인 사고에 따른 것이다.

그러나, 식생활이 건강유지에 중요한 역할을 한다는 사실이 점차 확인되고 있고, 또, 다양한 제품의 생산으로부터 소비자의 현명한 식품 선택을 돕기 위하여는 그 제품에 대해 정확하고 충분한 정보가 제공되어야 한다는 측면에서, 그리고 무엇보다도 건강과 관련된 주장을 하는 새로운 제품들을 관리하기 위한 기준을 제시한다는 측면에서 여러나라에서 건강정보표시에 관한 규정을 공표하거나 검토중에 있다.

4. 식품성분표

식품 섭취량을 조사하여 영양소 섭취량으로 환산하는 데 제일 먼저 필요한 것이 식품성분표이다. 우리 나라에서는 현재 농촌진흥청, 식품의약품 안전본부 등에서 발표한 식품성분표가 쓰이고 있다. 현재 농촌진흥청의 식품성분표는 2001년에 개정된 "제6개정판"이 사용되고 있으며 이것은 1편과 2편으로 구성되어 있다(표 2-3). 제1편에는 한국인이 사용하는 식품을 18개의 식품군으로 분류하여 총 2337종에 대한 식품의 일반성분, 무기질, 비타민 등, 20종의 영양소 성분에 대하여 가식 부위 100g에 대한 값이 수록되어 있다. 제 2편에는 아

(곡류)

표 2-3 식품성분표의 예

식품번호 Item No.	식품명 Food and description	영명 English name	에너지 Energy (kcal)	수분 Moisture (%)	단백질 Protein (g)	지질 Fat (g)	탄수화물 Carbohydrates: 당질 Non-fibrous (g)	탄수화물 Carbohydrates: 섬유소 Fiber (g)	회분 Ash (g)	무기질 Minerals: 칼슘 Calcium (mg)	무기질 Minerals: 인 Fiber (g)	무기질 Minerals: 철 Fiber (g)	무기질 Minerals: 나트륨 Fiber (g)	무기질 Minerals: 칼륨 Fiber (g)	비타민 Vitamins: A Retind Equivalent RE	비타민 Vitamins: A 레티놀 Retinol (㎍)	비타민 Vitamins: A 베타카로틴 β-Carotene (㎍)	비타민 Vitamins: B_1 Thiamine (mg)	비타민 Vitamins: B_2 Riboflavin (mg)	비타민 Vitamins: 나이아신 Nacin (mg)	비타민 Vitamins: C Ascorbicacid (mg)	폐기율 Refuse (mg)	자료출처 Source of Data (mg)
01 156	코코넛첵스	Coconut chex	381	3.0	5.6	0.5	87.3	1.3	2.3	0	71	3.4	626	62	104	-	-	0.80	0.90	10.0	33	0	교급('97)
157	콘 첵 스	Corn chex	376	2.5	7.3	1.2	85.4	1.8	3.5	334	72	30.0	963	108	0	-	-	1.25	0	16.7	20	0	USDA
158	콘푸레이크	Corn flakes	380	4.2	6.7	3.2	83.1	0.6	2.2	5	38	3.2	698	61	658	656	12	1.37	1.05	19.5	68	0	한식('96)
159	콘푸로스트	Corn frost	387	3.0	4.7	0.4	88.4	1.7	1.8	0	23	3.4	619	41	347	-	-	0.80	0.90	10.0	33	0	영양('95)
160	하 니 팝 스	Honey pops	383	3.0	4.5	0.2	90.9	0.7	0.8	0	12	3.4	289	80	347	-	-	0.80	0.90	10.0	33	0	영양('95)
161	현미푸레이크	Brown rice flakes	376	3.0	6.7	3.1	80.2	3.5	3.7	0	187	5.0	878	181	487	-	-	0.80	1.00	10.8	46	0	영양('95)
162	후 르 트 링	Fruit ring	382	3.0	5.3	1.1	87.7	1.4	1.5	0	52	3.4	397	119	347	-	-	0.80	0.90	10.0	133	0	영양('95)
	쌀	Rice																					
	▶맵쌀, 논벼	▶Paddy rice																					
	현 미	Brown rice																					
163	- 일 반 형	- Japonica type	350	11.6	7.6	2.1	74.4	2.7	1.6	6	279	0.7	79	326	0	0	0	0.23	0.08	3.6	0	0	농생('98)
164	· 일 미	· Il Mi	347	12.5	9.0	1.0	74.5	1.7	1.3	10	248	1.7	12	289	0	0	0	0.35	0.06	1.2	0	0	농생('99)
165	· 일 품	· Il Pum	353	13.2	6.0	2.5	75.5	1.5	1.3	4	231	1.6	14	243	0	0	0	0.35	0.09	1.6	0	0	농생('99)
166	· 추 청	· Chu Cheong	348	12.7	6.4	2.7	75.4	1.5	1.3	12	92	1.1	14	263	0	0	0	0.30	0.04	1.7	0	0	농생('99)
167	- 통 일 형	- Tongil type	352	11.1	8.9	1.6	74.6	2.6	1.2	2	232	3.5	2	203	0	0	0	0.33	0.21	2.0	0	0	농생('94)
168	철 분 도 미	Underpolished rice	367	12.3	6.9	1.1	78.8	0.3	0.6	24	179	0.9	2	170	0	(0)	(0)	0.19	0.05	2.7	0	0	국('77)
	백 미	Well polished rice																					
	(국 내 산)	(Domestic rice)																					
169	- 일 반 형	- Japonica type	372	10.8	6.4	0.5	81.6	0.3	0.4	4	140	0.4	66	163	0	0	0	0.11	0.04	1.5	0	0	농생('98)
170	· 일 미	· Il Mi	370	11.5	7.7	1.0	78.9	0.4	0.5	12	95	1.1	11	114	0	0	0	0.19	0.03	0.9	0	0	농생('99)
171	· 일 품	· Il Pum	370	11.2	5.2	0.3	82.5	0.4	0.4	6	91	1.2	15	105	0	0	0	0.20	0.03	1.0	0	0	농생('99)
172	· 추 청	· Chu Cheong	369	11.3	5.3	0.4	82.1	0.4	0.5	15	105	0.7	10	120	0	0	0	0.19	0.03	1.0	0	0	농생('99)

자료 : 농촌진흥청, 2001, p. 36~37

미노산, 지방산, 콜레스테롤, 비타민 B_6, 판토텐산, 비타민 B_{12}, 엽산, 비타민 E, 비타민 D, 식이섬유, 마그네슘, 망간, 아연, 코발트, 구리, 몰리브덴, 셀레늄, 불소, 요오드 등의 미량성분을 일부 식품에 한하여 수록하고 있다. 또한 제5개정판에서는 현대의 식생활에 부응하도록 조리·가공식품에 대한 성분치를 포함하고 있다.

이외에 식품의약품 안전청에서 1996년에 한국인 상용식품 중 600품목에 대하여 일반성분, 무기질 및 비타민류 등 20항목을 분석하여 발간한 "한국식품성분표"가 있다. 그러나 최근에는 여러 가지 가공식품과 기능성 식품이 출현하면서 모든 새로운 식품에 대한 분석치를 성분표에 수록하기 어렵게 되었다. 그러므로 각 식품회사에서 특정 제품에 대하여 분석한 값을 이용할 때도 많이 있다. 이외에도 특정 영양성분에 대하여는 여러 연구실에서 분석하여 발표한 값을 이용할 수 있다.

1) 식품성분표 사용의 주의점

첫째, 식품성분표에 수록된 분석값은 식품에 함유된 영양소의 양일 뿐 흡수되는 양이 아니라는 점이다. 즉, 성분표에는 영양소의 생리적 이용효율이 고려되어 있지 않다. 그러므로 식사구성, 조리방법, 개인에 따라 성분표에 표시된 영양소의 이용효율이 다를 수 있음을 고려해야 한다.

둘째, 각 식품성분표에 기재된 영양소 함량에는 많은 차이가 있을 수 있다는 점이다. 같은 식품에라도 성분표 사이에 값이 다른 경우가 있으며, 또한 사용할 때도 어느 식품을 선택해야 할지 확실치 않을 때가 많다.

셋째, 식품성분표에는 영양소 함량이 가식 부위 100g에 대한 값으로만 표시되어 있는 점이다. 많은 경우 일반인들은 식품 100g에 대한 개념이 없다. 이것을 가정에서 사용하는 한 그릇, 한 컵, 한 숟갈 등의 단위에 대한 값과 시장에서 파는 단위, 즉, 한 단, 한 묶음, 한 근 등에 대한 값으로도 수록한다면 사용자가 쉽게 이용할 수 있을 것이다.

2) 식품성분의 한계점

첫째, 분석에 사용한 식품 시료의 표본추출의 문제를 들 수 있다. 식품성분표에 수록된 값은 일반적으로 시중에서 구입해서 섭취할 수 있는 대표적인 형태의 식품 성분이어야 한다. 식품의 성분은 식품 시료를 수집하는 계절, 지역, 품종 등에 따라 영양소 함량이 다를 수 있고 또한 식품의 재배방법, 농약이나 살충제의 사용, 숙성도, 운반 및 저장방법에 따라서도 달라질 수 있기 때문이다. 예를 들어 채소의 비타민 C 함량은 채소를 저장하는 방법과 기간에 따라 상당한 차이가 있을 수 있다. 이러한 오차를 최소화하기 위해서는 시료추출방법의 표준화가 시급하다.

둘째, 부적합한 분석방법을 사용하였거나 실험실에 따라 사용하는 분석방법이 다를 때 차이가 생길 수 있다. 특히, 케로티노이드(carotenoids)와 같이 여러 가지 이성체를 가진 물질이나 섬유소와 같이 종류가 다양한 성분의 분석에는 방법에 의한 차이가 더욱 크다. 예를 들어 비타민 C 분석방법은 비타민 C 총함량을 분석하는 방법이 있고 또한 환원형의 비타민 C만을 분석하는 방법이 있다. 후자를 사용할 경우에는 식품 중 비타민 C 함량이 과소평가된다.

식이섬유소의 분석방법은 현재 여러 가지가 사용되고 있으며 방법에 따라 분석하는 섬유소의 종류가 달라 다소 다른 결과가 나오기도 한다.

셋째, 분석에 따른 기술적인 오차도 한 원인이 된다. 이러한 오차는 분석기기의 정확도 및 분석하는 사람에 따라 달라질 수 있다. 이러한 오차를 줄이기 위해서는 시료수집 및 처리분석방법에서 공통으로 사용할 수 있는 표준화된 과정이 필요하다.

넷째, 사용하는 용어나 단위에도 문제가 제기되고 있다. 그 동안 일부 영양소 특히, 비타민은 그 용어나 단위가 여러 번 바뀌면서 혼재하여 사용되고 있다. 한 예로 비타민 A는 과거에는 그 단위로 국제단위인 IU가 사용되다가 최근에는 레티놀 당량(retinol equivalent, RE)이 쓰이고 있다. 이러한 전환과정에서 단위의 혼돈에 따른 부정확한 자료처리가 문제되어 있다. 현재 농촌진흥청의 식품성분표에 비타민 D의 단위로는 IU가, 비타민 E와 나이아신은 mg이 사용되고 있으나 국제적으로는 이들 비타민의 단위는 모든 유도체의 활성을 고려하여 각각 ㎍ cholecalciferol, d-α-tocopherol equivalent(d-α-Te), 나이아신 당량(niacin equivalent, NE)으로 바뀌는 단계에 혼돈이 예상된다.

다섯째, 성분표에 수록되어 있는 식품의 설명이나 품종이 명확하지 않을 경우가 많아 문제를 일으킨다. 같은 식품에 대하여 품종별로 여러 가지 분석치가 발표되고 있으나 실제로 우리가 식품을 섭취할 때는 어느 품종인지 모르는 경우가 대부분이므로 어느 품종을 적용해야 할지 모호하다. 예를 들어 쌀은 농촌진흥청의 식품성분표에는 비타민 강화미를 포함하여 14가지가 수록되어 있으나, 그 설명이 부족하고 또한 소비자도 자신이 어느 쌀을 먹었는지 인지하지 못하고 있으므로 어느 것을 적용해야 할지 애매한 경우가 대부분이다.

여섯째, 식품성분표의 값은 생재료의 영양소 함량이기 때문에 조리나 가공 과정에 따른 영양소 함량의 변화는 고려되어 있지 않다. 특히, 한 그릇 음식의 영양가는 이 음식을 직접 분석한 것이 아니라 대부분의 경우 각 음식의 생재료의 영양소 함량을 합산하여 산출한 것이다. 이것들이 함께 조리되는 과정에서 생길 수 있는 상호작용의 문제는 고려하지 않고 있다.

일곱째, 최근에는 새로운 식품이 매일 시장에 출현되고 있으며 새로운 강화식품이나 가공식품의 사용이 날로 증가되고 있다. 이들 식품을 모두 신속히 수거하여 영양소 함량을 분석하는 것은 불가능하다. 그러므로 이러한 식품의 영양가는 식품회사에서 제공하는 영양성분표에 의거하는 것이 대부분이다. 더구나 강화식품을 섭취하였을 때는 강화된 영양소에 의하여 그 영양소의 섭취량에 커다란 영향을 미치므로 어느 영양소를 강화한 것인지 분명히 알아야 한다.

현재 우리는 식품성분표를 사용함에 있어 이러한 문제를 모두 해결하면서 사용할 수는 없다. 그러나 식품성분표가 내포하고 있는 문제를 이해하고 있으면 식이섭취실태를 평가하는 데 도움이 된다.

요즘에는 이러한 식품의 성분을 컴퓨터의 데이터베이스에 수록하여 식이의 영양소 함량을 계산할 수 있는 계산 프로그램들이 시판되고 있으므로 일반인이나 학생들이 쉽게 사용할 수 있다.

5. 지역사회영양연구에 필요한 통계

통계(statistics)란 통계조사(survey)나 비교실험을 통하여 수집된 자료를 바탕으로 가설을 검증하는, 즉 확률적으로 판정하는 수리적 논리라고 정의할 수 있다. 통계는 크게 두 가지 목적을 가지고 있다. 수집된 자료를 단순히 설명, 묘사하려는 목적과 더 나아가 얻어진 자료의 결과를 일반화(generalization)하려는 것이다. 전자를 기술통계라 하고, 후자를 추리통계라 한다.

기술통계(descriptive statistics)란 얻어진 자료를 분석하여 그 자료를 구성하는 대상들의 속성만을 설명하는 통계로서 모집단의 속성을 유추하거나 예견하지 않는다. 예를 들어 A대학 식품영양학과 학생의 평균 단백질 섭취량이 55g이고 표준편차가 5g이라고 밝히는 것은 기술통계라 할 수 있다.

추리통계(inferential statistics)란 표본에서 얻어진 자료를 가지고 모집단의 속성을 추정하는 통계를 말한다. 예를 들어 우리 나라 여대생의 단백질 섭취량을 얻고자 할 때, 전국 여대생을 대표하는 일정 수의 여대생을 표본으로 추출하여 조사한 단백질 섭취량의 평균이 55g으로 나왔다면 과연 전국 여대상의 단백질 섭취량이 55g인지를 추리하기 위해 검증하는 총계가 추리통계이다.

연구의 목적상 위의 두 가지 목적 중 하나 혹은 모두를 선택할 수 있다. 다음에서는 통계의 기본개념과 기술통계 및 추리통계에 대해 설명하고자 한다.

1) 통계의 기본개념

(1) 변수

변수가 어떤 속성을 지니는지를 정확히 파악할 때 실험설계 및 조사 등의 정확한 연구가 실시될 수 있다. 이 변수들은 분명히 이해하지 못하면 올바른 연구방법을 선택할 수 없다.

① 독립변수와 종속변수

인과관계에 의해 구분되는 것으로 독립변수(independent variables)란 다른 변수에 영향을 주는 변수를 말하며 종속변수(dependent variables)란 영향을 받는 변수, 즉 독립변수에 의해 변화되는 변수를 말한다. 칼슘 섭취량이 골격대사에 미치는 효과를 연구한다면 칼슘 섭취량은 독립변수이고, 골격대사는 종속변수가 된다.

② 양적변수와 질적변수

양적변수(quantitative variables)란 양의 크기를 나타내기 위해 수량으로 표시되는 변수로서 키, 체중 등을 말한다.

질적변수(qualitative variables)란 분류를 위하여 용어로 정의되는 변수로서 국졸, 중졸, 고졸, 대졸 등과 같이 서열이 있는 서열 질적변수(ordered-qualitative variables)와 성별, 직업 등과 같이 서열을 정할 수 없는 비서열 질적변수(unordered-qualitative variables)가 있다.

③ 연속변수와 비연속변수

연속변수(continuous variables)는 소수점으로 표시될 수 있는 변수로서 키, 나이, 열량섭취량 등을 들 수 있으며, 비연속변수(uncontinuous variables)는 특정 수로 표현되는 변수로 자동차 대수, 급식실시 학교수 등을 들 수 있다.

(2) 연구대상

연구를 시행하기 위해서는 연구의 대상이 누구이고 때로는 무엇인지 규명해야 한다. 다음은 대상을 구체화하기 위한 모집단, 표본, 표집의 설명이다.

① 모집단의 표본

모집단(population)이란 연구대상이 되는 전체를 말한다. 예를 들어 노인의 영양섭취실태를 조사한다고 할 때 연구대상이 되는 모집단은 우리 나라의 모든 노인이 된다. 그러나 모집단 전체를 연구의 대상으로 한다는 것은 거의 불가능하다.

그렇다면 모집단을 연구할 수 있는 가장 합리적인 방법은 모집단을 대표하는 대상들을 추출하는 것이다. 즉, 표본(sample)은 모집단을 대표하는 추출된 대상을 말한다. 예로 우리 나라 노인의 영양섭취실태 연구를 위해 임의(random)로 추출된 1,000명의 노인을 들 수 있다. 이때 1,000명이란 수를 표본크기(sample size)라 한다.

모집단의 속성은 모수치(parameter)라 하며 모집단의 성격을 추정하기 위해 추출된 표본의 성격을 추정치(estimates), 혹은 통계량(statistics)이라 한다. 모집단의 평균은 μ, 표준편차는 σ로 표기하고 표본의 평균은 χ, 표준편차는 s로 표기한다.

② 표집 및 표집방법

표집(sample)이란 모집단에서 표본을 추출하는 과정을 말하며, 연구가 타당성을 갖기 위해서는 연구를 위한 표본이 모집단을 적절히 대표할 수 있도록 추출되어야 한다. 즉, 표집이 제대로 이행되어야 한다. 표집방법으로는 단순임의표집, 층화표집, 집락표집 등이 있다.

· 단순임의표집법(simple random sampling) : 표본을 선택할 때 조사원의 주관적 판단이 완전히 배제되어야 하므로 난수표(random number table)와 같은 랜덤 메카니즘을 활용하여 표본을 추출한다. 이는 표본추출의 가장 기본적인 방법이기는 하지만 모집단이 큰 경우 대상자에게 모두 일련번호를 부여한다는 것이 쉬운 일이 아니어서 실시하기가 어렵다.

· 층화임의표집법(stratified random sampling) : 모집단을 층으로 나눔을 의미한다. A대학교 학생들의 식생활에 대한 관심도를 조사하려고 할 때, 각 단과대학별로 응답 패턴이 다를 것이라고 예상된다면 단과대학을 층으로 잡을 수 있다. 또, 학년과 단과대학 모두를 층으로 잡으면 이단 층화임의표집법이 된다. 학년, 단과대학, 학과를 층으로 잡으면 삼단 층화임의표집법이 된다. 이때 각 층에서 추출할 표본의 크기는 각 층의 크기에 비례적으로 배분하여 결정하는 것이 일반적인 관행이다. 층을 나눈 후 이 역시 임의표집법을 반복하는 것이기

때문에 더욱 정밀한 방법이기는 하나 조사가 더 편해지지는 않는다.

· 집락표집법(cluster sampling) : 조사의 편리성과 조사비용의 감소를 위하여 사용할 수 있다. 모집단으로부터 일부의 층을 임의추출한 다음 선택된 층만을 전부 조사하는 방법이다. A대학의 단과대학 중 임의로 2개 단과대학을 추출하여 가정대학과 인문대학이 선택되었다면 이들을 모두 조사하는 것이다. 그러나 이것도 용이한 일이 아니라면 가정대학에서 1개 학과, 인문대학에서 1개 학과를 추출하여 표본으로 정한다. 더 나아가 각 학과의 2개 학년을 임의표집할 수 있다. 따라서 최종적으로 선택된 가정대학 식품영양학과의 1, 3학년과 인문대학 영문과 2, 4학년들이 표본이 되고 이들이 A대학을 대표한다고 간주하는 것이다.

집락표집에서는 층화표집의 층에 해당하는 개체를 '집락'이라 부른다. 전국규모의 조사에서 집락표집법을 이용하면 조사지역이 제한되므로 정확도는 떨어진다. 그렇기 때문에 실제 조사에서는 층화임의표집법과 집락표집법을 혼용하고 있다.

국민영양조사의 경우, 전국의 모든 가구를 모집단으로 해서 생활수준이 비슷한 조사구를 200개 추출하고 1개 조사구당 20가구를 추출하여 총 4,000가구를 표본으로 정하였다. 표집시 '구'를 집락으로 하므로 집락표집법의 한 가지이지만, 조사구 선정시 시와 군의 인구비례를 고려한 확률비례표집단에 의해 실시되어 결과적으로 시는 138개, 군은 62개의 구가 선정되었다.

2) 기술통계

(1) 대표값

조사결과를 바탕으로 경향을 파악하려고 할 때 동일한 변수에 대해서도 관찰 대상자의 수치들이 서로 많은 차이가 있으므로 한 마디로 표현하기가 쉽지 않다. 이를 수집된 데이터의 중심경향값으로 표현한다면 그 경향을 잘 표현할 수 있을 것이다.

· 평균(mean) : 관측값들의 합을 총 관측수로 나눈 값으로서 자료의 중심을 하나로 요약하는 통계량이다. 관측값 하나 하나는 평균을 계산하는데, 똑같은 정도로 영향을 주므로 관측값 중 하나만 달라져도 평균은 변화한다. 이는 평균이 자료를 대표하는 가장 좋은 지표라는 것을 나타낸다.

· 중앙값(median) : 중심경향값의 다른 종류로 가장 작은 수부터 가장 큰 수까지 크기에 따라 배열했을 때 중앙에 위치하는 사례의 값을 말한다.

· 백분위수(percentiles, percent rank) : 자료의 양이 많을 때는 자료들을 100등분한 백분위수를 사용한다. 즉, 백분위수 개념에 비추어 보면 중앙값은 50백분위수이다. 또는 자료의 양이 30개보다 클 때는 중앙값의 개념을 확대해서 크기순서에 따라 늘어놓은 자료를 4등분하는 수값인 사분위수(quartiles)를 사용하기도 한다.

통계 분석시 데이터를 대표하는 값으로 어떤 통계량을 사용하는 것이 현명할지는 좀더 신중하게 생각해 볼 문제이다. 도시 가정의 식비 조사에서 99가구는 10만원이고 1가구가 500만원이었다고 할 때, 이들의 평균 식비는 수식대로 계산은 되겠지만 이 수치를 평균이라고 하기에는 문제가 있다.

이렇게 수집된 자료에서 대부분의 관측값들과 동떨어진 값을 갖는 소수의 데이터를 이상점(outlier)이라 한다. 평균은 이상점에 매우 민감하게 영향을 받지만 중앙값은 이상점에 전혀 영향을 받지 않는다. 이런 이유로 중앙값을 '굳건한 통계량'이라고 부르는 학자도 있다.

· 최빈값(mode) : 분포에서 가장 많은 도수를 나타내는 점수를 말한다.

(2) 분산도

자료들의 중심경향값이 동일하다하여도 자료의 분포 형태는 매우 다양하다. 예를 들어보자. 다음에 주어진 두 자료의 평균은 3으로 동일하다.

자료 A	자료 B
1	2.6
2	2.8
3	3.0
4	3.2
5	3.4

그러나 데이터들의 분포는 전혀 다르다. 자료 A에 비해 자료 B의 데이터들이 평균값 3을 중심으로 매우 밀집되어 있다. 자료에 포함된 관측값들의 퍼짐성을 재려면 자료 내의 각 관측값들이 평균으로부터 얼마나 떨어졌는가를 보면 된다. 즉, '관측값-평균'이 편차이다. 이때 음과 양의 편차들을 모두 더하면 0이 되므로 편차를 종합하여 하나의 숫자로 요약할 수 있는 간단한 방법은 제곱하여 모두 양수로 만들어주는 것이다. 이렇게 편차의 제곱값을 이용하여 자료의 분산도를 측정하는 공식을 유도해낼 수 있다.

$$분산 = \frac{제곱편차합}{관측수-1}, \quad 표준편차 = \sqrt{분산}, \quad 분산 = \frac{표준편차}{\sqrt{관측수}}$$

분산은 퍼짐성의 측도로 사용되며, 모든 데이터 값들이 데이터 중심인 평균으로부터 얼마만큼 퍼져 있는지는 주로 표준편차(standard deviation, SD)또는 표준오차(standard error, SE)로 정량화한다.

평균 중심의 변동을 보고하는 형식은 표준편차를 보고하는 것보다 표준오차를 보고하는 편이 더 낫다. 표준오차는 평균값의 정밀도를 대표하는 값이기 때문이다. 어느 경우든 표준오차나 표준편차의 값이 적으면 데이터가 평균 근처에 많이 밀집되어 있다고 할 수 있다.

(3) 표준점수

분산도를 나타내는 표준편차는 조사된 데이터가 모집단에서 상대적으로 어디에 위치하는가를 결정하는 중요한 요인이 된다.

전국의 초등학교 급식비를 알기 위해 모집단으로부터 2백개의 학교를 표본으로 추출하여 조사한 평균이 2,000원이고 표준편차가 200원임을 알았다. 이때 A초등학교의 급식비가 2,200원이라면, A학교의 급식비 수준이 우리 나라 전체 초등학교 중 어디에 위치하는지를 알아보고자 한다.

이와 같이 얻어진 원래 점수(raw score)의 상대적 위치를 알려주는 점수를 표준점수(standard score)라 하고 종류로는 Z점수, T점수 등이 있다. 가장 흔히 쓰이는 점수가 Z점수이다. Z점수란 데이터의 분포가 정규분포라는 가정하에서 원점수의 평균을 0으로 하고 표준편차를 1로 하는 변환점수를 말한다.

$$Z점수 = \frac{편차}{표준편차}$$

$$따라서,\ A학교의\ Z점수 = \frac{2{,}200-2{,}000}{200} = 1$$

Z점수는 표준정규분포표를 이용하여 비율로 환산될 수 있다. 이에 의해 A초등학교의 급식비 수준은 분명 50% 이상에 위치하며, 정확한 상대적 서열은 84.13%에 있음을 알 수 있다.

(4) 상관(Correlation)

상관이란 두 변수의 관계를 말한다. 이는 한 변수가 변할 때 다른 변수가 어떻게 변하는가를 나타낸다. 예를 들어 지방 섭취량과 대장암 발병률이 상관이 있다고 판단되었다면, 이는 지방섭취량이 증가하여 대장암 발병률이 증가했다고 볼 수 있다. 즉, 두 변수가 동시에 변하는 것을 상관이라 한다. 그러나 상관의 의미를 항상 인과관계로 해석해서는 안되는데 대장암 발병률이 증가하는 것은 지방 섭취량 이외에도 여러 인자가 관여할 수 있기 때문이다. 따라서 상관관계를 인과관계보다는 상호관계(interaction)로 해석되는 경우가 더 많다. 한 변수가 다른 변수에 영향을 주고 역으로 다른 변수가 한 변수에 영향을 준다는 것이다.

변수들간의 상관관계를 보는 손쉬운 방법은 데이터들의 추이를 그래프로 그려보는 것이다. X축에 한 변수와 Y축에 다른 변수를 설정하고 각 변수가 나타내는 점을 찍어 두 변수간의 관계를 파악할 수 있는 도표를 산점도(scatter plot)라 한다. 또한, 산점도에서 보여주는 데이터들의 패턴을 요약한 숫자가 상관계수(correlation coefficient)로서 두 변수가 변화되어 있는 정도를 나타내는 지수를 말한다.

보편적으로 사용하는 상관계수는 피어슨(Karl Pearson)이라는 통계학자가 제안한 소위 '피어슨 상관계수'이다. 피어슨 상관계수는 오로지 두 변수간의 직선형 상관관계를 정량화하기 위한 목적으로 사용한다. 즉, 두 변수간의 관계가 얼마나 직선 관계에 있느냐를 측정하는 하나의 도구인 것이다. 상관계수의 범위는 언제나 -1에서 +1 사이의 값을 취하도록 고완되었으며, 완벽한 정의(+)관계에 있을 때 상관계수는 +1이고 완벽한 역의(-)관계에 있을 때는 -1이다. 상관계수가 0에 가까울수록 두 변수들간에는 피차 설명할 근거가 없는 셈이다. 그렇다면 상관계수를 수치로 나타내는 외에 언어적 방법으로 표현하는 경우가 자주 있는데 절대적인 기준은 없으나 표 2-4와 같은 기준에 따라 상관을 표현한다.

상관의 언어적 표현에서 두 변수의 관계가 정의 관계이면 상관이 있다, 높다, 낮다 등으로 서술하나 역의 관계에 있는 경우에는 '역의 상관이 있다' 혹은 '역의 상관이 높다'라고 표현한다.

표 2-4 상관계수의 설명

상관계수의 범위	상관관계의 언어적 표현
.00～.20	상관이 거의 없다.
.20～.40	상관이 낮다.
.40～.60	상관이 있다.
.60～.80	상관이 높다.
.80～1.0	상관이 매우 높다.

(5) 회귀분석

상관의 개념으로 설명된 두 변수간의 데이터들의 추이를 일차함수식과 같은 간단한 함수식으로 나타내 보려는 시도를 회귀분석(regression analysis)이라 하고 회귀분석을 시도하기 위해 가정된 함수식을 회귀 모형(regression model)이라 한다.

산점도에 나타난 점들의 패턴을 적절한 함수식으로 나타낸다면 데이터 해석이 굉장히 편리해질 것이다. 그러나 설사 회귀식을 얻었더라도 이 회귀식이 데이터들의 변화 패턴을 잘 설명하지 못한다면 회귀 모형은 큰 의미가 없게 된다. 따라서 회귀분석을 시도할 때에는 우선적으로 회귀 모형의 유의성을 검증해야 한다. 회귀 모형이 유의하다는 말은 가정된 회귀 모형이 데이터를 잘 설명하고 있음을 뜻한다. 회귀 모형의 유의성은 이후에 설명되는 추리통계방법인 분산분석으로 검증한다.

3) 추리통계

추리통계는 알지 못하는 모집단의 속성을 추정하기 위해서 모집단을 대표하는 표본을 추출하여 표본의 속성을 추정하는 확률로 의사를 결정하는 방법이다. 그렇다면 일시적으로 검증될 가설을 설정하여 그 가설이 참인지 거짓인지를 판단해야 할 것이다. 다음에서는 통계적 가설검증을 위한 기본개념 및 여러 가지 통계방법을 소개하고자 한다.

(1) 추리통계를 위한 기본개념

① 정규분포

많은 생리학자들이 성인의 키를 측정하여 분포를 그렸더니 어떤 점을 중심이로 좌우대칭의 형태를 나타냄을 발견할 수 있었다. 매우 키가 큰 사람이나 작은 사람의 수는 희소하며 평균 키인 사람이 많음을 알 수 있다. 그 뿐만 아니라 팔의 길이 또는 쥐의 출생 체중의 분포 등을 그려보아도 이와 같은 형태의 분포가 나타남을 발견하였다. 이와 같은 분포를 정규분포(normal distribution)라 한다. 정규분포는 통계학에서 가장 많이 사용하는 분포로 앞으로 소개할 대부분의 통계방법들에서는 언제나 데이터들이 정규분포를 따른다는 가정을 한다.

정규분포의 형태는 평균을 중심으로 좌우대칭이며, 평균(μ)과 표준편차(σ)에 의해 형태가 달라짐을 알 수 있다. 즉, 정규분포의 형태는 종모양으로 평균이 같고 분산이 각기 다른 분포이다.

그러나 분포의 형태는 다르더라도 평균을 중심으로 제한된 범위내의 확률은 같음을 알 수 있다. 이러한 정규분포들을 유일한 분포로 만든 것을 표준정규분포라 한다. 표준정규분포(standard normal distribution)란 유일한 분포로 평균은 0, 표준편차는 1로 하는 분포를 말하며 이를 Z분포 또는 단위정규분포라 한다. 어떤 분포가 평균 μ와 표준편차 σ를 가진 정규분포일 때, 이 분포를 평균이 0이고 표준편차가 1인 표준정규분포로 변환하여도 이 분포는 정규분포이며, 이때의 변환된 점수를 표준점수(standard score) 혹은 Z점수라 한다.

② 유의수준

통계적 가설 검증에서는 언제나 귀무가설과 대립가설을 설정한다. 귀무가설(null hypothesis)은 직접 검증의 대상이 되는 가설로 부정하고자 하는 가설이며, 대립가설(alternative hypothesis)은 귀무가설의 반대되는 사실로 연구자가 주장하고자 하는 가설이다. 따라서 연구자는 귀무가설을 기각(reject)하고 대립가설을 채택(accept)하기를 바라게 된다. 가설검증에 의해 내려진 통계적 결정은 데이터에 담긴 정보를 기초로 하므로 완벽하지 않고 항상 판단착오를 할 위험이 있다. 즉, 통계적 결정에서 귀무가설이 옳은데도 불구하고 귀무가설을 기각할 오류를 제 1종 오류라 하며 제 1종 오류를 범할 확률을 α라 표기한다. 통계적 검증시 이 α값을 설정하게 되는데 이 선택된 α의 값을 유의수준(significance level)이라 한다. 일반적으로 유의수준은 0.05로 많이 설정한다. 이 말은 귀무가설이 옳은데도 불구하고 데이터가 잘못 나와서 대립가설을 채택할 오류의 확률이 5/100라는 의미이다.

이에 대해 유의확률(significance probability, p value)은 현재 갖고 있는 데이터에 대해 가설검증을 할 때 처음에 유의수준을 얼마로 잡았어야 귀무가설을 기각할 수 있는지를 계산한 값이다. 따라서 유의수준을 0.05로 정했을 때 계산된 유의확률이 0.05보다 작게 나와야 귀무가설을 기각하고 대립가설을 채택할 수 있게 된다.

일반적으로 통계적 가설검증의 기본적인 절차는 다음과 같다.

① 이론적 연구를 바탕으로 귀무가설과 대립가설을 설정한다.
② 유의수준을 설정한다.
③ 연구의 목적을 증명할 수 있는 올바른 통계방법을 선택한다.
④ 선택한 통계방법에 의한 통계값을 선택한다.
⑤ 유의수준에 따라 기각값을 찾은 후 귀무가설의 기각여부를 밝힌다.
⑥ 결론과 해석을 한다.

(2) 추리통계를 위한 가설검증

통계적 검증 방법으로는 Z검증, t 검증, F검증, χ^2 검증 등이 있으며 각기 다른 분포인 Z분포, t 분포, F분포, χ^2 분포에 의하여 의사결정이 내려지므로 다른 이름을 갖고 있다. Z검증, t 검증, F검증은 종속변수가 양적변수일 때 집단간 평균비교를 위한 방법으로써 Z검증과 t 검증은 두 집단 이하의 비교에, F 검증은 세 집단 이상을 비교할 때 쓰인다. χ^2 검증은 독립변수의 종속변수가 질적변수로 집단간의 차 또는 두 변수간의 연관성을 검증하기 위해 사용된다.

① Z분포에 의한 검증

Z검증은 Z분포에 의해 가설을 검증하는 통계적 방법으로 모집단의 분산을 아는 경우에만 사용할 수 있는데, 실제 연구상황에서 모집단의 분산을 아는 경우는 매우 드물다.

② χ^2 분포에 의한 검증

χ^2 검증은 범주형 자료(categorical data)에 대한 통계적 검증 방법으로 자료들을 분획표(contingency table)로 만든 뒤 그들의 독립성을 검증하게 된다. 배경변수의 범주에 따라 관심있는 문항의 응답 패턴이 같은지 다른지를 알고 싶을 때 '독립성 검증'이라는 통계기법을 이용할 수 있다. 다음과 같은 분획표

1일 간식횟수	정상아	비만아
1회	50명	10명
2회	30명	40명
3회	20명	50명

로 검증을 하게 된다면 배경변수는 비만도가 되고 응답 패턴은 간식횟수가 될 것이다.

이들에 대해 χ^2 검증을 실시하여 독립성을 검증한 결과 귀무가설('비만도의 간식횟수는 독립적이다')을 기각하게 된다면 '비만도와 간식횟수 사이에는 의존성이 있다'고 결론내릴 수 있다. 데이터를 좀더 잘 살펴보면 정상아에 비해 비만아의 간식횟수가 더 많다고 할 수 있겠다.

③ t 분포에 의한 검증

t 검증(t-test)은 분포에 의해 가설을 검증하는 통계적 방법으로 모집단의 분산을 알지 못할 때 표본의 평균과 분산을 가지고 검증하는 방법이다. 종속 이표본 t 검증(dependent two samples t-test)이란 비교할 두 표본이 서로 종속적일 때 이용하고 독립 이표본 t 검증(independent two samples t-test)은 비교할 두 표본이 서로 독립적일 때 이용한다. 예를 들어 중년 남녀의 열량섭취량을 조사할 때 남녀를 각각의 모집단에서 임의적으로 추출했다면 남녀 두 표본은 독립적이나 편의에 의해 중년 부부를 임의적으로 추출하여 중년남녀 표본을 구했다면 이들 표본은 상호 종속적이 된다.

따라서 전자의 경우는 두 독립표본 t 검증을, 후자의 경우는 두 종속표본 t 검증을 사용하게 된다. 또 다른 예로써 사전, 사후검사를 들 수 있다. 영양교육의 효과가 있는지를 알아보기 위하여 영양교육 전의 영양지식 점수를 검사한 후 교육 후의 영양지식 점수에 대한 사후검사를 실시하여 비교하고자 할 때에는 두 종속표본 t 검증을 쓸 수 있다. 사전검사 점수와 사후검사 점수는 독립적이지 않기 때문이다.

④ F 분포에 의한 검증

F분포에 의한 F검증 혹은, 분산분석(Analysis of variance : ANOVA)이란 분산의 원인이 어디에 있는가를 알아보는 통계적 방법이다. 일원분산분석(one-way analysis of variance : one-way ANOVA)이란 독립변수가 하나일 때 분산의 원인이 집단간 차이에 기인한 것인지를 분석하는 통계기법이다. 즉, 수유방법(모유, 조제분유, 혼합영양)에 따른 영아 체중의 차이라든가, 어유 섭취량(저, 중, 고)이 혈중 콜레스테롤 수준에 미치는 영향 같은 연구를 할 때 각기 한 독립변수(수유방법 혹은 어유 섭취량)에 의한 집단간의 차이를 비교하게 된다.

독립변수가 2개일 경우에는 이원분산분석(two-way analysis of variance)를 실시한다. 예를 들어 나이가 다른(4개월, 12개월) 흰쥐에게 단백질 함량(저,

중, 고)을 달리하여 섭취시켰을 때 신장기능에 미치는 영향을 연구하려 한다면, 독립변수는 나이와 단백질 함량이 되며 종속변수는 신장기능이 된다. 이 실험을 위한 layout은 다음과 같다.

신장기능지표	4개월			12개월		
	저	중	고	저	중	고
사구체여과율						
뇨 요소질소량						

분산분석의 귀무가설은 비교하고자 하는 '전체 집단들의 평균이 같다'는 것이며, 이것이 기기각되었다면 비교 집단들의 평균이 차이가 있음을 말한다. 그러나 어느 집단과 어느 집단간에 차이가 있는지를 밝혀주지는 못한다. 즉 수유방법(모유, 조제분유, 혼합영양)에 따른 영아 체중의 차이가 있다는 것을 알았으나 모유를 섭취한 영아와 조제분유를 섭취한 영아의 체중이 다른지, 또는 조제분유를 섭취한 영아와 혼합영양을 한 영아의 체중이 다른지는 알 수 없다. 이와 같이 귀무가설의 기각여부를 검정한 후 만약 귀무가설이 기각되었다면 어떤 집단간의 대비(contrast)에서 차이가 있는지를 찾아내는 통계적 방법을 사후비교분석(post-hoc comparison)이라 한다. 사후비교분석 방법으로는 Duncan's multiple range test, LSD(least significance difference), Tukey의 Honestly Significant Difference(HSD) 검증 또는 Scheffe 검증을 사용할 수 있다.

활동마당

1. 잘못된 영양정보에 대한 분과토론을 해보자

각 집단이 약 4인 정도가 되도록 분과를 나누도록 한다. 지역사회내의 잘못된 영양이나 건강정보의 2~3가지 예에 대해 각 그룹에게 질문하자.

1. 제품이나 서비스에 대해 만들어지는 특별한 건강강조표시는 무엇인가?
2. 어떻게 제품이나 서비스에 건강강조표시가 성립되는가? 왜 강조표시가 가치가 있거나 혹은 없는가?
3. 제품이나 서비스에 대한 주대상은 누구인가? 왜 이런 집단이 강조표시가 만들어지는 데에 대해 취약한가?
4. 제품이나 서비스에 대한 강조표시에 대해 반박해보자. 소비자에게 무슨 대안을 제시할 수 있는가?

2. 영양보충제에 대한 평가

현재 수퍼마켓, 약국, 건강식품판매소등에서 팔고 있는 영양보충제에 대해 각 학생들이 다음과 같은 기준으로 평가해 보도록 한다.

1. 보충제에 들어 있는 영양소와 비영양소의 종류와 수준
2. 보충제에 들어 있는 영양소 수준이 한국영양권장량과 비교해 어떤 수준인지 조사해 볼 것
3. 보충제에 표시되어 있는 영양강조 표시가 적정한 것인가?

3. 소비자정보가 적힌 상품라벨을 만들어 봄으로써 정보가 주는 라벨의 중요성을 인식하게 한다.

1. 라벨만들기 : 각자 주위에서 얻을 수 있는 정보를 이용하거나 창의력을 발휘하여 한가지 식품에 대한 라벨을 만들어 보도록 한다. 각각 만든 라벨과 비교해 보도록 한다.
2. 새로운 라벨 : 식품 라벨을 모아서 나누어 준다. 라벨에 영양소에 관한 어떤 내용이 적혀있는지, 어떤 영양소가 강화되어 있는지, 라벨에 관련된 영양정보가 있는지 살펴본다.

3

지역사회 건강영양조사 방법

대한영양사회

제 3 장

지역사회 건강 영양 조사 방법

우리 나라에서는 1969년이래 1995년까지 매해 국민건강조사와 국민영양조사가 실시되어, 영양섭취실태의 변화, 식품소비의 변화추이에 대한 자료가 공급되었다. 한편 국민건강조사는 영양조사와는 별도로 1989년에서부터 1995년까지 매해 실시되어왔다. 이러한 자료로는 건강과 영양과의 관계를 규명하기 어렵고, 질병 패턴의 식생활 관련 요인에 대한 파악이 어려운 실정이었다. 이 장에서는 1995년 제정 공포된 국민건강증진법에 의거하여 1998년에 처음으로 실시된 국가규모의 건강·영양조사 방법과 내용, 주요 결과, 그리고 한계점에 대하여 알아본다. 아울러 미국에서 실시되고 있는 국민영양모니터링의 방법과 내용, 결과의 적용범위에 대해서도 알아본다.

1. 국민건강영양조사

1) 국민건강영양조사의 의의

우리 나라는 최근 경제발전과 소득 수준의 향상으로 식생활 및 운동, 흡연, 음주 등 생활 양식에 급속한 변화를 겪었고, 이에 따라 증가된 만성퇴행성 질환의 관리에 소요되는 의료비용이 경제적 부담으로 대두되고 있다. 국가 차원에서 만성퇴행성질환의 예방을 위한 보건 정책을 수립하기 위해서 이러한 질병과 관련된 식품영양 문제를 정확하게 파악할 수 있는 자료가 필요한 시점에 도달한 지 오래 경과했으나 관련 법과 제도의 미비로 제대로 된 조사가 실시되지 못하고 있었다.

우리 나라에서 인구집단을 대상으로 조사된 건강과 영양에 관한 자료로는 매년 실시되어 왔던 국민건강조사와 국민영양조사가 있다. 이 두 조사는 각기 독립적으로 수행되어 왔었고 그 결과를 서로 연계하여 분석할 수 없는 구조적인 문제점을 안고 있었다. 1989년부터 실시되어왔던 국민건강조사로는 질병의 원인에 대한 정보가 결여된채 질병의 상대적인 규모만을 파악할 수 밖에 없었고, 1969년에서부터 실시되었던 국민영양조사로는 가구당 식품섭취량에 기초한 영양조사이었으므로 개인의 식품섭취와 영양상태와의 연관성을 파악할 수 없었다.

우리 나라 국민 전체의 질병 유형과 이에 영향을 미치는 식생활 요인을 파악하여 보건정책이나 영양정책의 방향을 결정하는데 활용할 수 있는 신뢰성 있는 자료가 절실하게 필요하던 때였다. 이에 따라, 1995년에는 국민건강증진법이 제정되어 국민건강영양조사실시에 관한 조항이 포함되었고 그 법에 의거하여 국민영양(건강)조사를 매 3년마다 실시하도록 제도가 변경되었으며, 1998년에 제1차, 2001년에 제2차 국민건강영양조사가 실시되었다. 2005년 봄에는 제3차 조사가 실시될 예정이다.

(1) 조사 목적

국민건강영양조사의 목적은 전국규모의 대표성과 신뢰성이 있는 조사를 통하여 국민의 건강과 영양상태를 파악하는데 있다. 또, 주요 질병 및 건강 위험요인에 대한 통계자료 및 추이를 제시하여 국가건강목표의 우선 순위를 결정하는데, 질병예방과 건강증진 프로그램의 개발에 필요한 기초 자료를 수립하는데 활용코자 하는데 그 목적이 있다. 국민건강영양조사의 구체적인 목표는 아래와 같다.

① 국민의 전반적인 영양 및 건강상태를 파악한다.
② 국민의 식품 및 영양소 섭취현황과 양상을 파악한다.
③ 국민의 주요 질병의 이환 규모를 파악한다.
④ 주요 질병과 식이섭취 및 기타 주요 위험 요인과의 연관성 파악을 위한 역학적인 기초자료를 산출한다.
⑤ 국민의 체위수준 등 주요 건강지표의 분포상태를 파악한다.
⑥ 향후 급·만성 질병의 임상적 정보를 제공할 수 있는 혈청 은행 운영에 필요한 시료를 확보하고 보존한다.

(2) 조사 모집단, 표본 추출 및 규모

각 시도의 섬지역을 제외한 전국의 일반가구의 혈연가구원과 독신가구로서 비혈연가구와 비혈연가구원은 제외되었다. 표본 추출방법 및 규모는 다음과 같다.

① 건강면접조사

조사대상은 전국단위 표본으로 추출된 13,200 가구의 인구 약 40,000명으로서, 전체 표본규모는 1998년 조사와 동일하다.

다만, 건강조사의 경우 보건의식행태조사는 1998년 조사의 만 10세 이상에서 만 12세 이상으로, 검진조사의 신체계측은 1998년 조사의 만 10세 이상에서 만 1세 이상으로 대상을 변경하였다. 표 3-1에는 「국민건강영양조사」 대상, 표 3-2에는 조사완료율이 있다.

표 3-1 2001년도 「국민건강 · 영양조사」 대상

조사구분		표본조사구수	표본가구수	표본인구
건강조사	건강면접조사[1]	600	13,200	전 가구원
	보건의식행태조사	200[2]	건강면접조사 완료가구	만12세 이상
	검진조사	200[2]	건강면접조사 완료가구	만10세 이상 단, 신체계측 만1세 이상
영양조사	색생활조사 I	200[2]	건강면접조사 완료가구	만3세 이상
	식생활조사 II	200[2]	건강면접조사 완료가구	만1～2세
	식품섭취빈도조사	200[2]	건강면접조사 완료가구	만12세 이상
	식품섭취량조사	200[2]	건강면접조사 완료가구	만1세 이상

주: 1) 가구일반특성조사, 질병이환조사, 의료이용조사, 사고중독조사
2) 통합조사구

표 3-2 2001년도 「국민건강 · 영양조사」 완료율

조사구분	대상가구수/인구수	조사가구수/인구수	완료율
건강면접조사	13,200 가구	12,183 가구	92.30%
보건의식행태조사	10,368명	9,170명	88.45%
검진조사	12,647명	9,770명	77.25%
영양조사	12,441명	10,051명	80.79%

(3) 조사내용 및 방법

2001년도 「국민건강 · 영양조사」는 조사지역별 일정장소에 검사장비를 설치하고 조사대상을 내방토록 하여 실시된 검진조사를 제외하고는, 조사원이 가구방문으로 면접 또는 자가지재(보건의식행태조사에 한함)를 통해 다음과 같은 내용을 파악하였다.

① 건강조사 부문

- 가구일반특성조사 : 거주지 특성, 가구주 및 가구원 일반특성, 경제상태
- 질병이환조사 : (연간 만성질병 및 2주간 급성질병의) 발생 및 유병특성
- 사고중독조사 : (연간 대형 및 2주간 경미사고중독의) 발생 및 응급치료 특성
- 의료이용조사 : (질병별 2주간 외래 및 연간 입원의료이용의 기관별) 이용특성
- 보건의식행태조사 : (흡연, 음주, 약물복용 등의) 건강위해행위실태, (운동, 체중조절, 휴식, 스트레스관리 등의) 건강생활실천실태, (건강검진, 혈압측정, 주요 건강 정보원, 안전벨트착용 등의) 예방 및 안전행위실태
- 검진조사 : (혈액, 뇨 채취를 통한) 임상검사, 맥박 및 혈압측정, 신체계측

② 영양조사 부문

- 식생활조사Ⅰ : 일반적인 식습관(결식상황, 결식이유, 음식의 상대적 염도, 간식 및 외식섭취, 건강보조식품경험 등)에 관한 조사
- 식생활조사Ⅱ : 수유상황 및 이유실태에 관한 조사(출생체중과 신장, 수유형태 및 모유수유기간, 일반 우유로의 전환시기, 이유식 시작시기 등)
- 식품섭취빈도조사 : 주요섭취식품에 대한 1년간 섭취빈도 조사
- 식품섭취량조사 : 24시간 회상법을 통해 조사 직전 1일 동안 섭취한 모든 음식 및 식품의 내용과 섭취량 조사

(4) 2001 국민건강영양조사 주요결과

① 식품 및 영양소 섭취실태 결과

- 식품 섭취실태

전국 국민 1인 1일당 식품의 섭취 총량은 1,314.7g이었다. 이중 식물성 식품은 1,052.9g으로 총 식품 섭취량의 80.1%였고, 동물성 식품은 261.8g으로 총 식품 섭취량의 19.9%였다. 식품 섭취량의 추이를 보면 식물성 식품 섭취비율은 1970년대의 90% 수준에서 점차 감소하여 80년대 후반부터는 80%내외를 유지하고 있으며, 동물성 식품 섭취비율은 같은 기간동안 상대적으로 증가하여, 10%미만에서 20% 수준으로 상향 유지되고 있다. 표 3-3에는 지역별 식품군별 1인 1일 섭취량 자료가 나타나 있다.

(단위 : g)

표 3-3 지역별 식품군별 1인 1일 섭취량

식품군＼지역	전국	대도시	중소도시	읍면지역
식물성 식품				
곡류 및 그 제품	310.5	307.1	310.1	321.1
감자 및 전분류	26.5	27.6	26.9	22.3
당류 및 그 제품	10.9	11.7	11.1	8.5
두류 및 그 제품	31.6	34.4	29.7	27.3
종실류 및 견과류	2.7	2.6	2.6	3.3
채소류	290.8	287.7	287	306.5
버섯류	4.7	5.0	4.9	3.8
과실류	207.4	212.5	205.2	196.9
해조류	9.0	9.8	7.9	8.9
음료 및 주류	112.7	126.9	105.5	85.6
조미료류	31.2	30.8	30.9	32.5
유지류(식물성)	9.8	10.5	9.6	7.8
기타	5.1	5.9	4.9	3.2
식물성 식품계	1052.9	1072.5	1036.3	1027.7
동물성 식품				
육류 및 그 제품	91.7	97.3	97.2	65.9
난류	21.1	22.3	21.8	16.4
어패류	64.1	64.4	67.1	57.6
유류 및 낙농제품	84.6	89.4	88.1	64.2
유지류(동물성)	0.1	0.1	0.1	0.1
기타	0.2	0.2	0.3	0.1
동물성 식품계	261.8	273.7	274.6	204.3
총계	1314.7	1346.2	1310.9	1232.0
식물성식품섭취비율(%)	80.1	79.7	79.1	83.4
동물성식품섭취비율(%)	19.9	20.3	20.9	16.6

· 영양소 섭취실태

- 에너지

에너지 섭취량의 분포를 보면 전체 평균 섭취량이 1975.8kcal였으며, 남자의 평균 섭취량은 2214.1kcal, 여자의 평균 섭취량은 1768.0kcal으로 나타났다. 한국인 영양권장량을 기준으로 산출한 권장량 대비 에너지 섭취비율의 전체 평균은 94.5%였으며, 곡류에너지 비율은 58.5%이었다.

- 단백질

단백질의 전체 평균 섭취량은 71.6g였으며, 남자의 평균 섭취량은 83.4g, 여자의 평균은 65.5g로 나타났다. 한국인 영양권장량을 기준으로 산출한 단백질 섭취비율의 전체평균은 117.8%였으며, 동물성 단백질의 비율은 47.9%이었다.

- 지방과 당질

지방의 전체 평균 섭취량은 41.6g였으며, 동물성 지방의 비율은 51.8%였다. 당질의 전체 평균 섭취량은 315.0g이었다.

- 칼슘과 철

칼슘의 전체 평균 섭취량은 496.9mg였으며, 한국인영양권장량을 기준으로 산출한 권장량 대비 칼슘 섭취비율은 전체 평균 72.8%이었다. 칼슘의 급원은 식물성 58.2%, 동물성 41.8%인 것으로 나타났다. 철의 평균 섭취량은 전체 12.2mg, 남녀 각각 13.7mg, 11.3mg으로 나타났다. 한국인 영양권장량을 기준으로 산출한 권장량 대비 철 섭취비율의 전체 평균은 91.9%였으며, 철의 주요 식품군별 공급원은 식물성 식품이 70.4%, 어패류를 비롯한 동물성 식품이 29.6%인 것으로 분석되었다.

- 비타민

비타민 A의 전체 평균 섭취량은 623.8RE (Retinol Equivalent), 한국인 영양권장량을 기준으로 산출한 권장량 대비 비타민 A 섭취비율의 전체 평균은 95.6%이었다. 비타민 C의 전체 평균 섭취량은 132.6mg, 한국인 영양권장량을 기준으로 산출한 권장량 대비 비타민 C의 평균 섭취비율은 234.0%이었다.

티아민의 전체 평균 섭취량은 1.27mg, 한국인 영양권장량을 기준으로 산출한 권장량 대비 티아민 섭취비율의 전체 평균은 126.3%였다. 리보플라빈의 전체 평균 섭취량은 1.13mg이었다. 남자의 평균 섭취량은 1.22mg, 여자의 평균 섭취량은 0.97mg으로 산정되었다. 한국인영양권장량을 기준으로 산출한 권장량 대비 리보플라빈의 전체 평균 섭취비율은 86.2%였으며, 나이아신의 전체 평균 섭취량은 16.9mg, 한국인영양권장량을 기준으로 산출한 나이아신의 전체 평균 섭취비율은 110.8%이었다. 표 3-4에는 지역별 1인 1일 영양소 섭취량 자료가 나타나 있다.

(단위 : g)

표 3-4 지역별 1인 1일 영양소 섭취량

영양소 \ 지역	전국	대도시	중소도시	읍면지역
에너지(kcal)	1,975.8	2,002.2	1,985.3	1,883.1
단백질(g)	71.6	73.4	73.1	65.3
(동물성 단백질) (g)	(34.3)	(35.5)	(35.9)	(27.8)
지방(g)	41.6	43.5	43.1	33.7
(동물성 지방) (g)	(20.1)	(21.2)	(21.1)	(15.0)
당질(g)	315.0	315.2	314.1	315.9
조섬유(g)	6.6	6.6	6.6	7.4
회분(g)	19.5	19.6	19.7	19.6
칼슘(mg)	496.9	502.3	492.0	490.6
인(mg)	1168.9	1,185.4	1,177.1	1,107.9
철(mg)	12.2	12.3	12.0	12.1
나트륨(mg)	4,903.4	4,818.7	4,902.4	5,147.0
칼륨(mg)	2,843.9	2,904.2	2,820.1	2,716.6
비타민 A (RE)	623.8	645.4	619.5	569.4
티아민(mg)	1.27	1.30	1.29	1.13
리보플라빈(mg)	1.13	1.17	1.16	0.99
나이아신(mg)	16.9	17.4	17.0	15.1
비타민C(mg)	132.6	134.7	133.2	126.4
동물성단백질비(%)[1)]	47.9	48.4	49.1	42.6
지방급원에너지비(%)[2)]	19.5	20.1	20.0	16.6

1) 동물성단백질비(%)=동물성단백질/총단백질×100

2) 지방급원에너지비(%)=지방급원으로부터의 에너지/총에너지×100

그림 3-1에는 섭취에너지의 영양소 구성비 추이, 그림 3-2에는 영양권장량에 대한 영양소별 평균 섭취비율, 표 3-5에는 지역별 영양권장량에 대한 영양소별 섭취비율 자료가 나타나 있다.

② 국민건강조사

· 주관적 건강상태 인식 및 주요 질병 유병실태

20세이상 성인중 자신의 건강상태가 '매우 좋다' 또는 '좋다'라고 인지하는 비율은 58.8% 이었으며 한국인이 앓고있는 만성질환은 치아우식증(1위), 피부질환(2위), 관절염(3위), 요통(4위), 위염·소화성궤양(5위), 고혈압(6위)의 순으로 나타났다.

그림 3-1 섭취에너지의 영양소 구성비 추이

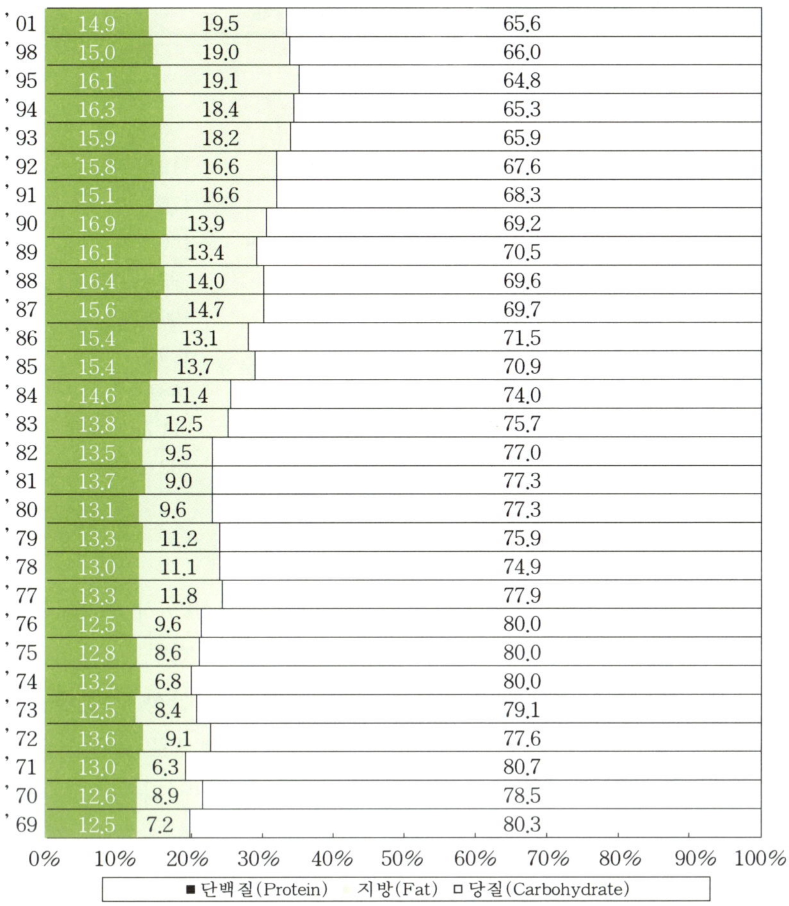

그림 3-2 영양권장량에 대한 영양소별 평균 섭취비율

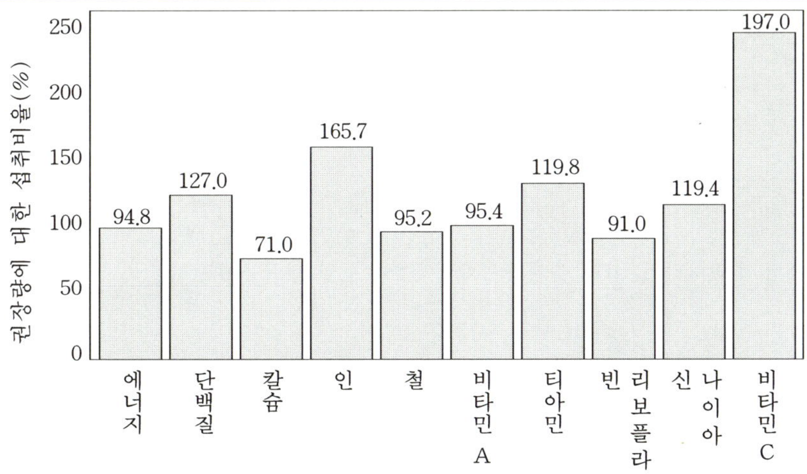

(단위 : %)

표 3-5 지역별 영양권장량에 대한 영양소별 섭취비율

영양소 \ 지역	전국	대도시	중소도시	읍면지역
에너지	94.5	94.3	96.3	92.0
단백질	117.8	120.8	119.5	108.3
칼슘	72.8	73.6	76.0	66.3
인	152.9	155.8	156.2	141.3
철	91.9	93.4	92.3	87.7
비타민A	95.6	98.6	100.8	80.9
티아민	126.3	128.0	129.3	117.7
리보플라빈	86.2	89.7	88.6	74.6
나이아신	110.8	114.4	111.7	101.3
비타민C	234.0	246.4	232.6	207.7

· 질병 및 사고로 인한 활동제한에 따른 생산성 손실액

우리 나라 국민 중 1.9%, 65세 이상 노인의 경우에는 14.4%가 직업, 학업, 가사 등 주요활동에 제한이 있는 것으로 나타났다. 활동 제한은 사회 경제적 활동의 일시적 중단을 의미하는 것으로 이환으로 인한 생산성 손실액은 '98년도 GDP (국내총생산)의 1.7%인 7조 6,233억원에 달한 것으로 추정되었다. 표 3-6에는 우리 나라에서 만성질환으로 인한 생산성 손실액이 나타나 있다.

표 3-6 우리나라에서 만성질환으로 인한 생산성 손실액

	GDP 손실률(%)	GDP 손실액(억원)
전체이환	1.696	76,233
요통 · 좌골통	0.291	13,072
관절염	0.252	11,333
각종사고	0.239	10,733
뇌혈관질환	0.137	6,163
암	0.054	2,414
당뇨	0.048	2,160

주: 1) 1998년 우리나라의 GDP 총액은 449조 5088억원임(한국은행).

그림 3-3 20세 이상 성인의 성별 · 연령별 흡연율

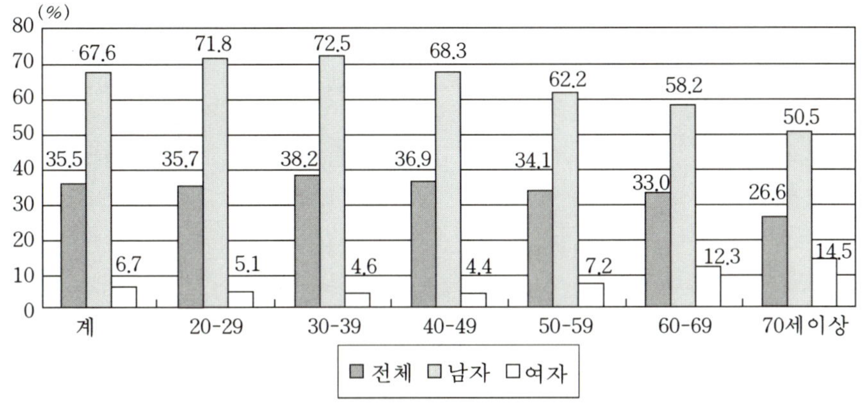

그림 3-4 20세 이상 성인의 성별 연령별 음주율

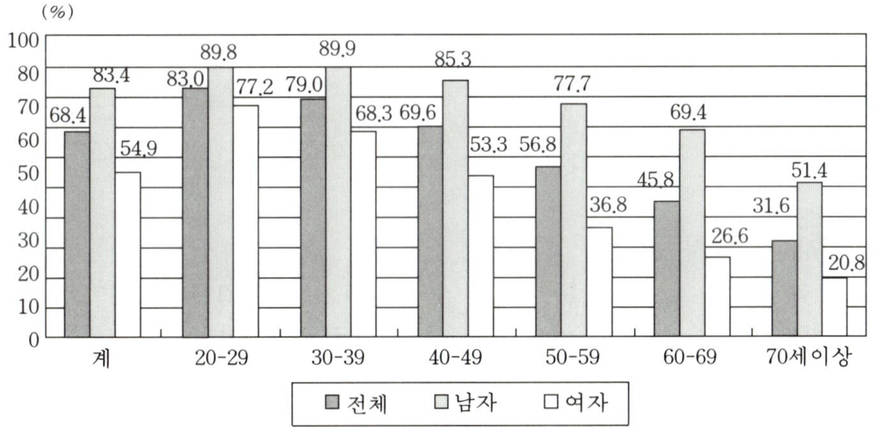

· 활동제한이 없는 건강여명 (Disability-free life expectancy; DFLE)

출생시 기대수명에서 활동제한여명을 제외한 건강여명 (DFLE)은 남성이 63.3세, 여성이 65.4세인 것으로 나타났다.

· 건강실천행위

우리 나라 20세 이상 성인의 흡연율은 전체 35.5%, 남자 67.6%, 여자 6.7%이었고, 음주율은 전체 68.4%, 남자 83.4%, 여자 54.9% 이었다. 운동 실천율은 전체 26.5%, 남자 33.6%, 여자 19.8%이었다. 그림 3-3에는 20세 이상 성인의 성별, 연령별 흡연율이, 그림 3-4에는 음주율이 나타나 있다.

(단위 : %)

표 3-7 10세 이상 성별 비만 유병율 분포

	전체	남자	여자
저체중	4.6	10.11	10.17
정상	64.7	67.33	66.80
과체중	27.4		
경도비만	2.9	21.06	20.51
고도비만	0.3	1.50	2.52

(단위 : %)

표 3-8 성별 · 연령별 고도비만 유병율

	전체	남자	여자
10세 미만	2.03	1.50	2.52
10～19세	0.69	0.83	0.30
20～29세	2.30	2.84	1.39
30～39세	2.45	1.66	2.89
40～49세	2.70	1.93	3.18
50～59세	3.37	1.09	3.96
60～69세	5.20	0.15	5.31
70세 이상	2.69	0.00	2.69

· 건강검진 조사 결과

표 3-7과 같이 조사대상 10세 이상 우리 나라 사람의 21%가 BMI 25～30의 경도 비만, 2%가 BMI 30 이상의 고도 비만자로 나타났다. 표 3-8에는 성별 연령별 고도비만 유병률이 나타나 있는데 여자는 중년기, 노년기에 고도비만 유병률이 높았다.

우리 나라 30세 이상 인구의 27.8%, 남자 30.2%, 여자 25.2%가 고혈압을 지니고 있는 것으로 나타났다. 30세 이상 인구 중 SGOT, SGPT 수치가 높은 사람이 각각 30%와 27.5%이었다. 30세 이상 인구 중 혈중 총 콜레스테롤이 240mg/dl 이상, 또는 총 중성지질이 210mg/dl이상인 사람의 비율은 각각 9.8%, 10.3%이었다. 공복혈당이 140mg/dl이상인 성인의 비율은 각각 50대와 60대에 가장 높았고 이 비율은 13%, 10%이었다. 당화색소가 6.0% 이상인 사람의 비율은 50대 성인 남자의 15.5%, 여자의 11.5%, 70세 이상인 경우에는 15.6%, 16.1%로 나타났다.

(5) 식품섭취조사의 오차

식품섭취를 조사할 때는 그 목적이 일상적이고 평균적인 식품 섭취를 측정하는데 있을 것이다. 하지만 자유롭게 사는 인구 집단을 대상으로 측정할 때는 측정결과가 참값과 차이가 날 것이며 국민건강영양조사 역시 마찬가지일 것이다. 모든 식이 섭취 조사 방법은 상당한 측정오차를 수반하며 이러한 측정 오차를 무작위 오차(random error)와 체계적 오차(systemic error)로 나눌 수 있다. 무작위 오차의 경우는 측정을 여러번 반복하면 참값에 가까워질 수 있으나 체계적 오차의 경우는 보다 복잡한 과정을 거쳐야 오차를 줄일 수 있다.

① 무작위 오차

무작위 오차에 속하는 것으로는 첫째, 조사원의 측정시 조사원의 장비나 가구의 협조 정도에 따라 그 값이 다를 수 있다. 둘째는 조사하는 날의 선택으로 정말 평균적인 날이 선택되어졌는지는 아직 평가가 이루어지지 않았다. 셋째는 모든 조사사업에서 생길 수 있는 처리과정상의 잘못이다. 넷째는 조사전에 미리 조리된 것을 섭취했을 경우나 조사원이 미처 조사를 못하고 섭취된 경우 모두 잘못 기록될 확률이 있다.

② 체계적 오차

체계적 오차로는 첫째 식품성분표의 미비성을 생각해볼 수 있다. 둘째, 조사원이 식품을 조사지에 기록할 때 섭취량이 정확히 기록되지 못하는 양적인 면, 조사원이 식품을 정확히 몰라서나 또는 식품성분표에 없는 식품을 먹었을 때 대체 식품을 고르는 과정 등 질적 면에서 잘못 기록될 수 있다. 셋째, 섭취한 식품을 분류할 때 오류가 생길 수 있다. 넷째, 가구와 가구원 선정시 실제 가구원을 만나기 어려워 다른 가구나 가구원으로 조사대상자가 바뀌는 오류가 있을 수 있다.

이렇게 국민건강영양조사의 경우 방법상의 문제점이 있어 여러 가지 오차가 생길 수 있으나 이것은 어느 식품섭취조사에서나 생길 수 있으며 단지 오차의 크기에 대해서 좀더 심도있는 연구를 하여 자료의 해석에 주의를 기울여야 한다.

2. 국민영양모니터링

1) 영양모니터링의 개념

대부분의 국가는 한정된 자원을 어떻게 할당하여 자국민의 삶의 질과 국가의 생산성을 높일 수 있을까를 결정하기 위한 수단으로 국민의 건강상태와 영양상태를 모니터한다. 영양모니터링은 인구집단의 식품소비나 영양상태에 나타나는 변화를 파악하기 위하여 주기적으로 식생활과 영양상태를 조사하고 판정하는 일로 정의될 수 있다. 영양판정, 영양모니터링, 영양감시, 영양스크리닝 등의 여러 가지 방법으로 식품과 건강 조사를 수행하게 되는데 이들을 모두 합해서 영양모니터링이라고도 한다. 영양모니터링의 결과는 국가영양정책의 방향을 결정하는데 활용된다.

2) 미국의 국민영양모니터링 제도

미국 농무성에서는 이미 1909년에서부터 식품공급량과 소비량에 관한 추이를 정규적으로 조사해왔다. 1960년대에 이르러서는 영양상태조사가 이루어졌고, 1970년대에 가서는 영양상태와 건강상태의 상관성을 규명할 수 있는 건강영양조사를 실시하게 되었다. 1980년대에는 농무성과 보건복지부의 영양모니터링공동평가위원회가 설립되어 매 3년마다 미국민의 영양상태에 관한 보고서를 국회에 내도록 하고 있다.

1990년에는 국가영양모니터링과 관련연구프로그램 "The National Nutrition Monitoring and Related Research Program(PL 101-445)"이라는 법령을 제정하였고, 이 법에 의거하여 농무성(USDA)과 보건복지부(DHHS)가 공동으로 미국민의 건강과 영양상태를 점검하고 평가하는 50여가지나 되는 많은 감시 활동을 담당하고 있다.

미국 국가영양모니터링과 관련연구프로그램 "The National Nutrition Monitoring and Related Research Program (NNMRRP)이 지향하는 목표는 다음과 같다.

① 미국 국민의 영양상태와 영양과 건강면에서 국가적으로 질 좋은 식품공급을 유지하고 개선하기 위하여 과학적인 기초를 제공한다.

② 미국 국민의 식생활과 영양상태, 공급되는 식량의 영양적 우수성, 식품소

비패턴, 영양에 대한 소비자의 지식과 태도에 관하여 시의적절한 자료를 수집, 분석, 분포한다.

③ 영양개선 활동을 즉각적으로 수행할 수 있게 하도록 영양취약집단, 지리적 위치, 영양문제나 그 추세를 확인하고 규명한다.

④ 식량 생산, 가공처리, 분배에 관한 농업정책의 변화가 공급되는 식량의 영양학적 질에 어떠한 영향을 가하는지 평가자료를 제공한다.

3) 미국영양모니터링관련연구프로그램의 구성요소

NNMRRP에서 수행하는 조사는 크게 5가지로 분류될 수 있다. 현재 영양모니터링이 가장 잘 운영되는 것으로 알려진 미국의 경우 그 구성요소를 보면 아래와 같다.

① 영양상태 및 영양관련 건강조사
(Nutrition and related health measurements)

② 식품 및 영양소 섭취량 조사
(Food and nutrient consumption)

③ 지식 · 태도 · 행동 진단조사
(Knowledge, attitudes, and behavior assessments)

④ 식품성분 분석과 영양소 함량 데이터베이스 구축
(Food composition and nutrient data bases)

⑤ 식품 생산량 조사
(Food supply determination)

이렇게 5가지 분야로 모아진 자료는 인구집단의 식생활, 영양상태, 건강상태의 평가에 사용된다. 각 조사 분야에 속하는 주요 조사들은 다음과 같다.

① 영양상태 및 영양관련 건강조사
(Nutrition and related health measurements)

국가건강영양검진조사(NHANES) I, II, III, IV 씨리즈와 소아영양감시체계(PedNSS)가 이 분야에 속하는 조사이다.

② 식품 및 영양소 섭취량 조사
(Food and nutrient consumption)

식품소비 행동에 관한 자료를 수집하는 것으로 국가식품소비조사, 개인의 식품섭취량 계속조사, 토털 다이어트 조사 (Total Diet Survey) 등이 이 분야에 속하는 조사이다.

③ 지식 · 태도 · 행위진단조사
(Knowledge, attitudes, and behavior assessments)

체중감량실천, 영양과 만성질환의 관계에 관한 소비자의 지식수준, 암과 생활양식 관계에 대한 소비자나 보건의료전문인의 태도 등 지식, 태도, 행위에 관한 자료를 모은다.

④ 식품성분 분석과 영양소 함량 데이터베이스 구축
(Food composition and nutrient data bases)

식품의 영양소 함량에 관한 정보를 수집하는 활동으로 국가영양소자료은행, 영양소데이터베이스 등이 있다.

⑤ 식품 공급량 조사
(Food supply determination)

미국민의 식품공급량을 조사하는 자료로 영양모니터링 조사자료에서 가장 오래 전(1909)에 시작된 조사이다.

표 3-9에는 미국의 영양모니터링 자료출처들의 목록이 나타나 있다.

표 3-9 미국의 영양 모니터링 자료 출처 목록

Component Area and Survey or Study	Sponsoring Agency (Department)	Date	Population
Nutritional Status and Nutrition-Related Health Measurements			
Pediatric Nutrition Surveillance System(PedNSS)	NCCDPHP, CDC(HHS)	1973-92	Low-income, high-risk children, birth-17 years of age, with emphasis on birth-5 years of age
Fourth National Health and Nutrition Examination Survey(NHANES Ⅳ)	NCHS, CDC (HHS)	1998-01	Civilian, noninstitutionalized population 2 months of age and older. Over-sampling of adolescents, African Americans, and Mexican Americans
Third National Health and Nutrition Examination Survey (NHANES Ⅲ)	NCHS, CDC (HHS)	1988-94	Civilian, noninstitutionalized population 2 months of age and older. Over-sampling of non-Hispanic blacks and Mexican Americans, children 〈 6 years of age, and adults aged≥60 years
Hispanic Health and Nutrition Examination Survey (NHANES)	NCHS(HHS)	1982-84	Civilian, noninstitutionalized Mexican Americans in five southwestern states, Cuban Americans in Dade County, FL, and Puerto Ricans in New York, New Jersey, and Connecticut; 6 months-74 years of age
Second National Health and Nutrition Examination Survey (NHANES Ⅱ)	NCHS(HHS)	1976-80	Civilian, noninstitutionalized population of the United States; 6 months-74 years of age
First National Health and Nutrition Examination Survey (NHANES Ⅰ)	NCHS(HHS)	1971-74	Civilian noninstitutionalized population of the conterminous United States; 1-74 years of age
Food and Nutrient Consumption			
5 a Day for Better Health Baseline Survey	NCI(HHS)	1991	Adult 18 years of age and older in the United States
Continuing Survey of food Intakes by individuals(CSFⅠ)	HNIS (USDA)	1994-96 1989-91	Individuals in households in the 48 conterminous states. The survey was composed of two separate samples: households with incomes at any level (basic sample) and households with incomes≤130% of the poverty thresholds (low-income sample).
Total Diet Study(TDS)	FDA(HHS)	1982-89	NA

Component Area and Survey or Study	Sponsoring Agency (Department)	Date	Population
Nationwide Food Consumption Survey(NFCS)	HNIS (USDA)	1987-88	Households in the 48 conterminous states and individuals residing in those households. The survey was composed of two samples: a basic sample of all households and a low-income sample of households with incomes ≤130% of the poverty threshold.
Continuing Survey of Food Intakes by individuals(CSF Ⅱ)	HNIS (USDA)	1985-86	Individuals in households in the 48 conterminous states. Two samples: households with incomes at any level (basic sample) and households with incomes≤130% of the poverty thresholds (low-income sample), including in 1985, women 19-50 years of age and their children aged 1-5 years and men 19-50 years of age, and in 1986, women 19-50 years of age and their children aged 1-5 years
Vitamin and Mineral Supplement Use Survey	FDA(HHS)	1980	Civilian, noninstitutionalized adults 16 years of age and older in the United States
Nationwide Food Consumption Survey(NFCS)	ARS(USDA)	1977-78	Private households in the 48 conterminous states and the individuals in those households(all income and low income)
Knowledge, Attitudes, and Behavior Assessments			
Behavioral Risk Factor Surveillance System(BRFSS)	NCCDPHP, CDC(HHS)	1992	Adults 18 years of age and older residing in households with telephones in participating states
Weight Loss Practices Survey (WLPS)	FDA and NHLBI (HHS)	1991	individuals currently trying to lose weight, 18 years of age and older
Youth Risk Behavior Survey (YRBS)	NCCDPHP, CDC(HHS)	1990, 1991	Youths attending school in grades 9-12 in the 50 states, District of Columbia, Puerto Rico, and the Virgin Islands
Diet and Health Knowledge Survey(DHKS)	HNIS (USDA)	1989-91	Main meal planner and prepare in households in the 48 conterminous states who participated in CSF Ⅱ 1989-1991
Food Composition and Nutrient Data Bases			
National Nutrient Data Bank (NNDB)	ARS(USDA)	NA*	NA*

Component Area and Survey or Study	Sponsoring Agency (Department)	Date	Population
USDA Nutrient Data Base for Standard Reference	ARS(USDA)	NA§	NA§
USDA Survey Nutrient Data Base	ARS(USDA)	NA‖	NA‖
Food Label and Package survey(FLAPS)	FDA(HHS)	Biennially, 1977-90	NA
Food-Supply Determinations			
U.S Food Supply Series	CNPP and ERS# (USDA)	1970-92	U.S. total population

• Within each component area, entries are listed in reverse chronological order. NCCDPHP, National Center for Chronic Disease Prevention and Health Promotion; CDC, Centers for Disease Control and Prevention; HHS, Department of Health and Human Services; NCHS, National Center for Health Statistics; USDA, U.S. Department of Agriculture; NCI, National Cancer Institute; HNIS, Human Nutrition Information Service; FDA, Food and Drug Administration; ARS, Agricultural Research Service;
NHLBI, National Heart, Lung, and Blood Institute; CNPP, Center for Nutrition policy and Promotion; ERS, Economic Research Service; NA, not available.

+ Legislation passed on February 20, 1994, transferred the functions and staff of the USDA's Human Nutrition Information Service(HNIS) to the existing Agricultural Research Service (ARS) of that department.

‡ The work leading to the establishment of the NNDB was initiated in 1892 and has been maintained by the USDA since that time. The sponsoring agency is currently the ARS.

§ The USDA Nutrient Data Base for Stardard Reference was initiated in 1980 and has been maintained by USDA since then. The sponsoring ayenly is currently ARS.

‖ The USDA Nutrient Data Base appropriate for the years of the following surveys was used: NFCS 1977-78, NHANES 1982-84, CSF II 1985-86, NFCS 1987-88, NHANES III 1988-91, CSF II 1989-91, and Strong Heart Dietary Survey 1989-91. The sponsoring agency was the ARS(USDA) for 1977-81 and the HNIS(USDA) for 1981-91.

On December 1, 1994, the U.S. Food Supply Series work conducted by the ARS was transferred to the Center for Nutrition Policy and Promotion(CNPP).

Source: Federation of American Societies for Experimental Biology, Life Sciences Research Office, prepared for the Interagency Board for Nutrition Monitoring and Related Research, Third Report on Nutrition Monitoring in the United States, vol.1(Washington D.C.: U.S. Government Printing Office, 1995), pp.7-15.

4) 국가영양모니터링 자료의 활용

국민영양모니터링의 주요 목적은 국민의 영양상태를 양호하게 보장하는데 필요한 정보를 얻는데 있다. 국민영양모니터링에서 수집된 자료는 보건계획을 세우거나, 영양개선프로그램 관리나 평가, 위급한 식량부족 상황을 사전에 방지하는데 활용된다. 또, 연구활동에 방향을 제시하고 식량보조프로그램, 영양

표 3-10 국가영양모니터링 자료의 활용 분야

식이섭취량의 판정
- 집단의 식품 섭취량과 영양소 섭취량에 대한 자세한 표준자료를 제공
- 식이의 영양학적 질에 대한 모니터
- 특정 영양소에 있어서 높거나 낮은 섭취의 위험이 있는 집단의 성질 파악
- 식이와 관련된 사회경제적 요인과 태도적 요인을 밝힘

식품소비의 경제성
- 농업 생산품과 시장 능력에 대한 요구를 예측
- 식품에 대한 요구와 소비에 영향을 미치는 사회 경제적 요인 파악
- 가정의 식품 생산의 중요성 결정
- 가정 외에서의 식품에 대한 요구도와 그것이 식이의 영양학적 질에 미치는 영향 결정

식품 프로그램과 지침
- 미국 국민의 영양학적 문제에 초점을 두는 식품 지침서와 식이 지침서 개발
- 미국인의 식습관을 향상시키고 영양지식을 증가시키기 위한 교육적 전략을 밝힘
- Food program에 참여하는 데 영향을 주는 인자를 파악하고 이것이 식품소비와 식이의 질에 미치는 영향을 추정
- 식품에 대한 요구에 식품 program이 미치는 영향을 추정
- 중재 프로그램으로부터 효과를 본 집단을 파악
- 건강위험을 줄이는 식품과 영양소 소비에서의 변화를 파악
- 실제 식품소비를 반영하고 영양학적 기준과 비용을 만족시키는 식품 지침 및 계획의 개발
- 식품 분배 프로그램에 있어서 제공하기 적절한 식품의 양을 결정

식품 안전성 고려
- 우연히 섭취하게 되는 오염물, 식품첨가물과 자연적으로 발생하는 독성물질의 섭취를 추정
- 식품 혹은 식품구성물의 과도하여 일상적이지 않은 섭취 패턴을 밝힘
- 한가지 식품 첨가물이 특정양만큼 안전하게 허용될 수 있는 식품 항목 예측
- 소비에서의 변화에 대응하는 법규를 변화시킬 필요성에 대한 결정
- 특정 식품과 식품 생산물의 사용의 위험이 있는 집단의 크기와 성질을 밝힘.

역사적 추이
- 식품소비와 시간이 지난 후 질병 발생의 위험이 있는 식이 섭취 상태의 상관관계
- 생애주기를 통한 식품 소비의 추적
- 경제적이고 기술적인 발전과 기타 발전에 의해 받는 영향에 따른 식품 소비와 식이섭취상태에서 변화 예측
- 식품 표시의 이해와 사용 그리고 식이섭취에 미치는 영향 추적

Source: Food Surveys Research Group, Beltsville Human Nutrition Research Center, Agricultural Research Service, U.S. Department of Agriculture Website at sun.ars-grin.gov/ars/Beltsville/barc/bhnrc/foodsurvey/uses.htm.

표시제도, 영양교육 등에 관련된 정책을 결정하는데 활용될 수도 있다. 아울러, 영양모니터링 자료는 식품섭취량, 영양상태, 건강상태의 상관성을 분석하는데 활용되는 도구가 될 수 있다. 표 3-9에는 국가영양모니터링자료의 활용 분야가 정리되어 있다.

활동마당

1. 영양모니터링의 구성요소에 해당되는 우리나라 영양조사감시자료를 조사 정리하여 미국의 것과 비교해 본다.

2. 국민건강영양조사를 담당하는 한국보건산업진흥원과 한국보건사회연구원을 견학하여 담당자를 만나 실제 업무에 관하여 조사한다.

4

한국인의 식생활 및 영양 건강실태

호조낭관계회도

제 4 장

한국인의 식생활 및 영양건강실태

우리는 매일 의식적으로 때로는 습관적으로 음식을 섭취하고 있다. 이렇게 음식을 섭취하는 행위는 생리적인 차원에서 보면, 생명현상을 유지하기 위해 필요한 영양소를 식품의 형태로 섭취하려는 목적에 기인한다. 인간이 생명을 영위하기 위해 필요한 영양소의 종류와 양은 크게 다르지 않으며 단지 개인의 연령이나 활동량, 신체 혹은 환경조건 등에 따라 약간씩 차이가 있을 뿐이다. 그러나 개인 혹은 집단을 살펴볼 때 어떠한 음식을 어떻게 먹는가 하는 것은 매우 다른 형태를 보이고, 이는 사회경제적 발전에 따라 큰 차이를 보이게 되고 궁극적으로는 지역사회내의 개인들의 체위, 영양 및 건강상태등에 영향을 미치게 된다.

본 장에서는 한국인의 사회경제적 변동에 따른 식생활실태와 이에 따른 영양 건강 문제 및 북한의 영양실태를 살펴보고자 한다.

1. 한국인의 식생활 실태

1) 한국인의 식생활 실태 변화 및 영향요인들

국민의 식생활은 그 나라의 사회적, 경제적, 정치적 구조에 의한 식량의 공급에 의해 크게 좌우되며, 거시적으로 볼 때 한 나라의 식량 수요는 인구와 소득수준에 따른 소비 패턴의 변화라는 두 가지 요인에 의해 그 크기가 결정된다. 이런 관점에서 우리 나라의 식생활 실태 변화에 영향을 미친 인자들을 크게 사회적 요인, 경제적 변동 및 식품산업발달의 측면에서 살펴보고자 한다.

(1) 사회적 변동 요인

① 인구변동

일찌기 맬더스는 그의 저서 '인구론'에서 인구는 기하급수적으로 증가하는데 반해 식량은 산술급수적으로 밖에 증가하지 않는 관계로 식량 생산이 필연적으로 인구 증가를 하회하여 식량 위기가 도래할 것이라고 경고한 바 있다. 그러나 식량문제는 맬더스가 예고한 것 처럼 심각하게 악화되지는 않았다.

20세기 들어 우리 나라의 인구는 현저히 증가하기 시작했다. 특히 한국전쟁 이후 베이비 붐 현상은 1960년대 이후 인구증가율이 2.21%에 달할 만큼 급성장의 추세를 나타내었다(그림 4-1). 이로 인해 식량 부족이 심각한 문제로 대두되었다. 따라서 정부에서는 60년대 전반에 걸쳐 식량 자급자족을 실현하기 위하여 잡곡과의 혼식장려, 쌀 품종개량 및 새로운 쌀 품종의 도입 그리고 가족계획을 강력하게 추진하였다. 1960년대 초반부터 실시된 혼분식 장려운동으로 30% 보리와 70% 쌀이 혼합된 보리밥이 모든 단체 급식소에서 권장되었고, 각급 학교에서의 학생 도시락의 보리밥 30% 혼식 조사를 실시하였다. 분식의 장려도 적극적이어서 시내 음식점에서는 수요일에 무미일을 제정하는 등 다양한 밀가루 음식 소비를 장려하였다.

또한 새로운 쌀품종 개발에도 전력하여 여러 가지 정부미들이 개발되었다. 또한 인구증가를 억제하기 위해 산아제한을 강력하게 유도하여 2자녀 갖기

그림 4-1 총 인구 및 인구 성장률

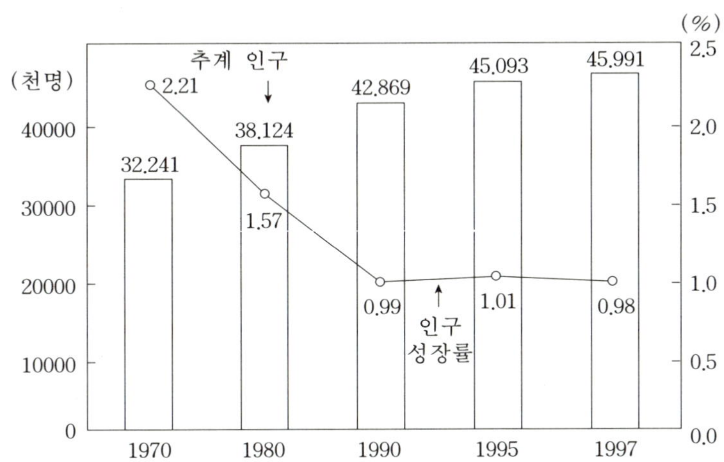

자료 : 1996 한국의 사회 지표, 1997

및 불임시술자에게 여러 가지 혜택을 주는 등 인구증가를 낮추고자 노력하였다. 이러한 적극적인 노력 덕택에 식량문제는 어느 정도 완화되었다.

② 도시화

인구현상 중 주목할 만한 것은 인구의 도시집중현상이었다. 조선조 말 서울의 인구는 십만 명 정도였던 것으로 알려지고 있으나, 현재 서울 인구는 1,000만명 이상의 거대한 도시가 되었다.

서울을 포함한 수도권의 인구는 2015만명으로 총 인구의 45.3%가 수도권 지역에 집중되어 있다. 1962년 도시 인구 비율은 40.4%이었으나, 1970년에 47.5%, 1980년에는 68.7%, 1990년에는 81.9%로 도시화 현상은 급속히 진행되어 왔다. 이러한 변화는 1960년 이후의 급격한 경제 개발에 의한 취업기회의 확대와 다양화, 교통·통신의 발달에 의한 도시 접근의 용이성, 도시 생활에 대한 기대감 등과 같은 경제적, 사회적 제요인에 의해 가속화되었다.

따라서 인구학적 요인이 현대인의 식생활에 미친 영향은 애초에 많은 사람이 우려했던 바 인구의 기하급수적인 증가에 따른 영향이었다기보다는 인구의 도시집중, 노인 인구의 증가나 가구원수의 감소, 그리고 여성의 역할 변동 등과 같은 사회적 변동 요인에 의한 것으로 생각된다.

③ 가족의 구성 및 형태의 변화

1960년대 이후 산업화의 물결에 따라 인구의 도시화 현상뿐 아니라 각 가정에서 소가족화, 핵가족화가 이루어지기 시작하였다. 1975년 이후의 자료를 보면 총 가구수는 664만 가구에서 1995년 현재 1,296만 가구로 2배 가량 증가했다. 이 기간 동안 1인 가구는 약 3배 가량 증가한 반면 6인 이상의 가구는 전체 가구의 5.5%를 차지하여 평균 가구원수는 5.0명에서 3.3명으로 감소하는 추세이다(표 4-1).

표 4-1 총가구수 및 가구원수별 가구분포

	총일반 가 구 (천가구)	가구원수별 가구분포(%)						평 균 가구원수 (명)
		1인 가구	2인 가구	3인 가구	4인 가구	5인 가구	6인 이상	
1975	6,648	4.2	8.3	12.3	16.1	18.3	40.7	5.0
1980	7,969	4.8	10.5	14.5	20.3	20.0	29.8	4.5
1985	9,571	6.9	12.3	16.5	25.3	19.5	29.8	4.1
1990	11,355	9.0	13.8	19.1	29.5	18.8	9.8	3.7
1995	12,961	12.7	17.3	20.7	31.4	12.4	5.5	3.3
2000	14,312	15.5	19.1	20.9	44.5			

자료 : 통계청, 인구주택 총조사 1995 인구주택 총조사 속보

가족의 세대수별 분포도 크게 달라지고 있는데 단독세대는 70년 6.8%에서 95년 15.1%로 크게 증가한 반면 3세대 이상 가구는 23.2%에서 11.8%로 줄어들고 있다. 이러한 단독 및 1세대 가구들은 과거 대가족제의 가장과 자녀 중심으로 이루어지던 식생활의 영위방법을 크게 변화시킬 수밖에 없으리라고 생각된다. 즉 할아버지와 손자가 한 상에서 식사를 하던 과거에는 유교적 전통의 영향으로 부모나 웃어른의 위주의 식탁이 차려질 수밖에 없었고 자녀들은 자연스럽게 전통적 식사습관을 이어받게 되었다. 그러나 핵가족화로 단독세대, 부부만의 가구, 부부와 자녀로 구성된 가구들은 자녀 중심의 식단, 혹은 좀 더 편리를 고려한 식단이 시도되어지고, 이러한 결과 전통적인 식단의 고수보다는 새로운 가공식품의 등장이나 외식의 빈도 증가와 같은 식생활의 변화가 쉬워진다.

④ 생활수준의 향상

산업화의 혜택은 가정의 부엌에도 지대한 영향을 미쳤다. 특히 식생활과 관련된 냉장고의 보유 수준을 살펴 보면, 1970년에 냉장고 보유율이 21.6%에 불과하였지만 80년에는 65.5%, 그리고 90년에는 93.1%에 이르러 식생활 변화에 크게 기여한 것으로 볼 수 있다. 냉장고의 보급은 식품의 저장성을 높여 전통적인 젓갈, 장아찌류 등의 저장음식에 대한 의존도를 낮추고 신선한 채소나 과일의 소비를 부추기는 기폭제 역할을 담당했고 이로 인해 소금 섭취량의 감소, 비타민 영양상태의 개선과 같은 영양상태의 개선을 초래할 수 있게 했다.

⑤ 취업여성의 증가

여성의 사회참여 요구가 증대되고 취업기회가 확장됨에 따라 직장 여성의 숫자가 점점 늘어나게 되었다. 1962년 여성 취업자는 전체 여성의 20.6%이었으나 이후 지속적인 증가로 1995년에는 전체 취업자의 40.4%에 도달함으로써 여성의 2/5 이상이 사회활동에 참여하는 것으로 나타났다(그림 4-2).

취업자의 수 뿐 아니라 그 내용면에서도 단순 노동제공의 역할에서부터 점차 전문관리직 종사자의 수가 증가하여 여성들의 사회적 지위 개선 정도를 반영한다. 또한 여성의 취업 근속 연수도 1975년 1.5년에서 1980년에 2년, 1990년에 2.5년으로 완만한 증가를 보이고 있다.

최근에는 주부 취업에 대한 관심도 고조되고 있는데 여성을 대상으로 경제기획원에서 실시한 「사회통계조사」에 의하면 결혼 후 가정에만 전념하겠다는 응답자가 84년 27.8%에서 1991년 21.1%, 1995년에는 15.8%로 감소하였으며 자녀 성장 후 취업을 원하는 여성도 1984년에는 8.9%에 불과하던 것이 1991년에

그림 4-2 여성 취업자 수 및 여성 전문 관리직 종사자의 수

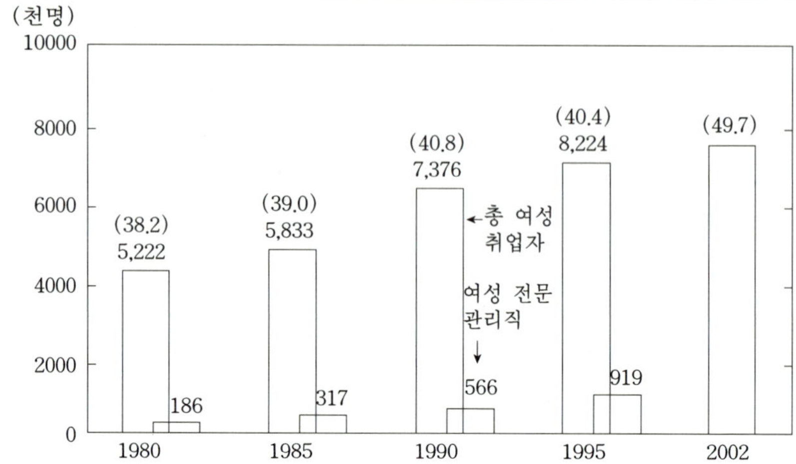

( )의 수치는 총 취업자 수에 대한 비율임

자료 : 1996 한국의 사회의 지표, 1997

는 22.4%, 1995년에는 34.1%로 크게 증가하였고 가정과 관계 없이 취업하고자 하는 여성들도 크게 증가하고 있어 주부의 취업욕구가 점점 팽배해 가고 있음을 나타낸다. 한국 사회에서 한 가정의 식생활에서 여성이 차지하는 역할이 아직도 매우 큰 만큼 이러한 여성 의식의 변화는 식사 내용의 간소화와 인스턴트화를 가속하는 요인으로 작용할 것으로 보여진다.

⑥ 교육수준의 증가

교육수준의 증가는 개개인의 여러 다른 사회적 행동을 결정하는 요인으로써 건강 의식과 식품소비형태에도 중요한 역할을 한다. 특히 여성의 교육수준은 식생활에 큰 영향을 미치는 것으로 볼 수 있다. 1960년대 이후에 이루어진 여성 교육수준의 변화 과정을 보면 다음과 같다. 중학교 취학률이 1966년 42.3%에서 1975년 75.2%, 1990년 99.3%로 증가하였고, 고등학교 취학률은 1966년 27.5%에서 1975년 43.6%, 1990년 98.3%로 크게 증가하였다. 대학교 취학률은 1966년 9.7%에서 1975년 12.2%로 증가하였고 80년대 이후 빠른 증가를 보여 1990년에는 38.1%의 취학률을 나타내고 있다. 고등교육기관 재학자수도 1962년에 인구 천명당 51명에 불과하였으나 80년대 이후 크게 증가를 보이고 있으며 1990년에는 348명에 도달하였다. 대학 이상의 고등교육자수는 여성이 남성에 비해 뒤떨어지지만 보다 빠르게 증가하고 있다(표 4-2).

(단위 : %)

표 4-2 국민의 취학률

	초등학교			중학교			고등학교		
	계	남	여	계	남	여	계	남	여
1970	100.7	101.1	100.2	51.2	61.1	40.6	28.1	34.2	21.6
1975	105.0	104.7	105.3	71.9	80.1	63.1	41.0	49.0	32.5
1980	102.9	102.1	103.7	95.1	97.5	92.5	63.5	70.3	56.2
1985	99.9	99.6	100.1	100.1	100.5	99.6	79.5	83.2	75.5
1990	100.7	100.4	101.0	98.7	98.5	98.9	86.9	89.4	84.3
1995	98.7	98.1	99.4	100.6	100.3	100.9	89.9	90.3	89.4
1996	97.1	96.5	97.8	102.9	102.6	103.2	89.8	90.1	89.5

자료 : 통계청. 장래인구 추계. 교육부. 교육통계연보.
주 : 취학률은 적령연령계층의 인구에 대한 취학자(연령계층에 상관없이)의 비율이므로 100을 넘을 수 있음

이러한 여성교육의 확대는 식생활 관리 측면에서도 보다 효율적이고 긍정적인 방향으로 발전하게 했다. 실제로 교육수준이 높은 주부는 낮은 주부보다 식품과 영양에 대한 지식이 많으므로 식단을 계획하고 식생활비 예산을 세우며 식품을 구입하러 갈 때 구입 물품을 작성하는 등 식생활 관리가 보다 계획적인 것으로 나타났다.

또한 외식의 빈도나 주문 음식의 이용도 주부의 교육수준이 높을수록 높게 나타났다. 따라서 핵가족화, 단독 세대의 증가, 주부의 취업 및 교육수준의 증가 같은 특성은 식생활 분야에서의 상품 대체를 증가시키는 쪽으로 작용하고 결국 가정 내 전통적 식사 패턴의 변화를 초래하므로 앞으로는 가공식품, 편의식품의 사용량이 증가하고 외식이 증가하는 현상이 가속화되어 나타날 것으로 전망된다.

(2) 경제적 변동 요인

가계 소비를 결정하는 요인으로는 가계 소득, 가격, 가족 구성, 직업 및 지역성 등이 있다. 식료품비의 지출은 다른 상품의 소비와 마찬가지로 소득수준이나 식품의 가격에 따라 가장 많이 좌우된다.

독일의 통계학자 엥겔(Ernst Engel)은 '가계비 총액 중에 있어서의 식품비 지출의 비율은 소득이 높은 세대일수록 낮아진다'는 사실을 통계적으로 증명하여 법칙을 도출했다. 즉 식료품비와 생활 정도와의 관계를 살펴 보면 식료

품비 즉 엥겔계수가 20% 미만일 때는 고도 문화생활을, 20~30% 미만일 때는 문화생활을, 30~50% 미만에서는 건강생활을, 50~70% 미만에서는 최저 생활을, 70% 이상일 경우는 궁핍생활을 누린다고 하였다.

일제 식민지시대의 경제상황은 지금과 절대비교가 불가능하지만 산업의 형태도 1차 산업위주의 형태였으나 점차 일본의 경제적인 목적에 의해 산업구조의 변화가 일어나기 시작하여 특히 2차 산업의 발달이 두드러지기 시작했다. 한국의 경제상태는 70년대 본격적인 산업화 이후 급격히 증가하기 시작했다(그림 4-3).

이러한 경제발전에 따라 60년대 이후부터 급격한 식생활 변화를 겪었다.

그림 4-3 GNP의 변화

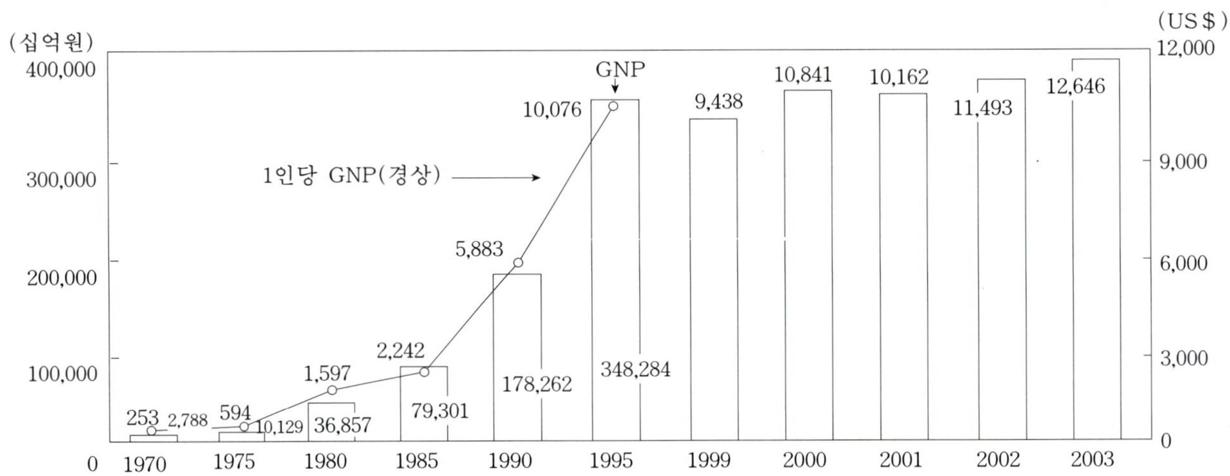

1963~1965년의 엥겔계수는 60% 수준에 이르러 최저생활을 하였다. 그 후 엥겔계수는 점차 낮아져 1980년에 42.4%, 1990년에 31.5%, 1992년에 29.9%로 문화생활을 누리는 수준에 도달했다. 또한 총 소비지출 중 외식비의 지출 비율도 1975년까지 1% 수준에 머물렀으나 1985년 2.7%, 1990년 6.7%, 1992년 7.4%로 급성장을 하고 있어 경제 수준 변화에 따른 식생활 패턴의 변화를 잘 반영하고 있다(표 4-3).

소득은 가격이 높은 식품의 소비에 끼치는 영향이 크고, 특히 단백질, 칼슘, 철분 등의 섭취량과 상관관계가 크다. 소득은 영양소 섭취량뿐 아니라 식사 형태에도 영향을 미쳐 소득수준이 낮을수록 주로 주식 위주의 식사 형태로 식사 내용이 균일하다.

표 4-3 한국 가구의 엥겔계수 및 소득 중 외식비 비율(%)

연도	도시			농가		
	월평균소득(원)	식료품비(%)	외식비(%)	월평균소득(원)	식료품비(%)	외식비(%)
1970	28,180	46.5	0.9	-	-	-
1975	65,540	48.9	1.0	72,744	47.3	1.3
1980	234,086	43.0	1.8	224,426	36.8	1.5
1985	423,788	37.7	3.1	478,021	28.4	3.0
1990	943,272	32.5	7.0	918,815	23.5	3.2
1995	1,911,064	28.8	9.6	1,816,880	21.1	4.5
2003	2,940,026	26.6	12.6	2,239,833	25.2	5.3

자료 : 통계청, 1996 한국의 사회지표, 1997.

경제성장에 따라 1인당 GNP가 증가된 후 식품 수급 및 식사 섭취량의 변화를 살펴 보면 설탕류, 육류, 계란류, 우유류 및 유지류의 1인 1일당 공급량은 증가하였고 영양소 섭취량은 1인당 GNP가 증가할수록 열량, 단백질, 지질량이 증가하였는데, 영양 섭취량과의 상관관계를 분석한 결과에서는 열량의 섭취는 1980년 이후 GNP 증가에 따라 낮아졌으며 단백질과 지질의 섭취는 증가하였다. 한국 지역의 도시가계를 분석해 보면, 소득이 증가할수록 식료품비는 증가하는 양상이었고 또 소득의 변화에 따른 각 식료품비의 지출을 추정한 소득탄력성은 음료, 과일, 계란, 육류의 품목에서 매우 컸다.

즉 한국 주민들의 식생활수준은 우리 나라의 전체적인 경제수준의 발전에 따라 상당히 높아졌다. 그러나 식품의 종류나 영양소들의 섭취량은 소득수준에 따라 상당한 차이를 보이는 것으로 나타났다. 특히 하위집단과 중위집단은 영양소섭취가 권장량 수준에 비해 부족한 것으로 나타났다. 반면, 중위집단 이상에서는 영양소섭취가 부족한 경우는 적었으며 과잉의 정도도 심각하지 않았다. 따라서 한국 주민들의 영양상태 수준에 대한 평가는 계층별로 좀더 다각적으로 파악하는 것이 필요하다.

음식 소비형태는 경제수준과 매우 밀접하게 연관되어 변화되고 있다. 경제수준의 발달단계에 따른 음식소비형태의 변화를 5단계로 요약해 보면 다음과 같다.

제 1 단계는 원시적 균형의 단계로 인류가 광대한 토지를 자유로이 이용할 수 있고 식생활에서는 가축 사육과 육식이 우세하였던 시대로 보았다. 이러한 사회의 특징으로 첫째, 구성원의 거의 전부가 식량의 수집에 종사하였고, 둘째, 사회의 대부분의 구성원이 비슷한 질의 음식을 먹었으며, 셋째, 무당이나 신관의 권력이 컸고, 넷째, 대부분 공유(共有)의 형태로 사유의 개념이 없거나 희박하였으며, 다섯째, 음식은 기후의 영향을 크게 받아 그 조건이 나쁠 때는 열악한 음식을 그리고 기상조건이 좋을 때는 좋은 질의 음식을 얻을 수 있었다고 규정하고 있다.

제 2 단계는 굶주림과 상호부조의 단계로서, 농경의 시작으로 초기에는 식량문제의 고통에서 벗어나 지배계급들은 질이 좋은 음식을 먹게 되었지만, 인구가 점차 증가하면서 대부분의 서민들은 지속적으로 허기를 면하지 못한, 즉 대부분의 서민들이 생존을 위하여 열악한 음식을 소비하던 기아의 단계이다. 이 시기는 1인당 국민소득이 150~250불 내외가 되기까지의 시기로 우리 나라는 약 5,000년전부터 1963~1965년경까지가 이 시기에 속한다고 하였다. 이러한 사회의 특징으로 첫째, 전 인구의 반수 이상이 농업에 종사하면서도 식량부족으로 어려움을 겪고 있고, 둘째, 식량의 수입을 원하지만 경제능력이 약해 원조에 의존하는 특성을 갖는다. 셋째, 유아사망률이 높아 다산하고 넷째, 식량 생산력이 큰 남자 즉 가부장의 권위가 높아 일반 가족과 가부장간에 제공되는 음식이 차이가 있는 경우가 많고, 다섯째, 손님에 대한 예우가 돈독하며 여섯째, 손님에 대해 음식을 심하게 권하는 습관이 있는 특징이 있다.

제 3 단계는 안정단계로서 1인당 국민소득이 700~1,000불 수준이 될 때까지이며 우리 나라의 경우 이 시기에는 열악한 음식이 하나 둘 정상음식으로 바뀌어 보리, 잡곡, 고구마의 비중이 줄어 드는 반면, 쌀 소비의 상대적 비중이 증가한다. 손님을 분에 넘치게 환대하는 습관이 남아 있다. 주부들은 가공품보다 원자재로서 조리하여 먹는 경향이다. 계층간에 육류, 과일, 생선의 소비량에서 큰 차이를 보인다.

제 4 단계는 식생활을 즐기는 단계로 구분될 수 있다. 이 단계는 소득수준이 대개 700~1,000불 수준에서 5,000~6,000불 수준의 시기로서, 우리 나라의 경우 1970년대 말기에서 1980년대에 걸친 시기이며 이때는 엥겔계수가 40% 내외 또는 그 이하가 되었고 식비가 가계의 위협적인 존재가 되지 않는다.

이 시기는 첫째, 고기, 생선, 과일 등의 소비량이 늘고 둘째, 가공식품 특히 인스턴트 식품의 소비가 증대되기 시작하며 셋째, 사람들은 음식을 먹는 것에서 즐거움을 찾고 가족과 함께 외식을 즐기게 된다. 따라서 이 시기가 되면 주식인 쌀의 소비량이 줄게 된다.

제 5 단계는 건강문제가 주 관심사가 되는 단계로서 대체로 국민소득이

4000～10,000불 수준 이상으로 사람들은 생활하는 데 여유가 생기고 잔 근심이 없어지고 자가용차를 갖는 것이 일반화된 시기이다.

즉 나라에 따라 또 식품 가격이나 자동차의 가격에 따라 달라지지만 자동차의 보유대수가 대체로 인구 1,000명당 100대 수준을 넘게 되며 비만 인구가 점차 증대되고, 섭취하는 열량도 대체로 최고수준에 도달하며 어린이들에게서까지도 비만이나 성인병의 문제가 나타나서 음식을 먹는 즐거움을 갖고 싶은 욕망과 건강상의 문제간에 선택을 해야 하는 경우가 생기는 단계로 현대 한국의 경우 이런 상황은 상당수준 보편화되었다고 본다.

(3) 식품산업의 발달

① 식품산업의 발달과 가공식품의 소비증가

1980년대 이후부터는 경제가 점차 고도 산업사회구조형으로 이행하고 국민소득이 증대되면서 식생활에 대한 가치관의 변화를 가져왔고 식생활 수준 향상과 식품 산업, 식품 서비스 산업, 외식 산업 등의 발전을 초래했다. 이러한 변화들은 선진국에서는 이미 1950년대부터 시작된 현상이다. 우리 나라 식품산업의 발달과정을 단계별로 구분하면 다음과 같다.

제 1 기는 1960년대 이전까지의 시기로 1910년 한일 합병은 일제에 의한 식민지 시대를 여는 계기가 되었으나, 서구 문명의 유입에 의해 빵, 과자와 같은 일부 서양 음식의 소개가 이루어지게 된다. 즉 극히 초보적인 단계의 식품 산업(음식이 과거와는 다르게 기계를 통해 만들어지는 공업화 시기)이 태동하는 시기라고 할 수 있다. 한일 합병을 전후하여 일본의 제빵기술자들이 들어오게 되어 1920년대 초에 최초의 양과자점인 명치옥이 충무로에 서게 되며 1940년대 초에는 한국에 제빵업소가 40여 개소, 제과점이 140개소가 생기게 된다. 이때에 이미 일본인에 의하여 경영되는 도정업(208개소), 제분업(8), 과자제조업(19) 등 도합 492개의 식품제조업체가 있었다고 한다. 이 시기는 식품산업 발달이 막 태동하기 시작한 시기로서, 전체적으로 보아서는 우리의 전통적인 식사 패턴이 그대로 유지되었지만 부분적으로 변화가 시작되어 제분, 제면, 과자 제조업이 발달되어 청량음료, 통조림 등이 규모는 적지만 일정량씩 생산되기 시작한 시기이다. 해방 후 냉동 식품법 및 분말 건조법이 등장하면서 통조림, 병조림 식품이 대량 생산되기 시작했으며, 보다 본격적인 식품 가공업의 발달은 미잉여농산물(PL480)의 도입으로 제분, 제당 사업이 활성화되면서 이루어졌고 이를 기반으로 한 제 2 차 식품 가공업이 자리잡기 시작했다.

제 2 기는 1960년대로 국민 식생활 간소화가 이루어짐에 따라 주식성이 강한 라면, 빵 및 기호성 분야의 과자 등이 시장 영역을 확보하기 시작하였다. 1966~1970년에는 제분이 연 56%, 제당은 38%의 높은 성장률을 기록하였으며, 60년대 후반에는 국민소득이 점차 향상됨에 따라 식용유, 맥류, 낙농물 및 대형 냉동, 냉장고업 등의 자본 집약적인 산업이 출현하였다.

제 3 기는 1970년 이후로서 경제 여건이 급속히 좋아지면서 1970년대 초부터 유제품 등의 고급 제품이 출현하였고, 특히 청량음료, 과자 등 기존 제품들이 좀 더 다양화되고 새로운 식품들이 등장하였다.

제 4 기는 1980년 이후로서 고도 산업사회로의 이행 및 국민소득의 획기적인 증대에 힘입어 식생활 개선, 품질 고급화 및 다양한 제품에 대한 소비자의 요구가 높아졌으며, 보호산업으로 간주되어 오던 식품산업 분야에 외국자본 및 기술 도입이 확대됨으로서 국제 개방정책으로 전환한 시기였다. 즉 정치, 경제발전과 더불어 공급 능력의 과잉과 소비자의 선택 권한이 강화되면서 생산 업체들은 소비자에 대한 서비스 강화와 함께 제품의 차별화 전략을 구사하게 되었다.

가공식품의 소비도 현저히 증가하였다. 가공식품의 총 식품공급량은 1960년대 연평균 161%의 높은 증가율을 나타내고 있다. 1960년대에는 가공식품의 이용률이 저조하였으나 특히 1970년대 후반부터 현저한 증가가 이루어졌다. 연평균 증가율은 육류 가공품은 739%, 우유 325%, 유제품 583%, 유지 가공품 19.4%, 빵·면류 77%, 과자류 215%, 음료수류 195%로 나타났다. 이중 육류 가공품과 우유 및 유제품의 증가율이 매우 높은 것을 볼 수 있다(표 4-4 참조).

미래의 식품산업에 대한 전망은 곧 앞으로의 식생활의 방향을 예측하는 데

(단위 : g/년)

표 4-4 가공식품의 연대별 평균 소비량 및 구성비

가공식품	1966~1970	1971~1975	1976~1980	1981~1985	1986~1990
총계	5,646(100.0)	16,282(100.0)	40,929(100.0)	65,721(100.0)	94,238(100.0)
육류 가공품	29(0.5)	92(0.2)	299(0.7)	975(1.5)	1,255(1.3)
우유	840(14.9)	2,748(16.9)	8,470(20.7)	18,310(27.8)	32,554(34.5)
유제품	166(2.9)	1,073(6.6)	4,477(10.9)	8,207(12.5)	12,471(13.2)
유지 가공품		492(3.0)	980(2.4)	1,491(2.3)	1,515(1.6)
빵·면류	2,341(41.5)	5,758(35.4)	11,126(27.2)	12,538(19.1)	16,827(17.8)
과자류	1,092(19.3)	2,077(12.8)	3,740(9.1)	5,345(8.1)	6,607(7.0)
음료수류	1,178(20.9)	3,941(25.1)	11,837(29.0)	18,856(28.7)	23,010(24.6)

주 : ( )은 %비율을 나타냄
자료 : 식품수급표, 농수축산신문사, 1997.

도움이 된다. 이에 따르면 앞으로 소비자들이 선호하는 가공 식품의 특징적 경향은 '편의 추구', '맛 추구', '건강 추구'의 형태를 띠게 되리라고 보았다.

첫째, 편의 추구경향으로 이는 간단하고 빠르게 식생활을 해결하고자 하는 욕구와 서구형의 간단한 식생활 스타일이 부합되어 나타난 현상이다. 라면, 빵, 스프 등이 등장하고 이어서 햄버거, 샌드위치, 프라이드 치킨, 피자로 확산되었고, 또한 컵라면과 카레, 짜장 등의 즉석 편이 식품이 다양하게 개발되었다. 이러한 편이 식품은 특히 1970~1980년대에 가장 보편적으로 식품 산업을 주도해 왔다. 1990년대에 들어서면서 이러한 서구적 가공식품은 젊은 층에서 주로 소비된 반면, '전통' 식생활에서의 편의화를 반영하는 가공식품도 잇달아 개발되었다. 가공식품의 범주가 크게 확대되었는데 최근 많이 팔리고 있는 북어국, 호박죽, 식혜 등 '전통 식품'의 인스턴트화는 기성세대의 입맛을 겨냥한 상품으로 간단하게 '전통'의 맛을 즐기려는 이들의 욕구와 부합되어 나타난 것이다.

둘째, 맛 추구 경향은 경제발전이 순조롭게 진행되고 의·식·주가 어느 정도 해결되어 가는 1970년대 말부터 시작된다. 이는 MSG라는 쇠고기와 버섯 맛을 내는 핵산 조미료가 등장하면서 소비자의 맛 감각이 높아지고 1980년대 이후에는 핵산 조미료에 천연의 재료를 잘 조합한 복합 천연 조미료의 개발이 본격화되었다. 특히 1990년대에 들어서면서 소비자들은 천연 소재의 '자연의 맛'을 선호하는 경향을 나타내고, 이에 따라 100% 천연 원료로 만든 제품이 각광받게 되었다. 맛을 추구하는 경향이 중요해지면서 과거 상온 유통에 대부분 의존해 왔던 식품이 냉장 또는 냉동 유통으로 바뀌어 보다 신선한 식품을 공급하게 되고 소비자의 기호도 식품의 신선도를 중요시하는 쪽으로 변화했다.

셋째, 건강 추구 경향은 과잉의 열량 섭취 및 운동 부족과 관련된 성인병이 우리 나라에 만연하기 시작한 1980년대 중반 이후 나타난 현상이다. 음식을 통해서 건강문제를 해결하려는 사람들의 의도를 반영하고 있다. 이러한 경향에서 나온 섬유소 음료(예 ; 미에로 화이바, 화이바 음료 등)가 크게 인기를 모았고, 또한 중년 남성들을 겨냥한 숙취 해소 음료도 엄청난 판매량을 보이고 있다. 따라서 식품업계도 기존 제품에 건강 기능성을 첨가한 식품을 개발하려고 노력하고 있다. 즉 저염화, 저지방화, 저칼로리화 제품이 많이 개발되고 있다. 1990년대에는 건강 기능성을 갖춘 식품이 가장 매력적인 상품으로 자리잡을 가능성이 크다.

장기적인 측면에서 일반경제, 농수산부문, 국민식생활의 국내 여건변화와 농산물 및 가공식품의 수입자율화 등의 급속한 여건 변화는 식품산업의 향후 발전방향에 불확실성을 주기는 하지만, 현재의 성장추세가 유지된다면 연평균 인구성장률 0.97%, 실질 민간소비지출은 5%로 가정했을 때 식품의 부가가치는 연평균 약 5.5%씩 성장할 것으로 전망된다. 부문별로는 유가공, 육가공, 수산가공, 과채가공, 식용유지, 비알코올성 음료산업이 상대적으로 높은 성장을 유지할 것으로 예측되며, 소비확대 전망이 밝은 품목으로는 아이스크림, 치즈, 호상요구르트, 분유, 냉장냉동채소 및 과일, 채소스프, 냉동수산물, 맛살, 어묵, 참치캔, 햄, 소시지, 기타 냉동 육가공품, 고급스낵식품, 초컬릿, 쿠키, 식품첨가물, 전통장류와 절임식품, 전자레인지용 식품, 천연과일 및 채소주스, 스포츠음료, 우유탄산음료, 저농도 알코올음료 등이다. 그러나 1986년부터 세계 농산물 및 가공식품의 무역자유화를 목적으로 시도되었던 UR 협상의 타결, 1995년 신무역질서를 관장하는 WTO 체제의 출범은 쉽게 국제 농산물 인상 및 가공식품의 대대적인 가격변동을 예측하게 하여 우리의 식품산업과 농업에 큰 전환점이 됨을 암시하고 있다. 게다가 1997년 말 우리에게 도래한 외환 및 금융위기는 꾸준하게 상승 곡선만을 그리던 경제 및 산업전반의 미래를 예측하기 더욱 어렵게 하고 있다.

② 외식산업의 발달

외식은 역사적으로 볼 때 그 내용과 역할이 많이 변화되었다. 농업이 지배적이던 시대에서는 촌락이라는 폐쇄적인 공동사회 내에서 특히 결혼과 제사와 같은 의례 때에 주로 행해지던 특유의 외식형태가 존재하였다. 이런 사회에서 외식이 갖는 의미는 축제의 성격과 더불어 평상시의 식사에서 부족한 동물성 단백질과 같은 영양소의 보충이다. 그러나 근대화가 진행되면서 대부분의 사회에서 외식 횟수가 급격히 증가되었고 현대 사회에서 외식이 갖는 의미는 편의성, 신속성, 그리고 개인의 취향을 만족시켜 주는 오락적 기능이 더욱 크다.

외식의 증가를 촉구하는 요인으로 첫째는 소득수준과 생활수준의 향상, 둘째는 소비 의식이나 행동의 변화, 셋째는 여성의 직장 진출과 사회참여 증가, 넷째는 주부의 시간 가치 상승, 다섯째는 사회의 레저 지향화, 여섯째는 식품 및 식생활을 둘러싸고 있는 여러 가지 관련 산업의 기술 혁신의 결과, 일곱째는 도시화, 여덟째는 국제화를 들 수있다. 이는 대부분 한국에서 가장 집약적으로 일어나는 현상이므로 한국 사람들의 식생활을 설명하는 데 가장 중요한 요인이 될 수 있다.

외식산업과 비슷한 의미를 가지는 식품 서비스 산업(Food Service Industry)

은 가정 외의 식사와 이를 위해 서비스를 제공하는 업계의 총칭이며, 이 명칭이 사용된지는 10~15년 안팎에 머물고 있다. 외식산업은 패스트푸드(Fast Food) 계통의 편의식으로 제조와 판매가 이루어지고 있는 인스턴트 식품 위주의 외식업과 전통적인 요식업 계통으로 구분할 수 있다.

우리 나라의 외식산업의 성장을 보면, 1968년에 83,262개의 업체수와 556억원의 판매액에서 1990년 298,196의 업체수와 106,676억원에 달하는 판매액을 기록하고 있고 1995년 524,356개의 업체수와 18조원에 달하는 판매액을 기록하고 있다. 1996년의 판매액 잠정집계액은 20조원으로 우리에게 있어서도 외식산업이 큰 비중을 차지하게 되었다(표 4-5).

표 4-5 외식업체수 및 판매액과 식료품비 중 외식비 구성 변화

연도	외식업체		식료품비 중 외식 구성비(%)	
	업체수(개)	판매액(억)	도시가계	농촌가계
1968	83,262	566	1.83	3.01
1972	97,053	1,259	1.78	2.49
1976	97,271	4,316	2.00	3.03
1979	134,851	16,764	3.68	3.57
1982	207,080	26,160	5.98	6.26
1986	259,451	46,442	8.92	10.97
1990	298,196	106,676	20.70	13.80
1996	582,263	20조원(추정)	33.3(95년)	21.3(95년)
2002	595,791			

자료 : 경제기획원, 도·소매업 센서스 보고서, 도·소매업 통계조사 보고서, 한국은행, 경제통계연보

우리 나라의 외식산업은 대중음식점을 중심으로 발전해 왔는데 대중음식점 가운데 한식점은 60~70%의 높은 비율을 차지하고 있으나 10년 동안 구성비는 약간 감소하였다. 반면, 일식 및 양식점의 구성비는 지속적으로 증가하였는데, 일식은 1981년 1.7%에서 1991년 3.3%로 늘어났으며, 양식은 1981년 5.6%에서 1990년 10.9%로 5% 이상의 성장률을 나타내었다. 구성비에 있어서 가장 급격한 감소는 중식에서 볼 수 있다. 1980년대 초 중식은 한식 다음으로 규모가 큰 제2의 외식업종이었으나, 타 업종의 성장에 떠밀리어 1991년에는 9.7%까지 감소하였다.

반면 분식점은 1983년 4.9%에서 1990년 10.3%로 가장 높은 증가율을 나타내고 있다. 대중음식점 가운데 양식 및 분식점의 빠른 성장은 패스트 푸드점의

발전과도 관련 있을 것으로 생각된다. 최근 외식업체의 현황과 국내 상위 10의 외식기업의 종류와 매출액, 업태별 총매출액 규모는 다음과 같다(표 4-6, 4-7).

우리 나라의 패스트푸드(F. F. Fast Food) 산업은 1979년 롯데리아를 필두로

(단위 : 억원)

표 4-6 국내 상위 10개 외식기업 매출 및 점포현황(1996년 12월 31일 현재)

'96년 순위	'95년 순위	브랜드명	업태	매출액		매출증가율(%)	점포수		점포수증가율(%)
				'95년	'96년	'95년:'96년	'95년	'96년	'95년:'96년
1	1	롯데리아	FF(Burger)	1,500	2,400	60	260	317	21
2	2	KFC	FF(Chicken)	1,087	1,200	10	100	110	10
3	3	피자헛	Pizza	880	1,100	25	95	120	26
4	4	맥도날드	FF(Burger)	410	700	41	48	76	58
5	10	파파이스	FF(Chicken)	125	450	260	32	72	125
6	6	코코스	Family	330	410	24	33	39	18
7	5	웬디스	FF(Burger)	400	400	0	29	32	10
8		베스킨라빈스	Ice cream	225	370	64	224	34	52
9	7	T.G.I.F.	Dinner house	250	340	36	7	9	28
10	8	버거킹	FF(Burger)	203	320	57	27	40	48
계				5,411	7,690	42	855	1,155	평균35%

(단위 : 억원)

표 4-7 업태별 총 매출 규모(1996년 12월 31일 현재)

초등학교	총 매출액			총 매출 증가율(%)	
	1995년	1996년	1997년 계획	1996:1995	1997:1996
패밀리레스토랑	724.2	1,158	1,906	60	65
피자	1,325	1,837	2,630	39	43
햄버거	2,663	3,990	5,920	50	48
치킨	1,232	1,687.5	2,457	37	46
아이스크림	458	746	1,044	63	40
계	6,402.2	9,418.5	13,957	47	48

자료 : 한국식품연감 1997

시작되었으며, 단기간에 빠른 속도로 파급되어 갔다. 한국지역에서는 1979년 롯데리아를 선두로 하여 햄버거점 중심으로 성장하였으나, 1984년 면류 체인점이 문을 연 이후 급속한 성장을 보임으로써 1987년 이후에는 햄버거점을 앞

지르고 있다. 그러나 1980년대 후반에는 모든 업종에서 급속한 증가가 이루어졌다. 1990년대 이후 상위 10개 외식기업의 업태 중 4개가 햄버거점이고 2개가 치킨업이다. 패스트푸드점의 성장에 뒤이어 국내에 진출을 한 것이 패밀리 레스토랑(F.R. Family Restaurant)이다. 그러나 1990년대 이후 국내 외식산업의 성장률은 1980년대 20%선에 훨씬 못미치는 6~10% 수준에 머무르고 있다. 이는 계속되는 경기부진과 함께 고객의 욕구변화를 수용할 수 있는 기술개발과 시스템 개발을 등한시 한 결과라고 생각된다.

한편, 최근들어 미국이나 일본의 경우 과거의 획일성보다는 개성화, 다양화 및 건강을 추구하는 성향을 지닌 외식소비자의 인구가 증가하고 있고, 캐쥬얼 레스토랑의 성장이 두드러지고 있다. 또한 1인 가구의 증가가 현저해지면서 이들은 과거의 패스트푸드점이나 패밀리 레스토랑을 이용하지 않고 새로운 형태의 외식산업, 즉 HMR(Home Meal Replacement)로 이동하는 추세이다. 일본의 경우에도 이러한 현상은 유사해서 이 HMR을 가정 내의 식사인 내식(內食)과 외식의 중간인 중식(中食)으로 표현하고 있다. 이것은 도시락 등 조리가 완료된 제품을 구입해서 가정이나 사무실에서 소비할 수 있는 제품을 의미한다. 이러한 형태의 외식산업은 '식사준비는 가정이나 식당에서'라는 기존관념을 허물고 가정안에서 부엌을 사라지게 할지도 모른다.

2) 식품 소비구조의 변화 추이

한국인의 식생활 형태변화를 가장 정확하게 나타내는 것은 식품수급현황이라고 하겠다. 1962년 처음으로 농림수산부에서 식품수급상황을 발표한 이래 과거 30년 동안 식품 소비구조가 크게 변한 것을 알 수 있다. 하루에 먹는 총 식품량도 크게 바뀌었는데 1962년에는 881.1g이었으나 1992년에는 1,633g에 이르고 있다. 이는 변화 내용에서도 차이를 보이는데 식물성 식품 섭취량의 증가율은 연평균 1.1%에 머물렀으나, 동물성 식품 섭취량의 증가율은 연평균 13.0%를 나타내고 있다(그림 4-4~4-6).

이를 식품군별로 나누어 살펴보면, 곡류와 서류군은 소비량이 감소 추세에 있고, 두류, 채소류, 해조류, 어패류군은 비교적 완만한 소비 증가를 보이고 있다. 반면 당류, 과실류, 육류, 우유류, 유지류군은 급격한 증가 추세를 보인다. 그러나 당류, 과실류, 난류 등은 오히려 1988~1989년을 정점으로 더 이상 증가하지 않고 있다. 이들 식품들은 과거 1960~1970년대에는 쉽게 먹을 수 없었던 식품이라는 점에서 볼 때 그 후 경제 성장과 더불어 이들 식품의 소비

그림 4-4 단백질 섭취량과 동물성 단백질 비의 연차적 추이

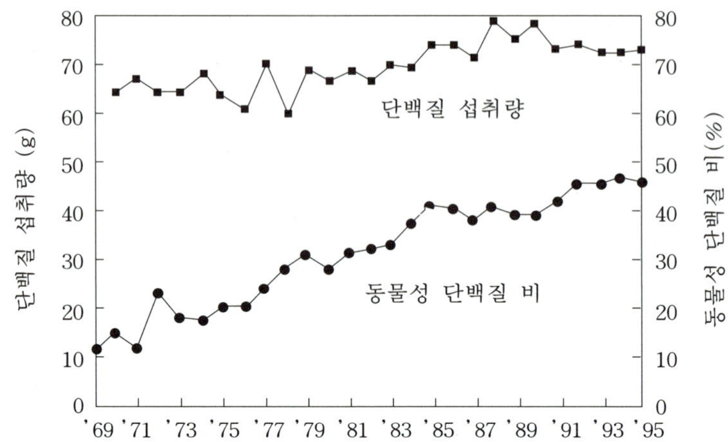

자료 : 식품수급표, 한국농촌경제 연구원, 1995

그림 4-5 식품군별 식물성 섭취량의 연차적 추이(전국 1일 1인)

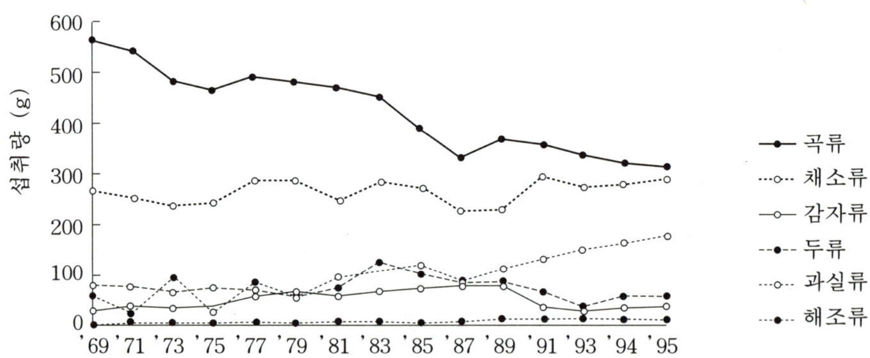

자료 : 식품수급표, 한국농촌경제 연구원, 1995

량이 계속 증가하다가, 1988~1989년에는 소비수준이 거의 충족되었기 때문에 더 이상 증가하지 않는 것으로 생각된다. 따라서 이 시기(1988~1989년 사이)까지가 사회경제 수준에 의해 식품 소비가 영향받았던 시기로 추측되며, 이 시기 이후부터는 음식 섭취가 건강과 미각의 추구 및 문화소비의 측면에서 보다 영향을 받게 되는 것이 아닌가 생각된다.

그림 4-6 식품군별 동물성 식품 섭취량의 연차적 추이(전국 1일 1인)

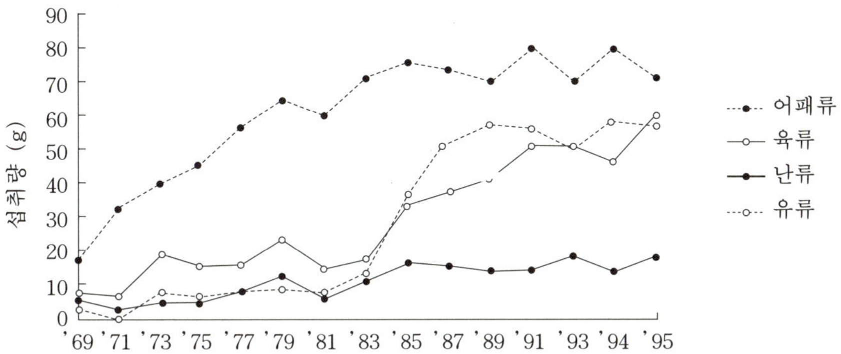

자료 : 식품수급표, 한국농촌경제 연구원, 1995

(1) 곡류 소비구조의 변화 추이

총 곡류 소비량은 1972년까지 증가했다가 그 이후 감소하고 있다(그림 4-7). 이를 각 곡류들의 품목별로 살펴보면, 쌀 소비량은 다소간의 기복이 있으나 1980년대에 와서 지속적인 감소 추세를 보이고, 보리는 1972년까지 곡류 중에서 가장 큰 폭으로 증가하다 그 이후 소비량이 급격히 감소하였다. 반면, 밀은 최근으로 올수록 소비량이 증가하고 있다. 즉 총 곡류 소비량이 감소하는 가

그림 4-7 1인 1인당 곡류의 공급량

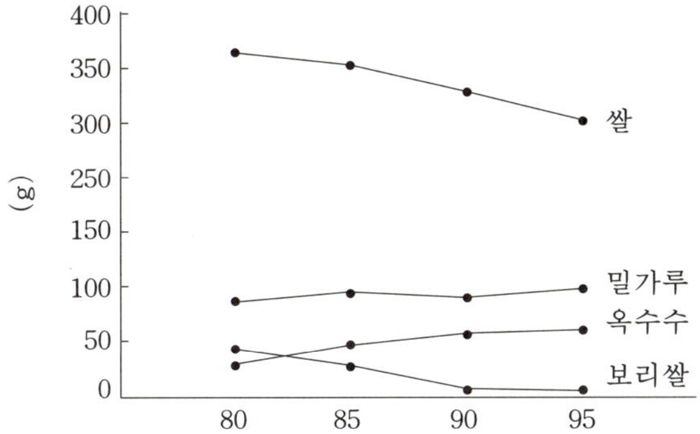

자료 : 식품수급표, 한국농촌경제 연구원, 1995

운데에서도, 각 곡류 품목간에 차이를 보이는 이유는 국민들이 쌀을 좋아하고, 보리를 싫어하는 경향과 그 동안 이루어진 빵식과 같은 서구식의 보급이 가장 큰 이유였을 것이다. 그러나 이에 못지 않게 그 동안 정부 주도하에 행해진 식량정책과도 밀접한 관련을 맺고 있다.

1960년대 이후의 식량 자급을 위한 정부의 시책은 1960년대 보리의 주곡으로서의 기능을 증가시켰으며, 이는 밀을 소재로 한 서구식의 식생활을 선보임과 동시에 이루어졌다. 그러나 주곡 자급 이후에는 쌀 소비 규제가 약화됨에 따라 사람들의 식품선호가 반영되는 쪽으로 곡류 소비가 정착되어 쌀 소비의 증가와 보리의 대량 감소가 이루어져 종래의 쌀과 보리 중심의 식생활에서 오늘날 쌀과 밀중심의 식생활로 전환하기에 이르렀다.

보리 소비는 정부의 식량정책차원에서의 노력에서도 그 소비량을 증가시키기가 어려웠지만 오히려 최근의 건강을 위한 식품의 이미지로서 그 소비량이 약간 증가되는 것을 볼 수 있다.

(2) 육류 소비구조의 변화

육류의 소비는 지난 30년간 지속적인 증가를 보이고 있으며, 품목별 소비량을 살펴보면 그림 4-8과 같다. 쇠고기는 1962년 2.5g에서 1990년 11.3g으로 연평균 12.5%의 증가율을 보이고 있으며, 돼지고기는 5.7g에서 32.3g으로 16.7%의 증가율을 보인다. 닭고기는 1.7g에서 10.1g으로 연평균 17.6%의 증가율을 나타내고 있다. 전체 육류 소비량의 증가율이 13.9%인 것을 고려할 때 품목별 소비 증가는 비교적 균일하게 이루어졌다. 따라서 육류 소비에 대한 각 품목이 차지하는 구성비에 있어서도 큰 변동은 보이지 않는다. 1960년대 전반 품목별 구성 비율은 쇠고기, 돼지고기, 닭고기 순으로 20.9%, 44.8%, 10.4% 수준이었으며, 1980년대 후반에는 17.6%, 48.5%, 16.8%로서 쇠고기의 구성 비율은 약간 감소를 보이는 반면 돼지고기와 닭고기는 약간 증가했다.

우리 나라의 육류 소비는 쇠고기, 돼지고기, 닭고기를 중심으로 이루어지고 있으며, 1960년대 이후 전체 육류 소비량의 70~80% 수준을 계속 유지하고 있다. 육류 선호도는 쇠고기가 가장 높으나, 가격면에서 경쟁력이 높은 돼지고기가 육류 소비의 약 50%를 차지하는 제 1 의 급원이 되고 있으며 쇠고기와 닭고기는 비슷한 비율을 점하고 있다.

그림 4-8 1인 1인당 육류의 공급량

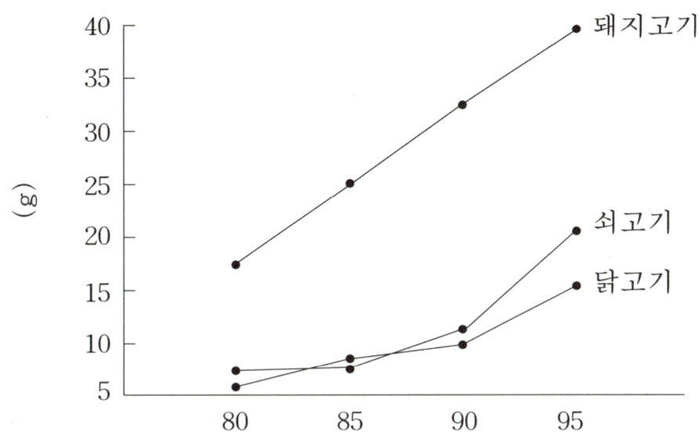

자료 : 식품수급표, 한국농촌경제 연구원, 1995

(3) 채소류 소비구조의 변화

채소류는 식물성 식품군 중에서 소비량이 가장 크게 증가하였다. 채소류의 양적 성장에 크게 기여한 것은 배추이다. 1970년대에 소비량이 1인 1일 58.4g으로 56.0g인 무와 비슷한 양이 소비되었으나, 이후 두 품목간에 대조를 이루면서 배추소비량은 급속히 증가한 반면, 무 소비량은 그와 같은 큰 변화를 보이지 않았다. 이는 배추김치에 대한 선호도가 높은 것과 고랭지 배추 공급이 증가한 것과 관련이 있다. 엽채류에서는 배추 다음으로 양배추의 소비가 증가하였고, 근채류에 속하는 당근의 수요도 많아졌다. 과채류의 경우 양파, 수박 및 딸기 등의 소비가 증가하였고, 호박은 오히려 감소하였다. 양념류에서는 파와 마늘의 성장이 빠르게 이루어졌으며, 고추는 비교적 큰 변화가 없었다. 품목별 구성 비율상으로 살펴보면 배추나 무의 구성비율이 1970년대 후반에는 70%에 달하는 최고 수준에 이르렀다가 1980년대 후반에는 55% 정도에 머무르고 있는데 이것은 다른 품목들의 구성 비율이 상대적으로 높아졌음을 의미한다.

(4) 과실류 소비구조의 변화

과실류도 채소류와 같이 양적인 증가와 함께 소비 품목의 변화를 볼 수 있는데, 과실류 중 가장 많이 변화된 것은 귤로 1970년대 초반까지 거의 소비가 미비하였으나 그 이후 급속한 증가를 이루어 89년에는 33.5g으로서 우리 나라 과실류의 주 공급원인 사과와 거의 비슷한 수준으로 소비되기도 하였다. 이것은 제주도의 감귤 재배가 본격화됨과 동시에 공급이 증가하게 되었고 이것이 수요를 주도한 경우로 생각된다. 배 소비량은 1980년대에 들어와서 지속적으로 증가하고 있으며, 포도 소비량도 증가한 것을 볼 수 있다. 감 소비량도 1980년대 수준이 다소 높은 것을 볼 수 있고, 복숭아는 유일하게 증가를 보이지 않는 품목이었다.

(5) 유지류 소비구조의 변화

우리 나라의 유지류 소비는 전체 소비량의 70~80%를 식물성 급원에서 얻고 있으므로 식물성 유지류를 중심으로 소비 경향을 살펴보면 1970년대 후반부터 팜유의 소비증가가 두드러진다. 1990년에는 유지 공급량의 대부분을 차지하던 콩기름이 전체의 39.4%에 머무르는 한편, 팜유는 33.6%에 달했다. 이렇게 100% 수입에 의존하는 팜유의 소비량이 급속도로 증가한 것은 값이 싼 팜유를 이용한 가공 식품의 소비량이 증가한데 기인한다. 팜유는 라면, 마가린, 쇼트닝, 커피크림, 초코렛 제조의 원료로 주로 쓰인다. 특히 라면 제조시에 대표적으로 이용되므로 라면이 식사 대용으로 자리잡으면서 그 소비량이 크게 증가되었다. 그러나 팜유는 식물성 유지이지만 지방산 조성이 동물성 유지와 동일한 포화지방산으로 이루어져 있음을 주목해야 할 것이다.

(6) 전체적 변화 추이

지난 30여년 동안 곡류는 식물성 식품의 주요 급원이었고, 동물성 식품의 주요 급원은 어패류군이었다. 그러나 두 식품군 모두 전체 소비량에 대한 구성비는 해마다 감소하고 있으며, 이는 다른 식품군들의 비중이 상대적으로 높아지고 있음을 의미한다.

식물성 식품 중 곡류는 1970년대 중반까지 소비량은 증가하나 구성비에서는 완만한 감소를 보였고, 1970년대 후반부터 소비량과 구성비가 함께 큰 폭으로 감소한다. 서류는 모든 식품군 가운데 소비량의 감소가 가장 두드러지는데, 1960년대에는 곡류 다음으로 큰 비중을 차지하였으나 점점 수요를 잃어감에 따라 최근에는 3% 수준으로 감소하였다. 반면, 채소류는 소비량이 하루에 200g 이상이며, 구성비도 20% 가까이 증가하여 단연 제1의 부식이 되었다. 두류는 비교적 완만한 증가를 보이다가 1970년대 중반 이후 일정 구성비를 차지하고 있으며, 그 밖에 당류 및 과실류, 해조류, 유지류 소비량은 상당량 증가하였다.

동물성 식품군 전체에서 급격한 소비증가가 이루어졌고, 따라서 구성비에 있어서도 큰 변화를 가져왔다. 1970년대 전반까지 동물성 식품은 50% 이상을 어패류에서 얻는 편중된 소비구조를 보였으나, 이후에는 육류, 어패류, 우유류 등의 다양한 식품군에 의한 비교적 균형잡힌 공급이 이루어졌다. 육류의 소비는 점진적으로 증가하다가 1980년대 후반에 급격히 상승하였고, 구성비에 있어서 큰 변화는 볼 수 없다. 난류 또한 마찬가지로 소비량은 계속 증가하나 구성비는 비슷한 수준이다. 어패류는 지속적인 소비증가에도 불구하고 구성비에 있어서 가장 급격한 감소를 나타내었는데, 이는 1960년대에 이미 어패류의 소비량이 상당량 확보되어 있어 구성비의 절대적인 위치를 차지하고 있을 뿐더러, 다른 식품군에 비해 비교적 완만한 소비증가를 보였기 때문으로 생각된다. 우유류는 1960년대 4% 수준에서 1980년대 후반 32%로 급증하였는데, 1980년대 후반에는 어패류의 소비를 능가하여 동물성식품 중 가장 많이 소비되고 있다. 동물성 유지류는 1970년대까지 증가를 보이다가 이후에는 오히려 소비량 및 구성비가 감소 추세에 있다. 전국의 1인 1일별 식품군별 섭취량의 연차적인 추이를 표 4-8에 나타내었다.

(단위 : g)

표 4-8 식품군별 섭취량의 연차적 추이 (전국 1인 1일)

식품	1970	1975	1980	1985	1990	1995	1998
곡류	517	474	495	384	344	308.9	347.0
두류	53.1	31.1	46.9	74.2	58.1	34.7	31.0
감자류	49.8	54.6	35.8	39.8	43.1	21.2	36.6
채소류	295	246	301	273	281	286.2	283.5
과실류	18.9	22.4	41.3	64.1	68.8	146.0	197.5
해조류	2.4	1.9	1.5	3.21	6.0	6.6	7.7
조리료, 주류 음료수류	16.9	17.7	36.6	21.7	34.7	47.6	116.0
유지류(식물성)	-	3.1	4.4	6.94	5.6	7.5	5.7
식물성 식품계	953	850	963	867	850	871	1042
육류	19.8	14.3	13.6	38.9	47.3	67.0	69.0
난류	8.8	5.1	8.3	20.6	19.5	21.8	22.5
어패류	44.5	47.8	65.7	80.6	78.6	75.1	66.3
우유류 및 그 제품	4.9	4.7	9.9	42.8	52.2	65.6	87.5
유지류	-	0.1	0.1	0.1	0.40	0.1	2.1
동물성 식품계	32	72	98	183	198	230	247

자료 : '98 국민 건강 영양 조사 보고서, 1999

(7) 연도별 영양소 섭취량의 변화

이러한 식품별 소비구조의 변화는 영양소 섭취량의 변화로 이어지게 된다. 섭취량을 조사하여 보고한「국민 영양 조사」결과를 토대로 살펴 보면 열량섭취량은 1970년 이래 계속 감소 추세를 보이고 있다. 이는 열량섭취량이 부족해지는 것을 의미하는 것이 아니라 이미 열량의 충족이 거의 이루어진 상태에서 곡류 소비량의 감소로 인해 나타나는 현상이다. 반면, 단백질 섭취량은 1990년을 정점으로 감소하고 있어 1989~1990년경에 수요가 충족되지 않았나 추측된다(표 4-8). 그러나 아직도 동물성 단백질 섭취량은 계속 증가 추세에 있어서 육류의 1일 공급량(「식품 수급표」 참조)이 계속 증가하고 있는 현상과 맞물려 아직도 동물성 식품에 대한 선호가 충족되지 않았다고도 볼 수 있다(표 4-9). 특히 지방 섭취량은 1992년이 1970년에 비해 두 배의 섭취량을 보이고 또한 계속 증가하고 있어 이를 뒷받침해준다. 3대 열량영양소의 섭취비율도 점차 바람직한 수준으로 바뀌고 있어 전체적으로 식품섭취의 다양성과 함께 영양상태가 양호해짐을 알 수 있다(표 4-10). 권장량에 대한 영양섭취량을 살펴보면 칼슘 및 비타민 A의 섭취는 아직 권장량 수준에는 못 미치지만 전체적으로 영양소 섭취가 양호한 것으로 나타났는데 1980년 무렵을 경계로 대부분의 영양소가 충족되었다고 생각된다.

3) 한국인의 최근 식생활 특징

(1) 주식내용의 변화

전통적인 식생활 내용 중 두드러지게 변화하고 있는 점 중의 다른 한 가지는 주식의 변화이다. 끼니별로는 아침식사에서의 변화가 가장 많이 두드러진다. 특히 직장인의 아침식사 형태는 햄버거, 김밥, 분식류, 죽 등의 간단한 식사형태로 변화되고 있으며, 이러한 식사들이 새로운 주식형태로 자리잡아가고 있다.

쌀의 소비량은 1965년도 1인당 연간 122kg이었다가 70년에는 136kg까지 증가했고 그 이후는 소득증대와 함께 점차 감소하기 시작하여 1990년에는 120kg까지 감소했다. 2000년에는 98kg으로 성인병증가가 늘어난다는 100kg 이하로 내려갔다. 반면에 1965년도 보리와 밀가루의 소비량은 1인당 연간 36.8kg과 13.8kg 으로 밀가루의 소비는 보리의 1/3 정도로 정부의 혼, 분식 정책에 자극을 받았으나 80년대 이후 경제상태가 다소 나아짐에 따라 보리에 대한 기호도는 현저히 감소하였다.

(단위 : g)

표 4-9 영양소의 섭취실태 (전국 1인 1일)

영양\연도	1969	1970	1975	1980	1985	1990	1995	1998
열량(kcal)	2,105	2,150	1,992	2,052	1,936	1,868	1,839	1985
단백질(g)	65.6	64.6	63.6	67.2	74.5	78.9	73.3	74.2
지질(g)	16.9	17.2	19.0	21.8	29.5	28.9	38.5	41.5
당질(g)	423	434	399	396	342	316	295	325
칼슘(mg)	444	466	407	598	569	517	531	511
철분(mg)	24.8	11.2	12.4	13.5	15.6	22.7	21.9	12.5
비타민 A(IU)	1,400	939	1,362	1,688	1,846	1,662	443 [3]	625
티아민(mg)	1.76	1.10	1.21	1.13	1.34	1.15	1.16	1.35
리보플라빈(mg)	1.28	0.78	0.77	1.08	1.21	1.27	1.20	1.09
나이아신 (mg)	27.8	16.3	15.34	19.1	25.7	21.6	16.7	15.7
비타민 C(mg)	89.9	82.9	78.9	87.9	64.7	81.2	98.3	123.1
동물성 단백질 비[1](%)	11.6	14.7	20.6	28.7	41.7	39.8	47.3	48.0
곡류 열량 비[2](%)	85.9	81.2	82.5	77.4	61.9	65.8	61.2	58.5

1) $\text{동물성 단백질 비}(\%) = \dfrac{\text{동물성 단백질} \times 100}{\text{총 단백질}}$

2) $\text{곡류 열량 비}(\%) = \dfrac{\text{곡류 열량} \times 100}{\text{총 열량}}$

3) 비타민 A의 단위=RE

자료 : '98 국민건강영양조사보고서 1999

(단위 : %)

표 4-10 3대 열량영양소의 공급 및 섭취비율

연도	공급 열량의 영양소 구성비[1]			섭취 열량의 영양소 구성비[2]		
	탄수화물	단백질	지방	탄수화물	단백질	지방
1965	83.3	10.5	6.2	80.3	12.5	7.2
1970	81.5	11.0	7.5	70.5	12.6	8.9
1975	77.8	11.9	10.3	80	12.8	8.6
1980	75.0	11.8	13.2	77.3	13.1	9.0
1985	69.7	12.9	17.4	70.9	15.4	13.7
1990	64.7	12.5	22.8	69.2	16.9	13.9
1995	63.2	13.0	23.8	64.8	16.1	19.1
1997/98	62.6	13.1	24.8	66.0	15.0	19.0
2002	61.1	13.8	25.7	65.6	14.9	19.5

1) 농수산부. 식품 수급표. 2002년

2) 보건복지부. '98 국민건강영양 조사결과 보고서. 1999년

보리 알곡의 구조적인 특성상 겨층의 완정분리가 어려워 소화율이 낮으며 보리는 가난한 시절의 음식을 대표한다는 관념이 무의식중에 보리의 소비를 저하시킨 것으로 이해할 수 있다. 보리의 소비는 계속 감소하고 상대적으로 밀의 소비가 증가하여 1990년에는 보리와 밀가루의 소비량이 국민 1인당 연간 각각 1.6kg과 33.5kg으로 밀가루가 보리에 비해 21배나 더 많이 소비되었음을 알 수 있고, 이러한 곡물소비실태로 보아 우리의 주식 유형이 전통적인 쌀과 보리에서 쌀과 밀의 형태로 바뀌어가고 있음을 알 수 있다. 그러나 1985년 이후부터는 밀가루의 소비가 안정되고 있으며, 특히 제빵용의 밀가루 사용이 일정한 수준을 유지하고 있어 주식으로 빵을 먹는 가정이 계속 늘어날 것으로 생각하기는 어렵다. 이러한 주식의 변화양상은 한국인의 전통적인 쌀, 보리 중심의 입식(粒食)형태로부터 밀가루 등의 분식(粉食)이 혼합된 형태로 변화해 가고 있음을 의미한다.

주식의 형태가 변해가고, 아침을 결식하거나 간편식으로 대치하는 사람들이 늘어나고는 있지만 직장인을 대상으로 조사한 설문에 의하면 직장인의 76%가 아침에는 반드시 밥과 국을 먹는다고 답하고 있고, 이러한 경향은 나이가 많고 직급이 높아질수록 많았으며, 또한 하루 2끼 이상을 밥으로 먹어야 한다고 생각하는 사람도 73%나 되어 아직은 주식인 밥과 국, 김치의 전통적인 식사를 고수하는 가정이 많았다.

(2) 전통음식의 섭취감소

우리 나라의 경우 식생활의 변화 중에서 가장 두드러진 현상 중의 하나는 소위 전통식이라고 할 수 있는 한국 전통의 음식문화 및 음식들이 전체 식사에서 차지하는 위치가 점차로 감소하고 대신 비전통식이 우리의 식탁에서 중요한 역할을 담당하고 있다는 점이다. 전형적인 밥, 국, 김치의 관념이 희박해져가고 있으며, 그 내용면에서도 점차로 서구화되고 있다.

한 조사에 의하면 가정의 식단 내에 외국식단의 등장이 빈번해졌는데 가정식에서 섭취빈도가 높은 음식으로 카레라이스, 식빵, 카스테라, 토스트, 햄구이, 햄부침, 소시지구이, 소시지부침, 오뎅국, 어묵볶음, 돈까스, 생선까스, 피자 등이 선호되고 있다고 보고하였다. 즉 우리의 식탁 위에서 점차로 우리 전통의 요리가 사라져가고 대신 비전통식, 서구형 식사가 증가하고 있는 실정이며 편의식품의 이용이나 외식의 빈도도 증가하고 있다는 것이다. 이것은 교통, 저장, 운송, 가공법 등의 발달로 타지역에서 생산된 식품을 손쉽게 시장에서 구입할 수 있고, 정보의 발달과 교육, 국제화의 여파로 해외여행의 경험이 있는 사람이나 외국에서 생활한 경험이 있는 사람들이 증가하기 때문이다. 바쁜 현대인들이 식사시간을 단축하거나 가사노동을 줄이기 위해 외식이나 편의식품을 더 많이 이용하는 것도 한 가지 요인이 된다.

이러한 식생활 변화양상에서 우리가 주목해야 하는 점은 젊은 주부나 대학생 등 현재와 미래의 식문화에 중요한 역할을 담당할 주체들에게 우리의 전통음식이 제대로 인식되어지고 있지 못하고 있다는 것이다. 주부들이나 대학생들을 대상으로 전통음식에 대한 지식정도나 식생활에서의 섭취비율, 계승발전에 대한 의견, 발전방향 등을 조사한 결과에 의하면 대부분의 응답자들은 연령이 적을수록 전통음식에 대한 섭취비율이 낮았고 실제로 지식정도도 매우 낮은 것으로 나타난다. 주부들의 경우에도 대표적인 전통음식으로는 신선로, 음청류, 떡, 김치, 한과, 구절판 정도를 꼽는 정도이고 실제로 이러한 음식을 조리할 수 있거나 식생활에 응용하는 수는 극히 드물다. 전통음식들이 우리의 식탁에서 사라져 가는 가장 큰 원인은 조리법의 문제이다.

반가음식으로 대변되는 전통음식의 기본적인 특징 중의 하나는 격식과 법도, 음식정신 등으로 그 모양새가 화려하고 정갈한 것을 기본으로 한다. 그러나 이러한 음식들은 지나치게 손이 많이 가는 조리방법을 선택하고 있는데 이러한 점이 우리의 전통음식들이 쉽게 전승되기 힘들게 하는 원인이 된다. 전통의 계승이라는 점에 대해서 완벽한 재현만이 계승인가 아니면 기본정신을 받아들이고 상황에 맞게 어느 정도 변화시킨 것도 인정되는가에 대해서는 개인별로 의견차가 많을 수 있다. 앞에서도 언급하였지만 많은 우리의 시절음식들이 그 예가 된다. 사시사철 각종 채소와 과일을 먹고 주말이면 야외로 여행을 떠나 여가를 즐기는 이때에 입춘채, 진달래화전, 노비송편 등 많은 우리의 전통음식은 그 의미를 잃고, 점차로 우리에게서 사라져가고 있다. 그러나 정신과 실제 어느 것도 무시되거나 경시되어서는 안 되며 그러한 의미에서 어떻게 우리의 것을 계승발전시켜야 할지에 대한 진지한 관심이 필요한 때이다.

(3) 식생활의 서구화와 음식의 다양성

현대 한국 주민들의 식생활을 과거와 비교했을 때 그 형태면에서 가장 크게 달라진 점을 지적한다면 가공식품 이용이 크게 증가하였다는 점과 외식산업이 발달했다는 점을 들 수 있을 것이다. 「도시 가계 연보」에 의하면 우리 국민의 가공 식품 소비율은 1970년에 식료품비 중 18.4%였으나 1993년에는 36.0%에 이르고 있다. 미국의 가공식품 소비율인 96%와는 큰 차이를 보이지만 우리와 가까운 일본의 경우에 1991년 58.3%였음을 볼 때 앞으로 가공식품

소비율은 계속 증가할 것으로 예측된다.

식품 산업의 발전에 따른 변화는 보수적인 영역에 속하는 식생활에도 상당한 영향을 미치게 되었으며 이는 곧 미래의 식생활을 예견하는 데 있어 가장 강력한 영향 요인으로 떠오르게 되었다.

과거 한국 주민의 식생활은 주로 식품 원재료의 구입하여 가구 내에서 조리한 후 먹는 형태였으나 현대 한국 주민들의 식생활은 산업화의 진행에 따라 크게 변화되었다. 식품 산업의 발달 및 외식 산업의 발달로 우리가 접할 수 있는 음식의 가짓수는 엄청나게 다양해졌다. 현재 한국 지역의 대형 슈퍼마켓에 놓여진 식품의 종류는 수천 여종(미국의 경우는 30,000여종의 식품)에 이르고, 이는 대개 가공의 과정을 거쳤거나 가공식품인 경우가 대부분이다.

이렇게 다양한 식품들을 이용하게 된 배경에는 과거 30년간의 급격한 산업화가 그 주된 배경으로 자리잡는데 급격한 산업 발달에 따른 입맛의 변화는 점차적으로 식탁에서 가공식품이 차지하는 비율을 증가시키고 이에 따른 식품 산업 시장의 확대는 궁극적으로 다국적 식품 기업들의 국내 진출을 초래하게 되었다.

이러한 현상은 과거 전통적 식사 형태하에서는 크게 문제되지 않던 영양 과잉의 문제로 발전되기 쉽다. 왜냐하면 맥도날드, 코카콜라, 버거킹 및 켄터키 후라이드 치킨 같은 대표적 다국적 기업들은 이미 서구 사회에서 정크푸드(junk food) 혹은 엠티푸드(empty food, 열량만 높고 다른 비타민, 무기질 같은 영양소가 적은 음식)로 알려진 음식을 가지고 서구화의 세련된 이미지로서 다른 나라의 식탁을 잠식하고 있는데 이러한 음식들은 쉽게 열량과잉의 문제를 유발한다. 현재 우리가 겪고 있는 열량과잉으로 초래되는 건강문제들, 즉 비만인구의 증가 및 성인병 발생증가 등은 이러한 식생활의 변화와 밀접한 관계가 있다.

2. 한국인의 영양 건강문제

1) 한국인의 체위의 변화

한국인의 식생활변화에 따른 영양소 섭취량의 변화는 국민의 체위에 직접적인 영향을 미쳤다. 1924년도의 관공립 학생 신체검사자료에 의하면 현재 고등학교 3학년생 나이인 17세 남자의 경우 키 154.5cm, 체중 43.9kg, 가슴둘레 75.8cm로 나타나 있고, 여자의 경우는 키 150.9cm, 체중 44.7kg, 가슴둘레

71.5cm였다.

이것은 식량사정이 풍부해진 이후에 출생한 현재 학생들의 체위와는 현저한 차이가 나는 수치이다. 실제로 지난 20년간의 학생들의 신장과 체중의 변화만을 보아도 확연하게 그 변화양상을 알 수 있는데, 신장과 체중 모두 20년 전에 비해 매우 증가하는 경향을 보여주고 있고, 특히 체중의 증가가 두드러진다(표 4-11, 4-12).

(단위 : cm)

표 4-11 연령별 성장기 학생의 신장의 연도별 추이

성별	연도	6세	9세	12세	15세	17세
남	1975	113.3	127.8	143.4	161.6	166.8
	1980	115.0	129.9	144.2	162.2	167.4
	1985	116.5	135.8	147.4	164.8	169.1
	1990	118.3	133.8	150.1	166.8	170.1
	1995	119.4	135.6	152.6	168.8	171.5
	2003	120.79	137.14	155.90	171.14	173.56
여	1975	112.3	127.3	145.2	154.9	156.8
	1980	113.7	129.4	146.5	155.7	157.2
	1985	115.4	131.2	149.7	156.7	157.7
	1990	117.2	133.6	150.9	157.6	158.6
	1995	118.4	135.0	153.2	158.9	159.8
	2003	119.36	136.98	154.78	160.11	161.01

자료 : 교육부, 교육통계연보

(단위 : kg)

표 4-12 연령별 성장기 학생 체중의 연도별 추이

성별	연도	6세	9세	12세	15세	17세
남	1975	19.2	25.5	35.0	51.1	57.5
	1980	20.1	26.8	35.6	51.9	58.5
	1985	20.5	27.9	37.9	53.9	59.8
	1990	21.6	30.1	41.7	56.3	61.3
	1995	22.8	32.1	44.6	59.1	63.4
	2003	23.83	34.68	49.38	63.56	67.64
여	1975	18.5	24.9	36.9	49.0	52.1
	1980	19.2	26.3	38.1	49.4	52.5
	1985	19.7	27.2	40.0	50.2	52.9
	1990	20.9	29.7	42.6	51.5	53.5
	1995	22.0	31.0	45.4	52.8	54.4
	2003	22.76	33.27	47.50	54.4	55.39

자료 : 교육부, 교육통계연보

이러한 체위의 증가가 곧바로 체력의 증가를 의미하는 것은 아니지만 과거의 영양부족으로 인한 성장지연 및 성장부진은 거의 사라진 것으로 보인다. 또한 성장기 학생들을 대상으로 조사하면 점차 체형도 서구화되는 경향이다. 체위의 증가는 영양상태가 충족되었다는 점에서 일단 바람직하게 받아들일 수 있지만 한편으로 점차 체중과다 혹은 비만으로 판정되는 인구수가 점차 많아진다는 것을 간과해서는 안 된다. 특히 소아나 학생시절의 비만은 곧바로 중장년 이후 체중과다나 비만으로 이어지게 될 확률이 높고 과체중은 성인이후 매우 심각하게 건강을 해칠 수 있다고 보고되고 있다. 소아비만의 비율은 점차적으로 증가하고 있는 추세이다. 1985년에 고소득지역 국민학교 아동 2,502명을 대상으로 한 연구에서는 비만율을 9.9%로 보고하고 있고, 1990년의 연구에서는 비만인 어린이를 21.6%로 보고하고 있으며 1992년에는 과체중 혹은 비만인 어린이는 36.3%에 달하고 있다. 미국 아동의 비만율을 5~25%로 보고하고 있음을 볼 때 고소득지역 아동의 비만문제는 상당히 심각한 수준에 이르렀다. 아동 뿐 아니라 청소년들의 비만비율도 급격히 증가하는 추세이다. 서울의 초, 중, 고 학생들을 대상으로 최근 18년간의 비만아 증가추세를 조사한 결과 체격지수(body mass index, BMI) 50백분위수는 여자보다 남자에서, 저연령층(6~7세) 및 고연령층(16~17세)보다 중간 연령층에서 더 높은 증가경향을 보여 특히 초등학교 고학년 남학생군의 체중증가가 두드러졌다.

표준체중법에 의해 비만도를 판정하는 방식에 의해 표준체중에 비해 20~30% 이상이면 경도 비만, 30~50% 이상이면 중등도 비만, 50% 이상이면 고도 비만으로 분류하여 비만아 이환율을 살펴보면 여자보다 남자에서, 중고등학교 연령층(12~17세)보다 초등학교 연령층(6~11세)에서 더 높은 증가를 보였고, 전체적으로 최근 18년간 남자는 4.6배, 여자는 3.2배 증가하였다. 즉 초등학교 남학생은 비만아의 분포가 1979년에 비해 6.4배, 여학생은 4.7배 증가했고 중고등학교 남학생은 3.0배, 여학생은 2.4배 증가한 것으로 나타났다.

과체중이나 비만인의 경우 정상인에 비해 총 열량이나 동물성 지방의 섭취율이 많으며 질병발생률이 높다는 것은 기정 사실화되어 있다. 여러 보고에서 전반적으로 볼 때 1990년대의 정상 성인 비만율은 약 20% 내외이었다. 가장 최근인 2000년에는 정상성인 비만율은 33%이상으로 보고 되었다. 그러나 순환계 질환 환자는 42%, 당뇨 환자는 35%, 간 질환 환자는 48%로 정상 수준의 2배 이상의 비만율을 보였다(표 4-13).

그림 4-10 표준체중법에 의한 비만아 분포(남)

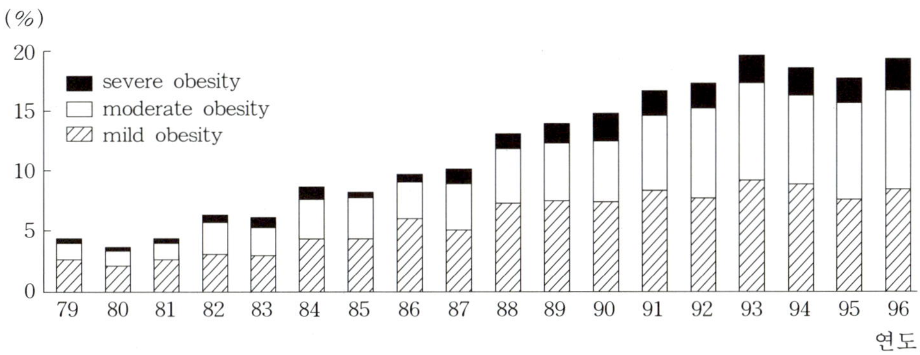

자료 : 강윤주 외 한국영양학회지 30(7) : 832-839, 1997

그림 4-11 표준체중법에 의한 비만아 분포(여)

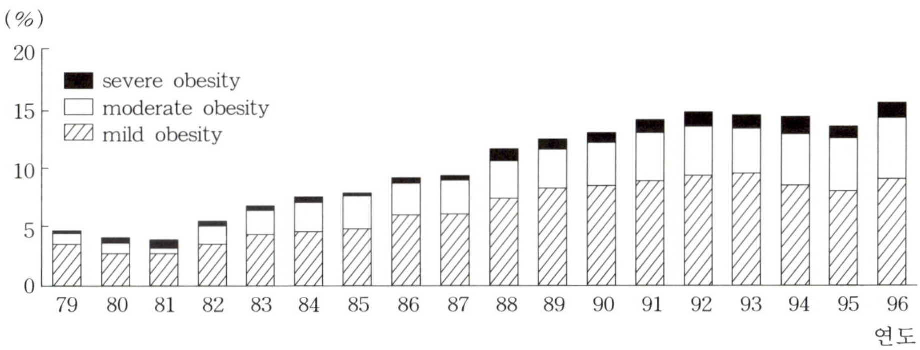

자료 : 강윤주 외 한국영양학회지 30(7) : 832-839, 1997

표 4-13 한국지역의 성인 비만율

연도	대상	대상자수(명)	비만율(단위 : %)		
			남자	여자	평균
정상인					
1990	전국(참고)	7,332	16.3	17.4	16.9
1991	전국	1800	20	26	22
2000	전국	–	–	–	33
성인병 환자	(서울지역)				
1992	심장계 질환자	550	41.5	42.4	42.0
	당뇨병 환자	501	21.3	44.5	35.2
	간 질환자	219	43.7	66.7	48.4

자료 : 한국영양학회지(1997), 보건사회연구원(2000)

2) 한국인의 질병 패턴의 변화

이러한 체위의 변화는 한국인의 영양상태 변화 및 영양상태와 직접적인 관계가 있는 건강상태를 의미한다. 영양상태의 변화는 한국인의 질병패턴에 많은 변화를 초래했으며 사인별 질병의 형태가 1920년 이래로 상당히 변화하고 있다. 1920~1930년대까지는 주로 소화기 질환(위, 십이지장궤양, 식도질환, 만성간질환, 간경변증 등), 신경계 질환(수막염, 뇌성마비, 간질 등), 호흡기 질환(폐렴, 기관지염 등)이 주요 사인이었다.

뿐만 아니라 그 당시에는 여러 가지 풍토병이 만연했다. 폐디스토마, 나병, 십이지장충, 말라리아 등의 지방 풍토병이 빈번하였고 재귀열 등의 환자는 1920년 당시 해마다 6만여명 이상이 앓고 있었다.

이러한 질병 양상은 1960년대 이후로 서서히 변화되기 시작하였다. 국민 1인당 소득의 증대와 함께 의료시설의 확충, 환경위생 정비, 교육수준의 증가 등이 과거의 질병양상과는 다른 양상을 나타나게 한 주요원인이 되었다. 의사 1인당 인구수는 1995년 현재 784명으로 줄었고 병원의 수 1개 병원당 인구수도 1995년 현재 58.9명으로 줄었다.

이러한 결과 1960년대까지만 해도 폐렴과 결핵, 그리고 소화기 질환이 주요 사인이었던 것이 1970년대에 들어서면서 순환기 질환, 호흡기 질환, 감염 및

그림 4-13 병원수 및 병원 1개당 인구수

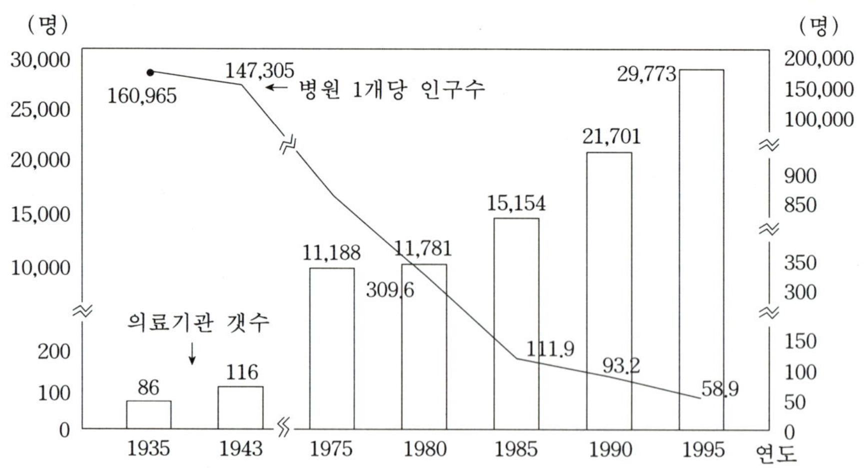

자료 : 1996 한국의 사회지표, 통계청, 1997
통계로 다시보는 광복이전의 경제 · 사회상, 통계청, 1995

악성 신생물이 주요 사인으로서 나타나기 시작하여 1980년대 이후에는 계속해서 순환기 질환과 악성 신생물이 주요 사인으로 지속되고 있다.

특히 식생활의 서구화와 관련이 깊은 만성퇴행성 질환들의 발병추이는 1980년대 중반 이후부터 한국인의 주된 사망원인으로 자리잡았다. 한국인의 악성 신생물과 순환계 질환에 의한 사망율과 사망 빈도를 인구 십만명 당으로 환산하여 보면 표 4-14와 같다.

표 4-14 연도별 성인병 사망률 변화

연도	총인구 (천명)		악성 신생물	순환기계 질환				내분비, 대사질환	당뇨병
				총 계	허혈성 심질환	고혈압성 심질환	뇌혈관 질환		
1985	40,806	사망자수	30,272	63,629	1,374	16,979	26,981	2,914	2,418
		사망률	74.2	155.9	3.4	41.6	66.1	7.1	5.9
1987	41,622	사망자수	32,327	58,920	2,104	15,476	25,154	3,163	2,651
		사망률	77.7	141.6	5.1	37.2	60.4	7.6	6.4
1989	42,499	사망자수	36,595	56,188	3,133	12,977	25,781	3,745	3,259
		사망률	86.2	132.4	7.4	30.6	60.7	8.8	7.7
1991	43,296	사망자수	38,351	57,260	4,229	10,908	26,468	5,092	4,526
		사망률	88.5	132.3	9.8	25.2	61.1	11.8	10.5
1994	44,642	사망자수	49,032	68,907	5,471	11,232	36,718	-	7,187
		사망률	109.8	154.3	12.3	25.2	82.2	-	16.1
2003	24,600	총사망자수	131.8	-	37.2	10.6	-	77.2	25.1

자료 : 경제기획원 조사통계국. 사망원인통계
자료 : 통계청. 한국의 사회지표
1) 사망자수 : 명
2) 사망률 : 인구 10만명당수

1980년 중반 이후 우리 나라 사람들의 악성신생물과 순환기계 질환에 의한 사망률과 사망빈도를 보면 1985년에는 악성신생물에 의한 사망률이 74.2였던 것이 1991년에는 88.5, 1994년에는 109.8로 증가되는 현상을 나타내었다. 또한 순환기계 질환은 인구 십만명당 155.9이었던 것이 1991년 132.3, 1994년 154.3으로 약간 감소하거나 별 변동이 없어보인다. 그러나 그 세부내용을 살펴보면, 주로 고혈압성 심질환이 감소된 반면, 뇌혈관질환 및 뇌혈성 심질환은 감소되지 않은 경향을 보인다. 뇌혈성 심질환의 경우는 지난 약 10년간 4배 정도나 증가한 셈이니 전체에서 차지하는 비율은 적으나 앞으로 그 위험성이 크다고 하겠다. 또한 당뇨병의 경우 1985년에 인구 십만명당 5.9명이었던 것이 1994년에는 16.1명으로 거의 2.7배가 증가되었다. 악성신생물의 경우 위암이 가장 많고 그 뒤로 간암, 폐암 등의 순이었다. 여자의 경우는 과거에는 자궁암이 1위였는데 점차로 그 순위가 낮아지고 있다.

즉 질병의 패턴도 만성퇴행성 질병이 주된 사인으로 자리잡고 있다. 그러나 주요 사인이 되는 질병을 다른 나라들과 비교해보면 아직도 그 비율이 낮은 편이다. 우리 나라의 총사망률은 인구 십만명당 549명으로 다른 나라에 비해 낮으며 악성신생물에 의한 사망률도 우리 나라가 131.8명인데 비해 영국은 282.3명이고 미국은 197.8명이나 된다. 이와 같이 성인병에 의한 사망률이 낮게 유지되고 있는 이유로서 현재 우리 나라가 서구사회에 비해서 높게 섭취하고 있는 탄수화물, 불포화지방산, w-3계 지방산과, 적게 섭취하는 총지방량, 포화지방산량, 설탕의 섭취량의 차이를 들수 있다. 현재 섭취하고 있는 지방이나 단백질의 양은 적절한 수준이며 또한 탄수화물의 섭취량이 현재의 수준에서 감소되어서는 안 되는 가장 적정한 수준에 도달하였다는 것은 특기할 만한 사항이다. 지질의 섭취량뿐만 아니라 그 종류도 순환기계 등이 만성퇴행성 질환의 발병과 밀접한 관계가 있는 것으로 알려져 있는데 불포화지방산/포화지방산 비율은 1.10으로 육류의 섭취가 적고 대신 생선의 섭취가 많은 일본의 1.20 다음으로 높다. w-6/w-3 비율은 일본과 미국과 비교할 때 일본의 3.85보다는 높고 미국의 8.33보다는 낮은 수준인 6.47(1992년 기준)이었으며, 1994년 자료에 의하면 우리 나라 w-6/w-3의 섭취비율은 1992년에 비해 더 낮아진 것으로 나타났다(그림 4-12).

여러 가지 사회적 인자와 영양상태의 변화는 질병의 유병률에 직접적인 영향을 미친다. 현대는 점차 개인의 수명이 증가하고 이에 따라 노인인구가 전체 인구 중에서 차지하는 비율이 높아지고 있다. 노인뿐 아니라 모든 사람들이 보다 건강하게 장수하기 위해서는 가장 문제가 되는 만성퇴행성 질병의 예방이 시급한 문제로 떠오르고 있는데 이들 질병은 우리의 식생활내용과 밀접한 관계가 있으므로 이에 대한 올바른 정보와 식생활태도가 필요하다. 많은 보고들에서 우리의 식생활 문화가 서구의 식사보다 건강식임이 입증되고 있다. 단지 영양섭취의 절대 부족상태로부터 지나치게 빠르게 영양과다 및 식생활의 서구화로 진전되는 과정에서 다양한 질병패턴의 변화를 초래하게 되었다고 본다.

그림 4-12 섭취열량의 영양소 구성비의 추이

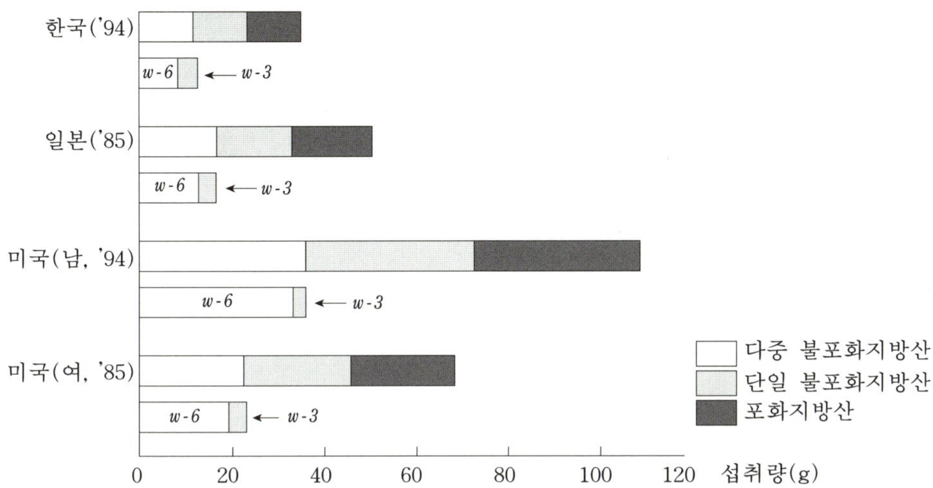

자료 : 이양자, 한국식품영양과학의 심포지엄 초록집, 1996

3) 건강에 대한 의식 변화

식생활변화에 따른 만성퇴행성 질환의 이환율이 높아지고 현대인의 주된 사망원인으로 대두되면서 건강 및 영양문제에 대한 관심이 변화되고 있다. 1960년대 이후 신문에 게재된 식생활관련 기사를 분석한 결과에 의하면 생활주기별 영양에 관한 내용은 유아영양에 관한 것이 다른 것에 비해 많았고, 특수영양에 관한 것 중에서는 술과 관련된 것이 가장 많았다. 전체적으로 질병, 영양, 건강에 대한 일반인의 관심이 증가했으며, 과거에는 특수영양 위주로부터 점차 질병과 영양, 건강식품에 대한 관심이 높아지고 있다(표 4-15). 특정질환

표 4-15 최근 36년간 한국신문에 게재된 영양정보관련 기사의 주제별, 연대별분류

주제 \ 연대	1960년대	1970년대	1980년대	1990년대	계
특수 영양	61(58.1)	51(44.3)	119(52.4)	157(33.0)	388(42.0)
질병과 영양	24(22.9)	31(27.0)	55(24.3)	202(42.5)	312(33.8)
건강 식품	5(4.8)	23(20.0)	35(15.4)	100(21.1)	163(17.7)
기타 식품 영양 정보	16(14.2)	10(8.7)	18(7.9)	16(3.4)	60(6.5)
계	105(100.0)	115(100.0)	227(100.0)	475(100.0)	922(100.0)

자료 : 김은경 외, 한국식생활문화학회지 11(4) : 527-538, 1996

표 4-16 최근 36년간 한국신문에 게재된 질병과 영양에 관한 기사의 항목별, 연대별 분류

하위영역		1960년대	1970년대	1980년대	1990년대	계
질병관리와 영양(일반)		2(7.7)	6(23.1)	7(26.9)	11(42.3)	26(100.0)
특정 질환과 식생활	암	4(19.2)	10(40.0)	2(4.2)	47(24.6)	63(22.0)
	심장혈관계 질환	2(9.0)	7(28.0)	16(33.3)	37(19.4)	62(21.7)
	당뇨병	2(9.0)	3(12.0)	10(29.8)	21(11.0)	36(12.6)
	비만	1(4.1)	1(4.0)	9(18.8)	20(10.5)	31(10.8)
	소화기 질환	6(27.3)	1(4.0)	0	12(6.3)	19(6.6)
	간질환	3(13.7)	1(4.0)	3(6.3)	10(5.2)	17(5.9)
	골다공증	0	0	2(4.2)	15(7.9)	17(5.9)
	신경계통질환	1(4.1)	0	4(8.3)	10(5.2)	15(5.2)
	충치	2(9.0)	1(4.0)	0	7(3.7)	10(3.5)
	기타 질환	1(4.1)	1(4.0)	2(4.2)	12(6.3)	16(5.6)
	소 계	22(100.0)	25(100.0)	48(100.0)	191(100.0)	286(100.0)
	계	24	31	55	202	312

자료 : 김은경 외. 한국식생활문화학회지 11(4) : 527-538, 1996

과 식생활에 관한 기사는 암, 심장순환기계 질환, 당뇨병, 비만, 소화기계질환, 간질환과 골다공증, 신경계통 질환의 순으로 나타나서 일반인들의 성인병에 대한 높은 관심을 알 수 있다(표 4-16).

건강에 대한 관심은 건강할 때 건강을 지키려는 노력들로 나타난다. 일반인들은 건강관리를 위해 운동과 식사조절을 가장 많이 하는 것으로 나타났다. 담배나 술을 절제하거나 보약 등의 보신, 건강식품을 섭취하는 것까지 포함하면 건강관리를 위해서는 먹는 것을 통해 가장 많은 노력을 기울인다고 할 수 있다(표 4-17).

(단위 : %)

표 4-17 일반인의 건강관리방법

	운동	식사조절	담배, 술 절제	보약	목욕, 사우나	기타	아무것도 하지 않음
1992년	14.3	11.8	2.8	7.8	6.9	0.5	55.8
1995년	18.1	17.4	5.3	7.6	8.3	0.5	42.7

자료 : 통계청, 사회통계조사

건강에 대한 관심과 함께 영양제나 보약, 건강식품에 대한 관심이 높아지는 것은 당연한 추세이다. 전국의 60세 이상 남녀노인 450명을 대상으로 영양보충제의 복용여부에 대해 조사한 결과 대상자의 44.9%가 복용하고 있는 것으로 나타났다. 대상자별로 살펴보면 남성보다 여성이, 중소도시 지역보다 대도시 거주자가, 월용돈과 교육 정도가 높을수록 영양보충제의 복용률이 높고, 노년기 증상을 많이 자각할수록 복용률이 높은 것으로 나타났다. 복용하는 주된 요인은 건강유지를 위해서와 피로회복, 혹은 영양소보충, 원기보충 등을 꼽아서 이러한 보충제의 복용이 건강유지에 도움이 된다고 생각하고 있었다. 종류는 무기질제보다 비타민제가 선호되는 경향이었다. 특히 비타민 B_1과 비타민 E는 각각 권장량의 63배, 40배 정도로 나타났는데 이러한 수치는 서구에 비해서는 아직 낮은 편이나 최근 식생활, 영양, 건강에 대한 관심이 증가하면서 점차 그 섭취량 및 섭취빈도가 증가하고 있는 추세이므로 일부 계층에서는 영양보충제의 남용, 오용이 우려되는 실정이다.

이와 함께 건강식품에 대한 관심도 높다. 건강식품과 관련된 기사가 1960년대에는 5건, 1970년대에는 23건, 1980년대에는 35건, 1990년대(1996년 6월까지)에는 100건으로 이에 대한 일반인의 관심의 정도를 뚜렷하게 반영하고 있다. 텔레비젼이나 여성지 등의 광고도 과거에는 특정 영양소를 함유한다는 선전문구가 많았으나 최근에는 감소하는 경향이고 대신 열량이나 설탕, 방부제 등의 물질들이 제거 혹은 최소화되었다는 선전문구가 증가하고 있다. 제품의 자연산이나 순수함, 안전성을 강조하며, 저지방이라는 것은 선전문구가 계속적으로 증가하는 것도 바로 소비자의 요구를 반영하는 것이라 보겠다. 건강식품(health food)이란 '일반인들이 섭취하여 건강을 증진시키기 위한 식품'으로 국제 Think Bank의 스텐포드 연구소는 자연적 건강식품과 인공적 다이어트 식품으로 분류하고 있다(그림 4-13). 일반적인 개념으로는 '무공해식품'과 '자연식품'의 총칭으로 볼 수 있다. 이 용어가 처음 사용된 것은 1890년 독일에서부터이며 그 당시에는 식단을 개혁하려는 운동으로써 채식주의가 주체를 이루었다.

우리 나라의 경우도 건강증진에 대한 국민적 욕구가 급증하면서 여러 가지 소위 건강식품, 기능성 식품, 보약들이 범람하고 있다. 서울, 경기지역에 거주하는 20세 이상의 소비자 1000명을 대상으로 건강식품에 대한 의견과 복용경험을 조사한 결과 응답자의 58.8%가 건강식품을 사용한 경험이 있으며 68.2%는 건강식품의 효능을 믿는 것으로 나타났다. 또 건강식품에 대한 가장 큰 기대효과는 전체적 건강유지에 도움을 주는 것(59.8%)으로 믿고 있어, 건강식품

그림 4-13 건강식품의 분류

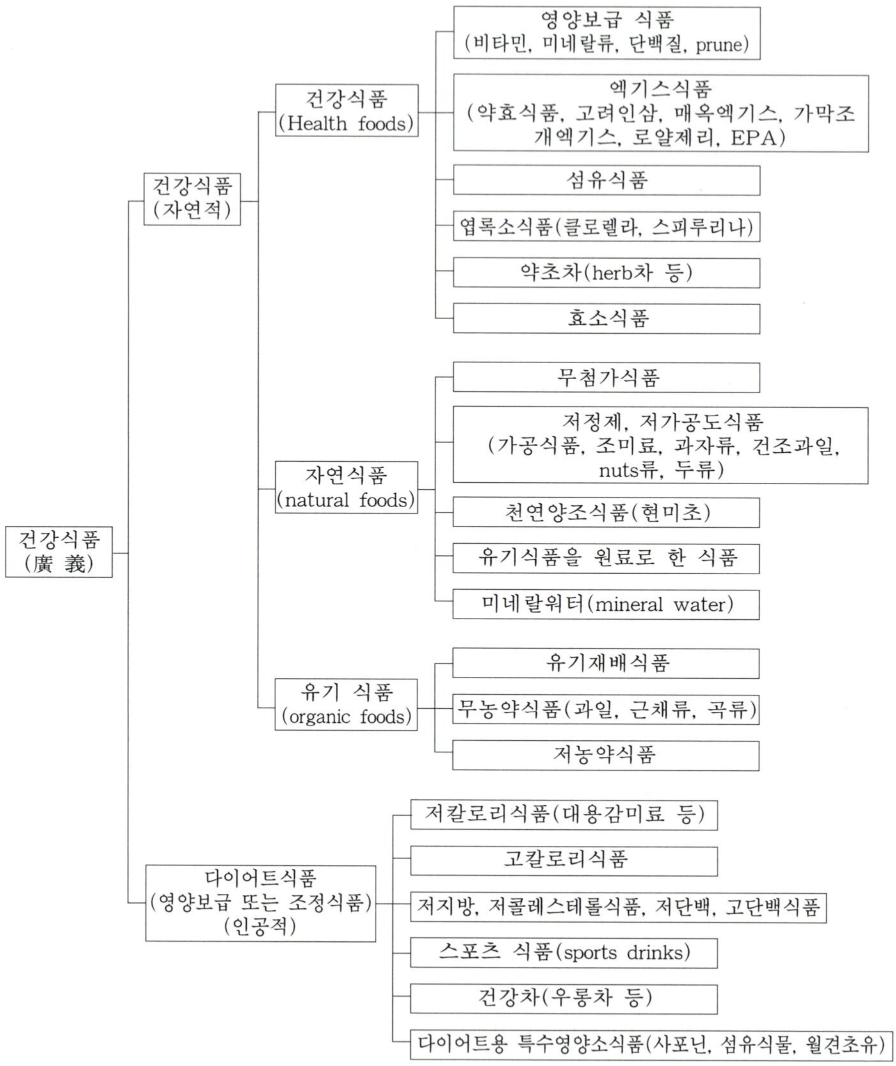

자료 : 한국식품연감, 1997, 농수축산신문

의 과대선전에 대해 부정적인 견해(52.1%)를 갖고 있으면서도 기회가 되면 먹는 것이 좋다고 생각하고 있었다. 우리 나라 식품공전에는 건강보조식품 24종, 특수영양식품 3종, 인삼가공식품 11종이 등재되어 있으며 이외에도 다수의 기타 식품류가 건강식품으로 판매, 유통되고 있으며, 그 시장규모도 대단히 커서 정부에서 관리하는 건강보조식품의 년간 생산량은 소비자 권장가격으로 약 8천억원에 달하며 이 중 약 1,000억원의 건강보조식품은 수입원료로 생산되고 있는 실정이다. 그러나 이러한 통계는 정부의 허가와 품질검사를 받는 제품에 한한 것이며 기타 식품류에서 분류된 것 중에서 건강식품으로 판매되는 것과 불법유통되는 제품을 합치면 시장 규모는 통계치보다 2~3배를 넘을 것으로 추산하고 있다.

건강식품시장의 규모가 이렇게 큰 것은 다른 나라에 비해서는 매우 예외적인 것이며 이러한 배경에는 초고속의 경제성장과 함께 자리잡은 빠르고, 손쉽게 목적을 달성하려는 특유의 사고가 자리잡았기 때문으로 생각된다. 즉 건강의 경우도 평상시에 항상 관리하기 보다는 간편히 1~2가지 식품을 먹음으로써 손쉽게 얻어질 수 있으리라는 기대이다. 실제로 우리 나라의 경우 건강식품이 주로 강장, 강정의 목적으로 사용되거나 특정 성인병에 효과가 있는 것으로 주장되고 있으며 약품(한약)과 동일한 개념으로 혼용될 수 있는 우려가 있으므로 현행 시판되고 있는 건강보조식품에 대한 품질평가 및 유통관리가 시급하다.

4) 소외계층의 영양문제

전체적인 한국인의 질병 패턴의 변화와는 다르게 계층별 영양문제는 약간 차이가 있다. 현재 한국인이 식생활 형태는 영양과잉과 영양실조의 상반되는 문제를 동시에 겪고 있는 것으로 보인다. 과거 30년간 지속된 경제 개발은 기아와 빈곤상태로부터 벗어나 보다 풍요로운 식생활을 영위하게 한 계기로 작용하였으나 계층별로는 영양소 섭취의 불균형, 만성질환의 증가, 식량자급율 저하 및 식생활의 서구화와 같은 새로운 문제들을 야기시켰다. 즉 근대화라는 국가차원의 근본 이념에 입각하여 빈곤과 굶주림에서 벗어나고, 고도성장이 이루어지면서 소득수준은 전반적으로 올라갔지만 소득 재분배에 의한 국민의 식생활수준을 균형있게 발전시키려는 노력은 아직까지는 부족한 편이다. 이는 특히 대도시 지역에서 두드러지는 현상으로서 빈곤인구를 양산하게 되었고 이들의 식생활은 영양상태면에서 문제가 되고 있으며 평균 수명의 연장으로 인한 노인인구의 증가와 이에 따른 노인의 영양상태도 사회문제화 되고 있다.

(1) 노인영양문제

전 세계적으로 노인인구는 매년 2.4%의 증가율을 나타내고 있으며, 1960년대에는 전체 인구의 5.1%가 65세 이상의 노인이었으나 2000년대에는 전체 인구의 6.6%인 4억 500만명이 될 것으로 예측하고 있다. 선진국에서는 이미 총 인구의 12~13%가 65세 이상의 노인이며 2000년대에는 인구 4명중 1명이 노인이 되는 시대가 올 것으로 예상된다. 우리 나라는 1990년에 65세 이상의 인구가 전체인구의 4.73%인 202만명으로 노인인구의 비율이 계속 증가하는 추세이며, 2000년대에는 6.35%로 65세 이상의 고령노인이 300만명에 이를 것으로, 2010년에는 13.1%에 이를 것으로 추정된다. 평균수명 역시 점차 증가하여 1980년에는 남자 62.7세, 여자 69.1세로 평균 65.8세 이던 것이 2020년에는 남자 74.9세, 여자 79세로 평균 77.0세가 될 것으로 예상된다(표 4-18).

표 4-18 한국인의 평균수명 변화추이

구 분	1960	1970	1980	1990	1995	2000	2010	2020
평 균	55.3	63.2	65.8	71.3	72.9	74.3	76.1	77.0
남 자	53.0	59.8	62.7	67.4	69.5	71.3	73.8	74.9
여 자	57.8	66.7	69.1	75.4	76.6	77.4	78.6	79.1

자료 : 김숙희 외. 식생활과 건강 신광출판사 1997

그러나 노인들이 건강하고 독립적인 생활을 할 수 없을 때 수명의 연장과 이에 따른 노인인구의 증가는 당사자들에게 괴로움을 줄 뿐 아니라 가족적 차원과 사회적 차원에서 병약한 노인들을 보살펴야 할 개인적, 사회적 부담도 커지게 되므로 삶의 질 향상을 동반하지 않은 수명의 연장은 그 의미가 퇴색된다.

노인들의 영양상태를 조사한 여러 보고들에 의하면 전체적으로 노인들이 영양섭취가 취약한 계층임을 알 수 있다. 1970~1980년대에 노인들의 식습관과 영양상태를 조사한 보고들에 의하면 60세 이상 노인 100명의 기호도가 가장 높은 식품은 쇠고기이고 혐오도가 가장 높은 것은 버터였다. 영양섭취실태 결과 열량은 남녀가 권장량의 80~100% 수준이었고, 단백질섭취량은 권장량의 77~80% 수준이었으며 칼슘은 권장량의 50% 밖에 되지 않은 것으로 나타났다.

1990년도에 행해진 조사에서도 이러한 영양소 부족상태는 크게 호전되지 않은 것으로 나타났다. 영양소섭취량을 권장량과 비교했을 때 열량의 경우 남자노인은 권장량의 75~90% 정도였고 여자노인의 경우는 60~76%에 불과하였다. 단백질의 경우는 남자노인은 권장량의 71~103%, 여자노인은 58~87%를 섭취하였고 나이가 증가할수록 섭취량이 현저히 감소하였다. 비타민의 경우도 권장량에 비해 비타민 A, 비타민 B_2, 비타민 C, 나이아신이 부족했고, 특히 칼슘은 권장량에 비해 많이 부족되는 영양소였다.

더우기 양로원과 같은 시설에 거주하고 있는 노인의 경우는 재가노인에 비해 영양상태가 더 불량하다고 보고되고 있어 그 문제가 심각하다. 따라서 노인의 영양상태 개선을 위한 대책으로는 보건소 및 노인대학, 노인복지시설 등을 통한 건강증진과 성인병예방을 위한 영양교육을 실시하고 올바른 식생활 유도를 위한 상담사업이 필요하며 실제적으로 노인들이 모여서 동료 노인들과 함께 즐겁게 식사하는 기회를 제공하는 한국식 차원의 집단 급식 서비스 사업 등이 확대되어야 할 것이다.

(2) 빈곤계층의 영양문제

1960년 이래 시작된 경제발전에 따른 소득수준의 향상은 그 이전에 매우 어렵게 영위되던 한국인의 식생활 수준을 많이 향상시켰지만, 반면 영양결핍의 문제가 특정지역에 거주하는 사람들, 특히 대도시 지역에서 주로 거주하는 빈곤 인구에게서 나타나고 있다.

일제하인 1939년의 조사결과에서는 열량 섭취량이 오히려 저소득층에서 높고 단백질 및 지방 섭취량은 상류층에서 높은 것으로 나타났다. 그러나 그 이후 소득수준으로 구분한 1973년의 계층별 아파트 실태조사 결과에 의하면 열량, 단백질, 지방 섭취량은 고소득층에서 높게 나타나서 열량 및 총 단백질 섭취량 중 동물성 단백질 섭취량이 경제적 수준에 비례하였다. 1980년대 한국의 절대빈곤율은 9.8%였으나 상대빈곤율은 1965년에 12%이었다가 1980년에는13%로 오히려 증가하였다. 생활보호대상자, 영세민과 저소득가구를 포함한 한국 지역 빈곤층 인구를 대상으로 한 연구에 의하면 영양소섭취량은 권장량의 50~60% 수준이었고 식물성 식품에 대한 동물성 식품의 비가 93.6% : 6.6%에 달하였다. 반면에 농촌 주민의 영양소 섭취량은 영양 권장량의 80%에 달해 오히려 한국 빈곤 지역 주민보다는 나은 것으로 나타났다. 이렇게 한국 빈곤지역 주민의 영양상태가 불량한 이유로는 첫째, 지역시장의 식품공급기능이 원할하지 못하고, 둘째, 식품의 질도 나쁘며, 셋째 영양지식 수준이 낮고 넷째 식생활에 무관심한 것에 기인한다.

또한 1980년대에 빈곤지역 유치원 어린이의 영양상태를 조사한 연구에서 에너지 및 모든 영양소의 섭취량이 영양 권장량의 54.5~98.6%에 해당하였고 칼슘, 철, 비타민 B_2는 권장량에 많이 미달하였다. 빈혈이환율도 12.5%에 달했고 기생충감염도 19.5%에 이르렀다.

이러한 상황은 1990년에 들어서서도 크게 바뀌지 않고 있다. 빈곤지역 국민학교 아동 249명을 대상으로 한 연구에서 이들의 신체계측치는 한국 표준치에 비해 낮았고 빈혈 이환율이 16.3%에 달했다. 거의 모든 영양소가 권장량에 미달되었는데, 권장량에 비해 열량은 73.1%, 단백질은 77.9%, 칼슘은 59.3%, 비타민 B_1은 71.5%, 비타민 B_2는 64.2%를 섭취하여 매우 저조한 영양실태를 보여주었다. 결식률도 매우 높아서 약 15.0%가 결식아동에 해당되었고, 3일 동안 2끼 이상을 안 먹는 아동은 30.0%에 이르렀다.

도시 빈곤 가계들은 주거, 식료품, 거주, 교육의 소비순으로 상대적 박탈감을 느끼고 있는 것으로 나타나 빈곤계층의 식료품 박탈감을 해결하기 위한 정책으로 생계비 지출 비중이 가장 큰 식료품의 가격 안정을 보장하는 정책의 시행이 급선무이다.

3. 북한의 영양실태

극심한 식량 부족으로 인하여 북한 사람의 영양상태가 매우 불량한 것으로 추정되고 있기는 하나 북한의 식량이나 영양상태를 대변해주는 객관적인 통계 자료는 없고, 다만 국제연합 산하의 국제 기관에 의한 미취학 아동의 영양실태조사 자료만이 존재할 뿐이다.

북한에서는 공공배급제도를 통해 개인에게 식량을 배급하고 있다. 식량부족과 영양실조 문제가 북한에서 1980년대부터 이미 나타나기 시작했으나 1994년 이후 수년간 계속되었던 홍수와 가뭄 등의 재해로 인해 1997년에는 식량부족이 매우 심각한 상황에 이르렀었다. 이에 북한은 외부 세계에 식량 지원을 요청하게 되었고 그에 따라 북한을 위한 식량지원이 범 세계적인 규모로 이루어지기는 했으나 2000년도에 기상조건이 다시 악화됨에 따라 식량 부족분이 아직도 3백만 톤이 넘는 실정이어서 북한의 식량부족과 영양실조 문제는 당분간 지속될 것으로 보인다.

1) 북한의 보건의료 체계

북한의 보건의료체계는 사회주의 정치체제를 근간으로 하는 국가 주도의 단일 공공보건의료체계로써 국영보건의료체제이다. 보건의료부문의 재원은 조세에 의존하고 있고 예방과 치료를 통합적으로 제공하기 쉬운 고도로 조직화된 체제이다. 북한의 헌법에는 '국가는 전반적 무상치료제를 공고 발전시키며, 의사담당구역제를 강화하고, 예방의학적 방침을 관철하여 사람들의 생명을 보호하며, 근로자들의 건강을 증진시킨다(제56조).' 라고 규정하고 있다. 이에 따라 1960년부터 무상치료제와 1967년부터 의사담당구역제가 실시되기 시작하였다.

지난 수년간 지속되어 온 북한의 경제난은 식량난을 악화시켰고, 사회주의적 보건의료체계는 의료기관의 시설과 의약품 수준이 극도로 열악하게 되는 위기를 초래하게 되었다. 의료상태가 열악해짐에 따라 모자 보건관리가 제대로 시행되지 못하여 출산률이 감소되고, 영유아와 아동의 사망률과 유병률이 증가되고, 아울러 노인의 사망률이 급증하게 되었다.

2) 영유아, 아동

식량부족으로 에너지 섭취가 부족되면 성장기에 있는 영유아와 임신·수유부에게 그 폐해가 크게 나타난다. 신생아의 출생 체중이 감소되고 영유아의 사망률이 증가하며, 아동의 성장발육이 부진해진다. 유니세프의 세계어린이 상황(The State of World's Children) 보고서에 의하면 북한의 5세미만 영유아 사망률이 식량난 이후로 증가되어 남한의 4배 이상에 이르렀고, 이들의 사망원인은 대부분 홍역, 설사, 급성호흡기질환 등의 감염성 질환인 것으로 나타났다. 영양실조가 심하면 감염성질환으로 인한 아동의 사망률이 증가하는 것으로 잘 알려져 있다.

1997년 4월 유니세프가 5세 미만 북한 아동 800,000명 이상이 영양실조라고 보고했던 이래 1997년 세계식량계획(WFP)은 처음으로 7세미만 아동 3,900여명의 체위를 조사하여 16.5%가 체중소모, 38.2%가 신장왜소 상태라고 보고하였다. 1998년에는 유니세프/세계식량계획/유럽연합이 공동으로 전국의 6개월에서 7세 미만 아동을 조사하였는데 그 결과 62%가 만성영양실조인 신장왜소인 것으로 드러났다.

자료는 충분하지 않으나 북한의 사춘기 아동 역시 식량 부족으로 인한 성장 부진과 영양결핍에 시달리는 것으로 보인다. 북한 청소년의 평균 신장이 남자, 155cm, 여자 152cm를 넘지 않으며 북한 군인의 평균 신장이 160cm에 못 미친다는 것은 성장 급등기를 맞은 사춘기 아동이나 성장이 거의 끝난 청소년도 식량 부족에 의해 성장 부진을 겪고 있음을 말해준다. 접경지역으로

탈북한 10대 아동을 대상으로 조사한 결과, 남한 아동에 비해 일부 사춘기 아동의 신장이 25cm 정도 적었고, 여러 개의 영양 결핍증을 가지고 있는 것으로 나타났다.

3) 성인

식량 부족은 아동이나 청소년 뿐 아니라 성인에게도 영향을 미칠 수 있다. 귀순한 성인들을 대상으로 조사한 결과 북한내에서의 하루 열량 섭취량이 성인 남자 권장량의 절반 정도인 1,200~1,300kcal 정도로, 열량의 75%이상을 탄수화물에 얻었던 것으로 추정되었다. 귀순한 성인의 신장과 체중이 분단 이전 우리 나라 성인의 수치에 비해 별 차이가 없고, 현재 남한 성인의 체위에 비해 매우 적은 것으로 보아 이들이 만성적인 식량 부족상태에 처해왔을 것으로 파악된다. 귀순자들의 체중은 귀순 후 거의 모든 사람에게서 증가되었고 일부 귀순자에게서는 30세가 훨씬 넘은 성인인데도 불구하고 신장도 증가되었다. 남북한 사람들의 유전형질은 별로 변하지 않았을 것으로 간주할 때, 분단 50년 동안에 체위에 나타난 차이는 무엇보다도 현저하게 다른 영양환경에서 비롯된 것으로 볼 수 있다.

북한 성인의 질병 패턴을 살펴보면, 이들에게 결핵, 말라리아, 콜레라, 파라티푸스, 간염 등 전염병에 대한 이환률이 높은 것으로 알려져 있는데 이러한 질병은 수질과 환경의 위생상태가 열악할 때, 그리고 영양실조가 수반될 때 이환률과 사망률이 증가되는 질병이다. 또, 나무뿌리, 풀뿌리 등 다양한 대체식량 섭취에 따른 위염, 위궤양 등 위장 질환 환자, 비타민 무기질 등 미량 영양소 부족으로 인한 피부염, 갑상선종, 빈혈 환자도 많은 것으로 나타났다. 영양실조와 더불어 제때 충치치료를 받지 못했던 관계로 치과 질환 유병률도 매우 높았다.

4) 북한 영양증진을 위해 필요한 일

북한 지역 주민들에게 필요한 것은 아마도 식량 공급과 기초 의약품 지급 등 긴급 구호사업일 것이다. 2,000만 명이 넘는 북한의 인구가 처했던 식량부족사태는 그 규모와 심각성 면에서 어떤 한 나라가 혼자 해결하기에는 벅찬 과업이라고 생각된다. 태아기와 영유아기에 처한 영양실조는 적어도 3세대에 걸쳐 그 폐해가 나타나는 것으로 연구되고 있다는 점에서 하루 빨리 이들의 영양상태가 회복되도록 노력해야 하겠다. 이를 위해 국제기관들과 협력하여 대규모 집단의 영양응급사태 관리에 필요한 지식과 기술을 갖추는 일이 필요하며, 점차 북한의 지역사회를 개입시키는 적극적인 영양개선프로그램을 개발하여 실행하고 평가하는 연구를 해야 할 것이다. 아마도 무엇보다 북한 주민을 대상으로 실시하는 건강영양조사가 이루어져야 할 것이다. 그 결과를 바탕으로 영유아, 학령기 아동, 임신 수유부, 청소년, 노약자 등 영양취약계층의 영양상태를 판정하고 적절한 재활이나 회복 프로그램을 개발하는 일이 필요하다.

활동마당

한국인의 영양실태 및 건강상의 문제점은 무엇이며, 이의 해결방안에 대해 각 조를 나누어 토론해 보고 전체적으로 결과를 수합해보자.

1조, 우리 나라 국민의 영양섭취실태에 따른 건강문제

2조, 식량수급상태와 국가 경제와의 관련성

3조, 노인이나 어린이의 영양 문제

4조, 국민들의 잘못된 식습관으로 인한 건강문제

5조, 건강 보조식품의 사용실태

5

지역사회의 요구 진단 및 목표 집단의 영양평가

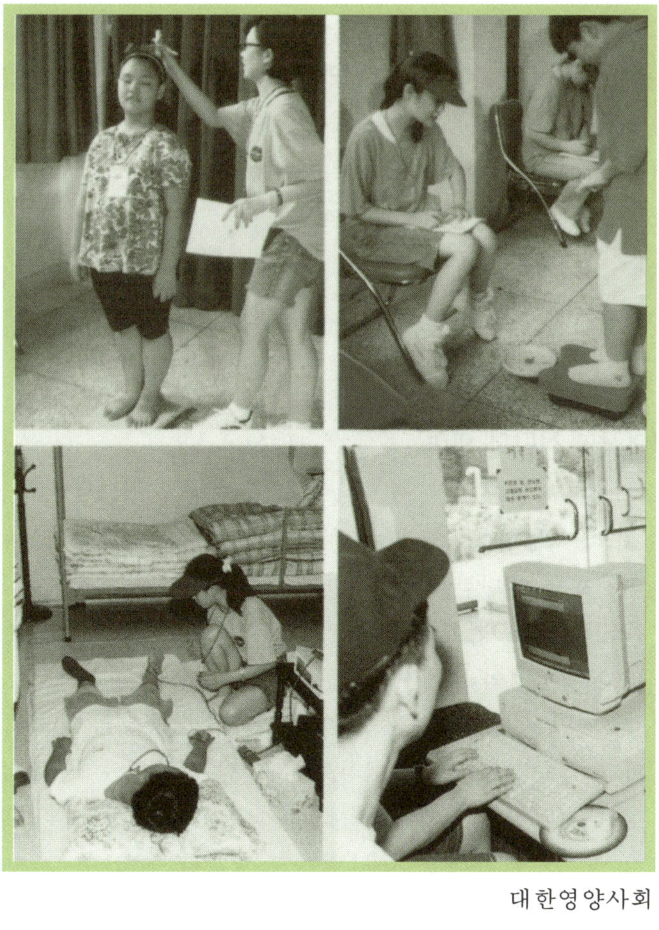

대한영양사회

제 5 장

지역사회의 요구 진단 및 목표 집단의 영양평가

지역사회 진단이란 지역 주민의 생활에 영향을 미치는 보건생태학적 요인들을 종합적으로 파악함으로써 비교적 적은 비용으로 지역사회의 영양상태를 개괄적으로 파악할 수 있는 방법을 의미한다. 그런데 지역사회 판정만 가지고는 목표집단의 건강 영양상태를 알아보기에 충분하지 않다. 목표 집단이 가지고 있는 영양문제가 무엇인지 영양문제의 원인이 무엇인지 그 집단에 현재 있는 영양서비스는 이 집단의 문제를 해결하는데 왜 실패하였는지 그들의 건강과 영양 상태를 어떻게 개선시킬 수 있을 것인지 등 목표집단의 영양상태를 평가하는 구체적인 방법을 학습한다.

1. 지역사회의 진단

1) 지역사회 진단의 의미

지역사회의 영양상태나 보건영양 요구를 파악하려면 지역사회를 진단해야 한다. 지역사회를 진단할 때는 주민의 생활양식과 영양상태에 영향을 주는 경제수준, 주거상황, 질병 보유율, 식량수급상황 및 조달 방법, 교육 수준, 문화적 배경, 지역 보건사업의 존재 유무 등 모든 요인들을 종합적으로 파악해야 한다.

지역사회 진단을 하면 지역사회의 영양자원이 충분한지 아니면 충분하지 않은지를 판단할 수 있을 뿐 아니라, 잠정적인 영양취약집단을 찾아낼 수 있고, 기존의 보건 사업이나 영양 개선사업이 지역 주민의 요구에 부합하는지 또는 그 지역의 영양문제를 해결할 수 있는지 파악할 수 있다.

지역사회 진단은 이미 있는 자료들을 활용하므로 적은 비용을 들이고, 비교적 짧은 시간 안에 지역사회의 영양상태를 파악할 수 있다는 장점을 지니고 있다. 그런가 하면 개개인이 지니고 있는 특정 영양문제를 파악할 수 없다는 점, 정확한 통계자료가 뒷받침하지 않는 한 지역사회의 영양문제를 진단하는 데 있어서 쉽게 오류를 범하게 된다는 점과 같은 단점이 있다. 우리 나라의 경우 국가나 지역사회 단위의 통계 자료가 아직 미흡한 실정이어서 이러한 자료를 가지고 지역사회 진단을 하는 데 큰 어려움이 있다.

2) 지역사회 진단 과정

지역사회의 요구를 판정하는 과정에는 표 5-1과 같이 다음의 7가지의 단계가 있다. 여기에서는 이 단계들에 대해 알아보기로 한다.

표 5-1	지역사회의 요구를 판정하는 단계
제 1 단계:	영양문제의 파악
제 2 단계:	판정의 항목 결정
제 3 단계:	자료 수집
제 4 단계:	자료의 분석 및 해석
제 5 단계:	다른기관들과 지역사회 진단 결과 공유
제 6 단계:	우선 순위의 결정
제 7 단계:	영양 활동 계획의 선정

① 제 1 단계: 영양문제의 파악

지역사회 영양사는 그 관할 지역사회 내 어떤 목표 집단에 어떤 영양문제가 있는지를 알아내어야 한다. 목표 집단에 존재하는 영양문제를 알아볼 경우, 통계적인 수치보다는 서술적으로 표현하는 것이 더 좋다. 각 영양문제를 서술할 때는 어떤 집단이 영양문제를 가지고 있는지, 얼마나 많은 사람들이 해당되는지, 그리고 이 영양문제는 건강과 영양상태에 어떤 영향을 미치는지 등이 표현되어야 한다. 영양문제에 대한 이런 구체적인 서술이 먼저 마련되어야 그 지역사회 내에서 영양문제를 해결해 나갈 수 있는 시작점이 될 수 있다. 정보마당 5-1에는 목표 집단의 영양문제 서술에 대한 예가 나와있다.

5-1 목표 집단 영양문제 서술의 예

■구리시의 1996-98년 3년간 사망 원인 조사자료에 의하면 뇌혈관 질환이 12.3%로 전국자료에 비해 뇌혈관질환 사망률이 높았다. 구리시 주민을 대상으로 위해건강생활습관 조사 결과 남성의 흡연율, 음주율, 비운동자의 비율이 각각64%, 73%, 58%였다. 이러한 위해건강생활습관 보유율은 뇌졸중의 위험요인이 된다. 한편 구리시 주민 중 뇌혈관질환의 주요 원인인 고혈압이 있는 사람이나 고염식을 하는 사람들의 비율에 대해서는 알 길이 없으며, 이를 감소시키려는 사업이 실시된 바 없다.

■미국 영양 조사에 따르면 1995년에 7.3이었던 저체중아 출산률이 1996년에는 과거 20여년간 수치중 가장 높은 수치인 7.4로 증가하였다. 저체중아는 정상체중아에 비해 유병률 및 사망률이 매우 높다. A 도시의 전 병원의 통계에 의하면 A 도시의 저체중아 출산률은 8.2로써 전국 평균보다 높게 나타났다. 그러나 그 원인은 규명된 적이 없다.

② 제 2 단계: 판정의 항목 결정

지역사회 요구 판정이 시작되기 전에 판정의 항목들(parameters)이 결정되어야 판정의 방향을 잘 잡을 수 있다. 표 5-2에는 여성의 뇌혈관질환과 관련된 지역사회 판정 요인들에 대해 나와 있다.

· 지역사회의 규정

지역사회의 범위가 우선 규정되어야 한다. 지역사회가 지리적으로 작은 단위인 군, 면, 동, 구 등으로 구성될 수도 있고, 비교적 큰 단위인 도, 시, 국가 등으로 구성될 수 있다.

· 요구 판정의 목적 결정

지역사회 요구 판정의 목적은 다음과 같다.

- 영양취약집단을 알아낸다
- 지역사회나 목표집단의 시급하고 중요한 영양 요구들을 규명하고 우선 순위를 결정한다.
- 지역사회나 목표집단의 영양문제에 영향을 주는 요인들을 알아낸다.
- 현존하는 지역사회의 자원과 프로그램들이 지역사회나 목표집단의 영양요구를 만족시키는지를 알아본다.
- 목표집단의 영양요구를 다룰 수 있는 영양중재 활동 계획을 세우고, 그 프로그램을 평가하기 위한 기초 정보를 마련한다.
- 목표집단의 영양상태를 개선시킬 수 있는 영양중재 활동을 계획한다.
- 결정된 프로그램을 특정 인구집단에 맞추어 실행한다.

· 목표집단의 결정

지역사회 요구 판정의 초점은 건강과 영양상태가 다른 요인들에 의해 영향을 많이 받는 목표집단이다. 목표집단을 결정하는 일은 영양문제에 대한 초기의 인식에 영향을 많이 받는다. 경우에 따라서는 요구 판정이 한 목표집단(예: 1세 미만의 영아를 가진 모든 여성들)으로 시작하였어도 그 중 다시 특

표 5-2 여성의 뇌혈관 질환과 관련된 지역사회 판정항목

항목	여성의 뇌혈관 질환
영양문제 서술	뇌혈관 질환은 여성의 주요 사망원인이나 대부분 여성이 뇌혈관 질환의 위험에 관해 모르고 있으며 서울시와 경기도 거주 여성의 뇌혈관 질환 위험 요인이 파악되고 있지 않음.
지역사회 정의	서울특별시와 경기도
진단 목적	여성과 뇌혈관 질환에 관한 영양개선 프로그램이나 중재가 개발되어야 하는지 결정하기 위한 정보
목표 집단	18세 이상 여성
진단 목적	뇌혈관 질환 감소에 관한 기존 프로그램이나 뇌혈관 질환 관련지식, 태도, 습관을 파악
진단의 구체적 목표	3개월 내에 18세 이상 여성 250명에 관한 아래와 같은 사항을 파악 · 뇌혈관 질환 관련 여성의 지식, 태도 · 뇌혈관 질환 관련 여성의 습관 · 뇌혈관 질환 감소를 위한 기존의 프로그램 · 기존 프로그램 전달에서의 격차 확인
필요한 자료 유형: 지역사회 조건	· 50세 이상 여성의 사망률 · 50세 이상 여성의 이환률 · 기존의 프로그램 병원, 의원 체력 단련/스포츠 센터 개인 병원 · 교육자료 병원 보건전문인 식품/의약품 회사 서점
필요한 자료 유형: 배경적 조건	· 흡연 관련 광고 · 뇌혈관 질환에 관한 신문 잡지 기사

정 집단(예: 1세 미만의 영아를 가진 십대 여성들)으로 끝날 수도 있다. 그러나 대부분의 경우, 목표집단은 요구 판정이 끝날 때까지 지속되는 것이 보통이다.

· 요구 판정을 위한 목적과 목표의 설정

이 단계는 필수적인 단계로써 목적과 목표가 설정이 되어야 어떤 자료를 수집할 지, 또 그것을 어떻게 이용할 지가 결정된다. 목적(goals)은 넓은 의미의 기술로서 이 판정이 이루고자 하는 것이 무엇인지를 말해준다. 이에 비해 목표(objectives)는 목적을 이루기 위해 필요한 활동들을 말한다. 목표를 서술할 때는 강력한 동사를 사용하는 것이 좋으며(예: 증가시킨다, 감소시킨다, 시작한다, 알아낸다 등) 그 결과를 측량할 수 있도록 기술한다.

· 필요한 자료의 형태 규정

요구 판정에 필요한 자료의 형태는 그 판정의 목적과 목표가 무엇인지에 달려있다. 목표집단에 관련된 자료가 문헌상에 이미 나와있는 경우도 있고 정부로부터 얻을 수 있는 경우도 있다. 그 외에는 직접 그 목표집단으로부터 필요한 자료를 수집해야 한다.

③ 제 3 단계: 자료 수집

판정의 항목들이 설정되면 그 다음 단계로 자료를 수집한다. 이때 목표 집단이 살고 있는 지역사회의 영양문제가 어떻게 발전되고 그것을 다루기 위해 어떻게 해야하는지를 염두에 두고 자료를 수집한다.

· 지역사회에 관한 자료 수집

지역사회에 관한 자료는 양적으로, 또는 질적으로 수집될 수 있다. 질적인 자료란, 그 지역사회의 역사 뿐 아니라 과거 영양과 건강문제를 해결하기 위한 노력들을 잘 알고 있는 유력한 정보 제공자와 면담함으로써 얻어지는 생각, 의견, 식견과 통찰력 등의 자료를 말한다. 또 그 지역사회의 영양문제를 알아내고 다루는데 관심이 있는 사람이나 기구들과의 면담을 통해서도 질적인 자료를 얻을 수 있다. 그 목표집단의 구성원도 그 지역사회에 대해 정보를 줄 수 있다.

이에 비해 양적인 자료란 인구 통계(예: 사망하는 나이, 사망원인 등), 연구논문, 병원의 기록, 보건에 관계된 조사자료 등 여러 종류의 데이터 베이스로부터 얻어질 수 있다. 표 5-3에는 지역사회에 관한 자료의 형태가 나와 있다.

- 지역사회 조직력과 구조에 관한 자료

질적인 자료로부터 그 지역사회가 정치적으로 어떻게 움직이는지, 누가 그

체제에 대한 권력을 가지고 있는지에 관해 알 수 있다. 정부 조직도나 시청 공무원 조직을 통해서 그 지역사회에서는 건강서비스를 어떻게 전달하고 있는지, 또 보건 정책은 어떻게 개발하는지 등을 알 수 있다. 지역의 보건관계 기관이나 기업체, 언론기관들을 움직이는 핵심인물이 누구인지를 아는 것도 그 지역사회 지도자의 관심을 알아보는데 도움을 준다.

표 5-3 지역사회에 관한 자료의 형태

지역사회 조직력과 구조

- 정부 조직도(시, 도 등)
- 보건복지부의 조직도(도, 시 등)
- 건강관련 국가 기관 조직(대한영양사협회) 등
- 지역사회 그룹과 지도자(대한 YMCA)
- 대중매체의 리포터와 기타 다른 사람들
- 상공회의소 구성원

인구학적 자료와 추이

- 연령별, 성별, 혼인별 인구수
- 가구의 크기와 구성(가족 수, 자녀 수, 부부로 구성된 가족의 비율, 편부모 가족 비율)

지역사회 보건통계

- 사망율 통계(나이별, 성별, 원인별, 지역별, 사망률)
- 이환율 통계(질병상태의 분포)
- 임신과 출생 통계[나이, 모체의 출산경험, 임신주기, 산전관리를 받은 모체의 비율, 미혼모, 유아의 출생체중(쌍둥이 등), 임신율, 유아사망율]
- 전염성 질환(발생, 분포)
- 직업병(발생, 분포)
- 사망원인
- 기대여명
- 건강측정(예방주사, 흡연, 약물사용, 고혈압, 비만, 혈청 콜레스테롤, 납 검출, 직업상 장애, 식중독)
- 식품과 영양소 섭취(식품군별 섭취량, 영양소, 에너지 섭취량, RDA와 비교한 식이의 적정성)
- 보건재원의 사용(환자가 의사를 만나는 빈도, 병원과 치과병원 방문 횟수)
- 보건재원(활동중인 의사와 다른 보건 전문인의 수, 서비스에 고용된 횟수)
- 시설(단기간, 장기간 병원, 시설)

지역사회 서비스와 프로그램

- 정부투자의 식품 보조 프로그램
- 병원 클리닉, 지역 보건소, 스포츠 센터, YMCA, YWCA, 공중보건부문, 자발적 건강조직, 학교, 대학 전문대학, 시민단체에 의한 건강과 영양 서비스 및 프로그램
- 1차적 진료기관(위치와 접근용이성)
- 무료 급식소, 푸드뱅크
- 영양학자, 영양사, 건강전문인에 의해 제공되는 프로그램과 서비스

- 인구학적인 자료와 추이

인구학적인 자료는 그 지역사회에 살고 있는 사람들의 성별, 나이, 결혼상태, 주거 정도에 관한 정보를 준다. 그 지역사회의 인구학적인 특성이 변화한다는 것은 부상되지 않은 영양문제가 숨어 있거나 영양 서비스에 차이가 생길 수 있는 조기 신호가 된다. 예를 들면, 농촌 지역사회에서 노인들의 영양 건강 상태를 판정할 경우, 10년 전과 비교해 볼 때 85세 이상의 노인 인구가 현저히 증가한 것을 볼 수 있다. 따라서 이러한 인구학적 경향은 85세 이상 노인들을 대상으로 영양서비스를 증가시켜야 할 필요를 말해주고 있다.

- 지역사회 보건통계

그 지역사회의 건강도를 알아보기 위해서는 여러 가지의 보건 통계 수치를 사용한다. 보건 통계수치를 통해서 그 지역사회의 질병의 원인, 만연도, 장애인의 비율, 사망에 관한 통계 등을 알 수 있다. 지역사회 영양사는 보건 통계를 통해 그 지역사회 인구집단의 건강 및 영양문제를 알 수 있으며 영양불량인 사람을 선별할 수 있다. 보건통계 자료 중 흔히 쓰이는 몇 가지 자료가 정보마당 5-2에 소개되어 있다.

정보마당

5-2 흔히 사용되는 보건통계 자료들

출생률(Birth rate)은 한 인구 집단 내에서 일정 기간(보통 1년의 기간을 많이 사용) 동안 출생한 어린이의 수를 그 인구집단의 인구수로 나눈 후 1,000을 곱한 것을 말한다.

사망률(Mortality rate)은 한 인구 집단 내에서 일정 기간 동안 사망한 사람의 수를 그 인구집단의 인구수로 나누어 1,000을 곱한 것을 말한다.

영유아 사망률(Infant mortality rate)은 출생한 아기 중 생후 1년 이내에 사망한 영유아의 비율에 1,000을 곱한 것을 말한다.

사망률은 그 사망의 원인에 따라 다시 나눌 수 있으며 이를 **사망 원인별 사망률**이라고 한다. 특정 원인별 사망률을 구하는 식은 위와 비슷하나 곱해주는 수를 1,000 대신 10,000이나 100,000으로 바꾸어 구할 수도 있다.

질병이환율(Morbidity rate)은 어떤 지역사회에 있어서 건강인에 대한 특정 질병 환자의 비율을 말하는 것으로 이는 다시 **발병률**(Incidence rate for a disease)과 **유병률**(Prevalence rate for a disease)로 나뉘어 진다. **발병률**은 일정 지역에서 일정 기간 동안 어떤 질병으로 새로 진단 받은 환자가 그 집단 전체 인구에 비해 얼마나 되는가에 대한 비율에 10,000을 곱한 것이다. **유병률**은 일정 지역, 일정 시점에서의 그 질병 이환자의 총수를 그 집단 전체의 인구수로 나누어 10,000을 곱한 값으로 나타낸다.

- 현존하는 지역사회 서비스와 프로그램들

현존하는 지역사회 영양서비스와 프로그램에 관한 자료를 살펴보면 영양서비스가 필요한 곳을 알아내는데 도움을 받을 수 있다. 지역사회의 영양서비스와 프로그램을 알아보기 위해서는 다음 몇 가지의 경로, 즉 첫째는 정부 기관이나 보건 기구가 제공하는 영양서비스와 프로그램에는 무엇이 있는지, 둘째로 민간 차원의 건강 관련 기관들(예를 들면 대한적십자사, 당뇨병협회 등)을 통해 제공되는 영양서비스와 프로그램에는 어떤 것이 있는지, 셋째로는 지역의 영양사, 건강전문인, 혹은 자원 봉사 자선단체 등을 통해 제공되는 영양서비스와 프로그램에는 무엇이 있는지를 알아본다.

- 환경적 특성에 관한 자료

각 목표 집단은 저마다 독특한 물리적인 환경 안에서 일하며 살고 있다. 표 5-4 에는 지역사회의 환경적인 자료의 유형에 대해 나와 있는데 이런 환경적인 특성들은 지역사회의 건강과 영양상태에 영향을 미친다. 주민은 지역의 병원과 진료소, 건강 관리 센터 등을 통해 병을 진단 받고, 상담하고, 치료받게 되므로 이런 시설들은 인구집단의 건강과 영양상태에 영향을 미치게 된다. 지역의 식품 공급정도는 지리적인 조건이나 기후, 그 지역에서 생산되는 농축산물, 식품저장 체계, 식품점이나 시장의 위치와 형태, 편이점이나 농민과의 직거래 시장의 위치와 형태 등의 영향을 받는다. 지역의 교통 수단이 얼마나 편리한가 하는 것도 목표집단이 식품점이나 시장, 병원이나 진료소를 쉽게 갈 수 있는가에 대한 척도가 된다.

- 사회경제적 특성에 관한 자료

표 5-4의 지역사회와 관련된 사회경제 문화적 자료도 매우 유용하게 쓰일 수 있다. 그 지역사회의 평균 수입은 공공 보조를 받는 목표 인구집단이나 가족의 수입이나 가족 수 등을 비교하기 위한 기준이 될 수 있으며 지역사회의 교육수준, 문맹률, 산업화의 정도, 직업 등은 목표 집단의 건강 영양상태 개선을 저해하는 요인을 알아내는데 도움을 준다.

- 지역사회에 관한 자료의 출처

지역사회 요구 판정을 성공적으로 수행하는데는 관찰, 탐방작업, 연락망 작업이 필요하다. 앞서 언급한 지역사회에 관한 자료들을 어디서 얻을 수 있을까? 이런 자료들을 단 번에 얻을 수 있는 한 가지의 좋은 길이 있는 것은 아니고, 다만 목표집단을 관찰하거나, 탐방하면서 필수적인 정보들을 수시로 얻을 필요가 있다.

표 5-4 지역사회에 환경에 관한 자료의 유형

식품 유통 체계
- 국가, 지방, 지역의 식품분배 유통망: 응급식품지원체계 확충, 식품 도매와 소매체계, 현지 식품생산량
- 식료품점, 슈퍼마켓, 편의점, 농산물 시장의 위치, 형태와 수
- 음식점의 위치, 형태와 수.
- 건강 식품 판매점의 위치와 수.

지리적·기후적 조건

의료체계
- 병원, 의원, 장기요양 시설들의 위치, 형태와 수
- 외래 진료기관의 유형

주거
- 주거의 형태(세대수나 건축연도, 세대당의 방 수, 상하수도 시설, 부엌 시설 등 주거지의 특징)
- 주거의 상태(벽돌, 나무, 콘크리트 블록 외장재로 이루어진 기본 주거지의 비율)

여가
- 헬스크럽, 운동 시설 등의 위치와 수
- 가능한 여가활동의 종류(수영, 헬스, 테니스, 스키, 산책 등)

교통 체계

식수공급

급수체계, 식수의 질.

사회문화적 지표 및 경향
- 노동 인력의 특성(직업, 산업, 근무자의 계층. 근무시간)
- 교육(25세 이상 인구들의 중등교육기간 연수, 고졸)
- 아동과 성인의 문맹 수준

경제적 지표 및 추이
- 가계소득과 비가족 동거인
- 가계 평균 소득
- 최저 생계 소득 수준을 가지는 가계의 비율
- 학교 급식, 생활 보호 대상자 등에 포함되는 인원수
- 식품 지원을 받는 인원수
- 사회 단체나 다른 개인으로부터 보조금을 받는 인원수
- 실업 통계지표(한명 이상의 실업자가 있는 가계의 비율)
- 유형자산(부동산, 주식, 개인 컴퓨터, 전화기, 전자레인지 등 개인 물품)

만약에 목표집단이 시설에 거주하는 노인들이라면 그 노인들이 살고 있는 양로원, 요양소, 병원 등의 시설들을 자주 방문한다. 또 그들이 자주 이용하는 식품점이나 노인대학, 노인정, 경로당 등도 방문한다. 이 노인들이 어떤 식품들을 구입하는가? 시장에 갈 때 어떤 교통수단을 이용하는가? 직업은 주로 무엇인가? 병원이나 진료소에서 가까운 곳에 사는가? 사는 곳 근처에 노인들을

위한 식품은행, 노인급식소, 식품보조센터 등이 있는가? 식품을 재배하여 먹기도 하는가? 이 노인들의 과거 영양 문제는 무엇이었는가? 영양 문제에 대해 어떤 인식을 가지고 있는지를 묻기도 한다.

지역사회 영양사가 다른 동료들과의 연락망을 가지고 있으면 그 문제가 어떻게 인식되고 있는지에 관한 정보를 가질 수 있다. 동료들이 목표 집단의 최근 보건 통계에 관한 정보를 가지고 있을 수도 있고, 미처 출판되지 않은 자료라도 도움이 되는 자료가 어디에 있는지를 알려줄 수도 있다. 또 동료들이 다른 지역사회에서 지역사회 요구 판정을 해 본 경험이 있으면 이에 대해 잘 알고 있을 수 있다.

핵심이 되는 정보제공자와의 면담도 가치 있는 정보의 출처가 된다. 시장이나 군수, 도지사 등 지역사회의 지도자, 경우에 따라서는 그 지역의 종교지도자, 의사, 교사, 비영리 단체의 자원봉사자, 사회봉사단체의 장, 대중매체에 종사하는 사람들로부터 그 지역사회가 어떻게 움직이고 그 목표집단이 영양문제를 어떻게 인식하고 있는지를 알아낼 수 있다.

자료 수집의 다음 단계는 인터넷으로 들어가거나 도서관을 이용하여 문헌상에서 그 영양문제에 관련된 의료, 영양, 보건 데이터 베이스를 찾아본다. 부록1에는 우리 나라에서 찾아볼 수 있는 의료, 영양, 보건 관계 데이터 베이스의 인터넷 주소 및 수집 가능한 자료의 종류가 나와있다. 또 필요하다면 정부의 간행물 중의 자료, 대학 도서관에서 제공하는 자료들을 사용할 수 있다. 그 지역의 건강상태에 관한 역사적인 자료들을 수집하는 것도 도움이 된다. 필요하다면 구청이나 시청에 가서 그 지역의 보건 자료를 수집할 수도 있다. 병원이나 건강진료소 혹은 보건소에서 발간하는 년간 진료보고서도 도움이 된다.

- 지역사회의 배경에 관한 자료 수집

그 지역사회가 어디에 위치해 있는지 환경은 어떤지에 대한 광범위한 배경조사를 하는 것은 이 자료들이 목표집단의 삶, 식품선택, 의료서비스 등에 잠재적인 영향을 주게 되므로 필요하다. 지역사회 배경 정보의 형태는 표 5-5에 나와있다.

예를 들면 국가 정책은 식품보조 프로그램의 자격, 최소 임금 수준, 필수적인 식품의 분배 등에 영향을 미치며 이 모든 요인들은 다시 또 목표 집단의 건강과 영양상태에 영향을 줄 수 있다. 문화적인 배경 역시 식품 섭취와 영양상태에 영향을 준다. 우리의 식습관, 식생활 태도 및 식행동 등은 우리의 전통, 관습, 신념체계, 기술, 가치, 그리고 우리가 살고 있는 문화의 규범으로부터

표 5-5 배경조건에 관한 정보 유형

	정보유형	정보출처
국가정책	일반 정보	신문이나 잡지기사, 전문학회지 논문, TV, 라디오, 인터넷 자료.
	농업	농수산부
	경제	재정경제부
	교육	교육부
	보건	보건복지부
	주택	건설교통부
	노동	노동부
	영양	보건복지부
	사회보장제도	보건복지부
문화조건	광고	TV, 라디오, 방송, 인쇄자료
	건강메시지	정부, 식품회사, 비영리 단체의 교육자료 TV, 라디오 방송, 인터넷, 인쇄자료
	여성의 역할	TV, 라디오 방송, 인쇄자료, 인터넷
	신념체계	TV, 라디오 방송, 인쇄자료, 인터넷 가족, 친구 등.

나온다. 예를 들면 이상 식행동을 가지고 있는 학생들의 영양상태는 마른 것을 강조하는 사회적인 분위기, 살 빼기 광고, 체중과 체형에 대한 문화적인 기대 등의 문화적 배경이 학생들의 식품 섭취 패턴과 신체 이미지에 영향을 줄 수 있다. 이런 배경적인 정보가 판정의 한 부분으로 평가되어야 한다.

- 목표집단에 관한 자료수집

지역사회에 관한 자료 및 배경자료가 수집되면 지역사회 영양사는 목표 집단에 관한 정보를 수집하는 과정을 시작한다. 이에 관해서는 2절에서 다시 자세히 다룰 것이다. 목표집단에 관한 정보를 수집할 때, 지역사회 영양사는 현존하는 자료를 살펴보고 그 것을 활용할 것인지, 아니면 현존하는 자료가 불충분하므로 목표집단에 관한 새로운 자료를 수집해야 하는지를 먼저 결정하여야 한다.

④ 제 4 단계: 자료의 분석 및 해석

지역사회의 영양문제에 관한 자료를 수집한 후에는 이 자료를 분석하는 일이 필요하다. 먼저 지역사회 자체에 관해 수집한 자료들과 목표집단의 영양문제에 영향을 미칠 수 있는 배경에 관한 자료를 함께 합친 후 뒤에서 다루게 될 목표집단 영양판정 자료에 다시 합치면 아주 상세한 리포트를 만들 수 있다. 이 자료를 바탕으로 지역사회를 진단할 때는 다음의 4가지 과정을 거친다. 첫째, 목표집단의 건강상태 해석, 둘째, 목표 집단을 겨냥하고 있는 보건의료 서비스나 프로그램의 유형 해석, 셋째, 목표 집단의 건강상태와 지역사회의 보건의료 서비스 사이의 관계 해석, 넷째, 목표 집단의 주요 영양문제와 주변 환경을 연결짓는 증거들에 대한 요약문을 작성하는 일이다.

⑤ 제 5 단계: 다른 기관들과 지역사회진단 결과 공유

지역사회의 필요에 대한 진단결과는 다른 기관이나 조직에게 상당히 유용할 수 있다. 꼭 유관기관이 아니더라도 이런 자료를 같이 공유하면 다른 기관의 협조를 얻는데 도움이 되며 경비 절감의 효과도 꾀할 수 있다. 하지만 경우에 따라서는 지역주민의 허락없이 결과를 발표하거나 다른 기관에 건냈을 때 오히려 반발이나 비난을 살 수도 있으므로 예민한 이슈에 대한 사항은 반드시 허락을 받은 후 활용해야 한다.

⑥ 제 6 단계: 우선 순위의 결정

이세상 어디를 보아도 영양문제를 한 가지만 가지고 있는 지역사회는 찾아보기 힘들 것이며 여러 가지 영양문제를 단 하나의 영양중재활동으로 다룰 수는 없다. 따라서, 진단 결과에서 확인된 영양문제가 여러개 있었다면 어떤 문제를 먼저 해결해야 하는가 순위를 결정해야 한다. 문제의 우선 순위를 결정하는 방법은 다음의 4가지 기준을 따르는 것이다.

· 영양문제의 크기

많은 대상자에는 나타나는 영양문제, 즉 질병의 이환율이 높은 것을 고려하여 선정한다.

· 영양문제의 심각성

아무런 중재 조치를 취하지 않았을 때 사망률이 증가하거나 심한 경제적 손실이 초래되는 심각하고 긴급한 상황이 있는지 고려하여 선정한다.

· 중재의 효과성

영양중재활동에 의해 개선의 가능성이 높은 문제, 즉 중재효과가 가장 큰 문제를 우선적으로 선정한다.

· 정책적 지원

정부나 영양과 관련된 유관 공공기관, 지역단체나 조직의 정책적인 지원이나 법규 등을 고려하여 지원이 가능한 것을 선정한다.

⑦ 제 7 단계: 한 가지 영양 활동 계획(영양문제)의 선정

영양문제가 선정되면 지역사회영양사는 지역사회진단결과를 다른 단체나 조직, 지역주민, 전문가들과 공유하고, 주요 결과를 이용하여 공공정책을 바꿀 수 있다. 때로는 영양문제에 관하여 지역사회나 목표 집단으로부터 의견을 수합하기 위해 워크샵이나 회의를 열 수 있고, 이미 수행되고 있는 기존의 영양개선 프로그램을 결과에 맞게 수정할 수도 있으며, 확인된 영양문제를 해결하는데 필요한 기존의 프로그램이 없다면 새로운 영양개선 프로그램을 개발할 수도 있다.

2. 목표집단 영양상태 평가

1) 자료 수집 계획

목표집단에 대해 어떤 자료를 수집할 것인가를 결정하는 일은 매우 중요하다. 자료를 수집하기 전에 다음 단계들을 고려해 보는 것이 필요하다.

제1단계 : 영양상태 판정의 목적, 목표를 검토한다.

제2단계 : 목표집단의 영양문제와 관련된 질문들을 개발하고, 그것에 영향을 주는 요인을 알아본다.

제3단계 : 질문들에 대한 답을 구하는 방법을 선택한다.

목표집단의 영양상태를 평가하려는 시점에서, 지역사회영양사는 이미 그 집단의 건강과 영양상태에 영향을 주는 요인들에 관한 자료는 수집이 되어 있어야 한다.

2) 자료 수집 형태

지역사회 영양평가를 잘 하기 위해서는 몇 가지 질문을 해 보는 것이 필요하다. 이 질문은 생활양식, 식습관, 작업환경, 사회적인 구조 등 목표집단의 건강 영양 상태에 영향을 미치는 요인들에 관한 질문들이다.

(1) 개개인의 생활양식

지역사회 영양평가는 대부분 목표집단의 생활양식 및 식사와 연관되어 있다. 목표집단의 식품섭취, 영양소 섭취, 식습관 등이 영양상태에 어떻게 영향

을 주는가를 질문을 통해 알아본다.

① 생활양식

신체 활동 정도, 여가활동, 스트레스 해소법, 흡연습관, 음주정도 및 약물 사용 등의 생활양식은 건강과 영양상태에 영향을 미친다. 신체적으로 활발히 운동하는 사람은 좌식 생활만 하는 사람에 비해 혈중 콜레스테롤 농도가 낮으며 관상심장병의 위험도 낮다. 채소와 과일을 많이 먹는 것이 암을 예방하는데 좋다고 확신하는 사람은 이런 생각이 없는 사람보다 실제로 채소와 과일을 많이 먹는다. 흡연자는 비흡연자에 비해 몸에 해로운 산화물질을 체내에 더 많이 가지고 있다.

평가를 하는 동안 지역사회 영양사는 생활양식에 대해 폭넓게 질문해 볼 필요가 있다. 이런 질문들은 목표집단의 영양상태가 이들의 생활양식에 의해 얼마나 영향을 받는가를 알아보는 데 그 초점을 맞춘다.

- 특별한 생활양식이 그 목표 집단의 영양상태에 어떤 영향을 미치는가?
- 그 목표집단은 왜 그런 식으로 행동하는가?
- 이런 행동이 어떻게 변화될 수 있을까?
- 운동 프로그램을 시작한 사람들은 다른 생활양식도 바람직한 방향으로 선택하는가?
- 술을 많이 마시는 사람이 흡연을 하고, 고지방 식사를 하고, 짜게 먹는가?

② 식 사

영양상태는 영양소의 섭취와 이용에 의해 직접적으로 영향을 받을 뿐 아니라 간접적으로는 식품공급 등에 의해 영향을 받으므로 목표 집단의 식사에 관한 조사를 하는 것은 매우 중요하다.

지역사회 영양사는 식품공급 및 식품공급이 영양상태에 미치는 영향에 대해 조사한다. 식품공급에 대해 조사해 보면 그 집단에 공급 가능한 식품이 무엇인지 알 수 있다. 한 지역의 식품공급은 그 지역의 지리적인 여건, 기후, 토양, 노동력, 자본 등 농업적인 요인에 따라 달라진다. 저소득층의 식품섭취를 평가할 때는 그 지역 전체에 식품이 어떻게 분배되는지, 정부가 식품의 공급을 어떻게 조절하는지 알아본다.

식품섭취는 여러 요인에 의해 영향을 받는다. 개인의 식품기호, 인식, 태도, 건강과 관련된 신념 뿐 아니라 생물학적, 심리적, 문화적 요인이나 생활양식에 따라서도 영향을 받는다.

영양소의 이용은 활동정도, 흡연 상태, 식이 보충제 사용, 약-영양소 상호작용, 생리적인 상태(예: 성장, 임신 등)에 의해 영향을 받는다. 흡연이 혈청 retinol, β-carotene, α-tocopherol 농도에 어떤 영향을 주는가? 또 음주나 비타민 보충제 복용이 이런 영양상태에 어떤 영향을 주는가? 흡연자일 경우, 그가 매일 피우는 담배 개피 수에 따라 영양소의 이용이 달라지는가? 남성 흡연자의 영양상태는 어떤가? 남성 흡연자 중 비타민 보충제를 복용하는 사람은 복용하지 않는 흡연자에 비해 암의 위험이 낮은가? 비타민 A와 E를 많이 섭취하는 흡연자는 적게 먹는 흡연자보다 사망률이 낮은가? 이런 식으로 목표집단의 건강과 영양상태에 관한 많은 질문과 조사를 시행할 수 있다.

(2) 생활환경, 작업환경, 사회환경

목표집단이 살고 있는 생활환경이나 작업환경이 영양상태에 영향을 줄 수 있다. 교육, 직업, 수입 등도 건강상태에 영향을 준다. 직업이 없거나 가난하고 교육을 많이 받지 못한 사람들은 그렇지 않은 사람보다 더 건강문제가 많다. 사회경제적인 수준이 낮으면 만성질환의 유병률이 높고, 스트레스 수준도 높으며, 병의 진단과 치료를 위한 의료 관리를 받을 기회가 적을 뿐 아니라 치료 효과도 좋지 않다. 특히 어린이에게 가난과 건강은 강력한 상관관계가 있다. 편모나 편부 슬하의 어린이, 가난한 가정의 어린이는 양쪽 부모가 모두 있는 가정의 어린이에 비해 건강상태가 더 빈약하다.

영양상태 평가 대상자의 사회경제적인 상태에 대해서 구체적으로 어린이 가족상황, 부모나 후견인의 교육정도, 고용정도, 가족의 수, 차를 가지고 있는지, 부모나 후견인이 생활보호 대상자인지 여부 등을 조사한다.

가족, 친구, 동료 등 사회적인 집단도 개인의 건강과 영양상태에 영향을 미친다. 이중 가족의 영향이 가장 크다. 가족은 가장 일차적인 사회집단인 동시에 가장 오랜 기간 동안 함께 지내온 사이이기 때문이다. 가족 구성원에게 가족이란 가치의 근원이 되며, 이 가족의 가치, 태도, 전통 등은 개인의 식품 선택과 건강에 지속적인 영향을 미친다.

3) 자료 수집 방법

목표집단과 관련된 자료를 수집하는 방법은 간단한 조사에서부터 핵심 정보제공자와의 면담을 통한 선별까지 여러 가지가 있다.

(1) 조사

조사란 목표집단을 대표하는 각 개인들의 단면에 대한 체계적인 연구를 말한다. 이 방법은 많은 수의 사람들로부터 자료를 수집하면서도 비교적 비용이 저렴한 방법이다. 조사는 공적인 면담이나 전화, 우편을 통하여 수행될 수 있으며 질적인 자료와 양적인 자료를 모두 수집할 수 있다. 질문지 등을 응답자가 작성하게 하여 자료를 수집할 수도 있고, 숙련된 면담자에 의한 면접을 통해 조사될 수도 있다. 질문지를 고안하고 조사를 실시하기 위해서는 조사전문가, 통계학자, 역학전문가, 공중보건학자, 영양학자 등 여러 전문가 팀이 필요하다.

조사를 계획하기 위한 첫 단계는 조사의 목적이 무엇인지 결정하는 것이다. 조사의 목적은 가구나 개인의 식품섭취 평가, 식습관 패턴 평가, 식품공급의 충분성 파악, 식품공급의 영양적 질에 대한 평가, 대상집단의 영양소 섭취 측정, 식사와 영양상태의 건강에 대한 관련성 연구 및 교육 프로그램의 효율성 결정 등 여러 가지가 있다. 영양조사는 필요 이상으로 복잡할 필요는 없으며, 조사의 목적을 분명히 하는 일이 중요하다.

그 다음 단계는 누가 영양조사 내용을 고안할 것이며 누가 시행할 것인가를 결정하는 일이다. 영양조사를 위한 질문지를 만들고, 예비조사를 해야 하며 조사를 위한 적절한 표본을 추출하여야 한다. 영양조사를 실시하는 사람이나 자료를 분석하는 사람은 반드시 적절한 훈련을 받아야 한다. 그밖에 영양조사의 가능성, 조사를 통해 수집되는 자료의 질, 자료 분석 방법 및 활용방법 등이 결정되어야 한다. 영양조사는 개인의 건강과 영양상태를 판정하는 중요한 도구이므로 신뢰할 만한 정보를 얻기 위해서는 조심스럽게 고안되고 수행되어야 한다.

(2) 건강 위험 평가

건강위험 평가(health risk appraisal, HRA)는 한 인구집단의 일반적인 건강상태를 알아보는데 사용하는 조사 도구이다. 이 것은 미국의 각 작업장, 정부, 대학, 보건 교육 기구에서 많이 사용하고 있으며 선별도구로도 쓰인다. HRA는 질병 위험에 영향을 주는 생활 방식에 대한 질문들로 구성되어 있으며 개발된 후로 건강 행동을 개선시키는데 성공적으로 사용되어 왔다. HRA는 질문지, 질병의 위험을 예측하는 계산, 참여자를 위한 교육 내용의 세 부분으로 구성되어 있다. 전형적인 HRA는 나이, 성별, 신장, 체중, 결혼상태, 신체골격 크기, 운동습관, 특정 음식(예: 채소와 과일)이나 특수 성분(Na 등)의 섭취,

알코올 섭취, 직업만족도, 수면시간, 흡연습관, 병력 및 건강진단 등에 관해 조사한다. HRA는 각 개인에게 그들의 위험한 건강 행동에 대해 경고하고, 이런 행동이 생활양식 수정 프로그램을 통하여 어떻게 수정될 수 있는지 알려주는 역할을 하고 있다.

(3) 선별

선별(screening)은 가능한 한 빨리 질병을 찾아내어 그 병의 진전을 막아주는 예방 차원의 건강활동이다. 선별 활동은 병원 뿐 아니라 지역사회에서도 가능하며 그 과정은 안전하고 간단하며 비용이 많이 들지 않는다. 표 5-6은 일반적인 선별과정을 나타내 준다. 지역사회 선별프로그램에서는 지역사회 구성원들에게 HRA를 받도록 권유한다. 선별을 위한 평가 후 그 결과를 위험수준에 대한 기준치와 비교한다. 예를 들면 한 쇼핑몰에서 고 혈청콜레스테롤 농도를 선별해주는 건강 품평회를 후원할 경우, 이 선별부스를 통과하는 고객들의 손가락 끝에서 혈액을 받아 특별히 고안된 기계를 사용하여 현장에서 콜레스테롤 농도를 분석해 준다. 분석 결과는 표준 분류표에 기초하여 높음, 약간 높음, 정상 등으로 분류된다. 이 때 높음으로 분류된 사람들은 건강진단

표 5-6 지역사회에서의 선별과정

선별과정	목표집단
〈임상적 선별 항목〉	
- 의료기록 조사	- 전 연령, 남녀 모두
- 신장과 체중	- 전 연령, 남녀 모두
- Phenylketonuria (PKU)	- 신생아
- 자세(척추 측곡을 보기위함)	- 3세 이상 어린이
- 시각기능	- 3세 이상 어린이
- 청각기능	- 3세 이상 어린이
- 튜베르큘린 테스트	- 1세 이상 어린이
〈지역사회 선별 항목〉	
- 건강위험 평가(HRA)	- 18세 이상의 성인
- 혈압	- 18세 이상의 성인
- 혈중 콜레스테롤	- 18세 이상의 성인

자료: Adapted from JM Last, Public Health and Human Ecology. East Norwalk, CT: Appleton & Lange, 1987, p. 13; and The Merck Manual, ed. R Berkow, 15th ed. Rahway, NJ: Merck Sharp & Dohme Research Laboratories, 1987, pp. 1814-20.

을 다시 받고 치료를 받을 수 있도록 조치한다. 이런 선별 프로그램은 고위험 개인을 가려내고 교육하는데 그 목적이 있으며, 건강관리를 위한 병원 방문 혹은 이미 치료를 받고 있는 사람의 정규적 의료 모니터링을 대체하려는 것은 아니다.

선별프로그램의 대표적인 예가 NSI(Nutrition Screening Initiative)로서 이는 미국 내 노인의 영양선별을 촉진하고 영양관리를 향상시키기 위해 고안된 기획이다. 이 NSI에서는 영양 위험이 높은 사람을 찾아내기 위한 교육도구로 1쪽짜리 DETERMINE 점검표(제10장 참조)를 사용한다. 이 점검표에는 NSI가 만들어낸 영양위험의 범주를 알아보는 질문들이 마련되어 있다. 이 점검표는 응답자 스스로 답하거나 노인의 가족이나 친구들이 답할 수 있으며 이를 답해 가는 동안 영양 건강에 영향을 주는 요인들에 대해 이해할 수 있게 된다.

(4) 핵심 그룹 면담

목표집단에 관한 정보를 얻는 방법 중 하나는 핵심그룹(focus groups) 면담을 하는 것이다. 핵심그룹이란 보통 5~12명의 사람들로 구성되어 1~3시간 동안 면담을 진행하는 그룹을 말한다. 이 그룹은 서로 모여서 그들의 관심사, 경험, 신념, 문제들을 이야기한다. 새로운 상품이나 서비스, 연구자료, 광고 캠페인이나 프로그램 로고에 관한 생각 등을 수집한다.

핵심그룹 면담은 사람들을 편안하게 해주고 그룹 상호작용을 촉진시키는 일에 숙련된 사람이 주도하는 것이 좋다. 핵심그룹 면담을 진행할 때 모임 주도자에게 가장 중요한 기술은 듣는 기술이다. 모든 참석자들이 하는 말을 집중해서 들어야 할 뿐 아니라 참석자들에게 죄책감이 들게 하거나 방어적이 되지 않도록 하면서 주제를 이끌어 가야한다. 참석자들의 말을 도중에 끊지 않으면서 비언어적인 의사소통의 의미를 아는 등의 기술이 요구되며 주제에서 벗어난 말에는 주의를 기울인다. "예, 아니오"로 대답하는 닫힌 질문보다는 참석자들이 자신의 경험이나 생각을 말할 수 있도록 열린 질문을 사용한다. 이 핵심그룹 면담에서 얻어진 자료들은 지역사회 요구 판정, 마케팅 전략 혹은 현존하는 프로그램의 변화의 방향을 마련하는데 사용될 수 있다.

핵심그룹 면담을 통해 지역사회 영양사는 그 지역의 영양문제는 어떻게 생기는지, 또는 목표집단이 영양문제를 어떻게 인지하는지를 이해할 수 있는 질적인 정보를 얻게된다. 뿐만 아니라 한 사람씩 면담하는 것보다 비용과 시간이 적게 들고, 수집하기 어렵거나 비용이 많이 드는 민감한 정보들을 보다 쉽게 얻을 수 있다. 이 핵심집단 면담을 통해 지역사회 영양사는 특정 행동이 어떻게 개발되었는가를 알게되며, 영양 문제를 다루는 방법을 개발할 수 있게 된다.

4) 영양상태의 직접적인 판정

영양요구를 알아내는 다른 방법은 각 개인에 대해 직접적인 판정을 실시하는 것이다. 직접적인 판정은 식이 섭취조사, 생화학적 조사, 신체계측조사 및 영양불량이나 영양결핍 개인을 알아내는 임상조사가 있다. 이 방법들은 단독으로 또는 다른 방법들과 함께 쓰일 수 있다.

(1) 식이 섭취조사

1995년 보스톤에서 열렸던 제2회 식이판정에 관한 학술회의에서 WHO의 엘리자벳 헬싱은 "영양상태 판정에서 식이 섭취조사 분야는 그 거대한 자료를 수집하는 과정이 더디고 힘들며, 그 자료를 어떤 일정한 모양으로 만들어가기 위한 힘겨운 전쟁을 치러야 하고, 마지막으로는 그 것이 의미하는 바와 씨름해야하는 분야로써 아직도 우리가 많은 것을 배워야 하는 분야이다."라고 하였다. 이 말은 사람들이 무엇을 먹는가와 왜 그 식품을 선택하였는가에 대해 의미 있는 정보를 잘 수집해야 한다는 의미로 해석할 수 있다.

식이 섭취조사 방법은 각 개인이나 집단의 평상시 식이 섭취량 및 잠재적인 식사 부족을 알아내는데 사용된다. 식사 부족은 표 5-7에 나와있는 영양소 결핍 단계 중 첫 단계에 해당된다.

개인의 식이 섭취량을 측정하는 방법에는 24시간 회상법, 식사기록법, 식사

표 5-7 영양결핍 진전의 단계

단계	영양 결핍의 단계적 내용	판정 방법
1	불충분한 식사	식이섭취 조사
2	조직 저장 영양소의 감소	생화학적 조사
3	영양소의 체액 수준 감소	생화학적 조사
4	조직 내 기능 수준의 감소	신체계측조사/ 생화학적 조사
5	영양소-의존 효소의 활성 감소	생화학적 조사
6	기능적 변화	행동 조사/ 심리 조사
7	임상적인 증상 보임	임상조사
8	해부학적 징후 보임	임상조사

력법, 그리고 식품섭취빈도 조사법 등이 있다. 가구 단위에서 쓸 수 있는 방법으로는 식사기록법과 재고조사법이 있다. 인구집단의 식이섭취량을 측정하기 위해서는 식품수급표와 시장 데이터베이스 등을 사용한다. 식이섭취 조사 방법을 선택하는데 고려해야할 요인들로는 프로그램의 목적, 대상 인구집단의 성격, 사용할 수 있는 예산범위, 조사 수행 조건, 분석 방법 등이 있다. 어느 방법이든 장, 단점이 다 있으므로, 주어진 예산과 인적 자원 안에서 식이 섭취에 대한 정보를 정확하게 잘 수집할 수 있는 방법을 선택하면 된다.

① 국가 단위의 식품 섭취 조사

국가 단위의 식품 섭취량을 조사하기 위해서는 식품수급표를 사용한다. 식품수급표는 국가단위의 인구집단이 실제로 섭취한 식품의 양을 측정하는 것이 아니라, 그 국가에서 생산한 총 식품량에 수입한 식품량을 더하고, 폐기된 식품량을 빼 준 후 인구수로 나누어 국민 1인당 공급되는 식품량을 계산한 것이다. 식품수급표는 생산량, 폐기량 그리고 공급량 등을 계산할 때 생기는 오차의 영향을 받는다. 따라서 식품수급표는 그 국가의 영양학적인 부족 정도를 나타내 주기보다는 식품의 생산 및 소비와 관련된 농업 정책을 만드는데 이용된다.

② 가구단위의 식품 섭취 조사

일정 기간동안 가구단위의 식품 섭취량을 조사한 후, 가구원의 나이, 성별, 끼니수, 외식수, 수입, 구매형태 등을 고려하여 일인당 섭취량으로 계산한다. 대부분 가구 밖으로부터 들어온 식품과 폐기된 식품, 애완용 동물이 먹어치운 식품 등에 대한 기록은 하지 않는다. 식사기록법과 재고조사법이 있다.

③ 개인의 식이 섭취량 조사

개인의 식품, 식품군 및 영양소 섭취량을 조사하는 방법은 여러 가지가 있다. 1998년에 조사된 우리 나라 국민건강·영양조사에서는 인구 10,000여명을 대상으로 24시간 회상법에 의해 개인의 식이 섭취조사가 시행되었으며, 미국에서 1988~1994년 사이에 이루어진 NHANES Ⅲ에서는 32,000명을 대상으로 평상시의 식사패턴과 영양소 섭취량을 조사하기 위하여 24시간 회상법과 식품 62항목에 대한 식품섭취빈도조사가 실시되었다.

· 24시간 회상법

24시간 회상법은 가장 널리 사용되는 식이섭취 조사방법이다. 이는 조사자나 응답자 모두에게 시간이 많이 걸리지 않아 비교적 큰 인구집단을 대상으로도 조사할 수 있는 방법이다. 그러나 이 방법으로 과연 각 개인의 평상시

식이 섭취량을 얼마나 타당성 있고 신뢰성 있게 조사할 수 있는가에 대해서는 아직도 논란이 있다. 24시간 회상법 자료는 회상하는 것이므로 회상하는데 따른 편견이 있을 수 있다. 즉, 응답자가 지난 24시간 동안 먹은 식품을 정확하게 회상하기 힘들므로 다소 많게 추정되거나 적게 추정될 가능성이 있다. 식이 섭취량을 회상하는데 있어서 성별의 차이가 있음도 보고되었다. 따라서 24시간 회상법을 한 번만 실시하는 것은 개인의 평상적인 식이섭취량을 정확하게 추정해 주기 못한다.

24시간 회상법을 반복하여 실시하면 그 타당성이 개선될 수 있다. 24시간 회상법을 1회 실시하는 것 보다 2주나 3주에 걸쳐서 7~8회 반복적으로 실시하면 그 개인의 평상적인 식이 섭취량을 비교적 정확하게 추정할 수 있다. 그렇다고 해도 24시간 회상법은 집단의 섭취량을 조사하는데는 좋으나 개인의 섭취량을 정확하게 추정하는 데는 적절하지 않은 방법이다.

· 식사기록법

식사 혹은 식이 기록법은 식이 섭취 조사 방법 중 가장 정확한 방법이다. 3일, 4일 혹은 7일간의 식품 섭취량을 기록하는 방법으로 어떤 식품을 어떻게 조리하여 먹었는가를 정확하게 조사할 수 있으며 먹은 식품을 회상해야 하는 불확실성이 없다. 섭취한 식품을 추정하여 기록할 수도 있고, 저울로 측량하여 기록하기도 한다. 응답자가 잘 훈련된 경우에는 이 식사기록법은 평상시의 식이섭취에 대한 정확한 자료를 제공한다. 이 방법에서도 기록할 때의 오차 및 의도적으로 다르게 기록하는 것에 대한 오차 등은 있다. 식사기록법은 응답자가 동기유발이 잘 되어있고, 교육정도가 높으며 잘 훈련되었을 때 더 정확한 자료를 얻을 수 있다.

· 실측법

이 것은 제공되는 음식을 모두 저울로 실측하고 식사 후 남은 음식을 저울로 실측하여 감함으로써 섭취량을 정확하게 측정하는 방법이다. 양적인 측정방법이며, 여러 방법 중 가장 정확한 방법이라고 할 수 있으나 비실용적이다. 일반적인 개인이나 집단의 식이 섭취 양상 파악보다는 환자의 식이 섭취량 및 연구 등 특정한 목적에 사용된다.

· 식사력법

가장 오래된 방법으로 평상시의 식이 섭취량을 조사하기에 좋은 방법이며 양적인 자료를 얻을 수 없는 질적인 조사방법이다. 이 방법은 비교적 쉽게 시행할 수 있다는 이점이 있으나 조사하는데 시간이 걸리고, 숙련된 면담자가 필요하므로 큰 인구집단 대상 조사방법으로는 적당치 않다. 서로 다른 시점에 반복하여 조사하면 이 방법도 신뢰할 만 하다.

· 식품섭취빈도조사

식품섭취빈도 조사는 특정한 식품, 혹은 식품군의 섭취빈도를 조사하는 방법이다. 조사 대상자가 주로 섭취하는 식품, 혹은 관심 있는 몇몇 영양소 급원 식품의 목록을 만들어 그 식품들을 하루, 일주일, 혹은 한 달 단위로 몇 회 섭취하는가를 조사하는 방법이다. 이 조사는 양적인 판정을 위한 조사라기보다는 질적인 판정을 위한 조사이다. 그러므로 빈도조사 설문지에는 원칙적으로 양은 포함되지 않으며 표준량을 섭취하는 것으로 간주한다. 그러나 최근에는 양이 포함된 반 양적인 빈도 조사지를 개발하여 사용하기도 하며 이 경우는 영양소 섭취량을 계산할 수 있다.

이 조사는 조사대상자가 직접 기입할 수 있으며, 시간도 15~30분이면 충분하므로 간단하고 경제적이다. 이 조사로 평상시의 식품섭취 경향을 파악할 수 있으며 조사대상자에게 부담도 적으므로 식습관이나 식사형태의 조사나 역학조사에서 질병의 원인과 식습관을 관련시킬 때 유용하게 사용할 수 있는 방법이다. 이런 장점으로 인해 최근에 여러 인구집단 대상의 연구에서 이 조사법이 많이 사용되고 있다. 그러나 이방법도 앞의 회상법과 같이 기억에 의존해야 한다는 제한점을 가지고 있다. 또 식품목록의 길이가 너무 길면 안되기 때문에 늘 섭취하는 식품이 빠질 수도 있다.

· 다른 식이섭취조사 방법

최근에 개발된 식이 섭취 조사 방법 중 하나는 식사 섭취량을 기록하기 위해 사진을 이용하는 방법이다. 이렇게 사진을 찍게 되면 식사기록법과 비교할 만하게 정확하고 타당한 결과를 얻을 수 있다. 다른 방법으로는 사진/그림 선별법이 있는데, 참가자는 여러 가지 음식 사진/그림 중에서 자신이 섭취한 식품과 가장 가까운 그림을 고르는 것이다. 이 방법은 노인집단이나 교육수준이 낮은 집단에 사용할 수 있다. 한 보고에 의하면 이 방법으로 쉽고 빠르게 식생활 패턴에 관한 자료를 수집할 수 있었다고 한다.

(2) 생화학적 조사

영양소의 조직 수준은 영양결핍이 진행됨에 따라 계속하여 감소하므로, 표 5-7에서 제시된 영양결핍 단계 중 제2단계~제5단계에 해당되는 영양결핍 위험이 있는 개인을 선별하기 위해 생화학적(실험실적) 판정법이 사용될 수 있다. 영양소가 결핍되면 체내 영양소 의존 효소 활성이나 대사물의 수준이 변화된다. 그러므로 생화학적 영양판정방법은 개인의 아임상적(sub-clinical) 결핍상태를 알아내는데 사용된다. 생화학적 판정방법에는 정적 판정방법(static biochemical test)과 기능적 판정방법(functional biochemical test)이 있다. 정적 방법이란 생체 조직, 체액 혹은 뇨의 영양소 수준이나 배설정도를 측정하는 방법이다. 예를 들면 혈소판의 α-tocopherol 농도, 뇨 중 3-hydroxyproline 배설량 등을 측정하는 것이다. 이에 비해 기능적 판정법이란 영양소의 결핍으로 인해 생긴 기능상의 변화를 측정하는 것이다. 기능적 판정법에는 아연의 영양상태를 미각 예민도로 측정한다든지, 비타민 A 상태를 암적응법으로 측정하는 것, 비타민 C 영양상태를 모세혈관 취약성으로 평가하는 것 등이 있다. 기능적 조사를 모든 영양상태 판정조사에 적용하는 것은 어려우며 비용이 비싸다.

생화학적 영양판정에 사용할 시료는 조사하고자 하는 특정 영양소의 체내 상태를 정확하고 예민하게 반영하는 것이어야 한다. 보통 혈액과 소변이 가장 많이 이용되고 있으며, 경우에 따라서는 머리카락, 타액, 정액, 골수, 손톱, 피부, 조직 등이 이용된다. 현장조사를 통해 농촌지역이나 특정 장소를 방문 조사 할 때는 시료의 저장과 이동에 주의를 해야하며 특히 소변이나 혈액은 쉽게 변질되므로 보관을 위한 냉장고나 냉동시설이 필요하다.

혈액의 조성은 최근의 식이섭취 상태나 영양상태를 잘 반영하므로 혈액은 생화학적 판정을 위해 가장 흔히 사용되는 시료이며 분석항목에 따라 전혈, 혈장, 혈청, 혈구를 이용한다. 공복시 혈액을 조사하면 조사 전에 섭취한 식이에 대한 영향을 줄일 수 있다. 소변은 무기질, 수용성 비타민, 단백질 등의 생화학적 분석을 위해 사용된다. 소변을 통한 배설량은 최근의 식이섭취 상태를 반영한다. 일반적으로 체내 저장고가 고갈되면 소변 내의 영양소나 대사물의 배설량도 감소하게 된다. 소변은 위생적으로 수집하여 잘 보존하여야 하고 24시간 동안 수집한다.

① 단백질의 영양상태 판정

단백질은 체조직과 기능을 유지하는데 중요한 영양소로 체내에 저장되지 않는다. 따라서 단백질의 손실은 신체가 기능을 잃는 것과 같기 때문에 단백질 영양상태를 측정하는 것은 매우 중요하다. 생화학적 조사로 단백질 영양상태를 판정할 때는 체내 단백질을 체단백질과 내장단백질의 두 부분으로 나누어 측정한다. 체 단백질은 골격근육 단백질을 말하며 내장단백질은 혈청 단백질이나 적혈구, 임파구, 간 등 체내 기관을 구성하는 단백질을 말한다. 체 단백질을 측정하기 위해서는 뇨 중의 크레아티닌 배설량을 측정하며, 내장 단백질을 측정하기 위해서는 여러 가지 혈청 단백질 농도를 조사한다.

크레아티닌(creatinine)은 골격근육의 대사산물로써, 그 배설량은 체근육량과 비례한다. 뇨 그 배설량은 신체계측을 통해 조사한 신장을 동시에 적용하면 성인에서 장기적인 단백질 영양상태를 조사할 수 있으며 이를 크레아티닌-신장 지표(CHI, creatinine-height index)라고 한다. CHI가 90% 미만일 때 비정상적으로 판정한다. 소변 중의 요소 함량을 측정하여 단백질의 영양상태를 판정하며 소변 중의 요소함량은 비교적 최근의 단백질 영양상태를 반영한다.

혈청 단백질 수준은 내장단백질 영양상태를 나타내므로 혈청 단백질 수준을 측정하면 체내의 단백질 상태를 평가할 수 있다.

② 철분의 영양상태 판정

철분 결핍은 전 세계적으로 가장 흔한 영양결핍증으로 빈혈의 주원인이 되므로 철분 영양상태를 조사하고 판정하는 것은 매우 중요하다. 철분 결핍증은 영아, 유아 및 임신부에서 흔하며 철분의 섭취나 흡수가 부족할 때, 혹은 심한 월경이나 잦은 수혈, 유아에게 생우유를 너무 빨리 먹였을 때, 또는 아스피린을 자주 복용하거나 위장관의 출혈을 동반하는 질병이 있을 때 나타나게 된다.

철분 결핍은 세 단계로 나눌 수 있으며 그림 5-1에는 철분 결핍 단계별 각 생화학적 분석치의 변화가 나와있다.

그림 5-1 각 철분 결핍단계에서 체내 철분 분포의 변화와 생화학적 분석치의 변화

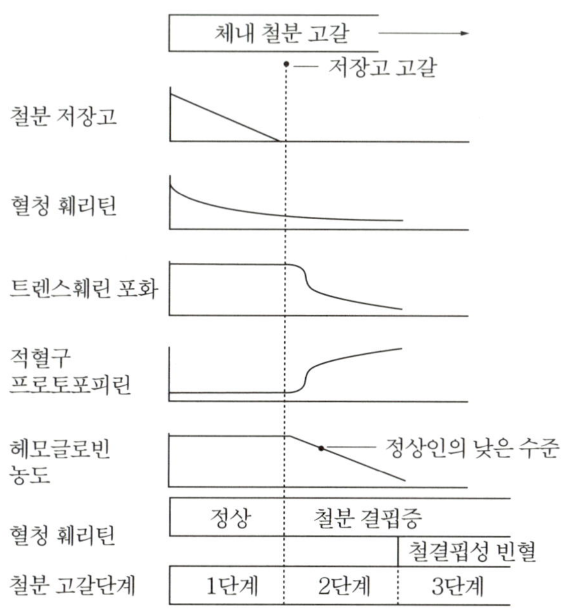

한 가지 생화학적인 조사만으로 철분 영양상태를 판정하는 것은 어려우며 철분 결핍여부를 정확하게 파악하기 위해서는 몇 가지 다른 정적이 조사를 함께 사용하는 것이 바람직하다.

③ 수용성 비타민의 영양상태 판정

· 엽산

엽산과 비타민 B_{12} 가운데 한 가지가 부족하게 되면 거대 적아구성 빈혈이 나타나며 헤모글로빈과 헤마토크리트 수치가 저하된다. 엽산의 영양상태를 판정하기 위해서 혈청이나 적혈구의 엽산 수준을 측정한다. 혈청엽산은 엽산 저장고를 나타내지는 못하나 엽산결핍 초기에 변화하는 예민한 지표이다. 이에 비해 적혈구 엽산은 간의 엽산 저장고를 잘 반영하며 식이섭취로 인한 일시적인 변화에 영향을 덜 받으므로 엽산 영양상태의 가장 좋은 지표이다.

· 티아민

티아민의 영양상태를 판정하는 생화학적 방법으로 가장 신뢰성이 높은 방법은 적혈구 TK(transketolase) 활성을 재고 여기에 과량의 TPP(thiamin pyrophosphate)를 첨가해 주었을 때의 활성을 재서 효소의 활성이 증가하는 비율을 측정하는 방법이다. 티아민이 결핍되었을 때는 TK 활성증가율이 20~25% 이상 높아지며 15% 이하일 때 정상으로 판정한다.

· 리보플라빈

24시간 소변 시료의 리보플라빈 함량을 측정하여 리보플라빈의 영양상태를 판정하는 방법이 가장 흔히 사용된다. 그 외에 적혈구 GR(glutathinone reductase) 활성도를 측정하기도 하는데 이 효소는 FAD를 조효소로 사용하므로 FAD 첨가에 따른 활성계수를 구하면 리보플라빈 영양상태를 판정할 수 있다. 활성계수가 1.2 이상일 때 결핍의 위험이 있다고 평가한다.

· 비타민 C

비타민 C 영양상태를 평가할 때는 주로 혈청 수준과 백혈구 수준을 측정한다. 혈청 비타민 C 수준은 최근의 비타민 C 섭취량을 잘 반영하나 조직의 저장고는 반영하지 못한다. 이에 비해 백혈구 비타민 C는 세포 저장고와 체내 비타민 C 풀(pool)을 더 잘 반영하나 기술적으로 측정하기 쉽지 않으므로 일반적으로 잘 사용되지 않는다. 흡연자는 비흡연자에 비해 혈청과 백혈구의 비타민 C 수준이 낮음이 보고되고 있다.

④ 지용성 비타민의 영양상태 판정

· 비타민 A

혈청 비타민 A 농도 측정은 비타민 A 영양상태 판정을 위해 가장 많이 사용하는 방법으로써 장기적인 섭취상태를 평가할 수 있으나 간의 저장고를 반영하지는 않는다. 간의 비타민 A 저장고를 측정하는 방법으로는 양의존적 투여반응(relative dose response: RDR)이 있으며 이 방법으로 한계수준의 비타민 A 결핍정도를 판정할 수 있다. 이외 기능적인 조사방법으로 결막 세포조사, 암적응 조사 등이 있다.

· 비타민 D

비타민 D 영양상태는 혈청 내 비타민 D 활성형태인 25-OH 비타민 D의 농도를 직접 측정하거나 간접적인 방법으로 혈청 알칼라인 포스파테이즈(ALP, alkaline phosphatase) 활성, 혹은 Ca과 P의 농도를 측정하여 알 수 있다. 혈청 ALP 수준은 비타민 D 결핍상태나 골연화증, 구루병의 초기에 감소한다.

⑤ 무기질의 영양상태 판정

· 칼슘

최근 골다공증과 같은 칼슘의 영양문제에 대한 관심이 증가하고 있으나 현재까지 칼슘의 영양상태를 측정하기에 적합한 생화학적 방법은 많지 않다. 이것은 개개인의 식이 칼슘 섭취량에 큰 차이가 있음에도 불구하고 혈청 칼슘 농도는 생리적인 기전에 의해 잘 조절되고 있기 때문이다. 따라서 혈청 칼슘 농도는 체내 칼슘 영양상태 측정의 좋은 지표가 아니다. 소변 중의 칼슘 배설량을 통해 칼슘의 영양상태를 측정하는 것도 좋은 지표가 아니며 칼슘 영양상태는 오히려 골격의 무기질 함량 측정과 칼슘 대사물들을 측정하여 알 수 있다.

· 아연

아연 영양상태를 민감하게 나타내는 생화학적 지표는 아직 없다. 아연 영양상태를 나타내는 잠재적인 지표로 메탈로치오넨(metallothinen) 수준을 사용하기도 하며 이를 혈청 아연 수준과 함께 사용하면 좋다. 즉, 혈청 아연 농도와 메탈로치오넨 수준이 둘 다 감소할 때 아연 결핍증으로 판정 할 수 있다. 모발의 아연은 장기간의 아연 영양상태를 반영하므로 좋은 지표이나 분석비용이 비싸고, 샴푸나 모발제품에 의한 오염으로 인해 정확한 측정이 어렵다.

⑥ 지방의 영양상태 판정

체내 지방 영양상태는 충분하거나 부족함을 판정하기보다는 특정한 질병과 관련된 지방성분을 측정하여 질병을 예방하려는 목적으로 조사한다. 따라서 지방은 심장병 위험인자인 혈청 총 콜레스테롤, 중성지방(TG) 및 LDL-콜레스테롤(LDL-C)의 증가, HDL-콜레스테롤(HDL-C)의 감소 등을 측정한다.

혈청 총 콜레스테롤 증가는 관상심장질환으로 인한 사망률을 높이며, 혈중 콜레스테롤, 특히 LDL-C 수준을 낮추면 심장병 위험을 줄일 수 있다. 지방 영양상태를 조사하기 위해서는 총 콜레스테롤, HDL-C, 중성지방을 측정하며 이것을 이용하여 LDL-C 값을 계산할 수 있다. 최근에는 LDL-유사입자인 Lp(a)가 발견되어 관심을 끌고 있으며 혈액 응고 및 혈전 형성을 촉진시키어 심장병의 위험을 증가시킨다고 보고되고 있으나 현재까지는 그 분석법이 복잡하며 기준이 불분명하다. 표 5-8에는 우리 나라에서 사용하는 혈청 총 콜레스테롤, HDL-C, LDL-C 및 중성지방 수준의 기준이 나와있다.

표 5-8 혈중 총 콜레스테롤, HDL-C, LDL-C 및 중성지방 수준의 분류

(단위: mg/dl)

	총 콜레스테롤	HDL-C	LDL-C	중성지방
바람직함	< 200	>40	< 130	< 200
약간 높음(혹은 약간 낮음)	200~239	35~40	130~159	200~399
높음(혹은 낮음)	240~299	< 35	160~189	400~999
매우 높음	≥ 300	-	≥ 190	≥ 1,000

자료 : 고지혈증 치료지침, 1996

(3) 신체계측 조사

신체계측 조사는 신체의 크기나 구성성분을 측정하여 영양불량이나 에너지 단백질 섭취의 불균형 정도를 알아보는 방법이다. 신장(혹은 누운 키), 체중, 두위 등이 가장 흔히 사용되는 성장지표이다. 피부두겹 두께, 상완위, 허리-엉덩이 둘레 비율 등은 근육과 지방질량을 추정하기 위한 공식을 만드는데 사용되며 신체질량지수(BMI, body mass index)는 성인의 비만도를 알아보기 위해 사용한다. 이러한 신체계측 조사는 간단하고 안전하고 대상자 부담이 적을 뿐 아니라 간단한 장비만 있으면 되고 경비도 많이 들지 않으면서도 정확한 자료를 얻을 수 있으므로 대규모 지역사회 판정 프로그램에서 유용하게 사용된다. 반면, 신체계측 조사는 각 개인의 장기간에 걸친 영양상태를 반영해 주므로 단기간의 영양상태를 알아보기는 어려우며 또 특별한 영양소의 결핍정도를 나타내주지 못하므로 특이성이 낮은 방법이다.

측정된 각 성장 지표들은 표준집단으로부터 구한 발육표준치 자료를 기준치로 사용하여 그로부터 구한 백분위수(percentile)를 이용하여 정상성장 여부를 판정한다. 한 개인을 영양불량의 위험을 가진 개인으로 분류하는 기준치는 대개 3번째 혹은 5번째 백분위수(the 3rd percentile or the 5th percentile) 이하이거나 95번째 혹은 97번째 백분위수 이상일 때이다.

① 신장, 체중 및 체격지표

성장에 관한 신체계측조사 중 가장 많이 사용되는 것이 신장과 체중이며 경우에 따라 두위를 측정하기도 한다. 신장, 체중, 두위 등 1차적인 측정치로부터 나이 대비 두위, 나이 대비 체중, 신장 대비 체중, 체중과 신장의 비율 등 여러 지표(index)들을 유도해 낼 수 있다.

신장과 체중에 관한 체격지표들은 주로 성인을 대상으로 비만도를 판정할 때 사용된다. 이 체격지표들은 측정하기 쉽고, 빠르고, 부담이 없으며, 피부두겹 두께 측정법보다 더 정확하기 때문에 대규모의 영양조사 및 역학조사에서 비만도의 간접적인 측정법으로 흔히 사용된다. 그러나 체격지표들은 지방과다, 근육과다 및 부종 때문에 생기는 체중증가들을 서로 구별해 주지 못하게 때문에 실제적으로는 피부두겹 두께 측정법 등의 직접적인 비만도 평가 방법과 함께 사용되어야 한다. 여러 가지 체격 지표에 관한 것은 표 5-9에 나와 있다. 상대체중(혹은 비체중)은 실제 체중을 표준 체중과 비교하여 구하는데 표준체중은 Broca 변형식(표 5-10)을 이용하여 계산한다.

현재 우리 나라에서 가장 많이 이용되는 지표는 BMI이며 퀘테레 지수라고도 부른다. BMI를 어린이 집단에 비만도 판정방법으로 사용할 경우, 신장의

표 5-9 여러 가지 체격지표

상대 체중 $= \dfrac{\text{실제체중}}{\text{표준체중}} \times 100$
퀘테레 지수(Quetelet's index) 혹은 BMI $= \dfrac{\text{체중(kg)}}{[\text{신장(M)}]^2}$
뢰러 지수(RI, Röhrer index) $= \dfrac{\text{체중(kg)}}{[\text{신장(cm)}]^3} \times 10^7$
카우프 지수 (Kaup index) $= \dfrac{\text{체중(kg)}}{[\text{신장(M)}]^2} \times 10^4$
폰더랄 지수(Ponderal index) $= \dfrac{\text{신장}}{\sqrt[3]{\text{체중}}}$

표 5-10 Broca 법에 의한 이상(理想) 체중의 계산 및 판정

	계 산 식
이상체중	160cm 이상: 이상체중(kg)＝[신장(cm)-100]×0.9 150～160cm 사이: 이상체중(kg)＝[신장(cm)-150]×0.5+50 150cm 이하: 이상체중(kg)＝신장(cm)-100
판정 기준치	비만도(%)＝$\frac{\text{실제체중}}{\text{이상체중}}$×100 90%이하 : 체중 미달 90～110% : 정상체중 110～120% : 과체중 120% 이상 : 비만

영향을 많이 받게 되므로 적당치 않으나, 성인 인구집단에게는 신장에 의한 영향을 최소로 줄일 수 있고 또 계산하기 쉬우므로 비만도 판정의 가장 적합한 지표로 쓰이고 있다.

성인의 경우 BMI는 각종 질병의 사망률과 관련되어 있는데(그림 5-2) 식사, 흡연, 신체 활동정도 등과 같은 요인들이 이 상관관계에 영향을 미치므로

그림 5-2 BMI와 각종 질병의 사망률과 관계

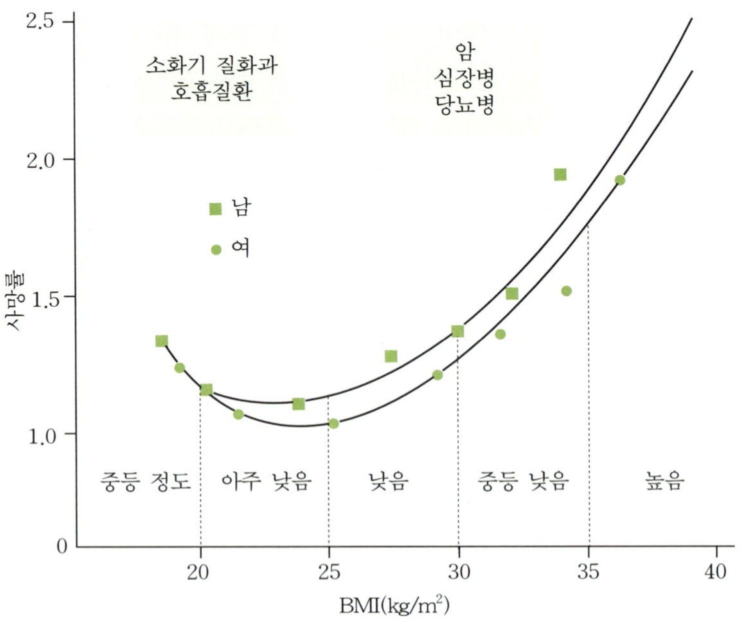

BMI의 정상허용 범위가 지역사회마다 달라질 수 있다. BMI는 20세 미만이나 65세 이상, 임신부나 수유부에게는 타당한 지표가 아니므로 사용하지 않는 것이 좋다. 표 5-11에는 BMI 결과를 이용한 캐나다와 영국의 분류 기준 및 판정 기준치가 나와 있으며 캐나다의 분류가 가장 흔히 사용된다.

표 5-11 BMI의 분류 및 판정 기준치

캐나다의 분류		영국의 분류	
BMI	평 가	BMI	평가
〈 20	건강문제와 관련이 있음	〈 20	체중 미달
20~25	'바람직한' 정상 범위	20~25	정상
25~27	건강문제와 관련이 있음	〉 25	체중 과잉
〉 27	건강문제의 위험도가 증가함	〉 30	비만

② 체지방량 추정법

신체 구성성분은 체지방과 무지방으로 구성되어 있다. 이 중 체지방은 개인에 따라 그 양의 차이가 많으나 비교적 일정한 밀도를 가지고 있으며 수분은 거의 없다. 체지방량은 비교적 쉽게 피부두겹 두께 측정을 통하여 추정할 수 있으며 체지방의 분포는 허리-엉덩이 둘레비율로 알아본다.

· 피부두겹 두께

신체 지방량을 추정하기 위한 방법으로 피부두겹 두께(skinfold thickness)를 측정하는 방법이 있다. 피부두겹 두께는 피하지방 저장량의 크기를 추정해 주며 피하지방의 크기는 총 체지방량을 추정해 준다. 피부두겹 두께 측정은 삼두근(triceps), 이두근(biceps), 견갑골 밑(subscapular), 장골위(suprailiac), 복부, 가슴, 허벅지 등의 부위에서 측정할 수 있으며 이중에서 가장 많이 측정하는 부위가 삼두근이다. 피부두겹 두께 측정은 피부두겹 두께 측정용 캘리퍼(caliper)를 사용하면 가장 정확하게 측정할 수 있으며 캘리퍼로 지방층을 잡는 방법은 그림 5-3 및 5-4에서 볼 수 있다.

· 체지방의 분포: 허리-엉덩이 둘레 비율

허리-엉덩이 둘레 비율(WHR, waist-hip ratio)은 피하지방과 복부 내 지방조직의 분포를 나타내주는 간단한 방법이다. WHR은 남자의 경우 0.9~0.95, 여자의 경우 0.8~0.85를 넘으면 심장혈관계 질환으로 인한 사망 위험이 급격히 증가한다.

그림 5-3 삼두근 피부두겹 두께 측정

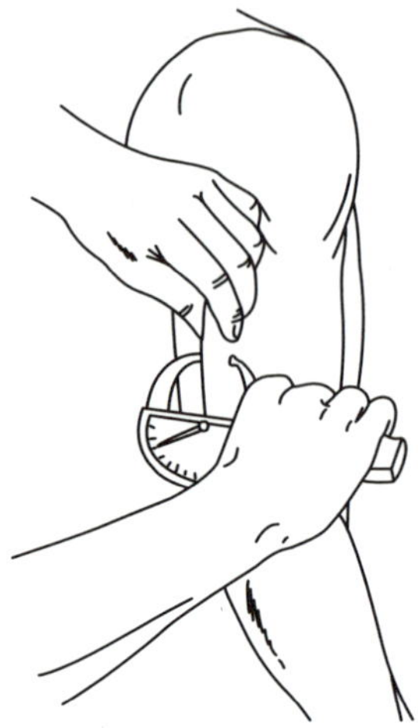

③ 무지방량 측정

근육에는 지방이 거의 없으므로 무지방량(FFM, fat free mass)은 근육질량을 말한다. 근육은 단백질의 주된 저장소이므로 근육질량을 판정해 보면 신체 내 단백질 저장정도를 알 수 있다. 근육질량은 상완 근육둘레 및 상완 근육면적과 관계가 깊으므로 이 두 지표는 단백질 영양상태를 예측하는데 사용될 수 있다. 상완 근육둘레 및 상완 근육면적은 모두 왼쪽 팔에서 측정한 상완위

그림 5-4 캘리퍼로 지방층 잡는 방법

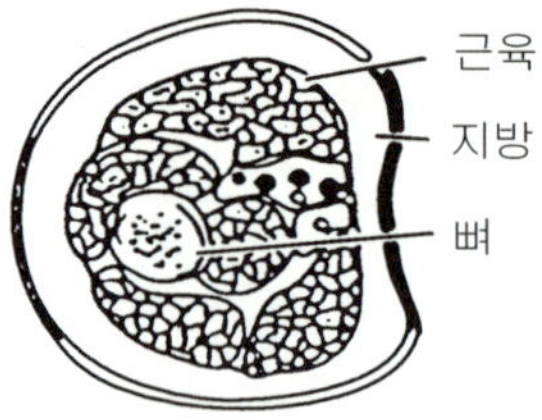

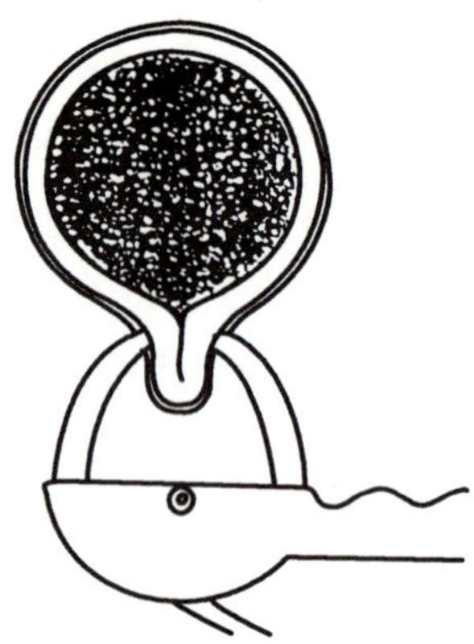

와 삼두근 피부두겹 두께로부터 간접적으로 계산할 수 있다. 상완위는 근육질량 뿐 아니라 피하지방도 반영해 주므로 무지방량 측정을 위한 신체계측치라고 볼 수 없으나, 피하지방량이 적은 저개발국가에서는 상완위의 변화가 근육질량의 변화와 같은 경향으로 나타나므로 상완위의 측정이 단백질-에너지 영양불량이나 기아의 진단에 유용하게 쓰인다.

(4) 임상적 판정방법

임상적 영양판정법이란 영양상태에 따른 결과가 외부로 나타나는 징후를 보고 영양상태를 판정하는 것이다. 영양상태를 임상적으로 판정하기 위해서는 영양불량과 관련된 신체 징후와 증상을 알아내어야 한다. 이를 위해 병력조사(medical histiry)와 신체검사(physical examination)가 필요하며 조사자의 관찰을 통해 조사한 영양불량 징후(sign)와 조사대상자가 보고하는 증상(symptom)에 대한 해석을 해야 한다. 병력조사에는 각 개인의 병력 뿐 아니라 결혼상태, 가족상황, 고용상태 등을 비롯하여 현재의 임상상태, 과거의 병력, 선천적 결함, 흡연, 식품 알레르기, 내용력 결함(intolerance), 복용하는 의약품, 운동 수준 등도 포함된다. 신체검사에는 주요 기관계, 즉 피부, 근육, 골격, 심장순환계, 위장관계 및 신경계의 임상적인 평가가 포함된다. 머리카락, 눈, 입술, 혀, 치아, 잇몸, 손톱 등에 영양불량의 징후가 있는지도 조사한다. 임상적인 영양조사를 통해 조사할 수 있는 영양불량의 징후들은 부록에 나와있다.

임상조사방법은 조사대상자를 직접 보고 판단할 수 있는 기술이 있어야 하므로 적절한 훈련을 받은 사람이나 전문가가 필요하다. 임상조사는 지역사회 영양조사에서 많이 사용하며 질병이 분명하게 나타나거나 영양불량 상태가 상당히 진전되었을 때 가장 유용한 방법이다.

그러나 임상적으로 나타나는 증상은 심한 경우가 아니면 안 나타나며, 특이성이 없고, 결핍 뿐 아니라 회복기에도 나타날 수 있어 복합적일 뿐 아니라 여러 가지 영양결핍증이 동시에 나타난다는 점은 임상영양조사의 제한점이라고 할 수 있다.

활동마당

여성이 폐경을 하게 되면 심장질환 발생율이 증가한다. 다음 사항을 조사할 수 있는 질문지를 개발해 보자.

1. 폐경기에 심장질환 위험이 증가하는 것에 대한 여성들의 지식과 인식을 조사할 수 있는 질문지
2. 심장질환의 위험요인과 관련된 여성들의 생활습관(식사내용, 운동, 흡연 등)을 평가할 수 있는 질문지
3. 심장질환의 위험을 낮추기 위해 어떤 노력을 하고 있는지, 어떤 영양프로그램을 이용하는지를 조사할 수 있는 질문지

6

영양행동 이론 및 영양 프로그램도구

대한영양사회

제 6 장

영양행동이론 및 영양프로그램도구

지역사회 영양사는 영양개선 프로그램을 수행할 때 여러 가지 다양한 도구와 기술을 사용하게 된다. 지역사회 영양사가 수행하는 업무는 대부분 다른 사람이나 집단을 교육시키는 일이다. 다른 사람을 교육시키는데 필요한 기술로는 의사소통, 친밀한 대인 관계 형성, 교육, 면접, 상담기술 등이 있다. 이 장에서는 지역사회 영양프로그램 수행으로 나타날 수 있는 행동의 변화와 관련된 이론과 영양프로그램의 마케팅이나 의사소통기술과 같은 유용한 도구와 기술을 알아보고 다양한 문제 상황에 효과적으로 사용될 수 있는 도구와 기술을 선정하는 방법을 모색하고자 한다.

1. 영양행동이론

지역사회 영양개선사업의 목표는 지역 주민의 영양행동의 변화를 통한 영양상태의 개선 및 건강 증진에 있다고 할 수 있다. 행동의 변화를 가져오려면 상당한 어려움이 뒤따르는 것으로 무엇보다도 의지를 행동으로 옮길 수 있도록 지역 주민의 자발적인 참여가 필요하다. 지역사회 영양사는 영양과 관련된 건강 행동에 관한 이론을 이해해야 하며, 이러한 지식을 건강과 영양 증진을 위한 방법을 모색하고 전략을 세우는데 활용할 수 있어야 한다.

1) 이론의 필요성

사람들의 식품선택에 영향을 주는 요인들을 알고 있다고 해서 사람들이 어떻게 결정을 내리는지 알 수 있는 것은 아니다. 이론과 실제는 별개라는 관념 속에서 보건 교육이나 영양교육을 계획, 실행, 평가하는 과정에서 이론에 기초하지 않고 실무 경험만을 토대로 진행하는 경우가 흔하다. 이론이란 실제 경험에 근거하여 건강이나 영양 행동에 영향을 줄 수 있는 변수가 서로 어떻게 연결되어 있는 지 정립한 것이기 때문에 사람들이 왜 그런 행동을 하는지를 이해할 수 있게 해주며, 어떻게 해야 행동을 바꿀 수 있는지 가르쳐 준다. 이론이나 모델에 근거한 접근 방법은 보건이나 영양사업을 보다 치밀하고 구체적으로 계획할 수 있게 하며, 사업을 평가할 때도 평가의 방향을 제시해 줄 수 있는 장점이 있다. 이론이나 모델에 근거를 두지 않고 영양 사업을 실시한 경우, 그 효과가 영양사업의 효과인지, 아니면 우연에 의한 것인지 명백히 가려내기 어려울 수 있다.

2) 행동 예측 이론의 종류

보건교육의 목표가 건강 유지 및 증진에 도움이 되는 행동을 자발적으로 습득할 수 있게 하는데 있는 만큼 보건교육은 건강과 관련된 행동, 즉 식생활, 흡연, 음주, 운동 습관을 변화시키는데 중점을 두고 있다.

사회 심리학이나 행동과학에 근거를 두고 있는 보건 교육 이론은 사람들의 행동을 예측하거나 설명하는 이론을 적용시켜 건강 관련 행동을 설명하고 바람직한 방향으로 건강 행동을 유도해내려고 한다. Clark와 McLeroy는 보건교육에 적용되는 이론을 행동이론(Theories of behavior)과 개념의 틀(Conceptual framework)로 구분하였다. 사람의 행동을 설명하는 행동 이론에는 건강신념모델(Health belief model), 변화단계모델(Stages of change model), 사회인지이론(Social cognition theory), 개혁확산모델(Diffusion of innovation model) 등이 있으며, 실제 실습에 많이 이용되는 개념의 틀(Conceptual framework)에는 PRECEDE-PROCEED 모델이 있다.

(1) 건강신념모델

건강신념모델은 질병위험을 지닌 사람이 어떤 이유로 진단예방 프로그램에 참여하지 않는지를 설명하려는 수단으로 1950년대에 미국 보건성의 G. M. Hochbaum에 의해 개발된 이론이다.

건강신념모델은 3가지 요소로 구성되어 있는데, 첫째 요소는 건강의 위협에 대한 인식으로 자신에게 나타날 통증이나 죽음과 같은 심각한 결과와 가족에게로 전염되거나 직장을 잃게 되리라는 사회적 결과에 대한 인식를 의미한다. 둘째 요소는 행동에 수반되는 결과에 대한 기대로 사람들은 바람직한 행동을 했을 때 그로 인해 자신에게 이득이 올 것으로 기대한다는 것이다. 셋째 요소는 자신 효능감으로 바람직한 결과를 얻을 수 있는 행동을 자신있게 수행할 수 있다는 자신감을 의미한다.

(2) 변화단계모델

여러 가지 변화단계모델 중 가장 많이 사용되는 것은 Prochaska와 Diclemente가 개발한 모델이며 다음과 같은 숙고 전 단계(Precontemplation), 숙고 단계(Contemplation), 준비 단계(Preparation), 활동 단계(Action), 유지 단계(Maintenance)의 다섯 단계를 따라서 행동이 변화된다는 이론이다.

- 숙고 전(Precontemplation) - 변화를 해야 한다는 데에 대한 인식이나 관심이 없는 단계
- 숙고(Contemplation) - 변화를 해야겠다고 생각했거나, 6개월 이내에 변화를 시도할 단계
- 준비(Preparation) - 변화해야겠다고 결정하고, 변화를 계획하거나 변화를 시도한 지 1개월 정도 경과한 단계
- 활동(Action) - 바람직한 행동변화를 시도한 지 6개월 가량 경과한 단계
- 유지(Maintenance) - 바람직한 행동을 6개월 이상 유지시킨 단계

숙고(Contemplation) 단계에 있는 사람은 변화에 관한 정보를 추구하는 반면에, 유지(Maintenance) 단계에 있는 사람은 정보를 추구하기보다는 바람직한 행동을 보다 더 강화시킬 수 있는 방법을 추구하는 것이 구별되는 특징이다.

(3) 사회인지이론

사회인지이론에서는 인지와 같은 개인적 요인과 환경적 요인이 끊임없이 상호 작용을 하면서 한 부분이 변화하면 다른 부분의 변화를 가져와서 행동에까지 영향을 미친다고 생각한다. 예를 들면 체중 감량에 대해 배우자의 지원이 없어지는 환경의 변화는 체중을 줄여야하는 당사자에게 체중 감량에 대한 인센티브(incentive)가 감소되는 변화를 초래하며 따라서 저칼로리 식이요법을 아예 그만두는 행동의 변화로 이어진다. 사회인지이론이 지니고 있는 장점은 지식이나 태도보다는 행동의 변화에 초점을 맞춘다는데 있다. 사회인지이론에서 이용되는 결과 기대와 가치 기대, 행동 수행력, 자아 효능감, 환경 등 몇 가지 중요한 개념들에 대한 설명은 다음과 같다.

① 결과 기대와 가치 기대: 결과 기대는 특정 행동을 수행했을 때 어떤 결과가 나타나리라는 예상을 하는 것을 말하며, 가치 기대는 개인이나 집단이 특정 행동에 따른 결과에 얼만큼 중요한 가치를 부여하는지를 뜻한다. 결과와 가치 기대는 대상자들이 영양개선사업을 수행하도록 동기 유발시키는데 도움을 준다. 저염식을 하면 혈압이 떨어지는 결과를 기대하게 되거나, 체중 감량을 위해 저칼로리 식이요법을 따르는 것을 매우 가치있는 일로 생각하는 것이 이에 속한다.

② 행동 수행력: 행동변화에 필요한 지식과 기술이 없이 건강생활습관을 따르려는 동기만으로는 식행동을 바꾸기 어렵다. 예를 들어 저염식을 해야 하는 경우, 식품의 식염 함량, 저염식품을 선택할 수 있는 능력, 조리법에 대한 지식과 기술 등이 필요하다.

③ 자아 효능감: 자아 효능감은 어떤 행동을 수행하는데 있어서 개인이나 집단이 수행능력에 대해 어느 정도 자신감을 갖고 있는 지를 의미한다. 건강생활습관을 따르려는 동기가 부여되었다 해도 그 과정에 대해 어떻게 해야 할 지 자신감이 없다면 식행동을 바꾸려고 시도하기도 어려울 뿐 아니라 그 효과도 미미할 것이다.

④ 환경: 사회 인지이론에 말하는 환경은 사회적 영역과 물리적인 영역을 포함하는데 예를 들어, 가족, 친구, 또래, 직장동료 들이 사회적 영역의 환경에 속하고, 직장이나 부엌의 배치 등은 물리적 영역에 속한다.

(4) 개혁확산모델

대부분의 사람들은 새로운 것을 쉽게 받아들이지 못하는데 반해 몇몇 사람들은 대담해서 새로운 것을 먼저 받아들이고 다른 사람들로 하여금 따르게 하는 선구자 노릇을 하여 개혁이 확산되게 한다. 개혁확산모델은 E. M. Rogers와 F. F. Shoemaker에 의해 개발된 것으로 다음의 4가지 단계로 구성되어 있다.

- 지식(Knowledge): 개혁을 인지하고 그에 대한 정보 수용
- 설득(Persuasion): 개혁에 대해 반대 또는 찬성하는 태도 형성
- 결정(Decision): 개혁을 취하거나 거부하는 행동 수행
- 확인(Confirmation): 자신의 결정 또는 결정을 바꾸게 하는 강화요인 추구

혁신자들은 다른 사람의 권고가 없어도 개혁을 쉽게 받아들인다. 여론 지도자들이 종종 이런 부류에 속하며, 매우 소수이기는 하지만 다른 사람들을 끌어들이는 능력이 있다. 대부분의 사람들은 새로운 아이디어를 받아들이는 초

기에는 매우 조심스러운 태도를 취하나 나중에는 동료들의 압력 때문에 개혁을 받아들인다. 그런가 하면 어떤 이들은 옛것을 고집하고 좀처럼 새로운 것을 받아들이지 않으려 하는데, 대체로 나이가 많거나 혼자 사는 사람들이 이 부류에 속하며 이들도 결국은 가장 늦게 개혁을 받아들이게 된다.

(5) PRECEDE-PROCEED 모델

영양사업을 계획하고 수행하는 데 실제적으로 이용되고 도움이 되는 개념의 틀로 PRECEDE-PROCEED 모델이 있다. 이 모델은 보건영양 문제를 진단하고 해결하기 위하여 사회과학, 행동과학, 역학, 영양학, 생물학, 교육학 등 여러 학문을 포괄하는 다학제적으로 접근하여 문제의 진단, 프로그램의 계획, 실행, 및 평가에 이르는 모든 과정을 체계적으로 수행할 수 있는 방법을 제시해 준다. 이 모델은 PRECEDE 라는 '문제 진단' 부분과 PROCEED라는 '진단 후 계획실행 및 평가'의 2 부분으로 구성되어 있다.

① PRECEDE

PRECEDE는 predisposing, reinforcing and enabling constructs in educational (and environmental) diagnosis and evaluation의 머리글자를 따서 만든 용어이다. 이 모델에 의하면 지역사회 보건영양문제의 진단은 사회 진단, 역학 진단, 행동 및 환경 진단, 교육 및 조직 진단, 행정 및 정책 진단의 5단계로 이루어진다. 그림 6-1은 건강교육 PRECED-PROCEED 모델 이론을 도식화한 것이다.

- 첫 번째, 사회 진단(Social diagnosis) 과정에서는 지역사회 주민의 사회 문제가 무엇인지, 삶의 질과 관련된 요인이 무엇인지 알아낸다. 예를 들어, 어느 지역의 실업률이나 주거환경문제, 교통 문제, 교육 문제 등이 지역사회의 사회진단에서 삶의 질과 관련된 요인에 속한다.
- 두 번째, 역학 진단(Epidemiological diagnosis) 과정에서는 지역주민의 보건상태나 질병발생 양상에 대해 분석을 실시한다. 지역의 사망률이나 질병 유병률과 같은 통계 자료를 활용하면 역학 진단을 할 수 있으나 우리 나라의 경우 지역 단위의 통계 자료가 매우 미흡하기 때문에 국가나 도 단위의 통계자료에 의존해야 하는 어려움이 있을 수 있다. 지역 주민의 건강 관심 분야를 파악하기 위하여 보건소 내소자를 대상으로 면접이나 설문조사를 할 수 있다.
- 세 번째, 행동 및 환경 진단(Behavioral and environmental diagnosis) 과정에서는 앞 단계에서 파악된 건강과 질병 문제에 관련된 행동 및 환경 요

그림 6-1 건강 교육 PRECEDE-PROCEED 모델 이론

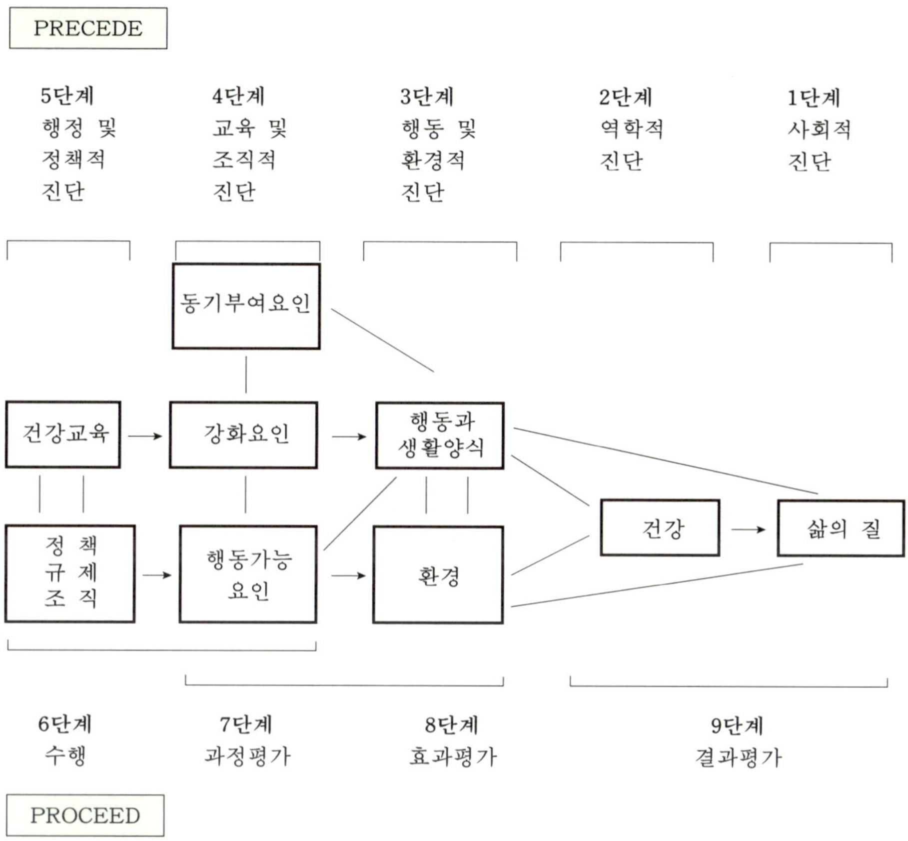

자료 : Green, L.W. & Kreuter, M.W. 「건강증진 계획 : 교육적, 환경적 접근」 제 2판, Mountain View, CA: Mayfield Publishing Company, 1991.

인이 무엇인지 알아내고, 실제로 영양개선 사업을 통해 변화가 가능한지 모색한다. 예를 들면, 지역 주민에게 관상심장질환의 위험요인으로 알려진 고지혈증, 음주, 흡연, 비만, 고지방식사 등의 바람직하지 않은 행동 및 환경 요인이 있는지, 이러한 위험요인을 줄이기 위해 어떤 행동을 변화시켜야 하는지 규명하는 과정을 이 단계에서 수행한다.

- 네 번째, 교육 및 조직 진단(Educational and organizational diagnosis) 과정에서는 이전 단계에서 설정된 영양문제와 관련된 영양행동에 영향을 미치는 요인에 대해 분석한다. PRECEDE 모델에 따르면 행동에 영향을 미치는 요인을 동기부여요인(Predisposing factor), 행동가능요인(Enabling factor), 강화요인(Reinforcing factor)의 3가지로 나눈다.

- **Predisposing factor**: 소인부여 요인은 영양지식, 태도, 신념, 가치관 등의 행동을 변화시키고자 하는 의욕과 동기를 불러일으키는 요인이며 주로 인지 요소가 여기에 속한다.
- **Enabling factor**: 행동가능 요인은 자원이나 수단, 기술등의 행동 변화를 가능하게 하는 요인이다. 지역주민이 보건소나 병원, 의료인들과 쉽게 접촉할 수 있는지 영양 행동 관련 변화를 가능하게 할 수 있는 수단이 있는 지 여부가 행동가능 요인에 속한다.
- **Reinforcing factor**: 지역 주민의 영양 행동의 변화가 지속적으로 일어나게 강화시킬 수 있는 요인으로 가족, 친구, 동료, 보건의료 전문인 등의 영양태도나 행동이 강화요인에 속한다.

· 다섯 번째, 행정 및 정책 진단(Administrative and policy diagnosis) 과정에서는 영양과 보건 사업의 추진에 필요한 시간 및 인적 자원, 경비 분석과 함께 한정된 자원 내에서 영양사업을 어떻게 추진할 것인지, 장애요인이 무엇이지 찾아낸다.

② 영양사업의 실행(Implementation)

영양사업을 어떻게 기획하고 실행하는 가는 진단과정에 못지 않게 매우 중요한 과제이다. 보건 교육에서 널리 이용되는 행동예측이론 중 사회인지이론을 적용하면 영양개선 프로그램을 계획하고 행동변화를 가지고 올 수 있는 방법 및 전략을 설정하는데 도움이 된다. 사회인지이론에서는 개인의 인지, 행동, 주위 환경이 서로 작용하며 영향을 미친다는 것이다.

③ PROCEED

PROCEED는 문제의 진단 후 실제로 보건영양사업을 수행하고 평가하는 단계이다. PROCEED 과정에서는 PRECEDE의 각 단계에서 세운 목표를 평가한다. 계획했던 것들이 각 단계마다 적시에 제대로 실행되고 있는 지에 해당되는 과정 평가와, 영양개선사업을 수행한 후 지식, 태도, 행동 면에서 어떤 효과가 있는 지를 평가하는 효과 평가를 해야 한다. 또한 영양개선사업 후 질병과 건강 상태가 어떻게 변했는지를 측정하는 장기적 효과 평가 역시 실행해야 한다.

2. 지역사회 영양프로그램의 마케팅

1) 마케팅의 정의

마케팅이라 하면 물건을 판매하는 행위 또는 판매를 촉진하는 판촉행위를 연상하게 된다. 마케팅이란 개인이나 단체가 제품을 새로 만들어 내거나 제품 또는 가치를 다른 사람들과 교환함으로써 자신들이 원하는 것과 요구하는 것을 획득하는 과정을 말한다. 마케팅은 흔히 소비자를 찾아내고 잡아두는 과정을 지칭하기도 한다. 회사나 사업체는 다양한 제품이나 서비스 중에서 사회적, 경제적, 문화적 배경이 서로 다른 온갖 사람들에게 맞는 제품을 선정, 생산, 분배, 판촉, 판매하기 위한 기술을 사용하는 상업 마케팅을 하고 있다.

사회 마케팅은 상업 마케팅에서 사용하는 동일한 기술을 이용하여 어떤 집단으로 하여금 사회적 아이디어나 관행을 잘 수용하도록 하는 것이다. 사회 마케팅은 소비자 행동을 변화시키는 전략을 말한다. 소비자 행동이론에서 정수를 뽑아 마케팅 도구와 기술에 접목시켜서 소비자들의 신념, 태도, 가치, 활동, 행동을 변화시키는 것이 사회 마케팅이다.

사회 마케팅은 물건이 아니라 아이디어나 행위를 판촉시키는 것이다. 영양개선과 관련된 사회 마케팅의 예를 들자면 "짜게 먹지 맙시다."에서와 같이 염분 섭취량을 줄이기 위한 행동을 도모하는 일이 있다. 사회 마케팅의 목적은 문제나 요구 또는 필요를 찾아내는 일 또는 해결 방법을 모색하는 일에 있다.

2) 마케팅 계획 작성

마케팅 계획이란 영양개선 전략과 프로그램 계획의 목적과 세부 목표를 달성하는 단계를 개략적으로 만드는 일이다. 마케팅 계획을 할 때는 아래와 같은 단계를 거쳐서 수행한다.

첫째, 우선 목표 집단의 요구와 필요를 알아내야 한다. 왜냐하면 마케팅은 소비자에서부터 시작하는 일이기 때문이다. 핵심 그룹을 대상으로 지역사회의 요구를 진단하면 계획 초기에 표적 집단의 요구가 무엇인지, 필요로 하는 사업이 무엇인지 판단할 수 있게 된다. 이 단계의 목적은 마케팅 전략을 개발할 수 있는 지식기반을 조성하는 일이다.

둘째, 상품이나 서비스가 표적 집단에게 어떤 이점을 가져다 줄 것인지 규명하는 일이다. 사람들이 상품이나 서비스를 구매할 때는 안전, 보장, 안보, 행복, 흥미, 등의 이득을 얻기 원하게 마련이다. 예를 들면 폐경기 여성 건강 프로그램에 참여하는 사람들은 골다공증 위험을 낮출 수 있거나 새로운 친구를 사귈 수 있는 등 얻는 이득이 있기 때문에 프로그램에 참여하는 것이다.

셋째, 상황 분석을 실시한다. 만들어낸 제품이나 서비스가 생활 특성이 유사한 사람들로 구성된 잠재 시장에 의해 어떻게 받아들여질 것인지 분석한다. 이를 위해서는 개발된 프로그램이나 서비스의 주요 고객이 될 만한 그룹을 표적 세분 시장 그룹으로 선정하는 일이 필요하며, 경우에 따라서는 표적 세분 시장 그룹을 좀 더 세분화시킬 필요가 있을 수 있다. 폐경기 중년 여성을 위한 인터넷 영양상담을 계획한다면 폐경기 여성 모두를 표적 세분 시장 그룹으로 선정하기보다는 컴퓨터를 사용할 수 있는 여성으로 제한하는 것이 더 효과적이다.

그림 6-2에는 시장 세분화의 예가 나타나 있다.

넷째, 조직의 목적과 자원 그리고 표적 집단의 요구와 필요가 잘 맞아 들어갈 만한 마케팅 전략을 개발한다. 마케팅 전략은 표적 시장과 제품, 장소, 가격, 촉진을 명시한다. 제품(Product), 장소(Place), 가격(Price), 판촉(Promotion)은 마케팅에서 중요하게 생각되는 4P로 대변되는 요소이다.

다섯째, 예산과 일정표를 작성한다. 예산에는 마케팅 전략을 수행하는데 소요되는 비용을 모두 포함시킨다. 예를 들면 로고 제작, 책자 비디오, 필름 제

그림 6-2 시장 세분화

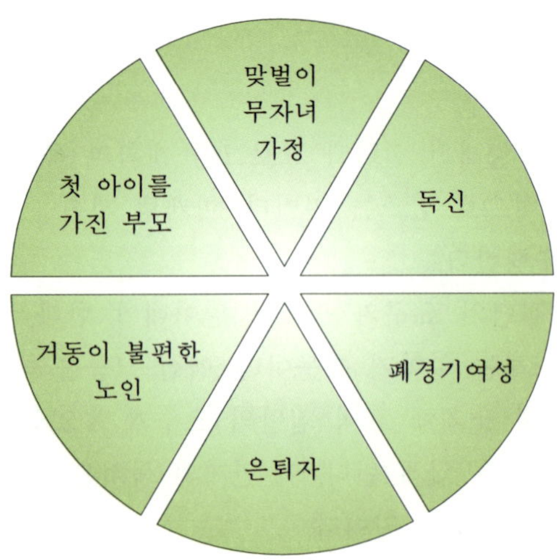

작, 교육 및 판촉 홍보물 인쇄 경비 등이 포함되는 것이다. 일정표란 제품이나 서비스 판매가 개시되기 전이나 판매가 진행되는 동안 표적 시장에 상품이나 서비스의 인지도를 높이기 위하여 달마다, 또는 주마다 수행될 마케팅 활동 사항을 적어놓는 것을 말한다.

마지막으로, 마케팅 계획이 다 완성되면 원래의 계획대로 수행한 후 효과를 판정한다. 마케팅 전략이 제 시간에, 제대로 된 메시지를 원하는 청중들에게 전달했는지, 표적 시장의 신념, 태도, 활동, 행동이 바라는 대로 변화했는지를 평가한다. 그 평가 결과를 마케팅 전략을 수정하고 상품이나 서비스의 포지셔닝(positioning)을 개선시키는데 반영한다. 그림 6-3은 영양사업 마케팅의 예가 나타나 있다.

3) 스왓 분석(SWOT analysis) 실행

스왓 분석은 환경에 대한 상세한 판정인데 여기에는 소비자, 경쟁업체, 기타 제품이나 프로그램 또는 사업에 영향을 줄 수 있는 모든 요인에 대한 평가가 포함된다. 스왓 분석은 강점(Strengths), 약점(Weaknesses), 기회(Opportunities), 위험(Threatening) 의 영문 첫 글자를 모은 SWOT 분석이라고도 불리며, 제품이나 서비스, 프로그램의 현재 상황, 강점, 약점, 외부 환경의 문제점, 기회, 위험 등을 판단하는 일이다. 마케팅 계획 전체의 성공 여부가 이 스왓 분석에 달려있다고 해도 과언이 아닐 정도로 중요한 단계이다.

(1) 시장을 알아야 한다.

마케팅 과정에서 개발되는 제품이나 서비스의 현재 또는 잠재 소비자를 확인하고 분석하는 일이다. 소비자는 서비스 이용자, 의뢰원, 또는 다른 결정을 하는 자로 크게 세 그룹으로 나뉠 수 있다. 서비스 이용자의 예로는 이유식 교육 프로그램에 참여하는 엄마들, 푸드뱅크 프로그램에 참여하는 자, 재활 프로그램에 참여하는 알코올 중독자 등을 들 수 있다. 의뢰원은 손님을 소개하거나 데리고 오는 사람들을 말한다. 지역사회 영양사에게 손님을 의뢰하는 사람으로는 의사, 사회복지사, 교사, 예전 손님 등이 있다. 다른 결정을 하는 자로는 손님의 가족, 보험회사가 속할 수 있다.

(2) 시장 조사: 표적 시장

스왓상황 분석과정에는 손님이나 청중의 일부를 표적으로 삼아야 한다는 점

그림 6-3 영양사업의 마케팅

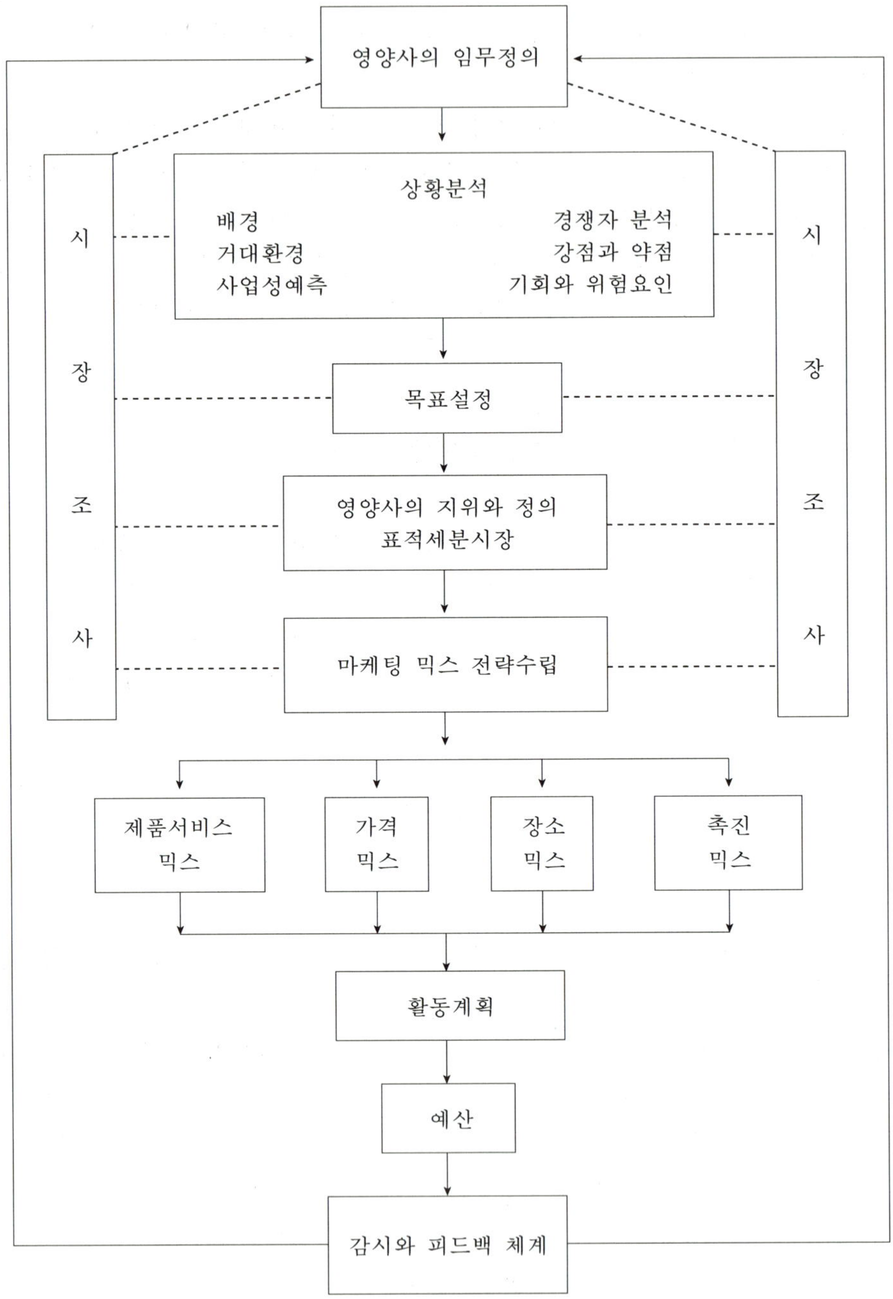

자료 : Park SC, Moddy DL A maketing model:Applications for dietetic professionals JI Am Diet Assoc 86:37-43, 1986

을 내포하고 있다. 각 표적 시장을 독립적이고 서로 다른 청중으로 인식해야 한다. 표적을 삼을 만한 집단을 찾게 되면 이들의 생활 양식, 식사, 음주, 직장 환경, 영양과 건강 태도, 건강상태 등을 파악하는 일을 해야 한다.

일반적으로 표적 시장 전체를 대상으로 프로그램을 만드는 일은 매우 비현실적이므로 실제로는 동질성이 있고 뚜렷하게 구별되는 그룹으로 세분화하여 표적 시장으로 삼는 일이 필요할 때가 많다. 이러한 과정을 시장 세분화(Segmentation)라 한다. 시장을 세분화하면 소비자의 요구나 행동 패턴을 보다 정확하게 규명할 수 있고, 집단에게 서비스를 제공하는 방법을 보다 정확하게 확인할 수 있으며 표적 집단에 꼭 들어맞는 프로그램이나 서비스를 제공함으로써 영양건강교육 자원을 보다 효율적으로 이용할 수 있다는 장점이 있다. 45세 이상의 성인을 잠재 시장으로 삼을 때 그림 6-2와 같이 이를 세분화하여 거동이 불편한 노인, 은퇴자, 폐경후 여성, 독신, 자녀있는 부부, 자녀 없는 부부 등 여러 그룹으로 나눌 수 있다.

(3) 시장 조사: 시장 세분화

시장 조사를 하면 지역사회 영양사가 사람들의 지리적 환경, 인구학적 특성을 고려하여, 건강증진과 질병예방을 위한 서비스나 프로그램의 표적 집단으로 삼을 수 있도록 해준다. 시장 세분화를 할 때는 아래와 같이 4가지 사항을 고려한다. 표 6-1에는 시장 세분화 고려 요인을 나열하였다.

- 지리적 세분화: 거주지나 직장에 따라 시장을 나누는 것이다. 지역이나 인구밀도, 기후 등 요인에 따라 사람들을 나눈다.
- 인구학적 세분화: 연령, 성, 수입, 직업, 교육 수준, 가족의 규모, 종교, 인종, 결혼상태, 생활 주기 등 인구학적 변인에 따라서 나누는 것을 말한다.
- 심리학적 세분화: 개인의 가치, 태도, 견해, 인성, 행동, 생활 양식, 변화에 대한 준비 정도에 따라 그룹을 나누는 것을 말한다.
- 행동적 세분화: 구매 빈도, 구매 경위, 상품에 대한 태도 등에 따라서 그룹을 나누는 것을 말한다.

영양과 공중 보건 프로그램을 개발하고 표적화하려면 반드시 인구학에 대한 이해가 있어야 한다. 금연, 운동 프로그램, 모자영양관리, 암 예방, 고혈압 스크린, 당뇨병 교육, 영아 사망률 감소를 위한 프로그램을 판촉하고자 하는 보건소의 경우 관할 지역의 인구동태를 몰라서는 표적 집단을 찾아낼 수 없을 것이다. 프로그램을 실행하게 될 지역 전체 주민, 주민 수의 변동, 성별, 연령별 분포, 사회경제적 수준, 주거 상황, 출산율 등에 관한 정보가 필요하다. 이중에

표 6-1 시장 세분화 고려요인

변수		세분화 기준
지리적 변수	지역	동부, 서부, 남부, 북부 해안, 내륙, 산악지대
	도시규모	10만명 이하, 50만명 이하, 200만명 이하, 200만명 이상
	인구밀도	농촌, 교외, 도시
	기후	한냉, 온난
인구통계적 변수	나이	6세미만, 6-11세, 12-18세, 19-24세, 25-34세, 35-49세, 50-64세, 65세 이상
	성별	남자, 여자
	가족수	1-2, 3-4, 5-6, 7인 이상
	가족의 형태	청년: 독신, 결혼-무자녀, 이혼-무자녀, 결혼-유자녀, 이혼-유자녀 중년: 결혼-무자녀, 이혼-무자녀, 결혼-유자녀, 이혼-유자녀 노년: 결혼, 미혼
	월소득	50만원미만, 50-69만원, 70-99만원, 100-149만원, 150-199만원, 200만원이상
	직 업	전문직, 관리직 공무원, 자영업자, 사무직, 판매원, 비숙련공, 농부, 퇴직자, 학생, 무직
	교육수준	국졸미만, 중졸, 고졸, 대졸, 대학원졸
	종교	불교, 기독교, 천주교, 유교, 기타
	사회적 지위(수준)	하-하, 하-상, 중-상, 상-하, 상-상
심리적변수	심리경향	외부지향성, 내부지향성, 업무지향성, 문화, 예술지향성
	인성	강제적, 경쟁적, 외향적, 내성적
행동적 변수	구매횟수	정규적구매, 특별구매
	소비자가 추구하는 편익	품질, 경제성, 서비스, 안전성, 편리성
	제품사용경험	비사용자, 과거사용자, 잠재적 사용자, 처음사용자, 정기적 사용자
	이용정도	비사용자, 소량사용자, 보통사용자, 다량사용자
	상표충성도	없음, 낮음, 보통, 강함, 절대적
	구매자의 상태	특성제품의 존재를 인식하지 못하는 경우, 그런제품이 있다는 정도만 인식하고 있는 경우, 제품 내용을 알고 있는 경우, 제품에 흥미를 알고 있는 경우, 제품의 필요를 느끼는 경우, 제품에 대한 구매의사가 있는 경우
	제품에 대한 태도	열성적, 호의적, 보통, 부정적, 적대적

자료 : 박영봉著, 마케팅, 박영사. p.119-123

서 연령별 분포와 동태, 출산율 등은 보건영양 프로그램을 실시할 때 매우 중요한 정보이다.

4) 마케팅 전략 개발

마케팅 전략을 구성하는 4가지 요소(4Ps), 즉 제품, 장소, 가격, 촉진을 합해서 마케팅 믹스(Marketing mix)라고 부르기도 한다. 마케팅 전략을 개발하기 이전에 소비자, 환경, 경쟁업체 등에 관한 상황 분석을 철저히 실시하여야 한다. 표적 집단의 요구가 파악되면 마케팅 믹스를 구성할 수 있다. 적시 적소에 적절한 가격으로 적절한 제품, 서비스 또는 프로그램을 대는 사람이 성공적인 마케터이다. 그림 6-4에는 마케팅 믹스를 보여주고 있다.

그림 6-4 마케팅 믹스

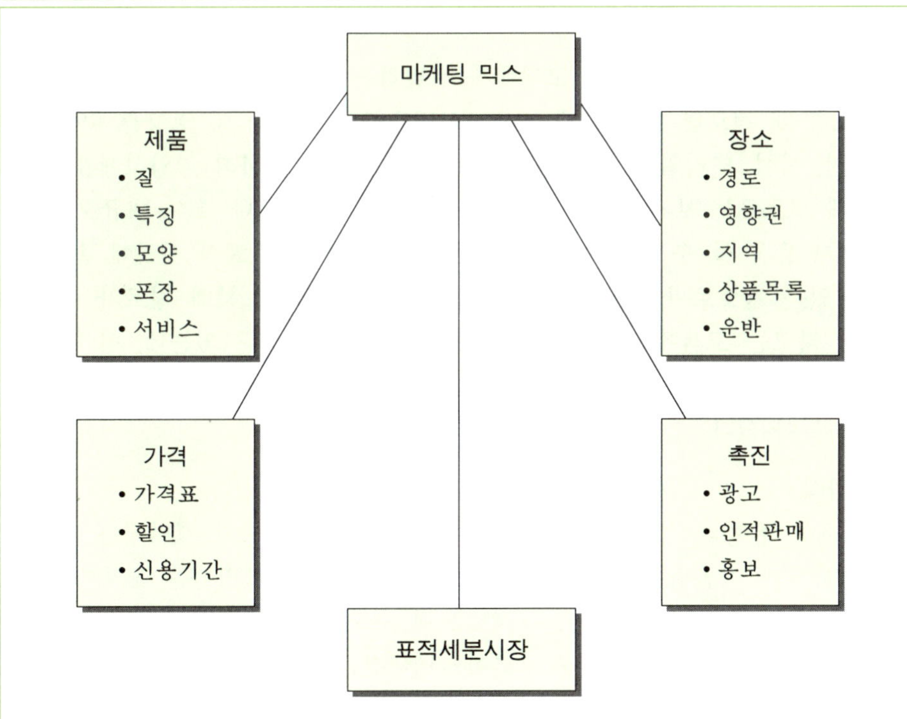

자료 : Adapted from M. Ward, Marketing Strategies : A Resource for Registered Dietitians (Binghamton, NY : Niles & Phipps, 1984), p.111

① 제품

여기에서 제품이란 표적 시장과 교환할 수 있는 제품이나 서비스의 특성을 모두 합한 것을 의미한다. 제품의 스타일, 독특한 모양, 포장, 품질, 상표, 선택 사양 등이 표적 시장의 요구나 선호도에 꼭 들어맞게 디자인되어야 한다. 신형 자동차이건, 새 스낵제품이건, 영양교육 프로그램이건 간에 상관없이 제품이나 서비스는 시장의 요구나 필요를 충족시키려는 목적을 달성시킬 수 있는 속성과 달성시키지 못하는 속성을 다 가지고 있게 마련이다. 지역사회 영양에서의 제품은 서비스 전달이다. 질 좋고 표적 시장의 요구에 맞는 서비스, 즉 고객의 문화적, 언어적 수준 등 사회적 특징을 고려하여 서비스를 제공해야 한다.

② 장소

장소란 제품이나 서비스가 돈이나 기타 다른 가치있는 것과 교환이 일어나는 곳을 의미한다. 고객의 측면에서 접근성, 편이성, 편안함을 줄 수 있는 장소인지 고려해야 한다. 개장 시간이 고객의 편이를 고려한 것인가? 주차 공간이 충분한가? 등이 이에 속한다.

장소에는 서비스나 제품을 고객에게 전달하는데 필요한 분배경로까지도 포함된다. 분배 경로란 고객이 제품이나 서비스를 선택하는 데 영향을 줄 수 있는 개인, 시설, 대리업체 등 중간단계를 의미한다. 지역사회 영양사에게 있어서 분배 경로로는 보건 담당자, 학교의 이사진, 보건기구나 조직, 대규모 시장, 소매업자 등을 들 수 있는데 지역사회 영양사는 이들을 표적 시장에 손을 뻗칠 수 있는 경로로써 활용할 수 있다. 경우에 따라서는 분배 경로가 이들을 통하지 않고는 고객에 닿을 수 없는 문지기와 같을 수도 있는데, 이에 대한 예를 들면 의사, 부모, 대중 매체 PD, 회사 중역, 국회의원, 보험회사의 결정하는 사람들이 있다.

③ 가격

가격에는 유형의 경비와 무형의 경비가 포함된다. 유형의 경비에는 지역사회영양사에게 제공되는 서비스요금이 속하고, 무형의 경비에는 고객이 영양서비스에 참여하기 위해 들이는 시간, 노력, 불편 등이 속한다. 건강행위를 취하거나 프로그램에 참여하는데 고객이 어떤 것들을 소요 경비로 생각하는 지 이해를 하면 제품이나 서비스를 유형이나 무형의 경비와 교환하게 하는데 영향을 가하기 쉬워진다. 득이 실보다 크다는 점을 강조하여 고객을 설득시키거나 고객의 참여를 촉진시키기 위해 인센티브를 제공할 수 있다.

④ 촉진

촉진은 기관이나 단체가 표적 시장에게 정보를 제공하나 설득하려 할 때 하게되는 의사소통을 의미한다. 말하고자 하는 것이 무엇인지, 누구에게 말하고 싶은지, 언제 말하고 싶은지 등 의사소통의 메시지는 표적 시장의 지식, 태도, 행동에 가시적인 효과가 나타나게끔 디자인된다. 매체, 전달내용, 메시지 형식 등을 선정할 때는 표적 시장의 의사소통 요구에 맞는 것으로 골라야 한다. 표 6-2에는 다양한 촉진 도구의 예가 있다.

표 6-2 다양한 촉진 도구

개인적 촉진	대중매체 공공강연	인쇄자료
1:1 의사소통	대외홍보	로고
연락망	홍보	브로셔
업무용 명함	뉴스보도	전단지
편지	인쇄물	포트폴리오
이력서	미디어 인터뷰	제안서
추천서	기자회견	포스터
세미나	인쇄물 요약	배너광고
워크샵	특별행사	시청각 자료
자문	유명인사	선물증정(T셔츠, 머그컵, 손가방, 상품견본 등)
선물	광고	인터넷 웹싸이트
	직접 우편	보고서
	강연	카탈로그
	저술	스크린세이버
	경연대회	mouse pad

자료 : Adapted from K. K. Helm and J. C. Rose, The Competitive Edge : Marketing Strategies for the Registered Dietitian (Chicago : American Dietetic Association, 1986), p. 45.

촉진은 다음과 같이 4가지 목적을 지니고 있다.

- 제품이나 서비스의 존재와 그 능력을 고객에게 알리고 교육한다.
- 현 고객이나 이전 고객에게 제품의 지속적인 존재를 알린다.
- 앞으로의 구매자에게 제품의 구매 가치를 설득한다.
- 제품을 어디에서 어떻게 살 수 있는 지 고객에게 알린다.

촉진하면 사람들은 흔히 광고를 생각하나 촉진은 사실 광고보다 훨씬 많은 것을 포함한다. 가장 많이 사용되는 촉진도구 4가지는 광고, 판매 촉진책, 인적 판매, 홍보이다.

- 광고 : 광고는 인쇄나 전자매체를 사서 할 수 있는 표준화된 의사소통이다. 광고 매체의 예로는 전화번호부의 옐로우 페이지, 전광판, 신문, 라디오, 전문잡지, 인터넷 등이 있다. 광고의 역할은 지정된 청중들의 행동을 자극하게되는 간결하고 목표가 있는 메시지의 의사소통이다. 광고를 하면 지리적인 한계를 벗어나서 많은 사람들에게 메시지를 전달할 수 있고 이미지를 구축할 수 있게 한다. 어떤 매체를 사용하느냐는 표적 시장의 특성, 예산 규모, 광고 캠페인의 목표에 따라 결정된다.
- 판매 촉진책 : 쿠폰, 샘플, 상품 카탈로그 등이 판매 촉진책에 속한다. 판촉 전략의 일환으로 이런 활동을 하면 고객은 특정 상품이나 서비스의 구매를 독려받게 된다.
- 인적 판매 : 소규모 그룹 회의, 상담시간, 영양교육 시간, 지역인사들의 모임, 건강 박람회나 학술대회에 전시된 부스, 전화 통화 등을 통해서도 판매나 의사 소통이 이루어질 수 있다. 대중매체를 이용하여 같은 메시지를 보내는 대규모 광고에 비해 이런 모임에서 이루어지는 판촉을 위한 메시지는 소규모 모임에 있는 사람들에게 꼭 맞는 메시지를 보낼 수 있다는 장점이 있다.
- 홍보 : PR(Public Relationship)이라고도 하며 개인이나 단체에 대한 긍정적인 이미지를 만들고자 할 때 사용된다. 예를 들면 대한 영양사협회에서 매년 벌이는 건강주간 행사가 이에 속한다. 홍보 자료로 활용할 수 있는 것으로는 신문이나 뉴스레터 기사, 라디오나 텔레비젼 대담, 전시, 포스터, 시청각 자료, 감사의 글, 인터넷 웹싸이트 등 다양하다.

공익광고협의회 광고문으로 만들어서 홍보를 할 수도 있다. 정부나 지방자치단체에서 수행하는 프로그램이나 활동을 홍보하는 30-60초 정도의 짧은 메시지들이 이에 속하는데 다음과 같은 지침을 따르면 효과적인 공익광고문을 만들 수 있다.

- 전문적인 수준의 공익광고 안내문를 제작한다. 전문적으로 제작된 공익광고 한 개가 질이 떨어지는 여러 개의 공익광보보다 훨씬 낫다.
- 청중을 개입시키는 안내문을 만든다. 청중에게는 사실을 있는 그대로 말하는 것보다 음향효과, 질문, 반복, 유머 등을 이용하면 훨씬 효과가 있다.
- 공익광고 주제만 팔지 말고 제공하는 서비스를 판매한다. 브로셔, 수신자부담 정보전화, 검진 서비스를 제공한다.
- 반응을 단순화시킨다. 장거리 전화보다는 쉽게 접근할 수 있는 시내 전화

번호를 남겨서 소비자들이 쉽게 전화로 반응을 할 수 있게 한다. 우편으로 응답을 받는 경우에는 길이가 긴 주소보다는 외우기 쉽고 쓰기 쉬운 간단한 우편사서함 번호를 준다.

· 텔레비젼과 라디오 방송 PD들과 좋은 관계를 유지한다.

이밖에도 촉진에 이용될 수 있는 도구로는 우편과 구전을 들 수 있다. 표적 그룹이나 특정 지역에 브로셔, 뉴스레터, 소식지 등을 우편으로 보낼 수도 있고 또는 동료나 다른 사람들을 통해 구전으로 서비스를 소개할 수도 있다.

(5) 점검과 평가

마케팅 프로그램의 종류에 상관없이 평가는 성공의 열쇠가 된다. 사업의 규모, 순이익, 의뢰원, 고객 만족도 등에 나타나는 변화를 추적하는 방법에는 여러 가지가 있다. 이 단계에서는 목표를 달성하고 있는지, 서비스로 인해 누가 이득을 취하고 있는지, 지식·태도·습관에 어떤 변화가 일어났는지, 앞으로 무엇을 해야 서비스를 더 효과적으로 만들 수 있는지 물어야 한다.

상황분석을 철저히 하고 표적 청중을 위한 마케팅 믹스를 잘 구성하여 마케팅 계획을 짰다면 남은 일은 그야말로 주기적으로 평가하는 일 뿐일 것이다. 상황은 항상 변하게 마련이고 마케팅이란 끊임없이 지속되는 과정이므로 목표를 재평가하는 일을 계속해야 한다.

레빈슨(J. C. Levinson)은 마케팅 계획에 의해 긍정적인 결과가 나오면 사람들이 계획을 무시해버리는 과오를 흔히 범하게 되는 데에 대해 경고하면서 아래와 같이 잊어서는 안 되는 10가지 사실에 대해 말하고 있다.

· 시장은 항상 변한다.
· 사람들은 쉽게 잊어버린다.
· 경쟁업체는 결코 경쟁을 중단하는 법이 없다.
· 마케팅이 우리의 정체성을 강화시킨다.
· 마케팅은 생존과 성장에 필수적이다.
· 마케팅은 옛날 고객을 놓치지 않게 해준다.
· 마케팅은 의욕과 사기를 유지시킨다.
· 마케팅을 하면 마케팅을 중단한 경쟁업체보다 우리에게 더 많은 이득을 가져다준다.
· 마케팅은 사업이 계속 굴러가도록 해준다.
· 이미 투자해 놓은 돈을 손해볼 수는 없다.

(6) 사회 마케팅

사회 마케팅에서는 인구집단이 사회적 아이디어를 수용하도록 영향력을 미치려는 총체적인 노력을 기울인다. 사회적 마케팅의 목적은 인구 집단의 행동을 변화시키는데 있다. 저염식사, 골다공증 예방, 고혈압 검진 등의 건강 아이디어도 칼슘강화 오렌지쥬스나 국회의원선거의 입후보인들처럼 팔릴 수 있는 것이다.

사회 마케팅의 예를 들면 TV나 인쇄 매체를 통해 이루어지는 금연, 고혈압, 안전벨트사용, 사춘기 임신, 음주 운전, 마약남용, 안전 성생활, 자살 등에 관한 행동 변화를 초래할 목적으로 사용되는 공익 광고가 있다. 마케팅이 본래 표적 소비자의 필요나 요구를 만족시키고자 하는 것에 반해 사회 마케팅은 표적 소비자의 태도나 행동의 변화에 목표를 두고 있다. 이를 위해서 건강 아이디어의 판매자는 4가지 유형의 행동 변화를 알아야 한다.

- 인지 변화(Cognitive change) : 지식을 변화시키는 일은 가장 판매하기 쉽기는 하나, 아는 것과 행동하는 것 사이에는 큰 격차가 있다는 어려움이 있다. 식품의 에너지 함량이나 지방 함량에 대한 지식을 알게되는 것이 인지 변화에 속한다.
- 활동 변화(Action change): 인지 변화보다 한 단계 더 어려운 수준의 변화로 사람들은 변화해야 하는 이유를 이해하고 시간, 돈, 에너지 등 대가를 치루고 변해야 하는 유형의 변화이다. 고혈압, 고지혈증, 유방암 검진에 응하는 것이 활동 변화의 예가 된다.
- 행동 변화 (Behavior change) : 인지변화나 활동변화보다 한 단계 더 어려운 수준의 변화로 활동변화에 비해 개인이 치러야 할 시간, 에너지, 경비가 훨씬 크다. 예를 들면, 저지방·저콜레스테롤 식이요법을 실시하는 일이나 규칙적인 운동을 하는 등의 변화가 행동 변화에 속한다.
- 가치 변화 (Value change): 4가지 유형의 변화 중 달성하기에 가장 어려운 변화이며 이에 대한 예를 들면 자녀수를 줄이고 산아제한을 통해 인구수를 통제하려는 전략을 취하는 변화가 가치 변화에 해당된다.

사회 마케팅은 단순한 홍보의 차원을 벗어나 표적집단의 태도나 지식 뿐 아니라 행위 변화를 가져오게 한다. 사회 마케팅은 여러 가지 사회 문제에 적용될 수 있는데 특히 다음과 같은 세 가지 상황에 매우 유용하다.

① 사람들의 삶을 향상시킬 수 있는 새로운 연구 결과가 발표되었을 때
② 흡연이나 음주와 같은 건강위해 행동을 금하도록 독려할 필요가 있을 때
③ 체중감량이나 운동에 대해 사람들이 가지고 있는 의도를 행동으로 옮기도록 동기유발 시킬 필요가 있을 때

3. 의사소통 기술

1) 의사소통의 정의

지역사회 영양사가 하는 일 중 가장 큰 비중을 차지하는 것이 바로 의사소통일 것이다. 즉 환자 한 사람을 상대로 영양상담을 하건 텔레비젼 방송의 대담 프로그램에 출연하여 전 국민을 대상으로 영양교육을 하건 의사소통 기술은 지역사회 영양사가 갖추고 있어야 할 아주 중요한 기술이다. 지역사회 영양사의 업무 중에 사용되는 의사소통의 형태로는 알리고, 이해시키고, 조언하고, 듣고 상담에 응하는 등 그 종류가 다양할 수 있다. 때, 장소, 상황, 대상자에 따라서 적절한 의사소통 방법을 선택하여 사용할 수 있는 기술을 습득하도록 훈련과 교육이 필요하다.

의사소통이란 가장 단순하게는 개인간에 정보를 교환하는 과정이며 보다 복잡하게는 윗 사람과 아랫 사람 사이, 동료 사이, 부서 사이, 한 조직과 외부의 다른 조직과의 사이 등에 있어서의 정보 교환을 의미한다. 자신의 의견을 상대방에게 보다 정확하게 전달하는 기술을 습득하면 효과적으로 의사소통을 할 수 있다.

2) 의사소통 과정의 구성요소

사람들은 상대방과 지식, 생각, 태도 등을 공유하려는 목적으로 의사소통을 한다. Lasswell은 처음으로 아래 그림과 같이 의사소통의 모형을 제시하였다.

누가(Who) → 무엇을(Message) → 어떤 통로를 거쳐서(Channel) →
누구에게(Receiver) → 어떤 효과를 거두었는가(Feedback)

Myers는 의사소통의 의미를 다음과 같이 정의하고 있다.

① 개인의 인간성을 발전시키고, 다른 사람과의 관계를 발전시키는 매개체이다.
② 자극과 반응, 수신자와 송신자, 메시지, 기호화 과정, 기호 해독 과정, 피드백, 자각, 자기표면화 등으로 구성된 인간관계의 매개체이다.
③ 지식, 태도, 생각, 느낌 등을 전달하는 매개체이다.

의사소통 과정은 다음과 같은 7가지 요소로 구성되어 있다.
① 출처(Source): 정보가 시작되는 점을 출처라고 한다. 원천은 전달해야 하는 정보를 고르고, 메시지의 형태를 선택하여, 메시지를 전달하고, 상대방의 피드백에 대하여 응한다.
② 메시지(Message): 상대방을 이해시킬 수 있는 형태의 생각이나 정보를 말한다. 말 뿐 아니라 몸짓, 억양 등 비언어적 메세지도 모두 포함된다.
③ 채널(Channel): 원천에서부터 수용자에게로 메시지가 전달되는 통로를 채널이라고 한다. 정보 감지 능력은 시각, 청각, 미각, 촉각, 후각 등 우리가 가지고 있는 모든 감각 기관을 통해 발휘된다.
④ 수용자(Receiver): 메시지를 전달받는 개인이나 집단을 의미한다. 수용자의 역할은 메시지를 받아들여서, 그 메시지에 의미를 부여하고, 해석하고 분석한 후, 응답하는 일이다.
⑤ 피드백(Feedback): 수용자가 메시지에 대한 응답을 원천에다 보내는 일을 피드백이라 한다. 제공자는 피드백을 통해 수용자에게 자기가 의도한 대로 메시지가 전달되었는지 여부를 확인할 수 있다.
⑥ 환경(Environment): 의사소통이 이루어질 때의 여러 가지 상황을 의미한다. 물리적 환경, 역사적 요인, 문화적 관점, 기타 태도, 분위기 등이 메시지 전달과 수용과정에 크게 영향을 미칠 수 있다.
⑦ 장애(Noise): 메시지가 의도했던 대로 전달되지 않게 방해하는 모든 것을 통틀어 장애라고 한다. 여기에는 시각적, 청각적, 또는 내재적 요인들이 있으며 쉽게 알 수 있는 장애도 있으나 경우에 따라서는 드러나지 않는 장애도 있다. 예를 들면 송신자의 음성이 좋지 않거나, 알아 볼 수 없는 글씨로 씌여 있거나 메시지 전달에 사용되는 어휘가 수신자의 수준에 맞지 않는 것이라면 이것도 장애로 작용한다.

3) 친밀한 대인관계 형성

친구든 업무상 맺어진 사이든 간에 상대방과 친밀한 대인 관계를 형성하는 일은 업무 활동 이상으로 중요하다. 지역사회 영양사는 다양한 종류의 사람들과 좋은 대인 관계를 형성해야 한다. 친밀한 대인관계는 교수, 면접, 상담, 자문 등 모든 교육 과정을 통틀어 가장 중요하고 필요한 부분이다.

4) 면접 기술

지역사회 영양사는 대화를 통하여 문제 해결에 필요한 정보를 수집하여 해결책을 모색한다. 지역사회 영양사가 접하게되는 면접 대상자는 일반 손님, 마을 지도자, 기업이나 단체, 정부 조직의 대변자들이다. 면접자인 지역사회 영양사와 피면접자와의 공통 관심사에 관하여 일정한 목적을 달성하고자 계획된 대화를 나누는 것이다.

지역사회 영양사가 면접을 통해 얻고자 하는 정보로는 그 대상에 따라 달라지는데 개인이나 가족의 경우 식품 섭취실태, 식품구매, 조리 등 개인의 식생활 관련 사항이며, 어떤 단체 임원의 경우 그 단체가 실시하는 영양교육 프로그램, 정부 조직의 경우 식량영양정책 등이 있다. 또한 영양개선 프로그램을 운영할 사람을 채용하거나, 전문가의 자문을 구하거나, 조직의 윗사람에게 지역사회 영양활동에 관한 견해를 물어볼 때, 아랫사람에게 활동에 관한 보고를 받을 때도 면접 기술이 이용된다.

면접은 목적에 따라 그 내용이 결정되며, 한 가지 주제에 대하여 확실한 방향으로 진행된다. 면접의 목적은 정보를 얻거나, 계획을 세우거나, 분쟁이나 불화를 해결하거나, 어떤 문제를 해결하거나 어떤 목표를 달성하거나 등 다양할 수 있다. 면접의 진행과정을 의도적으로 계획하고 구성해야 소기의 목적을 달성시킬 수 있다.

일반적으로 질문은 면접자가, 응답은 피면접자가 하게 되는데 시간에 제한이 있기 마련이므로 면접자는 질문을 미리 계획해야 한다. 면접 시간은 대부분 피면접자가 가지고 있는 의구심과 불안감을 떨어내는 일과, 그들로 하여금 의문사항과 문제점을 털어 놓도록 부추기는데 할애된다. 면접자는 전문인으로서의 자신만 조금 드러내고, 되도록 피면접자를 많이 드러내도록 면접을 이끌어가야 하며 면접의 성공여부에 대한 책임은 전적으로 면접자에게 있다.

면접은 다음과 같은 단계를 거쳐서 실시될 때에 크게 효과를 볼 수 있다.

① 면접자는 자신을 소개하고 피면접자와 친밀한 유대감을 형성한다.

② 면접하는 목적을 피면접자에게 설명한다.

③ 면접에 관련된 적절한 질문을 한다. 예를 들면 어떤 영양개선 프로그램에 관하여 정보를 얻고자 하는 경우 어떤 영양활동을 하는지, 누가 수행하는지, 활동의 목적과 가치가 무엇인지 묻는다.

④ 피면접자의 얼굴 표정, 몸짓, 반응 등을 관찰하거나 다시 반복하여 말하고 확인하면서 피면접자가 질문의 내용을 잘 이해하고 응답하는지를 수시로 점검한다.

⑤ 면접을 통하여 얻어낸 정보를 정리 요약한다.

5) 상담 기술

상담은 도움이 필요한 사람을 다른 사람이 도와주어 그 결과 도움을 받은 사람이 성장하고 발달하게 되는 상호작용의 인간관계이다. 지역사회 영양사가 행하는 상담은 피상담자의 식품 섭취패턴이 변화되도록 전문적으로 도와주고 지도하여 그 결과 건강상태를 증진시키는 것이다. 상담은 면접과 마찬가지로 대화를 통하여 이루어지며, 상담자의 목적에 따라 계획, 구성, 진행된다.

영양 상담의 목적은 식습관을 변화시키는데 있다. 예를 들면 비타민 A 결핍이 있는 마을 주민에게는 비타민 A가 풍부한 식품을 선택하도록 유도하고, 식이 섬유소가 부족한 사람들에는 도정하지 않은 식품의 섭취를 권장하여 섬유소 섭취량을 증가시키는 등 필요한 모든 내용을 제공하여 건강을 위하여 식습관을 바꾸게 하는 것이다. 상담시에는 피상담자 뿐만 아니라 식사 준비를 담당하는 가족원들이 같이 참여하면 큰 도움이 된다.

영양상담은 식품 섭취 기록을 검토하면서 시작되며, 권장사항에 따라서 식습관을 바꿀 때까지 또는 식습관을 바꾸는 것이 어렵다고 판단될 때까지 지속된다. 혹시 당장 식습관을 바꾸기 어려운 것으로 판단되는 경우, 다음 기회를 보아서 재시도하는 것이 좋다.

영양상담을 실시할 때는 다음과 같은 단계를 거치는 것이 효과적이다.

① 면접을 통해 얻은 피상담자의 식품섭취 기록표를 평가한다.

② 피상담자의 가족 모두가 기본적으로 같은 식품을 사용할 수 있는 점을

주지시킨다. 피상담자가 이미 지니고 있는 좋은 식습관을 찾아내어 계속 실천하도록 북돋아 준다.

③ 피상담자의 잘못된 식습관을 찾아내어 피상담자의 현재 생활패턴, 경제력 등에 꼭 들어맞는 시정 방법을 구체적으로 가르쳐 준다.

④ 피상담자가 기록한 식품섭취 기록표에 한 두 가지 바꾸어야 할 사항을 주지시키고 추후 방문시 그 경과를 점검한다.

6) 그룹 상담

그룹 상담은 개인 상담과 대규모 강의의 중간 쯤에 위치한다고 볼 수 있다. 비만한 십대 여학생, 임신부, 노인 등 요구 사항이 같은 사람들 3-5명 정도의 규모로 구성된 그룹상담이 효과적이다. 그룹 상담을 개인 상담에 비해 그룹 구성들끼리 서로 배울 수 있고 공동의 의견을 모아 행동에 옮길 수 있는 이점이 있다.

그룹 상담은 개인 상담에서와 마찬가지 과정을 거친다. 그룹 구성원과 지도자들이 서로 잘 알아서 친밀한 유대감이 형성되어야 한다. 그 다음 식품섭취 기록표를 통해 문제점을 파악한다. 식생활 향상을 위해 변경시켜야 할 내용을 그룹이 함께 토론을 거쳐서 결정한다. 이 때 구성원들 각자가 가지고 있는 유사한 문제점과 경험담을 이야기하도록 부추기는 것이 중요하다.

7) 지역사회 영양업무에 필요한 기술

표 7-3 지역 사회 영양업무에 필요한 기술

〈영양교육 기술〉
- 식품 섭취 기록표 얻는 기술
- 개인이나 식품섭취 기록표, 식사 계획, 식품 패턴 평가, 필요에 따라 조정하는 기술
- 일상식에 관한 상담 기술
- 치료 식이에 관한 상담 기술
- 가정 관리 상담 기술
- 집단 교육 기술
- 영양교육 인쇄자료 검토 평가 기술
- 영양교육 교수 자료 개발 및 제작

〈전문인과 준 전문인 교육 기술〉
- 개인이나 소그룹 자문
- resource 자료 검토, 평가
- 전문인 교육을 위한 교육 자료 개발
- 교수 방법 실연

〈교수 매체 제작 및 활용 기술〉
- 식품 조리 실연 수행
- 식품 가격이나 식습관 조사를 위한 정보 수립
- 가구의 식료품비 계산
- 섭취한 영양소와 식사 패턴 계산
- 식품 성분표 사용
- 여러 가지 다른 문화에 따라 자료와 방법을 조정하는 기술
- 대중 매체, 시청각 매체 사용

〈인체계측 기술〉
- 정확한 체중 측정 기술
- 정확한 신장, 신체둘레, 기타 다른 체위 측정 기술
- 정확하게 기록하는 기술

〈컴퓨터〉

〈영양통계〉

8) 지역사회 주민의 영양에 대한 관심 증진

개인이나 그룹, 특히 지역사회의 지도자 또는 영향력을 행사할 수 있는 사람에게 바람직한 영양섭취로 영양상태를 양호하게 유지하는 것이 지역사회 주민들의 건강과 복지에 매우 중요하다는 점을 인식시키는 일이 필요하다. 이를 위하여 필요한 정보를 모으고, 적절한 통로를 찾아서 그 증거를 확고하게 제시해야 한다.

예를 들면, 어떤 도시의 여학생들이 반 이상 아침을 굶고 등교를 한다는 것을 조사해서 알아냈다. 그 도시에서는 마침 주부 자원봉사자들이 앞으로 해야 할 사업을 찾고 있었고 그 그룹의 지도자는 은퇴는 했지만 아직도 활동력이 왕성하며 과거에 학교 급식 영양사이었다는 사실도 알아냈다. 이 때 지역사회 영양사는 이 그룹의 지도자를 찾아서 아침밥을 꼭 먹자는 캠페인을 벌이도록 권유할 수 있다. 이를 위해 학교의 교장 선생님을 찾아가 이 캠페인의 중요성을 인식시키고 학교 당국의 시설과 예산 상의 협조를 얻어서 필요한 교육자료를 개발 및 제작하고 영양 교육을 실시할 수 있다. 이 결과 교육 실시 1년 후에는 아침을 먹지 않고 등교하는 학생수가 절반으로 줄어들었다는 교사들의 보고를 받을 수 있다.

활동마당

1. 학교 근처에 위치한 보건소에서 이루어지고 있는 영양개선 사업의 종류를 알아본다.

2. 우리 나라에서 수행되었던 영양개선사업의 예를 한 가지 들어서 그 사업의 계획이 어떤 행동 이론들에 의해 뒷받침되어 있는지 분석한다.

3. 인터넷 체중 조절 영양상담 웹싸이트를 열고자 할 때 이 사업에 대한 마케팅 전략을 짜 본다.

7

지역사회 영양프로그램 계획

이화여대 아시아식품영양연구소

제 7 장

지역사회영양 프로그램 계획

지역사회 진단 및 영양상태 평가가 끝났으면 그 결과로부터 얻어지는 영양 문제점을 해결하기 위하여 영양 프로그램을 계획하여야 한다. 즉, 영양프로그램 계획은 그 지역사회의 영양문제를 개선하거나 해결하기 위해 영양 중재 활동을 개발하는 과정이다.

이 장에서는 영양프로그램을 계획하는 과정을 개관해보려고 한다. 먼저 프로그램 개발 시작 요인을 살펴본 후에 영양 프로그램 계획을 7단계로 나누어 각 단계별로 그 구체적인 과정을 살펴보고자 한다.

1. 프로그램 개발 시작 요인

새로운 영양프로그램의 개발은 어떤 요인에 의해서 시작될까? 표 7-1에서와 같은 여러 요인들에 의해 지역사회 영양프로그램은 개발된다. 먼저 지역사회 진단을 해 본 결과 문제점이 나타나면 영양프로그램을 시작할 수 있다. 예를 들어 지역사회 영양판정을 해보면 그 지역의 노인들 중 일부는 지역사회 노인급식 프로그램의 혜택을 받지 못하고 있거나 도심에 사는 대다수의 어린이들이 비타민 A와 C 섭취가 부족한 것이 보이는 경우가 있다. 이런 경우 영양프로그램을 개발할 수 있다. 또는 지역사회 영양에 관한 연구 결과 그 지역사회에 대한 문제점이 제시될 때 영양프로그램이 개발되기도 한다. 미국에서 개발된 많은 영양프로그램들이 학자들의 연구보고서에서 지적된 영양문제를 해결하기 위해 개발되었다는 사실이 좋은 예이다.

국가 기관으로부터의 명령이나 위임으로 영양프로그램이 개발되기도 한다. 잘 알려진 지역사회 지도자나 사회단체 혹은 민간 기구가 새로운 영양프로그램 개발을 시작하도록 요구하기도 하고 영향을 주기도 한다. 또 새로운 영양프로그램을 시작할 수 있는 예산이 마련되어 있으면 프로그램 개발을 시작할 수 있으며, 정부의 정책상 영양프로그램을 시작하기도 한다.

어떤 요인에 의해 시작되었든 지역사회 영양사는 그 지역사회에 아직 해결되지 않은 영양문제나 건강문제가 있다면 영양프로그램의 개발을 고려하여야 한다.

표 7-1 영양프로그램 개발을 시작하게 하는 요인들

- 지역사회 진단결과 문제점이 나타날 때
- 영양 연구 결과 문제점이 제시될 때
- 국가 기관이나 지방자치 단체로부터의 명령이나 위임이 있을 때
- 지역사회 지도자나 사회단체, 민간 기구 등의 요구가 있을 때
- 새로운 영양프로그램을 위한 예산이 생겼을 때
- 정부의 정책상 필요할 때

2. 영양프로그램 계획의 단계

지역사회 영양사는 영양프로그램을 개발하기 전에 개발하고자 하는 모든 영양프로그램이 그 기관의 목적 및 직무 달성과 잘 부합되는지 확인하여야 한다. 잘 부합될 경우는 그 기관 상급자의 협조를 얻기가 쉬우나 잘 부합되지 않을 경우는 새로운 영양프로그램을 위한 여러 가지 인적, 물적 자원이나 시간 등을 동원하기 어렵고 재원도 마련하기 쉽지 않다.

영양프로그램의 계획은 표 7-2에서처럼 7단계로 진행된다. 제1단계는 지역사회 진단 결과로부터 영양문제를 선정하는 단계이다. 제2단계는 영양프로그램의 기대하는 효과를 명시해주는 목적과 목표를 설정하는 단계이다. 제3단계는 목표 집단을 위한 적절한 영양중재 프로그램이나 영양교육 프로그램, 마케팅 등의 계획안을 개발하는 단계이다. 제4단계와 제5단계는 영양프로그램의 운영체계, 관리방식, 예산, 가능한 재원 등에 대한 결정이 이루어지는 단계이며 제6단계는 실제로 영양프로그램이 수행되는 단계이다. 마지막 단계인 제7단계에서는 영양프로그램이 평가되는데 이 평가는 투입/산출 평가, 운영평가 및 효과평가로 나뉘어진다. 평가 결과가 나오게 되면 그 결과를 그 지역사회 지도자, 동료, 또는 지역사회 전체에 알린다.

표 7-2	지역사회 영양프로그램 계획의 단계
제1단계 :	지역사회 진단 결과로부터 영양문제 선정
제2단계 :	영양프로그램 목적 및 목표 설정
제3단계 :	영양프로그램 계획안의 개발
	• 영양중재 프로그램의 고안
	• 영양교육 프로그램의 고안
	• 마케팅 계획안 개발
제4단계 :	관리 방식의 개발
제5단계 :	예산 책정 및 재정 조달 방법 강구
제6단계 :	영양프로그램의 수행
제7단계 :	영양프로그램의 평가

1) 제1단계: 지역사회 진단 결과로부터 영양문제 선정

지역사회 진단 결과를 개관해 보면 목표 집단의 영양문제나 영양요구에 대한 정보를 얻을 수 있으며 이것이 영양프로그램을 시작하게 하는 주요 자극이 된다. 경우에 따라서는 지역사회 진단 결과 이미 있는 영양서비스에 갭(gap)이 있는 것을 발견하게 된다. 이 때는 이 갭을 메우기 위한 새로운 영양프로그램이 개발될 수 있다.

영양프로그램을 계획하는 첫 단계에서는, 다루어야 할 영양문제를 선정하고 그 가능한 원인들을 기술한다. 모든 지역사회 집단에는 여러 영양문제가 있다. 예를 들어 학교 다니는 어린이 집단에는 아동 비만, 성장 부진, 빈혈, 고혈압, 영양 밀도가 낮은 식품의 과다 섭취 등의 문제가 있다. 그러나 이 모든 영양문제들을 하나의 영양프로그램으로 모두 다룰 수는 없다. 따라서 계획의 첫 단계는 우선적으로 해결해야 할 영양문제를 선정하는 일이다. 여러 문제 중 하나를 선정하기 위해서는 다음의 고려 사항을 검토하여 이에 맞는 것부터 선정한다.

· 그 집단의 대다수에 영향을 주고 있는가?
· 그 영양문제가 건강에 영향을 줄만큼 심각하고 중요한가?
· 이 영양문제는 영양프로그램을 통해 변화될 수 있는 것인가?

영양문제가 선정되고 나면 영양문제의 가능한 원인들에 관해 기술해 본다.

그 영양문제가 주로 무엇 때문에 생겼는가? 가난, 식품 선택의 잘못, 좌식 생활 습관, 문화적인 신념 중 어느 것 때문인가? 다른 요인이 있는가? 등의 질문을 해 보면서 원인을 기술한다. 보통 영양문제는 한 가지 요인이 아닌 여러 요인들이 복합적으로 작용하여 생기는 경우가 많다. 이런 경우는 영양문제의 원인들 중 가장 중요한 원인을 골라낸다.

2) 제2단계: 영양프로그램 목적 및 목표 설정

영양프로그램 계획의 다음 과정은 프로그램의 목적과 목표를 설정하는 일이다. 목적(goal)은 추구하는 변화 혹은 성과에 대한 광범위한 기술인데 비해 목표(objectives)는 설정된 기간 내에 이룰 수 있는 좀더 자세하고 계량 가능한 활동들을 말한다.

(1) 목적의 설정

목적은, 영양문제를 해결하기 위해 무엇을 변화시키고 싶은지에 관한 것, 즉 영양문제 자체 변화에 대한 기술을 의미하며 보통 매우 광범위하다. 설정해야 할 목적의 구체적 예를 들면, 어떤 지역 내에 있는 병원의 산전 프로그램에 참여하고 있는 임신부들에게 많이 나타나는 빈혈을 감소시킨다거나 특정 지역의 어린이 급식 프로그램에 소속되어 있는 유치원 학생들의 성장 패턴을 증가시키는 것 등이다.

(2) 목표의 설정

목표는 한 집단 내에서 영양 중재 활동의 결과로써 기대되는 측량할 수 있는 변화를 제시하는 것이다. 따라서 목표에는 누구에게, 언제, 얼마나 많은 특정 요인의 변화가 나타나기를 기대하는지가 구체적으로 기술된다. 즉, 목표를 설정할 때는 목표집단이 어디인지, 목표가 달성되어야 할 시점은 언제인지, 수행될 활동은 무엇이며 성공여부가 어떻게 측량되고 평가될 것인지에 대한 언급이 있어야 한다. 목표에는 다음 세 가지의 형태가 있다.

① 결과 목표

건강이나 영양적 성과에는 측량할 수 있는 변화가 있다. 즉, 엽산이 풍부한 식품 급원에 대한 지식의 증가라든가 혈중 총 콜레스테롤 수준의 감소, 혈청 페리틴 수준의 증가, 기능적인 지표의 변화 등이다. 성과 목표는 "2000년까지 2세 이하 저소득층 어린이의 철 결핍증을 10% 미만으로 감소시킨다" 등과 같이 아주 구체적으로 기술되어야 한다.

지역사회의 영양프로그램을 위한 성과목표는 흔히 두 가지의 수준으로 작성된다(그림 7-1). 첫 번째 목표는 한 두 개의 영양문제 원인을 변화시킴으로써 궁극적으로 영양문제를 개선시킬 수 있는 보다 가까운 목표를 말하며 여기서는 영양문제 원인변화에 관한 목표가 작성된다. 두 번째 목표는 영양프로그램으로 인해 영양문제 자체를 개선시킬 수 있는 목표를 말하며 영양문제 변화에 관한 목표가 작성된다. 첫 번째 목표가 영양프로그램에 의해 먼저 달성되

그림 7-1 지역사회 영양프로그램을 위한 두 가지 수준의 성과목표

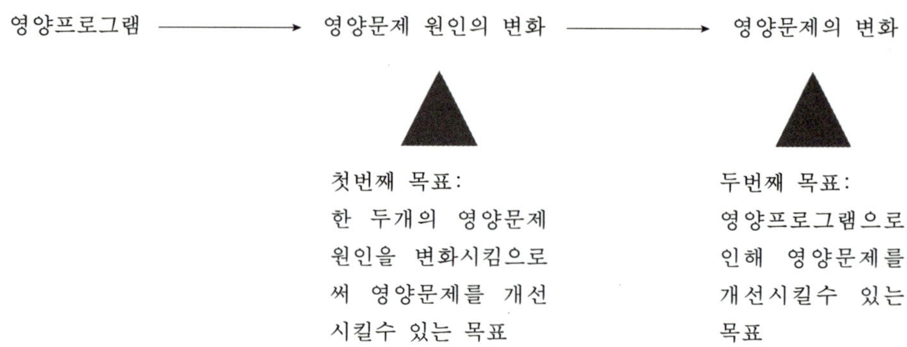

면 두 번째 목표 달성이 가능해진다.

예를 들어 설명해 보자. 어떤 지역사회 영양사는, 한참 성장해야 할 그 지역의 중학교 2학년과 3학년 학생들이 체중 조절을 위해 몇 년 동안 부적절한 열량 제한 다이어트를 실시함으로써 그들에게 "체중 감소"가 나타나는 것을 발견하였다. 지역사회 영양사는 "적절한 체중 조절에 관한 지식의 부족"으로 인해 이런 영양문제가 생겼다고 보고, 체중조절에 관한 지식을 증가시키는 적절한 영양프로그램이 필요하다고 판단하였다. 이 영양사는 이 영양프로그램이 영양문제 감소와 부적절한 체중 감소에 영향을 줄 것을 기대하였다. 영양사는 이 영양문제에 대한 두 개의 구체적인 목표를 아래와 같이 기술하였다.

- 중학교 2학년과 3학년 여학생들의 체중 조절에 관한 지식을 1년 내에 50% 정도 증가시킨다.
- 중학교 2학년과 3학년 여학생 중 열량 섭취 부족으로 인해 체중이 2.5kg 이상 감소한 학생 수를 1년 내에 전 학년도에 비해 25% 감소시킨다.

이중 첫 번째 목표는 "영양문제의 원인(적절한 체중조절 방법에 관한 지식

이 빈약함)"에 관한 목표이고, 두 번째 목표는 "영양문제(성장기에 있어서의 부적절한 체중 감소)"에 관한 목표이다. 각 목표에는 기대하는 특정 변화가 있다. 즉 변화의 폭은 50%~25%이고, 변화의 대상자는 중학교 2, 3학년이며, 변화시기는 1년 이내, 그 학년도가 끝나기 전까지이다. 이외에도 비교적 큰 영양프로그램에는 부가적인 목표들을 설정하기도 한다.

② 과정 목표

영양프로그램을 수행하는데 있어서 지역사회 영양사 및 다른 보건 팀에 의해 수행되는 측량 가능한 활동들이 있으며 이를 과정목표라 한다. 과정목표의 예는 다음과 같다. "각 지역사회 영양사는 3개월 짜리 영양프로그램 중에서 일주일에 두 시간 이상 영양에 대한 강의를 수행한다"

③ 구조 목표

예산, 인적 자원, 운영 체계 및 관리, 기관이 가지고 있는 자원의 활용, 프로그램의 협조 등과 관련하여 측량 가능한 활동들을 구조목표라 하며 그 예는 다음과 같다. "각 지역사회 영양사는 영양프로그램을 수행하는 것과 관련하여 매달 마지막 날에 다음 12달에 해당하는 항목별 비용계획을 제출하여야 한다"

3) 제3단계: 영양프로그램 계획안의 개발

설정된 목적과 목표를 사용하여 지역사회 영양사는 영양프로그램 계획안을 개발한다. 개발된 여러 가지 지역사회 영양프로그램 중에서 하나를 선택할 때는 그 지역사회의 영양문제의 원인들 중 한두 가지 중요한 원인을 변화시킴으로써 그 영양문제를 해결할 수 있는 것으로 골라 시도한다. 예를 들어 그림 7-2에서 보는 바와 같이 어떤 영양문제의 원인이 세개 있다고 가정해 보자. 이 때 영양프로그램은 이 중 하나의 원인(그림 7-2에서는 "원인 C")을 변화시

그림 7-2 영양프로그램은 영양문제의 원인중 하나를 변화시킴으로써 영양문제를 개선시킬 수 있다.

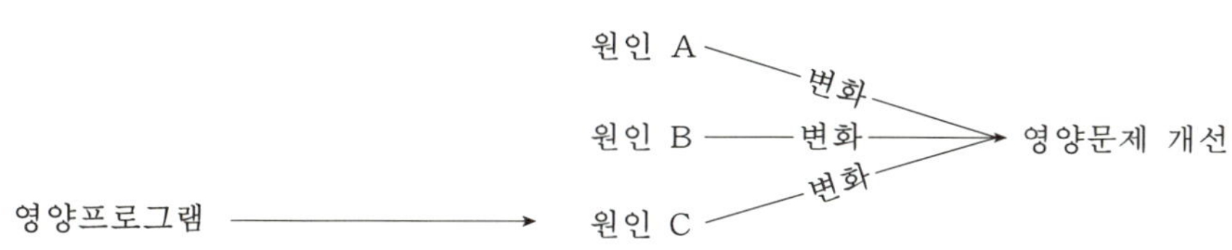

킴으로써 영양문제를 해결할 수 있도록 계획되어야 한다.

영양문제를 해결할 수 있는 영양프로그램은 여러 가지가 있다. 예를 들어 식품 선택을 잘못하여 야기된 철 결핍성 빈혈을 완화시키기 위해서는 철 강화 식품을 분배한다든지, 교실에서의 영양 교육을 실시한다든지, 혹은 대중 매체를 통해 올바른 영양 정보를 알리는 방법 등 여러 가지 영양프로그램이 가능하다. 그러나 이중 어느 것이 그 집단을 위해 가장 적합한 것인지를 생각해 볼 필요가 있다. 이 때는 어떤 영양프로그램이 다음의 질문을 만족시키는가를 검토하여 가장 적합한 영양프로그램을 선택한다.

· 영양문제의 원인 중 한 두 개의 원인을 변화시키는 것이 가능한가?
· 이 영양프로그램은 그 집단의 생활 방식이나 주민의 요구와 상치되지 않는가?
· 그 영양프로그램을 수행하는데 필요한 정보들은 충분히 있는가?
· 지원 기관의 목적과는 잘 맞는가?

영양프로그램 계획안은 영양프로그램에 사용될 방법과 활동 설명, 영양교육 부분, 그리고 마케팅 계획에 관한 내용으로 구성된다. 그 외에도 시간, 인원, 비용 등에 대한 계획을 세워야 한다. 즉, 영양프로그램 수혜자의 수, 프로그램을 수행하기 위해 필요한 인원, 장비, 물적 자원 및 교재, 사무실 및 교육받을 수 있는 강의실, 프로그램 수행 전에 필요한 직원의 훈련 수준, 필요한 경비 등이 포함된다. 좋은 영양프로그램이 되기 위해서는 실제로 수행되기 전에 여러 측면에서 미리 철저하게 조사하고 검토하는 것이 중요하다. 지역사회 영양사는 다음 질문들에 답해보면서 영양프로그램을 계획한다.

· 이 프로그램 수혜자의 자격을 어떻게 제한할 것인가?
· 이 프로그램을 수행하는데 고려해야 하는 법령에는 무엇이 있는가?
· 중요한 영양 메시지를 전달하기 위해서 어떤 영양교육 매체나 자료가 필요한가?
· 영양프로그램 수행 후, 추적 관찰(follow-up)을 위해서는 어떤 준비가 필요한가?
· 이 프로그램을 수행하고 그 효과를 알아보는 최종 책임자는 누구인가?
· 이 프로그램 수행에 필요한 경비는 얼마나 되는가?

영양프로그램 계획안은 현재 존재하는 영양프로그램을 검토하고, 이미 다른 비슷한 집단에서 비슷한 프로그램을 수행해 본 경험이 있는 다른 영양사나 건강전문가들, 또는 직접 목표집단의 구성원들과 이야기를 나누어 본 후에 개발하는 것이 좋다. 또 전문적인 문헌을 읽거나 다른 지역사회 영양프로그램 성공사례에 대한 방법과 활동에 대한 정보도 도움이 된다. 다른 경험자들이나 동료 영양사들과의 정보교환은 인터넷이나 전자메일을 통해서 가능하다.

영양프로그램을 위한 마케팅 계획도 이 단계에서 개발될 수 있다. 흔히 전문적인 마케팅 담당자들은 새 상품이나 서비스에 대해 네 가지 기본 관점을 가져야 한다고 강조한다. 이는 "4 P"로 나타내는데 "4 P"란 상품(product), 가격 혹은 비용(price), 장소(place), 판촉(promotion)을 말한다. 이 마케팅의 개념을 영양프로그램에도 도입시킬 수 있다. 상품(영양프로그램)은 그 집단의 요구와 맞아야 하고 동원 가능한 시간, 예산, 자원 내에서 추진되어야 한다. 비용은 재화 비용과 사회적인 비용이 모두 제공 가능해야 한다. 장소는 쉽게 접근할 수 있는 장소여야 하고, 판촉에 해당되는 것들로는 광고, 선전, 선물주기, 보상물 제공, 사회적인 행사의 후원 등을 들 수 있다. 마케팅에 관한 자세한 내용은 뒤에서 다시 다루도록 한다.

4) 제4단계: 관리 방식의 개발

영양프로그램을 효율적으로 수행하기 위해서는 투입되는 인적자원 관리 및 자료 관리가 중요하다. 인적 자원이란 프로그램을 개발하는 것을 전담하고 그 프로그램이 목표를 달성하는지를 결정하는 사람을 말한다. 자료관리란 영양프로그램 수혜자, 그들의 프로그램 이용방법 및 횟수, 측량 가능한 성과 등이 기록되고 분석되어 자료화되어야 함을 의미한다.

영양프로그램을 계획하는데 있어서 중요한 부분은 그 프로그램의 관리비용을 계산하는 것이다. 직원들의 봉급이나 프로그램 수행을 위해 고용한 임시직원의 인건비, 필요한 매체나 자료 비용, 출장 경비, 필요한 장비 구입비 등의 직접적인 비용 뿐 아니라 사무실 임대료 및 유지비, 시설비 등 간접 경비까지도 영양프로그램의 경비로 계산하여야 한다.

5) 제5단계: 재정 조달 방법 강구

지역사회 영양사는 종종 영양프로그램을 수행해 나가는데 필요한 재원을 확보하는데 어려움을 겪는다. 그 기관에서 책정한 예산으로는 영양프로그램을 수행하기 위해 필요한 영양교육 매체를 마련하고, 관련 행사나 캠페인을 주관하고 사전조사를 하는 비용까지 사용하기에 부족한 경우가 많다. 지역사회 영양사는 영양프로그램의 각 요소들(예를 들면 교육매체 및 자료, 마케팅 캠페인 등)을 점검해보고 이 경비를 외부에서 마련할 수 있는지 검토해 본다. 외부에서의 기금이나 기부금 등은 어떻게 얻을 수 있는지 조사해 보고 이를 위한 영양프로그램 비용 기금을 위한 제안서를 잘 마련하여 관련 기관에 제출한다. 이 제안서에는 재정 지원을 요청하는 목적이 분명히 언급되어 있어야 하고 특별한 용도에 쓴다는 것이 명시되어야 하며, 이 기금이 어떻게 사용되어 그 영양프로그램의 효율성을 어떻게 제고할 수 있는지에 대하여 명확하게 언급되어 있어야 한다.

6) 제6단계: 프로그램의 수행

이 단계는 프로그램 계획과정 중에서 가장 활동적인 단계이다. 이 단계에 이르면 이미 프로그램이 최종 확정되었고 필요한 교육자료가 다 준비되었으며 마케팅 계획도 마련되었고 필요한 직원들에 대한 훈련도 종료되었다. 즉 처음에 계획한 목적과 목표를 달성하기 위해 영양프로그램을 작동하기만 하는 단계이다. 영양프로그램의 수행은 일종의 도전이라고 볼 수 있으므로, 수행하는 과정에서 어쩔 수 없이 사소한 돌발사건 들이 생길 수 있다는 것을 예상하여야 한다. 즉, 프로그램을 전달하는 도중에 대상자와의 문화적인 장벽을 느낄 수도 있고, 예기치 못한 사건에 당황할 수도 있다. 영양프로그램을 성공적으로 수행하기 위해 중요한 것은 프로그램이 진행되는 동안 전반적으로 관찰하면서 이 프로그램이 대상자에게 더 효과적으로 전달될 수 있는 방법들을 계속 생각하는 길일 것이다.

이 단계는 계획을 실제 활동으로 옮기어 잘 진행이 되도록 관리하는 단계라고 볼 수 있으며 이 단계에서 고려해야 할 점은 다음과 같다.

(1) 융통성

계획에 따라 그대로 진행되는 영양프로그램이 많지 않으므로 때에 따라 융통성을 발휘하여야 하는 일이 생길 수 있다. 또 집단의 요구가 영양프로그램 기간 중 변할 수 있으므로 융통성을 살리는 일이 중요하다. 경우에 따라 비교적 많이 바꿀 수도 있고, 또 조금 변경할 수도 있다. 지역사회 영양사는 항상 융통성을 가지고 그 지역사회나 집단에 맞도록 영양프로그램을 잘 진행해 나가야 한다.

(2) 성공적인 관리

영양프로그램을 성공적으로 실행해 나가기 위해서는 인적 자원, 예산, 평가 자료 수집 등을 조직적으로, 또 숙련되게 조정하고 관리하는 일이 매우 중요하다. 그러므로 수행 단계에서 지역사회영양사는 그 지역사회에 서비스를 제공하는 것 뿐 아니라 많은 서류 작업도 병행해나가야 한다.

7) 제7단계: 영양프로그램의 평가

평가란 영양 프로그램의 계획, 모니터링, 효과, 그리고 효율성 등 각 단계의 개선을 위해 과학적인 방법을 이용하여 판단하는 것을 의미한다. 프로그램을 평가하는 목적은 자원을 재분배한다거나, 프로그램의 전달을 다른 방법으로 해 본다거나 혹은 프로그램의 계속 진행 여부를 결정하기 위한 정보 수집이다. 여기서는 평가가 왜 필요한지, 평가의 방법, 그리고 평가 결과는 어떻게 활용할 수 있는지에 대해 알아보기로 한다.

(1) 평가의 필요성

프로그램 평가의 목적은 운영자로 하여금 이 프로그램을 단기로 진행시킬 것인가 아니면 장기로 진행시킬 것인가를 결정하도록 돕는데 있다. 또 영양프로그램의 성공과 실패에 관해 지역사회 구성원들에게 알려주기 위해서도 평가는 필요하다. 만약 한 지역사회에서 영양프로그램이 성공한다면 다른 지역의 영양사들이 어떻게 하여 성공하였는지를 배우고 싶어할 것이다. 마찬가지로 한 지역사회 영양프로그램이 실패하였을 때, 왜 실패하였는지, 무엇이 실패요인이었는지를 분석한다면, 미래 영양프로그램을 수행할 때 그 요인을 피할 수 있을 것이다.

프로그램 평가를 위해 지역사회 영양사는 처음의 목적과 비교해 볼 때 얼마나 달성이 되었는지, 또 이 목적들은 여전히 적절한지 등을 결정하여야 한다. 평가는 또 행정적인 목적으로 수행될 수도 있다. 즉, 프로그램의 내용이 변화하였는지를 알아내기 위해, 영양프로그램을 더 향상시키는 방법을 찾기 위해, 프로그램 내용의 약점을 알아내기 위해, 재원 조달 기관이나 행정책임자의 요구를 만족시키기 위해, 프로그램의 자원들(장비, 인적자원, 시설 등)이 적절하게 사용되었는지를 알기위해, 그리고 비용-효율적인 면을 평가하기 위한 목적으로 수행된다. 평가는 영양 혹은 공중보건 문제에 대한 혁신적인 접근방법을 알아보기 위해 수행되기도 하고, 정책이나 다른 프로그램 계획에 사용하기 위해 수행되기도 하며, 한 영양프로그램을 계속적으로 지원해 주기 위해서도 수행된다. 요약하면, 평가는 최초의 목적이 달성되었는지, 혹은 우선 순위를 바꿀 필요가 있는지를 알아보기 위해 수행된다. 평가 결과 수행된 프로그램이 목적을 달성시키지 못하였다면 과연 이 프로그램이 수행될 가치가 있는지 혹은 이 목적을 다른 방법으로 달성하는 방법이 있는지 등을 고려해야할 필요가 있다.

(2) 평가 방법

영양프로그램의 평가는 프로그램의 고안에서부터 수행까지의 전 과정에 걸쳐 이루어지며 평가의 방법은 주관기관에 따라 다양한 방법이 사용된다. 영양프로그램의 효과를 평가하기 위해 여러 정보를 수집할 필요가 있다. 정보의 종류, 형태, 어떻게 이들을 수집할 것인가 등은 영양프로그램이 수행되기 전에 미리 계획되어야 한다. 영양 프로그램이 진행되는 도중 평가 자료를 수집하여 분석해 보아 무슨 문제가 나타나면 프로그램을 수정할 수 있다. 따라서 영양프로그램이 진행되는 동안에도 평가를 위한 자료는 주기적으로 수집, 분석, 요약되어야 한다.

또 영양프로그램의 끝에 영양프로그램의 전체적인 결과를 나타낼 수 있도록 수집된 평가 자료가 요약되어야 한다. 평가 자료 및 정보를 수집하고 분석한 후, 다음의 세 가지 요인으로 나누어 평가한다.

① 영양프로그램의 투입과 산출 평가

이것은 영양프로그램에 투입되고 또 그로부터 얻어진 여러 자원들에 대한 평가를 말한다. 즉, 여러 형태의 자원과 종사자들의 활동은 영양프로그램의 목표를 이루기에 충분했는지를 알아본다. 예를 들면, 시간, 인적자원, 비용, 물품 등이며 경우에 따라 이들은 숫자로 나타낼 수 있다. 즉, 몇 명이 몇 시간 일하였는지, 고객은 몇 명인지, 나누어 준 책자는 몇 권인지, 들어간 비용, 팔린 책, 자원 봉사자의 봉사시간 등등이다. 그 프로그램을 수행하는데 비용은 얼마나 들었는가? 프로그램의 효과와 혜택을 고려해볼 때, 비용은 어느 정도인가? 등도 평가한다.

② 영양프로그램 운영 평가

영양프로그램이 계획한 대로 매끄럽게 잘 운영되는지, 영양교육과 마케팅에 필요한 자료 및 프로그램의 효율성은 어떤지에 대한 평가를 말하는 것으로 이런 정보는 보통 관찰, 참여관찰, 면담, 단순 조사 등에 의해 질적으로 수집

될 수 있다. 영양프로그램은 목표 집단에게까지 잘 도달하여 필요한 영양 서비스를 효과적으로 전달하였는가? 만약 그렇지 않았다면 그 이유를 알아본다. 이 운영평가에는 영양프로그램에 대한 수혜자(이용자)의 인식도 포함된다. 예를 들면, 이용자는 프로그램이 진행되는 시간에 만족하는가? 영양프로그램을 위한 조사 양식은 쉽게 채울 수 있는 것인가? 제시된 정보들이 재미있고 유익한가? 등을 조사한다. 영양프로그램이 이해하기 쉬웠는지, 디자인은 좋았는지, 전달은 잘 되었는지, 적절하게 사용되었는지에 대해서도 평가한다. 어떤 참가자들에게 가장 효율적인 프로그램이었는지, 또는 어떤 참가자들에게 가장 효과가 적었는지 등도 조사한다. 경우에 따라서는 영양프로그램에 참여하지 않은 사람들이 왜 참석을 하지 않았는지 그 이유를 조사할 필요도 있다. 또 종사자들의 영양프로그램에 대한 인식도 필요하다. 즉, 종사자들이 보기에는 각자의 임무가 효율적으로 조직되었는가? 필요한 자원들은 모두 유용한가? 영양 중재 프로그램이 효율적으로 관리되고 있는가? 등을 조사한다.

③ 영양프로그램의 효과 평가

효과평가는 그 영양프로그램이 달성하고자 하는 바를 잘 달성하였는가를 중점적으로 평가하도록 고안된 평가를 말한다. 수행된 영양프로그램이 작성된 목표들을 잘 달성시키고 있는지를 알아볼 수 있도록 효과 평가 방법이 잘 계획되어야 한다. 영양프로그램이 최초의 계획대로 잘 수행되었는가? 달성하고자 하는 목적과 목표를 효율적으로 달성하였는가? 이런 질문에 대해 대단위 영양프로그램의 경우, 아주 복잡한 연구 설계를 세워 장기적으로 자료를 수집한다. 이에 비해 소단위의 지역사회 영양프로그램을 계획하는 경우, 지역사회 영양사는 영양프로그램의 효과 판정 자료의 수집을 준비하기 위해 다음 세 가지 단계를 사용한다.

1단계: 각 목표를 위해 측정해야 할 변화의 형태를 결정한다. 즉, 지식, 태도, 행동, 생리적인 면, 식품 환경의 면 중에서 각 목표별로 어느 형태의 변화를 볼 것인지를 결정한다.

2단계: 변화의 형태가 결정되었으면, 이 변화의 형태를 측정하기 위한 방법을 계획한다. 이 영양프로그램은 그 목표에 기술된 대로 그 집단의 영양과 관련된 지식, 태도, 행동, 생리적인 면 및 식품 환경에 긍정적인 변화를 야기 시켰는가? 지식, 태도, 행동, 생리적인 면, 식품 환경의 면에서의 변화를 측정할 때 사용하는 방법은 표 7-3과 같다. 이것 외에 다른 평가 전문가들이 개발해 놓은 도구나 방법을 사용해도 좋다.

표 7-3 지역사회 영양프로그램의 효과를 측정하는 방법의 예

변화의 형태	변화를 측정하는 방법의 예
영양지식	- 식품, 영양 및 건강에 관한 영양지식의 정도를 측정하는 것. (예) 칼슘의 좋은 급원 식품에 대한 지식을 측정하기 위해 객관식으로 선다형 문제를 사용함.
영양태도	- 식품, 영양 및 건강에 관한 생각을 측정하는 것. (예) 그 지역사회의 상수도 공급의 안전성에 관한 진술에 대해 동의하는지 아닌지를 조사한다.
식행동	- 식품, 영양 및 건강 행동에 관한 자기-보고. (예) 24 시간 식사기록법
생리적변화	- 영양상태나 건강상태에 관한 생화학적 조사나 임상/신체계측 조사 (예) 혈중 콜레스테롤 수준 조사, 삼두근 피부두겹 두께, 신장, 체중 등
식품환경의 변화	- 식품 유용성, 식품 안전성 및 식품의 영양가 조사 (예) 그 지역사회 내에 저지방, 저소디움 음식을 제공하는 음식점의 비율 조사

3단계: 영양프로그램을 수행하기 전에 예비 조사 등을 통해서 평가 도구나 평가 방법이 그 집단에 적합한지, 또 기대한 대로 잘 측정이 될 것인지를 알아낸다. 목표란 변화를 기대하는 것인데 그 변화의 정도를 측정하기 위해서는 영양프로그램 시작 전(pre-test), 프로그램 기간중(test), 그리고 프로그램 후(post-test)에 정보를 수집할 필요가 있다. 예를 들면, 영양 교육 프로그램 후 대상자의 75%가 지식 테스트에서 각 문항을 모두 맞추었다면 이 것으로 영양 교육 프로그램이 효과적으로 진행되었다고 평가할 수 있을까? 처음부터 75%의 피교육자가 문항을 다 맞출 수도 있으므로 이에 대한 대답은 "아니다"이다. 따라서 그 프로그램 시작 전의 사전 테스트 점수(pre-test score) 없이는 영양 지식의 변화 정도를 측정할 수 없다.

앞에서 말한 대로 영양프로그램을 계획할 때는 적어도 두 가지 수준의 목표가 기술된다. 첫 번째 수준은 영양문제의 원인의 변화를 기대하는 목표이며 이 경우, 변화의 가능성이 높다. 앞의 예에서 영양사는 영양 교육 프로그램을 위해 두 가지의 목표를 설정하였고 그 중 첫 번째 목표는 대상 집단의 영양

지식을 증가시키는 것이었다. 교육 후 지식의 변화는 쉽게 볼 수 있으므로 이의 달성은 어렵지 않다.

두 번째 수준의 목표는 영양문제 자체의 변화를 기대하는 것이다. 그림 7-1에서처럼 이 수준의 목표는 영양프로그램의 효과가 실제로 영양문제에 도달하기 전에 몇 가지의 단계적 변화가 일어나야 하기 때문에, 종종 상당한 시간이 걸린다. 또 이 목표 달성은 앞의 첫 번째 수준의 목표 달성보다 비교적 어렵고 변화의 폭도 작다. 앞의 예에서 지역사회 영양사가 작성한 두 번째 수준의 목표는 부적절한 열량 제한으로 인해 생긴 체중 감소 비율을 줄이는 것이었다. 이 예에서도 이를 위한 영양프로그램인 영양 교육은 그 영양문제에 크고 즉각적인 영향을 미치지는 않을 것이다.

(3) 평가 결과의 활용

평가 결과는 여러 가지로 활용할 수 있다. 지역사회 영양사는 영양프로그램의 평가 결과를 즉각적인 문제 해결을 위해 활용할 수 있으며, 더 좋고 효과적인 프로그램을 고안하는데 활용할 수 있다. 또, 평가 결과를 이용하여 동료들이나 지역사회 지도자들을 위한 제안사항들을 명확하게 조직적으로 만들어 낼 수 있다. 나아가서 영양프로그램의 평가결과는 재원과 예산을 분배할 권한과 책임이 있는 정책결정자, 고위 정치가나 행정가에 영향을 주어 영양정책이나 영양서비스를 결정하는데 활용되기도 하며, 운영자나 정책 결정자에게 영양프로그램을 확장하거나 정비할 필요가 있는지를 알려주는데 사용된다.

(4) 평가 보고서 작성

평가의 일차적인 목적이 의사결정을 위한 정보마련에 있으므로 평가 결과는 적극적으로 활용되어야 한다. 만약 평가 결과가 서류더미에 묻혀있거나 사장된다면 그 프로그램은 성공의 흔적을 사장시키는 것이다. 따라서 평가를 시작할 때부터 마지막 보고서를 쓸 것을 염두에 두고 시작해야 한다. 평가가 진행됨에 따라 문제들이 어떻게 다루어졌는지, 어떤 자료나 서류가 사용되었는지를 기록한다. 조사지 양식이나 컴퓨터 출력 결과들의 사본을 보관하고, 필요할 경우 최종보고서에 첨부한다. 최종보고서를 준비할 때, 이 보고서가 중요한 문제들을 다루고 있는지 확인할 필요가 있으며 보고서는 가급적 이해하기 쉬운 형식으로 작성, 배포되어 널리 활용되도록 작성되어야 한다. 보고서는 공식적, 혹은 약식 보고서로 작성될 수 있으며, 보고서의 길이는 별 문제되지 않으나 내용이 압축되고 이해할 수 있어야 하며 이 보고서를 받아 읽는 사람들이 의

표 7-4 영양프로그램 보고서 형식

① 표지: 표지에는 영양프로그램의 제목, 위치, 평가자의 이름, 평가대상 프로그램의 수행일시, 보고일 등이 있어야 한다. 보고서의 표지는 단정하고 깔끔한 것이 좋다.

② 요약: 왜 그리고 어떻게 평가가 이루어졌는지, 주요 결론과 제언은 무엇인지를 잘 요약하여 설명한다. 요약은 보고서를 다 읽을 만큼 시간적인 여유가 없는 사람들을 위해 마련하는 것이므로 길어도 1쪽이나 2쪽을 넘지 않도록 한다. 과거 시제를 사용하여 작성한다.

③ 배경정보: 영양프로그램이 무엇을 하도록 고안되었는지, 어떻게 시작되는지에 대해 기술한다. 여기서 마련되는 정보의 양은 활용자의 요구와 지식에 달려있다. 대부분의 독자가 프로그램에 익숙하지 않다면 좀 더 자세하게 풀어써 주는 것이 필요할 것이다. 그러나 독자가 이 프로그램에 참석하였다면 좀 더 짧게 써도 좋다. 전형적인 outline은 다음과 같은 정보를 포함한다.

- 프로그램의 기원
- 프로그램의 목적
- 프로그램의 목표 집단
- 프로그램 자료, 활동, 행정적인 절차의 특징
- 이 프로그램에 참여하는 직원들

④ 평가방법: 여기서는 평가의 목적, 왜 평가를 수행하는지, 무엇을 보려고 하고 무엇을 보았는지 등을 포함한다. 평가의 범위를 규정하고 평가를 어떻게 수행할 것인지를 평가방법을 기술한다. 평가 디자인과 분석에 관한 기술적인 정보도 여기에 표현한다. 다음의 내용이 포함된다.

- 평가의 목적
- 평가 디자인
- 결과 측정방법-- 사용된 조사도구, 자료수집 및 분석과정
- 과정 측정방법-- 사용된 조사도구, 자료수집 및 분석과정

⑤ 결과: 과정 평가의 결과를 표현한다. 자료, 요약된 표, 그림, 그라프, 챠트 등의 형태로 제시하며 이 부분을 작성하기 전에 수집된 자료를 먼저 분석한 후 필요하다면 통계처리하고 표나 그림의 형태로 정리한다.

⑥ 고찰: 평가의 결과를 고찰한다. 결과가 얼마나 좋은가를 언급하고 다른 평가 결과들과 비교한다. 이 프로그램의 강점과 약점에 대해 언급한다.

⑦ 결론 및 제언: 평가 결과 나타난 결론을 제시한다. 그리고 이 프로그램을 강화시키기 위해 필요한 제언들을 제시한다. 제언은 평가 결과 해석으로부터 나온 논리적인 것이어야 한다. 프로그램의 전달에 관한 제언도 포함하며 특히 목적에 비해 다른 결과를 보였던 것에 대해 언급한다.

사결정을 할 수 있어야 한다. 정식보고서는 일반 논문에서처럼 표지, 요약, 배경정보, 평가방법, 결과, 고찰, 결론 및 제언의 형식을 갖추는 것이 좋다. 보고서가 작성되고 나면 이 보고서를 누구에게 배포하여야 하는지를 결정한다. 상급자, 부서장, 기관장에게 보낼 수 있고 관심 있는 지역사회 집단에게 보낼 수도 있다. 의미 있는 결과는 대중매체에 공개할 수도 있고 그 기관의 인터넷 홈페이지 web상에 올릴 수도 있다. 표 7-4에는 정식보고서의 형식에 관한 내용이 소개되어 있다.

활동마당

현재 우리 나라 노인들에게는 많은 영양문제가 있다. 노인의 영양문제 해결을 위해서는 어떤 지역사회 영양프로그램이 필요한지를 계획해보자. 표 7-2의 지역사회 영양프로그램 계획의 각 단계별로 구체적인 계획을 세워보자. 노인의 영양문제가 무엇인지를 알기 위해 어떤 조사 자료가 필요한가? 인터넷이나 최근에 출판된 영양관련 학회지(한국영양학회지, 지역사회영양학회지, 한국식생활문화학회지, 한국식품영양과학회지 등)를 통해 조사해보자.

8

임신·수유부 및 영유아 영양프로그램

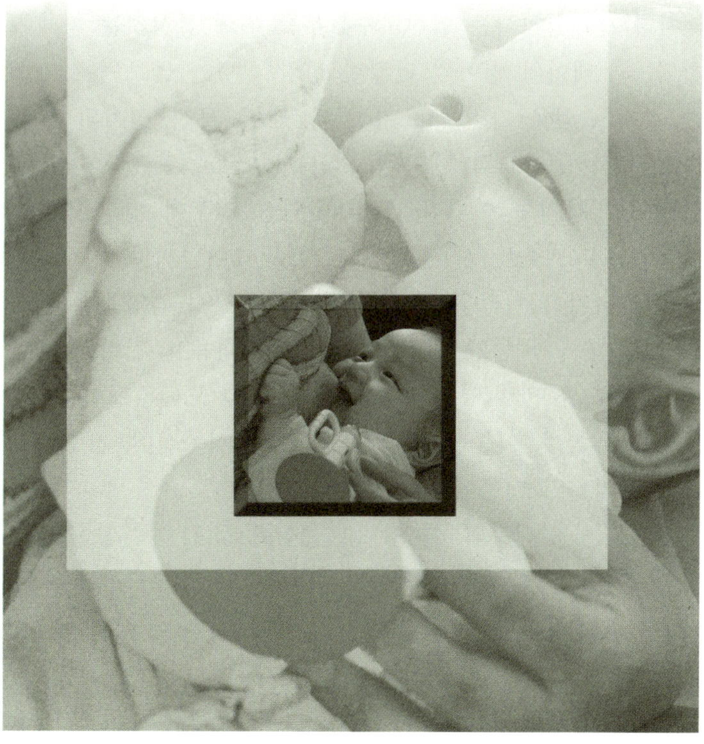

보건복지부

제 8 장

임신·수유부 및 영유아 영양프로그램

임신기의 영양상태가 나쁘면 그 영향은 자녀의 세대를 지나 그 자녀의 자녀에게까지 나타난다는 것이 밝혀지고 있다. 태반이 발달하는 임신 초기에 모체의 영양소 저장량이 불충분하면 나중에 모체가 충분한 영양을 섭취한다고 해도 태아의 발달에 좋지 않은 영향을 끼친다. 특히 여자어린이가 태아기에 빈약하게 자랐다면 자라면서 충분한 성장과 발달을 하지 못하게 되고, 후에 임신을 하게 될 경우 그 태아 역시 빈약하게 자란다. 영양이 충분치 못한 모체에서 태어난 영아는 건강한 모체로부터 태어난 영아에 비해 선천성 장애나 정신적, 육체적 발달 장애를 가지고 태어날 확률이 높고 여러 질병에도 쉽게 걸리며, 나중에 충분한 영양공급을 받아도 잘 회복되지 않는다.

지역사회 영양사는 임신·수유부를 위해 봉사하는 자세를 가지는 것이 중요하다. 즉, 태아와 영아의 건강한 성장 발달을 돌보는 것과 엄마의 건강을 돌보는 것에 관심을 가질 필요가 있다. 태아, 모성, 영아의 건강에 대한 영양의 역할은 유전적, 환경적, 행동적 요인들과 서로 관련되어 있어서 이중 영양의 역할만 구별하기는 어렵다. 그러나 임신 전후에 영양 상태가 빈약하면 아기가 잘 아프거나, 출생 시 결함을 가지고 태어나거나, 정신, 육체적으로 정상적인 발달을 하기가 어려우므로 임신 전후의 모성 영양문제는 매우 중요하다.

임신·수유기 동안 여성들은 식사의 내용을 건강하게 바꾼다. 그러나 아직도 임신부 집단의 영양상태에 대한 영양 모니터링이 잘 안되고 있으며 영아사망률이 높다. 이는 충분한 건강 관리, 식품섭취, 거주지, 위생, 교육 등의 실태가 취약하기 때문이다.

여기서는 임신부와 수유부를 중심으로 저체중아 출산의 위험요인과 예방, 임신 및 수유중의 영양 문제들, 그리고 모유수유에 대해 중점적으로 다루며 나아가 임신부와 수유부 대상의 영양프로그램에 대해 알아보려고 한다.

1. 저체중아 출산

임신부가 충분한 영양을 공급받지 못하여 정상적인 체중증가가 나타나지 않는다면 저체중아(LBW, low birth weight)를 출산할 가능성이 크다. 적게 태어난다고 해서 모두 건강하지 않은 것은 아니나 출생시 체중, 그리고 임신 기간을 다 채우고 태어 났는지의 여부는 장래 그 어린이의 건강상태를 나타내주는 주요 지표가 된다. 저체중아의 경우, 정상 체중아에 비해 분만 시 합병증이 많이 나타날 수 있으며 신체적, 정신적인 결함 및 질병에 걸릴 확률도 높다. 저체중아는 임신기간을 다 채우고 태어나도 영아 사망률을 높이는 주요 인자가 되므로 영아 사망률을 감소시키려면 저체중아 출산율을 감소시켜야 한다. 저체중아 출산율 감소에 관계되는 요인에는 사회경제적으로 낮은 계층, 건강관리 서비스 부족, 영양상태 불량, 낮은 교육수준, 비위생적인 주거 환경, 그리고 흡연, 과음, 약물사용 등 건강에 좋지 않은 습관들이 있다.

한 국가의 건강 정도를 알아보는 척도로 흔히 그 나라의 모성과 영아의 건강 상태를 사용하는데, 특히 영아 사망률(infant mortality rate, IMR)이 좋은 지표가 된다. 미국의 경우 1995년도의 영아 사망률은 신생아 1,000명당 8 명이었다. 우리 나라의 경우는 1960년에는 신생아 1,000명당 90명이었던 것이 의료기술 개선, 위생상태 향상 및 경제성장으로 인해 1993년 9.9명, 1997년 현재 7.7명인 것으로 보고되고 있다(국민건강 · 영양조사, 1999).

각 국가별로 아직도 이렇게 영아 사망률이 높은 이유는 체중 2.5kg이하의 저체중아 출산율이 높기 때문이다. 임신부가 임신기간동안 충분한 영양공급을 받지 못하면 체중의 증가가 둔화되고 태아의 성장이 충분치 않아 저체중아를 출산하게 된다. 저체중아 출산은 다음의 세 가지 범주로 나뉘어진다.

① 임신 37주 이내에 출산되는 경우
② 만기 출산이나 태아 성장 장애가 있었던 경우: 임신 기간 동안 모체의 충분한 체중 증가가 없었을 때에 해당되며 출생 후에도 나이에 비해 키가 작다.
③ 미숙아로 태어날 뿐 아니라 태아 성장 장애 요인도 함께 가지고 있을 경우

저체중아 출산의 생리적인 원인은 아직도 모른다. 다만 저체중아 출산과 관련된 위험요인들이 있을 뿐이며 가임 여성이 이 위험요인들을 가지고 있으면 저체중아를 출산할 가능성이 높다. 표 8-1에는 저체중아 출산의 위험요인들이

나와 있다. 이 위험요인들은 서로 연관되어 있어서 영양의 역할과 이 위험요인들과를 분리해 내기는 어렵다.

표 8-1 저체중아 출산의 위험요인들

인구학적 위험요인
- 임신부 나이가 16세 미만이거나 40세 이상인 경우
- 사회경제적 지표가 낮은 경우(수입, 교육정도 등이 낮을 때)
- 미혼모

임신부 위험요인
- 임신부가 과체중이거나 저체중일 때
- 만성질환이 있을 때
- 첫 번째 임신이거나 임신경험이 4번 이상 있을 때
- 자연유산이나 저체중아 출산 경험이 있을 때

행동적 위험요인
- 흡연
- 알코올 과다 섭취

임신중 의료상 위험요인
- 체중 증가가 적을 때
- 이전 임신과 지금 임신 사이 간격이 너무 짧을 때

건강관리 위험요인
- 태아기 건강 관리가 늦었거나 없었을 때

1) 인구학적 위험요인들

(1) 16세 이하이거나 40세 이상의 임신부

16세 이하이거나 40세 이상의 임신부, 특히 십대 임신부는 저체중아 출산율이 높다. 십대 임신 중에서도 더 위험한 것은 첫 월경 이후 2년 이내의 임신 혹은 16세 이전의 임신이다. 십대 임신이 위험한 이유는 그 시기는 생리적으로 아직도 미성숙한 시기인데다가 영양 상태가 빈약할 수 있기 때문이다. 또 대부분 십대 임신부는 사회경제적 지표가 낮으며, 미혼 상태에서의 임신이기가 쉽고, 첫 번째 임신이며, 산전 관리도 일찍부터 충분히 받지 못하는 등의 문제를 함께 가지고 있다.

(2) 사회경제적인 지표가 낮은 임신부

가난과 관계된 요인들, 즉 사회경제적 지표가 낮은 것과 교육 연한 부족 등

은 저체중아 출산의 위험 요인들이다. 사회경제적 지표가 낮은 여성은 건강상태가 빈약할 뿐 아니라 임신 중 체중 증가 부족, 해로운 건강 관련 행동 등도 보이므로 저체중아 출산율이 높아진다. 또 미혼상태에서의 임신도 저체중아 출산의 위험요인 중 하나이며, 우리 나라를 포함한 어느 사회에서나 최근 급격히 증가하고 있다. 사회경제적 지표가 낮거나, 십대 임신부거나, 미혼상태에서 임신한 경우 산전관리를 늦게 받거나 못 받는 경우가 많다. 이런 임신부들은 저체중아 출산 위험이 높다.

2) 임신부 모체관련 위험요인들

(1) 임신 전 체중 불균형 및 만성적인 질병

체중의 불균형, 즉 체중의 과다나 부족 여부는 신장-대비-체중으로 알아볼 수 있다. 임신전의 체중불균형, 즉 체중 부족 뿐 아니라 체중 과다의 경우에도 저체중아 출산의 위험율이 증가한다. 고혈압, 당뇨병, 페닐케톤 뇨증, 심장병, 또는 신장병 등의 만성 질병이 있는 임신부에게서 저체중아 출산의 위험이 높다.

(2) 임신 중 비정상적 체중증가

임신부의 체중증가가 정상적이고 영양이 충분하면 모체와 태아가 건강하다. 표 8-2에는 미국 국립학술원에서 권장하는 임신부의 신장-대비-체중과 BMI 수치가 나와있다. 임신 중 바람직한 체중증가는 12~16kg 정도이다. 쌍둥이를 임신한 임신부는 16~20kg, 세쌍둥이 임신의 경우는 20~25kg 정도의 체중증가가 좋다. 임신 전 저체중 이었던 임신부는 13~18kg, 과체중 이었던 임신부는 7~11kg 정도의 체중증가가 바람직하다. 10대 임신부는 각 범위의 최고치

표 8-2 신체 질량지수(BMI)에 기초한 임신부의 이상적인 체중증가량

BMI	체중 범주	권장 체중 증가량 (kg)
〈 18.5	저체중	13.0 ~ 18.0
18.5 ~ 24.9	정상체중	11.5 ~ 16.0
25.0 ~ 29.9	과체중	7.0 ~ 11.5
≥ 30.0	비만	≥ 7.0

자료: NHLBI, Clinical Guidelines on the Identification, Evaluation, and Treatment of Overweight and Obesity in Adults: The Evidence Report, June 1998, and National Academy of Sciences, Food and Nutrition Board, Nutrition During Pregnancy, Washington, DC: National Academy Press, 1990

그림 8-1 임신 중 이상적인 체중증가

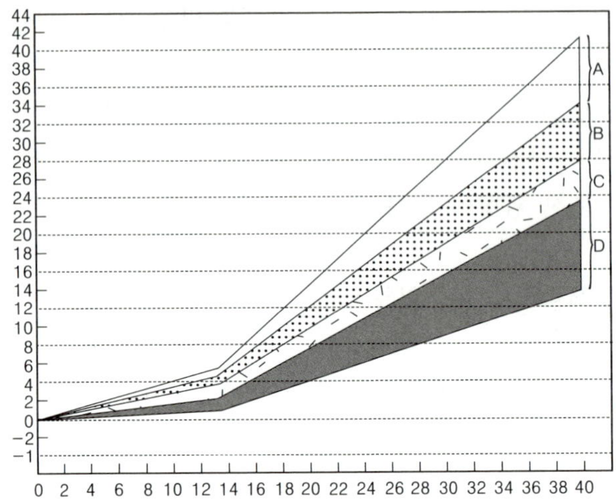

임신전 정상체중이었던 임신부는 B와 C 범위 내의 증가(25~35lb, 12~16kg)가 좋다. 임신전 저체중이었던 임신부는 A와 B 범위 내의 증가인 28~40lb(13~18kg) 증가가 바람직하며 임산전 과체중이었던 임신부는 D 범위인 15~25lb(7~11kg)증가가 바람직하다.

자료: Boyle M A, Morris DH. Commumity Natintin Actin, 2nd ed, West.Wadsworth, 1999, p.392

에, 키가 157cm 미만인 임신부는 각 범위의 최저치에 맞추어 임신 중 체중증가 기준을 삼는다.

임신 중 체중증가가 너무 적으면 저체중아를 출산할 위험이 증가하며, 이렇게 태어난 아기는 사망률이 높다. 반면 임신 중 체중증가가 너무 많으면 분만 시 합병증의 위험과 분만 후 비만증의 위험이 높아진다. 또 비만한 임신부는 분만 시 고혈압과 임신성 당뇨병 등의 합병증 위험이 높다.

임신 초기의 체중증가는 적을수록(약 1~2kg 정도) 좋으며 그 후로는 그림 8-1에서처럼 일주일에 0.5kg 정도씩 서서히 증가시키는 것이 바람직하다. 만약 임신 초기에 체중증가가 정상보다 많았다고 해도 임신 동안 식사제한으로 체중을 조절하는 것은 절대로 금해야 한다.

(3) 처음 임신, 임신 경험 과다 및 짧은 임신 간격

첫 번째 임신이거나 네 번 이상의 임신 경험이 있을 경우, 저체중아 출산 위험율이 높아진다. 또 자연 유산도 포함하여 현재의 임신과 지난번 임신과의 간격이 너무 짧을 때 저체중아 출산 위험율은 커진다. 한 번 임신 후 여성의 몸이 생리적으로 완전히 회복되려면 1년~2년이 필요하다. 그러므로 이 회복기간 안에 다시 임신을 하게 되면 임신 스트레스를 견디기 힘들다.

(4) 저체중아 출산 및 자연유산 경험

저체중아 출산 경험이 있는 임신부, 자연 유산 경험이 있는 임신부, 조산이나 임신 중독증, 혹은 산부인과적 질병이나 이상이 있었던 임신부 등은 현재 임신의 위험을 높일 수 있다.

3) 행동적 위험요인들

(1) 흡연

흡연은 저체중아 출산과 관련된 행동요인 중 가장 중요한 요인이다. 임신부가 흡연을 하게되면 태아로 가는 혈액공급이 제한되며 영양소 공급도 원활히 되지 않는다. 임신부가 흡연하면 태아 성장이 저해되므로 미숙아 분만, 저체중아 출산, 분만시 합병증 등이 나타날 위험이 높아진다. 미국의 경우 저체중아 출산의 20~30%는 임신부의 흡연 때문이다. 뿐만 아니라 신생아가 갑자기 사망하는 경우도 임신부의 흡연과 관련 있다.

(2) 과도한 음주

임신부가 과도하게 음주하면 저체중아 출산율이 높아질 뿐 아니라 영아 합병증 위험도 높아진다. 하루에 1~2잔의 술만으로도 태아에게는 심각한 해를 입힐 수 있다. 지나친 음주는 태아의 뇌에 돌이킬 수 없는 손상을 주어 태아의 정신적, 육체적 발달을 저해한다. 하루에 알코올을 50g 정도 섭취하는 임신부는 기형아 및 저체중아 출산의 위험이 높으며 자연 유산의 기회도 증가한다. 따라서 임신할 계획이 있는 여성은 알코올을 아주 끊는 것이 좋다.

(3) Caffeine 복용

최근 미국의 FDA는 불필요하게 caffeine을 많이 섭취하지 말 것을 제의하였다. 임신부가 caffeine을 많이 섭취할 경우 신생아의 체중이 감소하기도 하므로 임신부는 하루에 커피는 1~2잔, 혹은 콜라를 1~2컵 이하로 줄이는 것이 바람직하다.

(4) Pica

Pica란 식품이 아닌 물질들, 즉 진흙, 얼음, 종이, 빨래용 전분 등을 먹고 싶어하는 욕망을 말한다. 임신기에는 이런 욕망이 생기기도 하며 결과적으로 영양불량이 올 수 있고 또 경우에 따라서는 전분의 과잉섭취로 인해 비만이 오기도 한다.

2. 임신부의 영양 요구량

임신부와 수유부의 영양 요구량은 정상 여성보다 높다(한국인 영양섭취기준, 2005 참조). 모든 영양소의 요구량이 이 시기에 높으나 다른 영양소에 비해 열량 요구량은 그렇게 많이 높지 않다. 임신과 태아의 발달에 필요한 에너지 소비량과 에너지 축적량을 합하여 정상성인에 비해 임신 2/3분기에 340kcal, 임신 3/3분기에 450kcal를 더 섭취하도록 권장한다. 열량의 증가와 다른 영양소의 섭취를 위한 임신부의 식품군별 권장식사패턴은 표 8-3과 같다.

표 8-3 임신부의 식품군별 권장식사패턴(한국인의 영양섭취기준, 2005)

식품군	성인여자(예시 : 2000kcal)	임신 3/3분기(예시 : 2450kcal)
곡류 및 전분류 Ⅰ[1)]	3	4
곡류 및 전분류 Ⅱ[2)]	1	1
고기, 생선, 계란, 콩류	5	5
채소류	7	7
과일류	2	3
우유 및 유제품	1	1
유지, 견과 및 당류	4	5

[1)]곡류 및 전분류 Ⅰ(300kcal) : 주식으로 섭취하는 식품류(곡류, 면류, 떡류, 빵류)
[2)]곡류 및 전분류 Ⅱ(100kcal) : 부식으로 섭취하는 식품류(씨리얼류, 감자류, 면류, 묵류, 견과류, 떡류)

임신부의 단백질 권장섭취량은 성인여자의 단백질 권장섭취량에 25g을 추가하여 권장한다. 임신부의 비타민 권장섭취량은 비 임신부에 비해 증가하나 보충제의 형태로 먹을 필요는 없다. 비타민 A는 후반기에 70㎍ RE를 추가하고, 비타민 D는 5㎍을 추가한다. 임신부가 채식주의자이거나 흡연하는 임신부, 알코올이나 약물복용 임신부와 같이 고위험 범주에 해당되는 임신부들은 비타민 D와 비타민 B_{12} 등을 보충 섭취하여야 한다. 임신 중 권장섭취량이 많이 추가되는 영양소 중의 하나는 엽산이다. 엽산은 성인 여자 권장섭취량(400㎍)

보다 50% 추가한 양인 600㎍을 권장한다. 이는 임신기에 혈액량이 많아지고 태아가 급속히 성장하기 때문이다. 임신할 즈음해서 엽산을 보충해주면 신경관 결함을 가진 태아 출산 비율이 떨어진다.

임신부의 칼슘 권장섭취량은 태아와 태아 부속물의 성장발달 및 모체조직의 증대를 충족시키기 위해 비 임신부보다 더 높다. 또한 임신 중 칼슘 섭취 형태는 임신 중 모체 골질량에 큰 영향을 미치지 않으나 신생아의 골격건강에 영향을 미친다. 특히 30세 이전의 임신부는 임신 중 골밀도가 계속 증가하므로 임신 중 충분한 칼슘 섭취가 매우 중요하다. 우리 나라 임신부의 1일 칼슘 권장섭취량은 성인 여성의 권장량 700mg에 300mg을 추가하여 1,000mg이다. 칼슘은 우유나 유제품으로 섭취하면 비타민 D와 리보플라빈도 함께 섭취할 수 있으므로 더 좋다.

임신기의 철 권장섭취량은 성인 여성의 권장섭취량 14mg에다 10mg을 추가로 섭취하도록 권장한다. 성인 여성에게 철 결핍성 빈혈은 주요 영양 문제이므로 성인 여성이 임신할 경우 체내 철 저장량이 충분치 않다. 따라서 임신부는 전 임신 기간을 통하여 철 보충제를 먹도록 권장한다. 철 보충제를 먹을 경우, 철의 흡수를 증가시키기 위해 식사와 식사 사이에 비타민 C가 많은 과일 주스와 함께 먹거나, 자기 전 위가 비었을 때 먹는 것이 좋다. 또 철 보충제에 들어있는 과다한 철이 아연의 흡수를 방해할 수 있으므로 굴, 조개 등 아연이 많이 들어있는 식품을 충분히 먹는 것이 좋다.

3. 임신중 주요 영양관련 문제

임신중 흔히 나타나는 신체적 변화를 보면, 초기에는 입덧과 관련된 증상들이며 후기에는 변비이다. 아침에 일어났을 때 나타나는 헛구역질 등은 임신초기 호르몬 변화로 인해 생기는 증상이므로 없앨 수는 없으나 그 증상을 다소 진정시킬 수는 있다. 아침에 일어나자마자 물을 몇 모금 마시고 크래커 류의 과자를 몇 개 먹으면서 하루의 일과를 시작한다든지, 잠자리에서 일어나기 전에 무엇이든 탄수화물 음식을 조금 먹는 것 등이 도움이 된다. 임신 후반기에 접어들게 되면 호르몬이 근육상태를 변화시키고 태아가 소화기관을 누르므로 변비가 나타나게 된다. 이 때에는 식이 섬유질이 많은 식사를 하고 수분을 충분히 섭취하며 적절하게 운동을 하는 것이 좋다. 입덧과 변비 외에 임신 중 조절해야 하는 영양관련 문제는 빈혈, 고혈압, 당뇨병 등이다.

1) 철 결핍성 빈혈

임신중 철 결핍은 가장 흔히 일어날 수 있는 영양 문제이다. 미국의 NHANES Ⅱ 자료에 따르면 가임 여성의 11%가 철 결핍 상태라고 한다. 철 결핍의 위험성이 가장 큰 집단은 가임 여성 중에서도 임신 후반기 임신부와 사회경제적 지표가 낮은 여성이다.

빈혈이 있는 임신부는 혈액이 정상인만큼 붉지 않다. 따라서 입술의 안쪽을 보거나 눈의 아래쪽 꺼풀을 뒤집어 보면 정상인에 비해 엷은 분홍색이거나 흰 색을 띄거나 창백하다. 빈혈이 심하면 조금만 힘을 써도 숨쉬기가 가빠진다. 얼굴과 다리가 붓는 등 심한 빈혈 증상을 보이면 전문가의 치료를 위해 병원에 가야 한다. 지역사회 영양사들은 빈혈이 무엇인가를 알기 위해 슬라이드 등의 시청각 자료로 교육받을 필요가 있다.

임신중의 빈혈은 균형 식사를 함으로써 치료될 수 있다. 빈혈을 예방하는데 가장 필요한 영양소는 철이며 몇몇 나라에서는 빈혈 예방을 위해 임신부들에게 철 보충제를 공급하기도 한다. 우리 나라도 본인이 원한다면 보건소에서 그 지역 임신부들에게 철 보충제를 공급하고 있다. 철 보충제는 적어도 임신 3~4개월부터는 먹기 시작하는 것이 좋다. 철 보충제를 정기적으로 먹는 임신부들은 그들의 변이 검게 된다는 것을 미리 인식할 필요가 있다. 지역사회 영양사가 철 보충제를 보관하고 나누어 주게 되면 그 지역사회에서 누가 임신했는지를 알게 되므로 대단히 좋은 방법이다.

지역사회 영양사가 임신부를 방문하고, 철 보충제를 주고 그것을 먹도록 권장하면서 균형식을 하도록 식사지도나 영양교육을 실시할 수 있다. 철 보충제는 다량 먹게 되면 위험하므로 아이들의 손이 닿지 않는 곳에 두어야 한다.

2) 고혈압

임신 후기에 나타나는 임신중독증인 자간전증(preeclampsia), 자간증(eclampsia) 등은 임신으로 인해 생긴 고혈압적 증상들이다. 자간전증은 고혈압, 단백뇨, 부종 등이 특징적인 증상이며 부종으로 인해 갑작스런 체중증가가 보이기도 한다. 임신 중의 부종은 흔히 보이는 증상이며 부종이 있는 임신부가 모두 자간전증을 보이는 것은 아니다. 자간전증은 부종 외에도 심한 두통, 하루에 0.5kg 정도 불어나는 갑작스런 체중증가, 부어오르기, 졸림, 눈이 침침해 지는 증상 등이 있다. 임신성 고혈압보다 더 심한 증상인 자간증은 경련

증상이 있으며 심하면 혼수상태까지 간다. 자간증이 있으면 태아의 성장이 저해되고 태반이 자궁에서 분리되어 사산하는 경우도 있다. 칼슘의 공급을 하루에 1,500~2,000mg까지 증가시키면 자간증의 위험을 줄일 수 있다.

3) 당뇨병

당뇨병이 있는 임신부는 미숙아, 기형아, 거대아, 호흡기관 장애아 등을 출산할 위험이 높다. 따라서 임신 전과 임신 기간 중 당뇨병의 대사 조절작용이 매우 중요하다. 어떤 임신부는 임신하게 되면 탄수화물 대사가 달라져 임신성 당뇨병에 걸리게 된다. 임신 중 비정상적인 혈당치를 보이던 임신부 중 2/3 정도가 분만 후에 정상 혈당 수준을 회복한다. 임신성 당뇨병의 위험인자는 임신부 나이가 35세 이상, 임신성 당뇨병에 걸린 경험, 비만, 당뇨병의 가족력 등이다. 임신성 당뇨병에 걸린 임신부 중 일부는 갈증, 기아, 다뇨, 허약 등 전형적인 당뇨병 증상을 보이기도 하나 대부분은 아무런 당뇨병의 증상이 나타나지 않는다.

4. 임신부의 영양판정

임신부의 영양판정과 영양 모니터링은 임신 전 관리, 초기의 산전관리를 위한 방문, 그 이후의 산전관리를 위한 방문 등 세 가지 범주로 나눌 수 있다. 임신부의 임신 전 영양상태 및 생활습관이 임신에 영향을 줄 수 있으므로 임신 전 영양상태를 살펴보는 일은 매우 중요하다. 임신 중 영양위험 요인들은 표 8-4에 나와있다. 가임 여성들을 대상으로 임신 전 관리를 반드시 행하는 것이 바람직하며 이에는 영양판정, 영양상담, 그리고 임신 전에 가지고 있는 영양문제들을 수정할 수 있는 적절한 보충제의 활용 등이 포함된다. 임신전의 신장-대비-체중 정도가 BMI 수치로 분류되어야 하고 이에 따라 임신부의 적정 체중 증가가 권장되어야 한다.

임신부의 영양판정 항목들은 표 8-5에 나와 있다. 임신부의 영양상태는 초기 산전관리 방문 시에 판정되어야 하며 임신부의 영양판정은 다음과 같은 항목을 포함하여야 한다.

· 식이섭취 조사: 식습관 및 식생활태도를 포함한 식사력 조사, 알레르기 조사, 비타민 무기질 보충제 조사, 생활습관(음주, 흡연, pica 등) 조사

표 8-4 임신 중 영양 위험요인들

개인적인 특성 (변화 안 되는 요인)	생활습관 (변화 가능요인)	모체에 존재하는 만성질병의 문제 (선별, 치료)	출산경력 (선별, 예방)	잠재적 임신유발 문제점 (선별, 예방, 치료)
나이(세)	낮은 사회경제 상태	고혈압	저체중아 출산	빈혈
너무 적음(<15)	흡연	제1형 당뇨병	거대아 출산	철 결핍 빈혈
너무 많음(>35)	알코올/마약 복용	제2형 당뇨병	사산아 출산	엽산 결핍 빈혈
가족력	빈약한 식생활	심장병	유산	PIH
당뇨병	식사 이상	폐 질환	기형아 출산	임신성 당뇨병
심장병	영양불량	신장병	출산경력 과다	체중 증가
고혈압	비만	모체의 PKU	경산부	체중증가 부족
PKU	저체중	AIDS		체중증가 과다
출산력	좌식 생활습관			
	제한된 식이요법			

자료: Worthington-Roberts B and Williams SR, Nutrition in Pregnancy and Lactation, 5th ed, St. Louis: Times Morror/Mosby, p 240, 1993

표 8-5 임신부의 영양판정 항목들

초기 판정
- 임상적 자료 관찰
  신장과 체중
  임신부의 나이(사춘기 임신인지의 여부)
  신체적 건강상태
  분만예정일
- 생화학적 검사 자료 관찰
  헤마토크리트 혹은 헤모글로빈 수치
    - protoporphyrin heme 혹은 혈청 페리틴
    - 혈청 혹은 적혈구 엽산 수준
    - 혈청 비타민 B_{12}
  요 분석 자료
- 임신전 체중에 비해 임신시 체중증가에 대한 수용이나 느낌에 대한 태도 평가
- 식이섭취조사 방법을 사용하여 섭취량 조사
- 식품자원에 대한 예비 평가하기, 필요하다면 다른 기관으로 보내기
- 구토와 욕지기가 있는지 알아보고 가능한 치료 제안
- 비타민/무기질 보충제에 관한 조사 및 토의
- 문제점들에 대한 우선순위를 결정하는 초기 계획 수립
- 환자가 영양과 건강의 관련성을 이해하고 있는지 관찰

두 번째 방문시 점검 사항
- 다른 기관에 보내야 할지를 결정
- 초기 판정 결과 토의 및 식이 패턴에 필요한 변화제안(가급적 인쇄된 자료 사용 권장)
- 필요하다면 빈혈 진단을 위해 실험실조사 실시함
- 필요하다면 식습관 조사 실시
- 체중 증가 모니터: 다음 방문시 계획하고 있는 체중 증가에 대해 토의
- 영양상태에 영향을 주는 요인들에 대한 조사 및 판정
  - 활동수준
  - 식욕변화
  - 피카, 식품 갈망, 혐오
  - 알레르기 식품, 특수식품 불내증 여부
  - 보충제 먹는지의 여부

다음 방문시 점검 사항
- 적절한 체중 증가여부 조사하고 지원해 주기; 안전한 운동에 관한 토의와 권장
- 영양상태에 영향을 주는 요인에 대해 계속적으로 다루기
- 가슴앓이, 식품섭취량 감소, 배설 문제 등의 점검; 식사 중재에 대한 제안
- 예비토의 시작; 모유수유와 조제유 수유의 이점 및 단점에 대해 비교하고 토의

마지막 산전 방문
- 유아 수유법에 대한 토의
- 모유수유시 모유수유법에 대한 예비지침서 마련
- 조제유 수유시 조제유 제품 선정, 조제유 수유 방법에 대해 토의

분만 후 방문
- 분만 후 체중 관리에 대한 방법을 도와줌
- 유아 수유/급식 방법 및 유아 성장관찰; 문제가 있을 때 도움주는 방법 마련

자료: Mahan LK and Rees JM, Nutrition in Adolescence, St. Louis: Times Mirror/Mosby, 1984

- 임상조사: 이전 임신의 결과, 임신사이의 간격, 이전 임신 기간중의 문제점 등을 포함하는 산과력조사(임신성 고혈압, 임신성 당뇨병, 철 결핍성 빈혈, 임신 중 체중증가가 정상적이었는지 등도 포함)
- 신체 계측조사: 신장-대비-체중 조사. 체중은 측정 후 체중 증가표(그림 8-1)상에 점으로 표시하여야 한다. 일상적인 판정이라면 피부두겹 두께까지는 측정하지 않는다.
- 실험실적인 조사: 헤마토크리트와 헤모글로빈을 측정하여 빈혈 여부를 선별한다. 임신성 당뇨병이나 자간전증이 있는 임신부라면 뇨중 케톤, 뇨당, 단백뇨 등을 분석한다.

초기 산전관리 방문 이후 방문에서는 체중 증가가 면밀하게 관찰되어야 하

며 체중증가 패턴을 평가하여야 한다. 임신 중 적어도 한 번 이상 빈혈에 대한 선별도 수행되어야 한다. 식이 섭취 조사도 주기적으로 실시하여 식이 섭취가 향상되고 있는지, 비타민 무기질 보충제는 복용하고 있는지에 대해 평가하여야 한다. 특별히 영양 위험 집단에 속한 임신부들의 영양상태는 매 방문시마다 재평가 하여야한다.

임신부들의 영양상태 평가 결과 식이 섭취 상태가 좋지 않으면 적절한 중재 프로그램으로 향상시켜야 한다. 이러한 중재 프로그램에는 일반적인 영양교육, 개개인을 대상으로 하는 영양상담, 적절한 식품 보조 프로그램 및 영양교육 프로그램 등이 있다.

5. 건강한 영유아

1) 영유아의 성장상태 및 신체계측

(1) 영유아의 성장상태

영유아의 영양상태는 성장상태를 관찰함으로써 알 수 있다. 영유아는 출생 첫 1년 동안 매우 빠른 성장을 하며 출생 4~6개월이 되면 출생시 체중의 두 배, 1년이 되면 3배 가까이 된다. 이렇게 빠르게 성장 발달하므로 이시기에 충분한 영양을 공급하는 것은 매우 중요하다. 영양학적 관점에서 볼 때, 출생 후 첫 일년은 전 생애에 있어서 제일 중요한 시기이다. 이 시기에 영유아는 모든 필수 영양소가 충분히 공급되어야 한다. 체중 단위로 계산해 보면 이시기의 영양소 필요량은 성인의 두 배에 달한다. 출생 6개월 후 이 급격한 성장세는 다소 완화된다.

(2) 신체계측

영유아의 신체계측 항목은 신장, 체중, 두위 등이며, 이 부분을 측정하면 신체 성장을 측정할 수 있다. 체중 측정 시 겉옷을 벗기고 눕거나 앉을 수 있게 만들어진 저울을 사용한다. 신장은 보통 누운 키를 측정하는데 이때 머리에 대는 판이나 발에 대는 판을 똑바로 하여 측정하여야 한다.

두위는 정상적으로 성장하였는가, 단백질 에너지 영양불량(PEM)은 없는가를 알아보는 좋은 지표이다. 영유아의 두위 백분위수는 신장과 체중 백분위수와 비슷하다. 신체 발육 표준치(부록참조)와 비교하여 각 지표에서 5번째 백분위수 이하를 보이면 영양불량이라고 판정하며 10번째 백분위수 이하면 영양불량의 위험이 있다.

2) 모유수유 권장

영유아를 위해 가장 좋은 식품은 모유이다. 분만할 때 모든 임신부는 모유를 먹일 것인지 아닌 지 결정해야 한다. 지역사회 영양사는 그 지역사회 내의 모유수유 비율을 먼저 알아보는 일이 필요하다. 미국의 경우, 과거에는 모유수유가 많지 않았으나 최근에는 점점 늘어 현재 50% 이상의 여성이 모유수유를 실시하고 있으며(1992년 현재 52%), 1/3 이상의 여성이 3개월 이상 모유수유를 실시하고 있다. 유럽국가들의 모유수유율은 75%(1995년), 일본도 45%(1995년)에 달하고 있다. 그러나 우리 나라의 경우는 최근 도시화, 여성의 취업, 조제유 수유가 매력적으로 보이는 점, 조제유의 광고 등의 영향으로 모유수유율이 점점 줄고 있으며 1985년 59%이던 것이 1997년 현재 14%로 감소하여 선진국들의 증가추세와는 대조적이다(1998년도 국민건강 · 영양조사). 여성의 나이가 젊을수록, 또 사회 경제적 지표가 낮을수록 모유수유 수행율이 낮으며 그 기간도 짧다.

UN을 위시하여 국제 사회의 지속적인 관심을 받고 있는 모유수유의 보호와 권장을 위한 세계적 대응은 이미 1980년대를 전후하여 시작되었다. 특히 "모유수유의 보호 · 권장 · 지지에 관한 이노센티 선언(1990년 8월)"에서는 "모든 여성이 아기에게 모유를 먹일 수 있어야 하며, 모든 아기들은 4~6 개월 동안 모유로 양육되어야 하고, 그 후에도 적절한 보충식과 함께 모유를 먹일 수 있어야 한다"는 내용을 선언하였다.

모유수유를 권장하기 위해서는 먼저 의료 제도적인 지원이 필요하다. 즉, 산과 병동에서는 분만한 병원에서 엄마와 아기를 같은 방에 있도록 하는 "모자동실제(rooming-in)"를 도입하도록 규정함으로써 분만 후 병원에서 모유수유법을 습득하고 실천에 옮길 수 있다. 더욱 중요한 것은 여성 자신의 자각이다. 지역사회 영양사는 산모로 하여금 마치 조제유가 모유보다 우수하고, 아기에게 젖을 먹이는 여성은 세련되지 못한 것처럼 생각하는 착각에서 하루 빨리 벗어나도록 도와야 한다. 이러한 제도적 지원과 자각을 통하여 의료기관과 어머니가 더 이상 어떤 형태의 분유회사 판촉에도 아기의 건강을 빼앗기지 않도록 "건강 파수꾼"이 되어야 할 것이다. 여기서는 모유수유의 이점과 장애요인에 대해 알아본다

(1) 모유수유의 이점

모유수유에는 많은 이점이 있으며 영양사는 이런 이점들을 잘 알고 또 믿어야 지역사회 구성원들에게 잘 이해시킬 수 있다. 지역사회 영양사를 포함하여 그 지역사회에서 중요한, 그리고 영향력 있는 여성이 모유수유를 하면 그 영향력이 크며, 다른 사람들에게 무언의 격려가 될 수 있다. 모유수유의 이점은 다음과 같다.

① 모유는 아기에게 가장 자연스럽고 좋은 음식이다

모유에는 아기의 성장에 꼭 맞는 지방, 당류, 단백질, 무기질, 비타민이 적당량 들어 있고 소화하기도 쉽다. 모유에 들어있는 이 영양소들은 아기의 성장에 필수적이다. 모유에는 아기를 감염에서부터 보호해주는 면역물질, 즉 면역글로불린 IgA 뿐 아니라 비피더스, 리소자임, 락토페린 등이 풍부히 들어있어 미생물의 침입을 막아준다. 우유를 아무리 조제유로 만든다해도 아기를 위한 모유처럼 좋은 성분을 가지게 만들 수는 없다.

모유는 아기의 성장 과정에 따라 가장 알맞게 구성되어 있다. 출생 후 4개월까지는 다른 보충 식사가 필요 없으며 4~6개월 시 모유수유와 함께 다른 보충 식사를 준다. 다른 식품의 섭취가 계속 된다고 해도 모유는 그 보충식사들의 질을 향상시키므로 계속 수유하는 것이 좋다.

② 모유는 언제나 깨끗하며 아기를 질병으로부터 보호한다.

모유는 엄마 가슴에서 아기의 입으로 직접 전달되므로 다른 균에 감염될 우려가 없다. 조제유는 균의 좋은 배지가 되므로 더러운 손, 식기, 컵, 병을 사용하였을 때 쉽게 균이 자란다. 따라서 아기에게 주기 전에 반드시 끓여 소독하여야 한다. 또 기구들도 소독해야 한다. 이에 비해 모유에는 설사나 감기 등에 대항하는 보호 물질들이 들어 있어서 모유로 자란 아기는 감염이 덜 된다.

③ 모유는 언제나 줄 수 있고 어떤 특별한 준비가 필요 없다.

모유수유에는 수요, 공급의 특별한 기전이 있다. 즉, 아기가 자주 빨면 엄마는 더 많은 젖을 만들어 낸다. 조제유는 먹기 전에 끓이거나 아기가 어릴 때는 물에 타 주어야 한다. 이 때는 물을 끓이고 또 식혀야 하므로 번거롭고 시간이 많이 걸린다. 이에 비해 모유는 언제나 특별한 준비 없이도 줄 수 있어 간편하다.

④ 모유는 비용이 들지 않는다.

조제유 수유를 위해서는 조제 분유를 구입해야 하나 모유는 비용이 없다. 물론 수유부는 더 먹어야 하므로 그 비용도 있으나 그 비용은 조제유 수유 비용의 1/4 이하밖에 안 된다. 또 조제유 수유를 할 경우 질병에 걸리기가 더 쉬우며 이를 치료하려면 시간과 경비가 더 든다.

⑤ 모유는 엄마와 아기 사이에 특별한 관계를 갖게 해 준다.

모유는 엄마와 아기를 더 밀착시켜 준다. 수유 중에 경험하는 신체 접촉, 따뜻함, 엄마의 냄새, 엄마를 쳐다보는 것 등의 감각이 아기에게 안정감을 준다. 이런 관계가 생의 초기에 시작된다면 그 관계는 매우 튼튼해진다. 모유수유는 아기에게 엄마의 품속에서 안전하다고 느끼게 하며 엄마는 아기에 대한 사랑을 더욱 느끼게 된다.

⑥ 모유수유는 엄마가 적당한 간격으로 아기를 갖도록 도와준다.

엄마가 모유수유를 할 때 자궁이 잘 수축된다. 조제유 수유부에 비해 모유수유부는 분만 후 수유하는 기간동안 월경이 없으므로 다시 임신하는 일이 거의 없으며 이로써 자녀의 터울이 자연스럽게 조절된다. 엄마는 다음 아기를 갖기 전까지 충분한 시간 동안 아기를 돌볼 수 있다. 물론 모유수유가 임신을 피하기 위한 수단은 아니며 만약 부모가 바로 다음 아기를 갖기 원치 않는다면 모유수유만으로는 부족하고 다른 피임 방법을 써야 한다. 이 때, 피임 방법으로 경구 피임약을 사용하면 모유수유량이 감소하므로 사용하지 않는 것이 좋다.

(2) 모유수유 장애 요인

모유수유의 이점이 이렇게 많은데도 불구하고 지역사회에 따라 모유수유율이 감소하는 것은 모유수유를 시작하거나 계속하는 것을 방해하는 장애 요인들이 있기 때문이다. 영양사는 이런 장애 요인들에 대해 잘 이해한 후 이 영향들을 줄이고 모유수유를 시작할 수 있도록 임신부들을 도와야 한다. 모유수유를 시작하거나 계속하는 것을 방해하는 장애 요인들은 다음과 같다.

① 엄마의 인식 부족

모유에 대한 인식 부족으로 인해 거의 선택해 볼 여지도 없이 모유를 실시하지 않는 여성이 있다. 이 경우 대개 그 여성이 속한 집단에서는 모유수유가 매우 드물 경우가 많다. 어떤 개인이든지 그 사회에 속한 구성원들의 행동 패턴을 따르려는 경향이 있으므로 모유수유의 역할 모델이 없으면 모유수유를 이행하기 어렵다. 그 지역의 건강 관리 요원이나 영양사가 모유수유의 중요성이나 이점에 관한 정보를 주지 않거나, 또는 정보들이 주어져도 산모의 교육 배경이나 언어 문제로 인해 그 정보들을 이해할 수 없다면 그 산모들은 모유수유에 대해 거의 모르게 되며 또 심각하게 고려하지 않게 된다.

② 엄마의 부정적 태도

서양 사회는 여인의 가슴을 아기를 젖먹이는 기관으로서보다는 성적인 매력을 나타내는 신체의 일부라는 관점을 가지고 있다. 따라서 대부분의 산모들은 그들의 미용을 위해 모유수유에 대해 부정적이다. 이런 부정적인 태도에는 다음과 같은 우려, 즉 가슴을 노출시키고 젖을 먹이는 것에 대한 당혹감, 모유수유 후 가슴의 모양이 흐트러질 것에 대한 두려움, 모유수유로 인해 성적 매력이나 성욕이 감퇴될 것에 대한 걱정 등도 포함된다.

③ 영향력 있는 사람의 부정적 태도

산모가 모유수유에 대한 다른 사람의 의견, 승인 등이 가치 있다고 생각할 경우, 그 사람의 의견이 산모의 모유수유 여부 결정에 큰 영향을 미친다. 특히 남편, 가족, 친구, 의사, 건강관리인 등이 모유수유에 대해 부정적인 태도를 가지고 있으면 이는 곧 산모의 모유수유 결정에 부정적으로 영향을 주게 된다.

④ 산모의 지식 부족

어떻게 모유수유를 하는가? 모유수유 시에 흔히 나타나는 문제점들은 어떻게 해결할 것인가? 모유수유를 하면 수유부 자신에게 나타나는 변화는 무엇인가? 등의 질문에 대한 정보나 지식이 부족하면 산모는 모유수유를 시작하기 어렵고, 또 어렵게 시작하고 나서도 곧 중지하기 쉽다. 또 지식이 부족하면 정상적인 현상도 잘못되어 무슨 문제가 생긴 것으로 오해하기 쉽다. 예를 들면, 자주 빨리지 않아 모유의 분비가 적어진 것을 젖이 모자란다고 생각하거나 모유수유 시에 흔히 나타나는 문제점인 가슴이 붓는다든지 젖꼭지가 아프다든지 하는 문제들을 극복하지 못한다. 지역사회의 영양사에 의해 모유수유에 관한 정보들이 충분히 주어지지 않을 경우 그 지역의 산모들은 모유수유에 대한 동기를 유발시키기 어렵고, 또 스스로 모유수유에 관한 정보를 찾기도 어렵다. 이웃들을 잘 모를 경우에는 더욱 그렇다.

⑤ 의료 기관의 비협조

지역사회 보건소 혹은 의료 기관들이 모유수유를 단념시키는 해로운 역할을 할 수도 있다. 즉 임신 중에 혹은 분만 중에 모유수유에 대해 가르쳐주지 않는다든지 분만 후 아기를 엄마로부터 떼어놓고 그 동안 조제유를 먹이는 일, 또는 모유수유를 하는 수유부에게 혹은 모유수유를 하려고 하는 산모에게 조제유의 샘플 나누어주기 등을 예로 들 수 있다. 더구나 병원에서 아기를 분만한 후 몇 주일 동안 산모들은 영양사나 건강 관리 요원을 만날 기회가 없다. 그러나 이 시기는 산모들이 모유수유에 대해 도움과 지도를 받아야 할 아주 중요한 시기이다. 만약 이 시기에 모유수유에 대한 적절한 지도와 지원이 이루어지지 않는다면 산모들은 모유수유를 단념하거나 중단하기 쉽다.

⑥ 산모 생활 방식과의 불일치

많은 여성들이 출산 후 직장 생활을 계속하기 위해 외출해야 할 필요가 있다. 이럴 경우도 젖을 미리 짜서 보관하거나 점심 시간에 집에 다녀가는 방법 등으로 모유수유는 계속할 수 있다. 혹은 경우에 따라 조제유와 섞어서 수유하기도 한다. 그러나 대부분의 산모들은 이렇게 하기에는 시간과 인적 자원이 부족하므로 직장이 있는 산모들은 대부분 거의 모유수유를 못하거나 일찍 중단하게 된다.

3) 조제유 수유

모유수유가 바람직하기는 하나 여러 가지 이유로 모유수유를 하지 못하는 수도 있다. 출산 후 젖이 전혀 나오지 않거나 젖을 먹일 형편이 안될 때에는 조제유 수유를 실시한다. 시중에 나와있는 조제유들은 거의 모유의 영양소 성분과 비슷하게 만들어진 것들이나 면역에 의한 보호 기능은 모유를 따라갈 수 없다.

많은 수유부들이 처음에는 모유수유를 시작하나 1~6개월 내에 모유를 끊고 조제유 수유를 시작한다. 조제유 수유를 할 수밖에 없을 경우, 여러 조제유 중에서 어느 것을 선택하여 아기에게 먹여야 할지를 결정해야 한다. 저지방 조제유, 철분강화 조제유 등 여러 가지 조제유가 시판되고 있다. 우유에 알레르기가 있는 아기는 콩 단백질로 만든 조제유를 먹는 것이 좋으며 유당불내증(lactose intolerance)이 있는 아기는 유당이 없는 조제유를 먹어야 한다.

모유수유 아기의 경우, 6개월~1년 정도 되면 모유에 추가하여 고형식을 준다. 이보다 더 빨리 고형식을 줄 경우 식품에 대한 알레르기가 생길 가능성이 높다. 모든 아기는 다르므로 이런 일정은 아기에 따라 다르게 실시되어야 한다. 조제유 수유는 여러 가지 장점이 있으나 위험한 점도 있다.

정보 마당

8-1 모유수유의 문제점을 극복하는 방법

분만 1~2 주 내에 모유수유에 문제점이 있을 수 있다. 그중 가장 흔한 것이 모유의 양과 질에 대한 걱정, 모유수유를 잘 해 낼 수 있을 것인가에 대한 걱정, 그리고 유두(젖꼭지)가 부어 오르거나 아프거나 평평한 유두일 때 등이다. 임신 때부터 모유수유 준비를 해두면 이런 문제들을 피할 수 있다. 그러므로 지역사회 영양사는 임신 기간동안 임신부들과 만나 모유수유에 대해 미리 이야기하고 지도하는 것이 좋다. 지역사회 영양사는 분만 후에 바로 방문하여 도와주고 용기도 주고 또 엄마들이 궁금해하는 모유수유에 관한 질문에 친절히 답해 주어야 한다.

① 평평한 유두를 가지고 있을 때

어떤 여성은 짧고 평평한 유두를 가지고 있다. 대개 첫 번째 아기일 경우 흔하다. 그러나 대부분의 유두는 잡아다니면 늘어나며 좀 길어진다. 이렇게 유두를 빼 놓지 않으면 아기가 젖을 먹을 때 어려움을 겪게 된다. 그러므로 지역사회 영양사는 먼저 임신한 여성의 가슴을 살핀다. 그리고 유두가 평평하면 늘어날 수 있는가 본다. 그리고는 그 임신부에게 유두 주위를 꼭 눌러서 유두가 돌출 되도록 가르친다. 이것을 매일 수 분간 해 보게 한다. 그러면 유두가 좀 길어진다. 분만 후에는 유두가 더 길어진다. 젖을 먹이기 전에 유두 주위를 눌러서 유두를 늘리는 것이 좋다. 이때 가슴에 젖이 너무 꽉 찼으면 이렇게 하기 전에 먼저 젖을 좀 짜내고 해도 좋다.

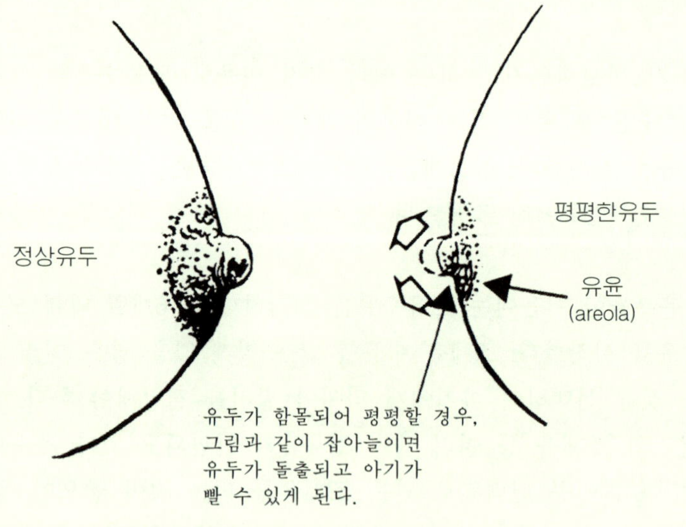

② 유두가 부어 올랐거나 충혈 되었을 때

때때로 수유부의 가슴이 아기의 필요량 이상으로 젖을 만들어 낸다. 이런 일이 분만 후 첫 주에는 매우 흔하다. 이 때 가슴이 정상적으로 비워지지 않게 되면 그 젖으로 인해 매우 아프고 부어 오르게 되는데 이를 젖몸살이라고 한다. 피부는 딱딱해지고 아기는 젖을 빨기가 매우 어려워지며 이 때 수유하는 것은 매우 고통스럽다. 이 것을 방지하려면 젖을 규칙적으로 먹이거나 짜내어 가슴을 비워주는 수밖에 없다.

수유부의 가슴이 젖으로 꽉 차서 아플 지경이 되면 젖 짜내는 방법을 가르친다. 먼저 손을 깨끗이 씻고 깨끗한 컵이나 그릇을 준비한다. 양손을 모두 이용하여 유방의 밑 부분에서부터 유두를 향해 천천히 짜낸다. 그런 다음 유두 주위를 엄지손가락과 나머지 손가락들로 잡고 눌러서 이 때 나오는 젖을 컵이나 그릇에 받는다. 이 시간이 꽤 걸린다. 이 때는 양쪽 유방을 모두 짜내야 한다. 다 짜내고 나면 유방은 부드러워지고 덩어리가 없어진다. 만약 젖으로 찬 유방을 비워주지 않으면 모유 생산량은 점점 줄어든다. 이 때 받은 모유는 여러 가지 방법으로 아기에게 먹일 수 있다. 수유하는 첫 주 동안에 유방 내 덩어리가 만져질 수 있는데 이는 유방에 모유 공급로가 막혔기 때문이다. 유방을 모두 비우고 나서 천천히 누르면 이 덩어리가 없어진다. 이렇게 해야만 나중에 생길지도 모르는 심각한 문제점을 미리 예방할 수 있다.

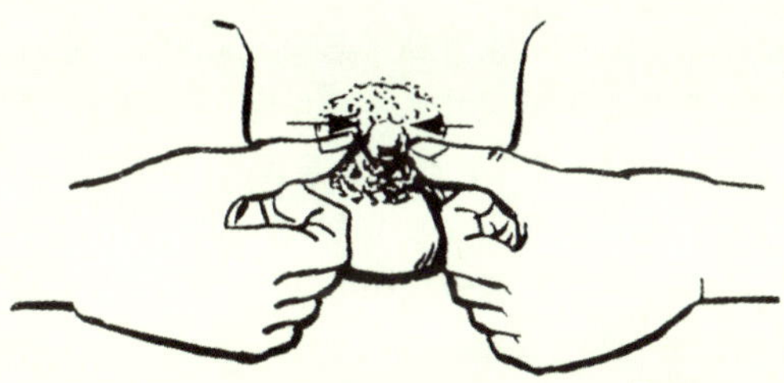

임신 기간 중 이 그림처럼
엄마가 유두주의를 매일 여러번
눌러 유두를 빼내면 나중에
아기가 젖을 빨기 쉬워진다.

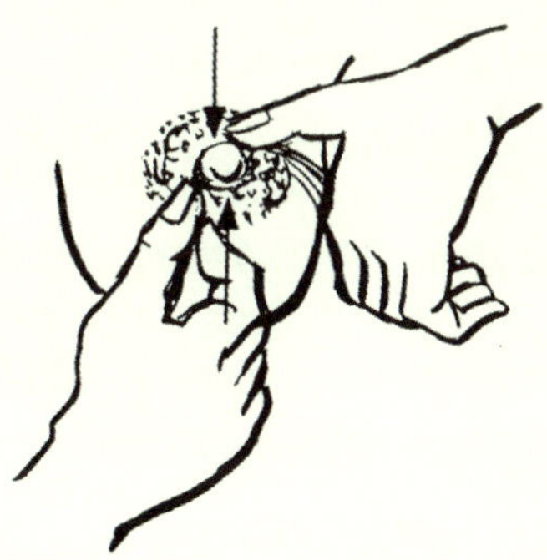

③ 유두가 아플 때

유두는 매우 민감하다. 만약 피부는 매우 연약하고 부드러운데 아기가 강하게 유두를 빨게 되면 유두가 아프게 된다. 이런 일은 가슴이 충혈 되었거나 또는 유두가 작고 납작해서 아기가 유두를 입안에 넣기 위해 훨씬 힘을 들여 빨아야 하는 경우에 흔하게 보인다. 때때로 이런 유두가 아픈 현상이 심해지면 유두 주위가 갈라지게 되고 이것은 매우 아프다. 유두가 갈라지는 것은 꼭 아기가 유두를 씹어서 그렇게 되는 것은 아니다. 이렇게 갈라지고 균열이 보이면 이 틈으로 감염이 될 수도 있다. 유두가 아프게 되는 것을 피하려면 평소에 유두 주위를 자주 문질러서 그 주위 피부를 부드럽게 만들고 또 유두에 기름을 조금 바르는 것도 좋다.

처음에 아기로 하여금 너무 오랫동안 빨고 있지 않게 한다. 어린 아기의 수유 위치를 바꾸어 주어 아기가 젖을 빠는 압력의 방향이 늘 같은 장소가 되지 않게 하는 것도 한 방법이다. 무엇보다도 중요한 것은 가슴에 젖이 많아 찼을 때 젖을 먹이거나 짜주어서 가슴을 규칙적으로 비우는 일이다. 유두가 아플 때에도 이렇게 가슴을 비우는 것이 좋다. 젖을 빨리는 것이 몹시 아프지만 가슴을 비워야 한다. 경우에 따라 유두의 갈라진 곳에 방부성 연고나 항생제 연고(예: tetracycline 연고류)를 바르기도 한다. 이럴 때는 다른 쪽 젖을 아기에게 빨려야 한다. 만약 필요하다면 수유부의 고통을 덜어주기 위해 아스피린이나 paracetamol 정제를 주기도 한다. 그러나 의사와 상의한 후 주는 것이 좋다.

④ 유방은 부드러우나 아프고 열이 있을 때

때때로 유두의 갈라진 틈으로 균이 감염되어 유방이 아프고, 붓고, 붉게 되고, 열이 나는 수가 있다. 이 때는 항생제가 필요하며 수유부는 병원이나 진료소로 가는 것이 좋다. 이 때도 물론 젖을 주거나 짜내거나 하여 가슴을 비워야 한다. 가슴이 상당히 아프다고 해도 아기에게 젖을 빨려야 한다. 즉, 이런 상태에서도 수유가 가능하며, 다만 고름이 유두에서 나올 경우는 수유를 중단시켜야 한다. 수유부의 고통을 덜어주기 위해 아스피린이나 pararcetamol 정제를 준다.

⑤ 모유가 너무 적거나 질이 나쁠까봐 걱정하는 경우

초기에는 엄마들이 아기를 위해 젖이 적을까봐 걱정을 많이 한다. 엄마의 유방은 분만 후 3-5일 정도면 모유를 분비하기 시작한다. 그러나 분만 2~3일 동안은 모유 대신 초유를 분비하므로 이 것을 아기에게 먹인다. 다음의 사항을 엄마들에게 알려주어 모유수유를 격려할 필요가 있다.

- 모유는 분만 3~5일부터 보통 나오기 시작하나 모유수유는 분만 후 곧 시작해야 그 때 나오는 초유를 아기에게 먹일 수 있고 모유수유를 분만 후 곧 하게 되면 모유 분비도 많이 촉진된다.
- 아기는 그의 몸 속에 많은 물을 가지고 출생하므로 처음 며칠 간 그렇게 모유를 많이 먹을 필요가 없다.
- 아기를 규칙적으로 모유수유시킨다. 그래야 아기에 몸에 썩 좋은 초유도 먹게 되고 아기가 빠는 것이 모유 분비를 촉진시키기 때문이다.

종종 2~6개월의 아기 엄마들이 아기가 많이 울 때 모유의 양이 부족한 것은 아닌지 걱정하게 된다. 이런 수유부들에게는 다음과 같은 방식으로 도와준다.

- 아기의 체중을 정기적으로 측정해 본다. 꾸준한 증가가 있으면 문제가 없는 것이므로 엄마를 안심시킨다.
- 아기는 배가 고파서가 아니라 다른 이유로 울 수도 있다. 기저귀가 젖지 않았는지,

춥지는 않은지, 어디가 불편하지는 않은지 살펴본다. 특히 수유 후에 우는 것은 대부분 배가 고파 우는 것이 아니다.

- 체중 증가가 잘 보이지 않는다면 모유의 양을 늘리도록 노력해 본다. 모유의 양은 수유부의 식사, 음료, 그리고 휴식 등과 연관 있으므로 모유의 양을 늘리기 위한 특별한 음식 따위를 먹어도 좋다. 또 아기를 좀 더 자주 수유시킴으로 모유수유를 자극해 볼 수도 있다. 아무튼 수유부가 지나치게 예민하고 걱정하게 되면 모유의 양이 줄게 되므로 수유부로 하여금 이런 걱정들을 극복할 수 있도록 도와준다.
- 만약 수유부가 정말로 모유 분비량이 적다고 해도 모유수유는 계속하는 것이 좋다. 꾸준히 먹이면 나중에는 모유의 양이 늘어난다.

수유부들은 종종 그들의 모유가 양적으로 아기에게 충분하지 않다고 생각하거나 질이 떨어진다고 생각한다. 그러나 이런 생각은 고쳐줄 필요가 있다. 엄마의 젖은 그 아기를 위해 꼭 맞는 것이다. 그러므로 수유부는 잘 먹고, 또 감염되지 않도록 해야 한다. 수유부들이 확신을 잃고 걱정을 하게되면 실제로 모유의 분비량이 감소하므로 지역사회 영양사는 수유부들에게 강한 확신을 심어줄 필요가 있다.

조제유 수유시 병, 고무꼭지, 숟가락, 물, 다루는 손이 깨끗하지 못하면 우유는 쉽게 오염된다. 특히 상수도 공급이 안되거나 연료가 적거나 시간이 없거나 하여 관련 기구들을 소독하기 어려운 상황에서는 더욱 위험하다. 또 우유는 상하기 쉬우므로 잘 보관하고 다루어야 한다. 조제유의 값이 비싸다고 너무 희석하여 먹이게 되면 아기는 충분한 영양섭취가 안되고 잘 자라지 않는다. 병에 달린 고무꼭지의 구멍이 너무 작으면 아기가 우유를 빨기 힘들고 공기만을 삼키게 되며, 너무 크면 너무 빨리 수유가 되어 토할 수도 있다.

4) 영유아의 영양 문제

(1) 철 결핍

영유아기에 있어서 철 결핍은 아직도 중요한 영양문제이다. 정상으로 달을 채우고 태어나는 아기는 첫 4개월간 사용할 철 저장량을 가지고 태어난다. 그러므로 첫 4개월까지는 식사로부터의 철 섭취가 부족해도 별 문제가 없으나 그후 생후 4개월부터 3세까지의 급격한 성장시기에 철의 섭취가 부족하면 철 결핍이 일어날 가능성이 높아진다. 우유에는 철 함량이 매우 적으므로 우유로 만든 조제유를 먹은 영유아는 철 결핍 우려가 높다. 또 6개월 이상 철 보충 없이 모유만 먹는 유아, 철 강화되지 않은 조제유를 먹는 유아, 저체중 출산아, 사회경제적 상태가 낮은 유아에게서 철 결핍이 나타난다. 철 결핍을 방지하기 위해서는 출생 후 첫 1년간은 모유를 먹거나 철 강화 조제유를 먹는 것이 좋으며 4~6개월 이후에는 철이 풍부한 고형식을 첨가하여야 한다.

우리 나라 유아의 철 섭취실태를 보면 1998년도 국민건강·영양조사 결과 1~2세 유아 중 철 권장량의 75% 미만을 섭취하는 유아의 비율은 무려 74.6%나 되는 것으로 나타나 유아의 철 결핍이 심각한 영양문제가 되고 있음을 알 수 있다.

(2) 식품 알레르기

유아가 식품 알레르기에 민감해 지는데는 유전적인 요인이 가장 중요한 인자로 생각되나 식품 알레르기는 모유수유아보다 조제유 수유아에게서 더 많이 나타난다. 식품 알레르기 위험성이 높은 유아는 혈중 면역 글로불린 E (IgE)의 수준이 높거나, 가족력 조사를 해봄으로써 알아낼 수 있다. 우유에 알레르기가 있는 유아는 두유나 염소유를 먹여보기도 하나, 어떤 유아들은 이것들에도 식품 알레르기가 있을 수 있으므로 모유를 수유하는 것이 더 좋다. 식품 알레르기 민감성을 감소시키기 위해 새로운 식품을 먹일 때는 그 식품만을 먹여서 알레르기가 있는지를 알아내야 한다. 새로운 식품을 소개할 때는 그 식품의 알레르기 여부가 나타나기까지 수 일간 경과를 지켜보아야 한다.

6. 임신·수유부 및 영유아 영양프로그램(미국)

임신부와 유아의 건강과 영양상태를 개선시키기 위해서는 국가적인 도움이 필요하다. 미국의 Healthy People 2004에서 임신부와 유아의 건강 향상을 위한 국가적 목표는 표 8-6과 같다. 이 목표를 달성하기 위해 건강관리 전문가들은 임신부의 생활습관과 임신에 영향을 주는 요인들을 변화시키는 것에 관심을 가져야 한다. 즉 흡연, 마약복용, 빈약한 영양상태 등의 건강문제와 생활습관들이 임신 전에 다루어져야 한다.

우리 나라에서도 보건복지부를 중심으로 우리 나라 건강 목표를 정하려는 움직임이 있다. 2000년 보건사회연구원의 연구비 용역을 받아 영양 전문가들을 상대로 국가 건강/영양 목표 설정에 관한 질문지 조사를 실시한 바 있으며 그 결과는 아직 나오지 않았다.

모체와 유아의 건강에는 많은 요인들이 영향을 준다. 유전적인 요인, 환경적 요인, 그리고 행동적 요인들이 임신의 위험성 및 임신결과에 영향을 미친

표 8-6 미국 Health 2000에서 임신부와 유아의 건강향상을 위한 목표

건강 상태 목표

1. 영아 사망율을 출생아 1,000명당 7명 이하로 감소시킨다. (기초선 : 1987년 10.1명)
2. 출산 시 모체 사망률은 출생아 100,000명당 3.3 이하로 감소시킨다. (기초선 : 1987년 6.6명)
3. 태아알코올증후군(FAS)을 출생아 1,000명당 0.12명 이하로 감소시킨다. (기초선 : 1987년 0.22명 ; 1993년 0.67명)

위험율 감소를 위한 목표

1. 저체중아(LBW) 출산을 총출생아의 5% 이하로 감소시킨다. (기초선 : 1987년 6.9% ; 1993년 7.2%)
2. 임신중 체중증가가 최소권장수준 이상이 되는 임신부 비율을 85% 이상으로 증가시킨다. (기초선 : 1987년 67%)
3. 수유초기 모유수유율은 75%, 수유 5~6개월 모유수유율은 50%로 증가시킨다. (기초선 : 1988년 수유초기 모유수유율 54%, 수유 5~6개월 모유수유율 21% ; 1995년 수유초기 모유수유율 60%)
4. 임신중 금연율을 90% 이상으로, 술, 코카인, 마리화나 금지율을 20% 이상으로 증가시킨다. (기초선 : 1985년 금연율 75%)
5. 칼슘섭취량을 증가시키어 적어도 칼슘이 풍부한 식품을 하루에 3~5 단위 섭취하는 임신부/수유부 비율이 50% 이상이 되게 한다. (기초선 : 1985~1986년 24%)
6. 가임기 여성의 철 결핍율을 3% 이하로 감소시킨다. (기초선 : 1976~1980년 20~44세 가임 여성의 경우 5%)

Healthy People 2000 중간 개정

1. 신경관 결함 발생률을 출생아 10,000명당 3명 이하로 감소시키다. (1990년 6명 ; 1993년 7명)

자료 : Healthy People 2000: National Health Promotion and Disease Prevention Objectives, Washington, DC: Department of Health and Human Services, 1990; and Trahms CM, Powell J, Maternal and Infant Nutrition: An inquiry into the issues, Topics in Clinical Nutrition 11:15, 1996

다. 임신 전 기간을 통한 영양상태는 임신부의 건강과 태아의 성장, 발달 및 건강을 위해 매우 중요한 요인이다. 가임 여성이 건강한 상태, 즉 모체에 각 영양소의 저장이 충분하고, 각 식품이 골고루 함유된 균형 식사를 하는 식습관을 가지고 있는 상태에서 임신하는 것이 바람직하다. 지역사회 영양사는 그 지역사회에서의 저체중아 출산율을 낮출 뿐 아니라 임신중의 철 결핍 증세를 감소시키고 또 모유수유율을 높이기 위해 다음과 같이 노력한다.

1) 임신 전 영양증진 활동

지역사회 영양사는 임신 전 체중 유지에 좋을 뿐 아니라 철과 기타 필수 영양소(엽산 등)의 체내 저장이 충분하도록 균형된 식사 섭취를 장려하여야 한다. 최근에는 임신 전의 가임 여성 대상의 건강 관리 중재 활동(health care intervention)의 필요성이 많은 관심을 끌고 있다. 이와 같이 임신부의 위험요인을 알아내고, 감소시키는 임신 전 건강 관리 서비스를 수태 전 관리(preconception care)라고 부른다.

앞에서 다루었던 여러 인구학적 위험요인, 임신 전 위험요인, 그리고 행동상의 위험요인을 임신 전에 찾아내어 조절하고 개선할 수 있다. 즉 임신 전 영양 판정을 실시하면 누가 체중 부족인지 혹은 체중 과다인지, 누가 식이요법을 실시하고 있는지, 누가 식이 섭취 이상을 가지고 있는지, 누가 특정 영양소가 부족한 식사를 하고 있는지 등을 알아낼 수 있다.

2) 임신중 영양증진 활동

지역사회 영양사는 임신부들에게 임신 중 정상적인 체중 증가를 줄 수 있을 뿐 아니라 철과 다른 영양소의 섭취도 충분히 할 수 있는 좋은 식사를 섭취할 수 있도록 격려하고 지도해 줄 필요가 있다. 또 임신 중 영양과 관련된 여러 증상들, 즉 구토, 가슴앓이, 변비 등의 문제를 극복할 수 있도록 교육시킨다. 이 시기는 모유수유 및 영유아의 급식에 대해 본인은 물론 가족들에게도 교육을 시작하는 적절한 시기이다.

임신부에게 영양 보충제가 필요하다면 그 것도 지역사회 영양사가 결정해 준다. 지역사회 영양사는 모든 임신부들을 대상으로 일상적인 식사 섭취 판정을 하여 식사를 개선할 필요가 있는지 혹은 영양 보충제를 권장해야 할지 등을 판정할 필요가 있다. 보다 중요한 것은 임신부의 식사 내용이 불충분할 경우 영양 보충제를 투여하는 것보다 가능하다면 식사 내용의 변화로 고치는 것이 바람직하다는 것이다. 물론 철의 경우는 예외가 될 수 있으며 영양제 형태로의 철 보충은 권장할 만 하다. 그러나 철 보충제의 철 함량이 일일 30 mg 이상일 경우에는 아연(Zn)과 구리(Cu) 보충제도 함께 처방하여야 한다. 다른 영양제들은 식사 섭취가 여전히 빈약하고 개선의 여지가 없는 고 위험 집단의 경우에만 사용하도록 한다.

3) 분만 후 영양증진 활동

지역사회 영양사는 분만 후 영유아 급식에 대해 지도하고 지원해야 하며 산모의 회복과 수유를 위해 영양적으로 균형된 식사를 하도록 지도하고 격려하여야 한다. 이런 모든 활동들은 지역 단위, 혹은 중앙 행정 단위의 영양프로그램과 연결하여 시행될 수 있다. 여기서는 미국에서 현재 실시되고 있는 국가 차원의 영양프로그램 중 WIC 프로그램을 소개한다.

WIC 프로그램

WIC(women, infants, and children) 프로그램은 1974년에 시작된 연방 정부의 영양프로그램으로써 고위험 임신 수유부, 영유아, 그리고 취학 전 어린이를 위해 시작되었으며 참가자들의 영양상태를 개선시킴으로써 건강 문제를 예방하는데 큰 역할을 하고 있다. 행정적으로는 미국 농무성(USDA)의 행정 감독하에 미국 내 모든 연방 주에서 시행되고 있다. 1989년 통계에 의하면 8,000개의 진료소에서 실시되고 있고 한 달 동안 참여 인원은 7백만 명이며 수혜자 중 23%가 임신·수유부, 31%가 영유아, 나머지 46%가 1~4세 어린이였다고 한다. WIC 프로그램의 수혜자가 되려면 다음 범주에 들어야 한다.

WIC 프로그램 수혜자 범주

(1) 목표 집단에 속해야 한다.

목표 집단에는 임신부, 분만 후 6개월까지의 산모, 생후 12개월까지의 수유부, 영유아, 4세까지의 어린이 등이 있다.

(2) 저소득층이어야 한다.

1989년 현재 미국 내 모든 주의 92%에서 저소득층을 연방 정부 저소득층 수입 지침서의 185% 선 이하로 정의하고 있다. 나머지 8%의 주는 저소득층 판정 기준(low income cut-off level)을 사용하고 있다.

(3) 건강상 위험요인이나 영양학적 위험요인이 있는 대상자이어야 한다.

- 식품과 영양소 섭취가 불충분하거나 너무 과잉일 때
- 헤마토크릿 치가 낮을 때
- 체중 증가가 불충분하거나 너무 많을 때
- 체중 과잉 또는 체중 부족
- 식사와 관련된 만성 질병이 있을 때

· 임신에 관련된 문제가 있었던 임신부
· 너무 어리거나 혹은 너무 나이 많아 임신했을 때

WIC 프로그램 대상자들이 받는 혜택

WIC 프로그램 대상자들은 한 달에 한 번 WIC 진료소에 참가해서 보충 식품을 지급 받고, 영양 교육을 받으며, 정규적인 건강 및 의료 관리를 받는 것 등 다음 세 가지의 혜택을 받는다.

(1) 보충 식품의 지급

각 대상자들에게 해당되는 식품교환권을 한 장씩 지급하며 여기에는 몇 가지의 필요한 식품의 목록과 그 양이 기록되어 있다. 대상자들은 이 식품교환권을 수퍼마켓에 가지고 가서 거기에 적힌 식품들과 교환할 수 있으며 이 식품의 대금은 WIC 프로그램이 지불한다. 식품교환권에 있는 식품들은 대개 저소득층 임신·수유부나 어린이들에게 부족 되기 쉬운 영양소들, 즉 단백질, 칼슘, 철, 비타민 A, 비타민 C 등이 풍부하게 들어 있는 식품들로써 우유, 치즈, 철 강화 씨리얼, 달걀, 비타민 C 강화된 과일 쥬스 등이다.

(2) 영양 교육

WIC에서는 두 가지 형태의 영양 교육을 실시한다. 첫 번째는 영양 상담으로써 모든 대상자들은 주기적으로 영양 상담자와 만나서 영양 상담을 한다. 이 때 상담자는 대상자의 개인적 영양 필요량을 판정하고 1:1의 영양 상담을 실시한다.

두 번째는 영양 교육으로, WIC 대상자는 집단 대상의 영양 교육 교실, 혹은 다른 영양 교육 활동에 참석하여 공통적으로 해당되는 영양의 필요성 및 상호 관심사에 대해 교육을 받는다.

(3) 적절한 건강 관리

WIC 대상자는 여러 의료 서비스, 즉 산전 관리, 면역, 가족 계획, 약물과 알콜 중독에 대한 치료를 받을 수 있다. WIC 프로그램은 장소에 따라 저소득층 여성/아동을 위한 건강/사회프로그램과 건물이나 인적 자원을 나누어 쓰는 경우가 많다. 즉 대부분의 지역에서 WIC 대상자는 WIC 식품교환권을 받고 영양 교육에 참여할 뿐 아니라 같은 날, 같은 장소에서 보건 진료소에 갈 수 있고 또 다른 필요한 서비스를 받을 수 있다. 즉 WIC 프로그램은 한 장소에서 WIC 서비스 뿐 아니라 각종 의료 및 건강 관리 서비스를 다 받을 수 있는

원 스톱 서비스 관리 체계로 되어 있다. 이런 원 스톱 관리 체계는 교통 수단이나 혹은 어린 아이 때문에 WIC 진료소까지 오기가 쉽지 않은 저소득층 여성에게는 아주 편리한 제도이다.

WIC과 같이 매우 크고 복잡한 프로그램을 국가적 차원에서 평가하기란 쉽지 않다. 대부분의 평가는 WIC 참여도와 신생아 출산시 체중과의 관계를 보는 것으로 실시되는 경우가 많다. 몇몇 연구에 의하면 임신 중 WIC 프로그램에 참가하였을 경우 평균 출생 체중이 증가하였고 저체중아 출산율이 감소하였으며 태아 사망률과 영아 사망률도 감소하는 결과를 보였다고 한다. 그리고 이런 효과는 임신부가 위험요인을 많이 가진 임신부, 즉 십대 임신부나 흡연 임신부 등일 경우 더욱 컸다고 한다.

임신 중인 여성이 WIC 프로그램에 참여하게 되면 산전 관리를 더 빨리, 더 잘 받고, 또 특정 영양소의 섭취가 증가하는 것 등의 긍정적 효과가 있음이 보고되었다.

7. 우리 나라 임신 · 수유부 및 영유아 영양프로그램

1996년 우리 나라 보건소법이 지역 보건법으로 개정되어 영양사가 국민 영양개선 업무 담당의 전문 인력으로 명시되고 그 모법인 국민건강 증진법이 제정 시행됨으로써 우리 나라도 명실공히 지역사회 영양사 혹은 보건영양사의 건강과 영양관리 시대에 접어들었다고 볼 수 있다. 그러나 아직도 보건소에 배치되는 인력 문제가 해결되지 않고 있어서 예산의 뒷받침이나 사업 시행의 어려움이 많은 상황이다.

우리 나라의 임신, 수유부 및 영유아를 위한 영유아 건강증진 프로그램 혹은 사업은 현재 보건소를 중심으로 부분적으로나마 진행되고 있으나, 거의 대부분 관내 임신 · 수유부를 대상으로 모자보건 및 영양에 관한 교육을 하거나 영양상담을 하는 선에서 그치고 있으며 영양 문제가 있는 임신부를 선별하여 영양교육이나 상담 외의 영양중재 프로그램을 실시하는 경우는 없는 실정이다. 또 모유수유 실태에 대한 조사 보고나 모유수유를 권장하는 프로그램은 거의 실시되지 않고 있다. 앞에서 보았듯이 우리 나라 유아의 경우, 철 결핍이 심각한데 이에 관한 영양보충 프로그램도 아직 개발되지 않고 있다. 여기서는 현재 우리 나라 각 보건소에서 진행하도록 권장되고 있는 모자보건 및 영양지도 사업의 지침에 대해 알아보기로 한다. 이 프로그램들은 현재 보건소 지침에 나와있는 것이며 이 프로그램들의 수행여부는 각 보건소의 실정에 따라 서로 다를 수 있다.

1) 임신·수유부 영양지도

정상적인 임신과 분만에 직접적인 영향을 주며 출산된 유아의 정상적인 발육과 관계 깊은 임신·수유부의 영양을 지도함으로써 국민기초건강을 증진시키기 위하여 실시되는 사업으로 임신·수유부 대상 영양상담 및 영양교육의 내용으로 진행하고 있으며 이 사업을 위해 각 보건소 영양사는 지역 내 임신·수유부의 실태를 파악하고, 월 1회씩 변동사항을 수시로 조사하여 관리 대상자를 점검한다.

(1) 영양상담

보건소에 내소한 임신·수유부를 대상으로 수시로 영양상담을 실시한다. 영양상담의 내용은 임신기의 체중증가량, 부종예방법, 임신 중의 식사지침, 임신중독증 예방을 위한 영양관리 등이다.

(2) 영양교육: 임신·수유부 교실

임신부 교실은 임신부를 대상으로 한 영양교육 사업으로써 관내 임신부를 대상으로 하여 월 1회 영양 교육을 실시하고 있으며 그 내용은 임신기의 생리변화, 임신 중의 식사지침과 일반적 주의사항, 임신중독증 예방을 위한 영양관리법, 산욕기 영양관리의 주의점, 모유영양의 우수성, 모유수유 방법, 임신전·후기 및 수유기의 영양권장량 및 권장식품 등이다. 교육은 대학이나 병원의 협조를 얻어 강사를 구하거나 영양사가 전담한다. 혹은 지역에 따라 영양사와 간호사가 팀을 이루어 담당하고 있다. 그러나 이런 교육조차도 전국의 모든 보건소에서 실시되는 것이 아니라 예산과 인력 등 여건이 허락하는 보건소에 한해 실시되고 있다. 보건소의 사정에 따라 임신부 영양교육과 수유부 영양교육을 별도로 운영하기도 하고 함께 교육하기도 한다. 혹은 임신부 교실에서 이유식에 관한 강좌도 열어 이유기의 영양관리를 다루기도 한다.

2) 영유아 및 유아 영양지도

신체 발육은 물론 지능의 발달과도 깊은 관계가 있는 영유아 및 유아 영양의 중요성과 영양관리 방법을 지도하는 프로그램이다. 내용은 영유아 및 유아 영양상담과 영양교육, 그리고 보육원, 탁아소 보모를 대상으로 한 영양교육이 있다. 이 사업을 위해 생후 1년까지의 영유아 및 만 1세부터 3세까지의 유아 실태를 먼저 파악하며 그 후 연 4회씩 조사하여 변동사항을 수시로 파악하고 관리대상자를 점검한다.

(1) 영양상담

예방접종을 위해 보건소를 내원한 영유아 부모를 대상으로 수시로 영유아·유아 영양상담을 실시한다. 영양상담의 내용은 설사의 원인 및 대책, 모유수유 시의 유의점, 분유를 먹일 때의 유의점, 이유시기, 월령별 이유식 종류 및 조리방법, 편식 예방을 위한 식사 지도법 등이다. 수원시 장안구에서 1994년부터 1997년까지 영양상담을 실시한 후 상담의 내용을 분석해 본 결과, 이유식 상담이 제일 많아 전체 상담내용의 38%를 보였다.

(2) 영양교육: 영유아·유아 교실 및 식단전시회

영양교육 대상은 보건소에서 예방접종을 한 6개월 이전의 유아 엄마들이다. 영양교육은 월 1회 이상 시청각 자료 등을 활용하여 재미있고 다양하고 실질적인 내용으로 구성되며 강의시간은 1시간 정도가 되도록 한다. 이유식 조리법 강의 시에는 가능한 한 1시간의 조리실습을 병행한다. 보육원이나 탁아소 등 어린이 보육시설의 책임자와 보모를 대상으로 영양교육을 실시하고 정기적으로 방문하여 영양평가 및 관리를 시행한다. 영양교육은 각 보건소 특성에 따라 영양사 자신이 진행하기도 하나, 필요할 경우, 지역에 가까이 있는 대학의 식품영양학과와 연계하여 실시한다. 교육의 내용은 영유아 생리의 특성, 영유아 양육방법, 이유의 필요성, 이유 실시 시 지도사항, 단계별 이유식 종류 및 만드는 법, 유아의 식사태도의 발달과 지도, 편식 예방을 위한 식사법, 식욕부진, 충치 예방법, 영유아 및 유아의 영양권장량 등이다.

이유식 식단전시회를 통하여 이유실시 방법 및 성장 단계에 맞는 식품 선택과 조리방법 등을 보여줌으로써 유아들의 성장에 필요한 영양소 보충 및 최근 문제되는 편식, 비만을 예방하여 유아들의 올바른 식습관 형성에 도움을 주도록 하고 있다. 식단전시회의 내용은 이유실시시기, 이유 실시방법, 이유시 주의 점에 대한 보드 전시, 이유식에 관한 책자 배부, 단계별 이유식 식단 전시 및 이유식 시식 및 만드는 방법 소개, 이유식 상담 등이다.

수원시 장안구에서 1994년부터 1997년까지 영양상담을 실시한 후 상담의 내용을 분석해 본 결과, 이유식 상담이 제일 많아 전체 상담내용의 38%를 보였으며 임신 수유부 상담이 전체 상담의 5%, 유아식 상담이 11%를 차지하여 임신 수유 및 이유식, 유아식 등 모자영양관련 상담이 전체 상담의 54%를 차지하였다. 그러나 연도별로 보면 임신, 수유, 이유, 유아식에 관한 상담횟수는 점차 감소하는 추세를 보였다고 한다.

활동마당

1. 본문에 나와있는 "7. 우리 나라 임신부·수유부 및 영유아 영양프로그램 지침"을 참고로 하여, 가까운 지역의 우리 나라 보건소에서 현재 실제로 시행되고 있는 임신부·수유부 및 영유아 프로그램에는 어떤 것들이 있는지 조사해 보자. 이 프로그램들이 시행되지 못하고 있다면 그 이유는 무엇인지 분석해 보자. 이런 프로그램을 실시할 경우의 이점을 문헌을 통해 조사해 보자.

2. 이런 영양프로그램을 실시하기 위해서는 인력지원과 예산이 필요할 것이다. 정책결정자나 행정가를 설득하여 각 보건소에 인력지원과 예산을 늘려주어 그 지역에 필요한 영양프로그램이 수행될 수 있도록 필요를 요청하는 편지를 써보자.

9

어린이 및 청소년 영양 프로그램

대한영양사회

제 9 장

어린이 및 청소년 영양프로그램

어린이가 태어나 살게 되는 물리적, 문화적 환경은 어린이의 영양 건강 상태에 큰 영향을 미친다. 따라서 지역사회 영양사는 어린이들이 바람직한 식행동을 어려서부터 실시할 수 있도록 도와주어야 한다. 또 그 지역사회의 어린이 중 영양 상태가 빈약한 어린이, 가난한 어린이, 만성 질병이 있다든지 혹은 신체에 장애가 있는 어린이 등 특별한 건강 관리가 필요한 어린이들의 영양 문제를 예방하기 위한 여러 시도를 해 볼 수 있다. 대부분의 지역사회에서 이런 어린이 층은 해마다 증가하고 있는 추세이다.

청소년기는 건강 증진을 위한 행동과 건강을 해치는 행동들이 차츰 형성되어 가는 시기이다. 그러므로 지역사회 영양사는 이들에게 건강한 식행동을 형성하도록 격려해 줌으로써 이들이 건강하게 성인으로 옮겨갈 수 있게 도와주어야 한다. 사춘기는 생애 두 번째로 급격하게 성장하는 시기이다. 남자의 경우는 12~18세에, 여자는 10~16세에 성장이 급격하게 증가하며 2차 성장의 발달도 급속도로 이루어진다. 그러므로 이 때는 에너지 뿐 아니라 다른 영양소의 요구량도 많아진다.

사춘기에는 이렇게 육체적인 외모만 바뀌는 것이 아니라 사회적인 변화도 나타난다. 가족으로부터 서서히 감정적인 독립을 하기 시작하고, 자아의 정체성이 확립되며, 사회적인 친교의 능력도 개발되기 시작한다. 이 시기 청소년들의 그 사망 원인을 살펴보면 질병보다는 교통 사고나 기타 사고등 외적인 이유로 사망한다.

이 장에서는 어린이 및 사춘기 청소년의 영양관련 건강문제를 먼저 살펴보고 이들을 위한 영양프로그램들을 소개하려고 한다.

1. 어린이 영양 문제

최근 우리 나라에서도 농촌의 인구가 도시로 유입되면서 도시 빈민의 문제가 심각해지고 있으며 이에 따라 가난한 어린이 층이 급속히 확산되고 있다. 가난한 어린이는 부유한 어린이에 비해 질병에 쉽게 걸릴 뿐 아니라 영양 관련 건강 문제도 더 많이 가지고 있다.

지역사회 영양사는 또 만성 질병을 가진 어린이와 장애를 가진 어린이들을 위한 영양프로그램을 마련해 줄 수 있다. 이런 어린이들의 비율은 계속 증가하고 있는데 그 이유는 신생아 중점 관리 덕분으로 지난 수십 년간 출생 체중 1.5kg 이하의 극저체중 출산아(VLBW, very low birth weight)의 사망률은 급격히 감소하였으나, 살아남은 이 극저체중 출산아들은 정상 체중 출산아에 비해 만성 질환이나 장애를 가질 확률이 높기 때문이다. 또 출산 전 약물에 노출되거나 후천성 면역 결핍증(AIDS)에 걸리는 등 생리적인 문제를 가지고 태어나는 어린이의 수도 증가하고 있다. 여기서는 지역사회에서 공통적으로 볼 수 있는 어린이의 영양문제를 살펴보기로 한다.

1) 성장 장애

지역사회 영양사는 그 지역사회 내에서 어떤 어린이 집단이 잠재적으로 영양 불량 집단인가를 알아보기 위해 어린이들의 신장과 체중을 늘 모니터하고 있는 것이 좋다. 성장 장애는 열량이나 영양소 섭취부족을 임상적으로 나타내 주는 좋은 척도이기 때문이다. 만약 어린이가 질병에 감염되어 단기간 동안 식품 섭취가 부족하다면 성장이 지연되고 특히 체중 증가가 둔화될 것이다. 그러나 다시 식품을 충분히 섭취한다면 잃었던 체중을 되찾을 수 있으며, 이것을 따라잡기 성장(catch-up growth)이라고 부른다. 그러므로 이런 경우 전체적인 성장은 큰 영향을 받지 않는다. 그러나 어떤 어린이가 정상적인 성장과 따라잡기 성장을 위해 필요한 식품을 장기간 섭취하지 못하는 만성적 부족(chronic inadequacy) 상태에 있을 경우 식품을 충분히 먹고 자란 어린이보다 키가 작으며 성장 장애의 징후를 보인다.

지역사회 내 어린이 집단이 나이에 비해 정상적으로 성장하고 있는지를 알아보기 위해서는 신장, 체중을 측정하여 신장/체중 표준치와 비교한다. 표준치로는 한국 소아과 학회에서 1998년에 조사, 보고한 한국인 소아 신체발육 표준치(부록 참조)를 사용한다. 미국의 경우 국립 보건 통계 센터(NCHS, the National Center for Health Statistics)의 성장 표준치를 사용하고 있다. 이런 표준치들은 한 나라의 인구 중 몇 퍼센트 어린이의 체중, 신장이 그 나이 또래의 정상 체중, 신장에 해당되는 수치를 가지게 되는가를 알려 주며 나이-대비-체중(weighr-for-age, 출생 후부터 18세까지), 나이-대비-신장(height-for-age, 24개월부터 18세까지) 지표들을 이용하여 알아 볼 수 있다. 또 나이에 관계없이 신장-대비-체중(weight-for-height) 지표로 알아 볼 수도 있으며 이 지표들은 사춘기 이전의 어린이들에게 사용하면 좋다. 남자와 여자 어린이는 물론 서로 다른 표준을 사용한다.

만일 어떤 지역사회 어린이 집단의 신장과 체중을 표준 성장 곡선과 비교해 볼 때, 5번째 백분위수 이하의 수치를 갖는 어린이가 그 지역사회 어린이의 5% 이상될 때는 성장 장애(retarded growth)를 의심해 볼 수 있다. 이런 성장 장애가 나타나는 원인에는 다음과 같은 것들이 있으며 이런 원인들로 인해 저소득층 어린이들의 성장이 저해되기 쉽다.

- 만성적 식품 섭취 부족 - 정상적인 성장에 필요한 식품을 장기간 부족하게 섭취하는 경우.
- 유전적 요인 - 어린이의 성장 잠재력은 유전적으로 결정되어 있으므로 지역사회에 따라 유전적으로 키 작은 어린이가 많이 있을 수도 있다.
- 저체중 출산아 - 저체중 출산아는 출생 후에도 신장과 체중이 작을 수 있으며 특히 자궁 내 성장 장애를 겪었던 영유아의 경우 더 영향을 받는다. 따라서 그 지역사회에 저체중 출산아의 비율이 많으면 키 작은 어린이의 비율이 많아 질 수 있다.
- 쇠약한 건강 - 만성적인 질환이 있거나 자주 병에 걸리는 어린이는 성장이 잘 안되기 쉽다. 따라서 그 지역사회 내 어린이 질병률이 높으면 성장률이 빈약할 수 있으며, 특히 식품의 섭취가 부족할 때는 더 영향을 받는다.

2) 과체중과 비만

과체중도 어린이의 영양관련 영양문제 중의 하나이다. 어린이를 위한 과체중과 비만 판정 기준은 현재까지 어린이에게 적절하게 개발된 것이 없다. 현재 신장과 체중을 이용한 지표인 BMI를 사용하고 있으나, BMI는 임상적으로 사용할 때 외에는 적절치 않은 지표이다. 어린이의 경우, BMI가 85~94번째 백분위수 사이에 있을 때 과체중이라고 정의할 수 있으며 95번째 백분위수 이상이 되면 비만이라고 정의한다.

비만을 어떻게 정의하는가에 따라 어린이 비만율은 차이를 보인다. 미국의 국가영양조사(NHANES)결과 6~11세 어린이의 비만율은 지난 15~20년간 54%나 증가하였다고 한다. 우리 나라에서는 1998년도에 실시한 국민건강・영양조사 결과, 10~18세 어린이/청소년 중 BMI 25 이상 30 미만의 경도비만이 7.3%, BMI 30 이상의 고도비만이 0.6%를 보이고 있음이 보고되었다.

어린이 비만은 고인슐린혈증, 고중성지방혈증 및 혈중 HDL-cholesterol 농도 감소와 관련 있으며 이 요인들은 어린이 비만의 위험요인으로 생각된다. 최근 연구에 따르면 5학년 어린이의 과체중 및 체지방 과다증을 알아내기 위한 가장 강력한 예측지표는 3학년 때의 체중상태였으며, 어린이 비만을 예측하는데 그 다음으로 강력한 예측지표는 텔레비젼 시청이었다고 한다.

3) 철 결핍성 빈혈

성장이 빠른 시기에는 철 요구량이 많아지므로 철 결핍 위험이 높다. 빈혈(anemia)이란 철 결핍이 좀 더 진행된 상태를 말하는 것으로 빈혈이 나타날 즈음이면 벌써 철에 의존하는 생리적인 기능은 이미 손상된 상태이다. 따라서 빈혈이 없는 철 결핍(iron deficiency without anemia)과 철 결핍성 빈혈(iron dificiency anemia)의 두 개념을 분리하여 생각하는 것이 중요하다. 지역사회 영양 조사에서 철의 영양 상태를 알아보는 방법으로 흔히 몇 가지의 생화학적인 방법이 사용되는데 빈혈이 없는 철 결핍을 알아보기 위해서 사용되는 시험 방법으로는 트랜스페린 포화도(transferrin saturation), 혈청 페리틴(ferritin), 그리고 적혈구 프로토포르피린(erythrocyte protoporphyrin) 농도 등이 있다. 이 세 가지 농도 중 비정상적인 농도를 보이는 지표가 둘 이상이면 철 결핍이라고 판정할 수 있다. 철 결핍에 더하여 헤모글로빈 농도가 낮으면 철 결핍성 빈혈로 정의할 수 있으며 어린이와 사춘기 청소년의 생화학적 검사의 기준치는 표 9-1과 같다.

철 결핍 증세는 경제적으로 가난한 층에서 더 높게 나타난다. 미국 저소득층 어린이의 20~30%가 빈혈을 보인다는 연구보고도 있다. 이 수치는 국가 전체 평균보다 높은 수치이며 저소득층 어린이의 철 결핍성 빈혈의 위험이 높다는 것을 말해준다. 우리 나라의 경우 10~14세 어린이의 5%가 헤모글로빈 12g/100ml 이하의 수치를 보였다(1998년도 국민건강・영양조사). 어린이에

표 9-1 어린이와 사춘기 청소년의 철 결핍 판정을 위한 생화학적 검사의 기준치

연령(세)	트랜스페린 포화도(%)	혈청 페리틴(μg/L)	적혈구 프로토포르피린 (μmol/L RBC)
1～ 2	〈 10	〈 10	〉 1.42
3～ 5	〈 12	〈 10	〉 1.24
6～11	〈 14	〈 12	〉 1.24
12～15	〈 14	〈 12	〉 1.24
16～19	〈 15	〈 12	〉 1.24

자료: Looker AC 등, Prevalence of iron deficiency in the United States, JAMA 277:973-76, 1997

게서 철 결핍 현상이 보이는 것은 특히 관심을 가져야하는데 그 이유는 어린이에게 철이 결핍되면 지적인 발달을 저해할 가능성이 있기 때문이다. 철이 결핍되면 학습 동기가 감소하고 또 면역 능력도 저하하므로 더 자주 아프게 되어 배울 의욕이 떨어지게 된다. 철 결핍이 어린이에게 만연되어 있는 이유는 다음과 같다.

• 식사중의 철 섭취 부족

1998년도 국민건강·영양조사 결과 3～6세와 7～12세 어린이의 철 섭취량이 권장량 75% 미만인 어린이 비율이 각각 56.4%, 52.6%를 보여 우리 나라 어린이들의 철 섭취 부족이 심각한 상태인 것으로 나타났다. 미국에서의 NHANES II조사 결과 생화학적인 철 영양상태가 낮은 어린이는 정상 수치의 어린이보다 철의 섭취가 적었다. 그러므로 조제유수유아에게는 철이 강화된 조제분유, 그리고 4～6개월의 영유아에게는 철 강화 이유 보충식을 먹이는 것이 권장된다. 6개월 이전의 영유아에게 우유는 철 함량이 낮을 뿐 아니라 잠재적인 혈액 손실과도 관련되어 철 결핍을 초래할 수 있으므로 권장하지 않는다.

• 미숙아

미숙아로 태어난 영아는 철 결핍이 될 위험이 높다.

• 질병

많은 종류의 흔한 질병과 급성 질병들은 단기적으로 헤모글로빈의 농도를 떨어뜨린다. 중상류층의 어린이들은 식사로부터의 철 섭취가 부족해서 빈혈에 걸리기보다 이런 질병이 철 결핍 빈혈의 원인이 되는 경우가 더 많다는 연구 보고도 있다.

4) 충치

충치는 미국 전역에서 어린이의 98%에 영향을 미치는 공중보건 문제이다. 1986~1987년에 실시한 조사에 따르면 9세 어린이의 34%, 12세 어린이의 58%가 충치를 보였으며 연령이 증가함에 따라 충치 수가 증가한다. 우리 나라에서도 충치는 어린이들에게 큰 영향을 미치는 문제로써 보건복지부의 1998년 조사에 따르면 0~6세의 충치 발생율은 18.7%, 7세~18세는 27.1%를 보였다. 초등학생의 82%가 충치를 경험하고 있고 평균 7.6개의 충치를 가지고 있었다. 12세 기준 충치 발생율도 1971년 0.6개에서 1980년 2.5개, 1995년 3.11개를 보이고 있으며 이는 24년 사이에 5배 이상 증가한 것이다. 선진국의 경우 대개 충치개수가 2.0개 미만을 보이고 있으므로 충치 발생율로 본 우리 나라 국민의 구강건강 실태는 후진국 수준이라고 볼 수 있으며, 충치 발생율이 계속 증가하는 추세인 점이 더 문제라고 볼 수 있다. 미국에서는 지난 20년간 충치 발생율이 30~50% 감소하는 추세를 보이고 있으며 이는 상수도 불소 처리, 치아위생상태 개선 및 치약과 치아세정제에 불소 사용이 증가한데 기인한 것으로 보인다.

5) 고콜레스테롤 혈증

동맥경화증은 어릴 때 시작된다는 증거가 있으므로 어린이의 혈중 콜레스테롤 농도를 알아보는 일은 매우 중요하다. 어린이와 청년을 대상으로 관상심장질환의 위험인자를 알아보기 위한 장기간의 역학연구 결과, 어린이의 LDL-cholesterol 농도가 성인이 되어서까지 지속되었고 이들의 관상순환질환 위험은 증가되었다고 한다.

미국 국가 콜레스테롤 교육 프로그램(NCEP)에서 제시한 어린이와 사춘기 청소년의 고콜레스테롤혈증 분류 기준은 고콜레스테롤 혈증 가족력이 있으면서 혈청 총 콜레스테롤 수준이 200mg/dL (5.17mmol/L)이상이거나 LDL-콜레스테롤이 130mg/dL(3.36mmol/L) 이상일 때이다(표 9-2). 혈청 콜레스테롤 수준이 높은 어린이와 청소년은 계속 그 수준이 평가되어야 하고 만약 필요하다면 식이요법을 받아야 한다. 6개월에서 1년간 식이요법을 하였음에도 불구하고 혈청 콜레스테롤 수준이 저하하지 않는 10세 이상의 어린이는 약물요법을 권장한다. 다른 나라에 비해 미국 어린이와 청소년 등이 포화지방과 콜레스테롤 섭취가 많으며 이에 따라 혈청 콜레스테롤 수준도 높다. 1998년도 우리 나라 국민건강·영양조사 결과 총 콜레스테롤이 200mg/dL 이상을 보이는

표 9-2 고콜레스테롤 혈증이나 심장병의 가족력이 있는 어린이와 사춘기 청소년의 총콜레스테롤과 LDL-C의 분류

	총 콜레스테롤(mg/dl)	LDL-C(mg/dl)
정상	〈170	〈110
약간높음	170~199	110~129
위험함	≥ 200	≥ 130

10~18세 어린이/청소년의 비율은 9.4%로 나타났다.

6) 혈중 납 농도

혈중 납 농도가 높은 것과 어린이의 지능이 떨어지는 것이 관련성이 있다고 밝혀지면서 가솔린, 식품통조림, 먹는 물, 집의 페인트 등에 들어있는 납 함량을 제거하거나 감소시키는 노력이 대규모로 실시되어 오고 있다. 1950년 이전에 납을 함유한 페인트로 색칠한 집에 현재 사는 어린이는 납에 노출되어 있을 가능성이 있다. 이런 어린이는 납을 함유한 페인트 조각이나 다른 납 오염 물질을 먹을 수 있으며 이는 혈중 납 수준을 높인다. 혈중 납 수준이 증가하면 정신적, 행동적, 신체적 또는 생화학적으로 몸에 해로운 영향을 끼친다. 어린이의 경우 혈중 납 농도가 10㎍/dL를 넘으면 치료를 받아야 한다.

1976년부터 1994년까지 미국에서 혈중 납 수준이 높았던 1~5세 어린이 수가 80% 이상 감소되었다. 그러나 아직도 89만 명의 어린이가 혈중 납 수준이 10㎍/dL 이상을 보인다. NHANES Ⅲ 조사 결과 고소득층 어린이에 비해 저소득층 어린이에게서 혈중 납 농도가 높았으며 흑인 어린이의 납 농도가 백인이나 다른 인종에 비해 높았다. 어린이를 납중독에서 보호하려면 집안의 납 피해로부터 어린이를 보호하는 노력이 꾸준히 계속되어야 한다.

7) 특별한 건강 관리가 필요한 어린이

과거에 비해 만성 질병이나 장애를 가진 어린이의 관리에 지역사회 영양사의 관심과 관리가 많이 높아지고 있다. 또 선진국에서는 법적인 보호아래 이런 어린이들에게 공중 교육을 통한 지역사회 차원의 그리고 가족 중심의 서비스를 태어나면서부터 해 주도록 하고 있다. 그러므로 지역사회 영양사는 이 어린이들을 지역사회 판정에 포함시키고 이들을 위한 영양 서비스 요구를 판정할 때 다음 몇 가지의 문제를 주시하여야 한다.

• 불량한 식사 관리

특별한 건강 관리 요구를 가진 어린이들은 보통 충분한 식사를 못하는 경우가 많다. 그 이유는 이 어린이의 가족들이 이들을 위해 특별한 식사를 마련한다든지 이들을 이해하는 일, 특수 식이요법을 따르는 일, 또 이들을 위해 특별히 시간을 내어 돌보는 일 등이 어렵게 때문이다.

• 식품섭취의 부족 혹은 과잉

만성 질병이나 장애를 가지고 있는 어린이는 식품 섭취가 부족하거나 과잉될 수 있다. 예를 들면 장애 어린이는 음식을 씹거나, 넘기거나, 먹기가 힘이 들 수도 있다. 또 다른 만성 질병이나 장애는 식욕을 변화시키거나 주의력을 떨어뜨리며 식사를 방해하는 행동을 일으키게도 한다. 그림 9-1에는 특별한 건강관리를 받아야 하는 어린이를 위해 특별히 고안된 식사도구가 개발되어 있다.

그림 9-1 특별한 건강관리가 필요한 어린이를 위해 개발된 식사도구들

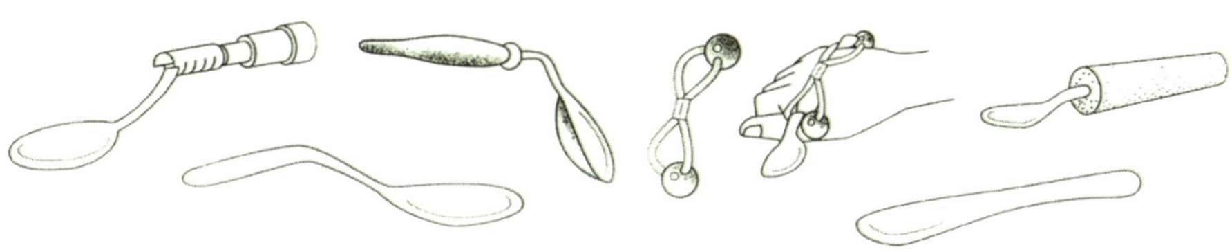

• 빈약한 체내 영양소의 이용률

이런 어린이들은 흔히 체내 영양소 대사가 정상이 아니어서 영양소 결핍이 될 수 있다. 선천적 대사 이상(inborn error of metabolism)일 수도 있으며 만성 질병, 장애, 약물로 인해 영양소 대사가 방해받을 수도 있다.

• 성장의 문제

이런 어린이들은 흔히 키가 작거나, 체중 부족 혹은 체중 과잉 등의 성장 문제를 가지고 있기 쉽다. 이런 성장 장애는 위에서 열거한 식품과 영양소의 문제 혹은 다른 생리적 문제로 인해 나타난다.

2. 사춘기 청소년 영양 문제

사춘기의 주요 건강 관련 문제는 식품 섭취 부족 혹은 과잉, 부적절한 체중 조절, 식이 섭취 이상 등 식생활과 관련된 것 외에도 십대 임신, 알코올과 약물 남용, 흡연, 폭력과 성의 남용 등 위험한 행동 양식을 꼽을 수 있다. 외국에서는 폭력과 극단적인 행동을 저지르는 청소년의 나이가 과거에 비해 어려지는 경향이 보고되고 있다. 이런 위험한 생활 방식은 생명을 위협하는 건강 문제가 되거나 심지어는 사망에 이르게도 한다. 이런 폭력이나 극단적인 행동에 비해 식생활과 관련된 건강 위험 요인들, 즉 식품과 영양소 섭취 부족이나 과잉 등의 문제는 관심과 주목을 비교적 덜 받는다. 그럼에도 불구하고 이 연령층 대상의 지역사회 영양 서비스는 필요하다. 사춘기 청소년들에게는 그들의 영양 요구를 만족시켜주고 만성 질병의 위험을 감소시키는 식행동 및 운동 행동을 채택할 수 있도록 바람직한 식행동을 훈련시키는 일이 중요하다.

사춘기에는 흔히 식사를 거른다든지, 식사는 소홀히 하면서 간식을 즐긴다든지, 간이 식품이나 즉석 식품 만으로 식사를 하는 경향이 높다. 이런 식의 식품 섭취 행동은 사춘기 청소년들의 건강에 어떤 형태로든 영향을 미칠 것이다. 청소년들이 변덕스러운 식습관이나 식품 선택 행동을 하게 되는 것은, 식사에 시간을 할애하지 않으며, 간식 형태의 식사나 즉석 식사의 편리함과 기호성을 즐기고, 좋지 않은 식습관으로 인해 생길 수 있는 부정적인 결과들에 대한 지식이 부족하기 때문이다. 십대 임신부에 대해서는 앞에서 다루었으므로 여기서는 사춘기 청소년의 주요 영양 문제에 대해 살펴보자.

1) 식품 섭취 제한

동양 문화에서는 전통적으로 후덕한 맏며느리 감, 보름달 같은 얼굴 등 다소 뚱뚱한 몸매를 가진 여성을 바람직한 여성상으로 삼아왔는데 비해, 서양 문화에서는 아주 마른 몸매에 가치를 두고 이런 모양이 되는 것을 좋아하게끔 가르쳐 왔다. 근래 우리 나라에서도 서양의 영향을 받아 모든 여성들이 지나치게 날씬한 몸매를 가지기를 소원하는 사회 풍토가 조성되고 있음은 주지의 사실이다. 이런 사회적인 압력 혹은 요구에 따라 사춘기 청소년들은 그들이 말랐건, 정상이건, 혹은 뚱뚱하건 간에 모두 그들의 몸매를 날씬하게 바꾸는 쪽으로 그들의 행동을 바꾸어 가는데 몰두하고 있다. 몇몇 연구자들은 많은 수의 사춘기 청소년들이 체중 증가를 피하려고 식품 섭취를 제한하여 그들의 성장과 발달이 심각하게 저해된 것을 보고하고 있다. 또 사춘기 청소년들 사이에서 비만에 대한 공포로 인해 부적절한 다이어트가 성행하고 있으며, 급격한 체중 증가와 몸매의 변화가 나타나는 사춘기 이전부터 벌써 날씬해지기 위해 식품의 섭취를 제한하는 것이 일반화되어 있다. 1998년 국민건강·영양조사에 의하면 10~19세 청소년의 경우 남자 22.5%, 여자 44.6%가 체중을 줄이려는 조절을 시도해 본 경험이 있었으며 이들 중 32%가 체중감소 방법으로 단식과 절식을 시도하였다.

이러한 청소년기의 식이 제한은 성장과 발달을 지연시킬 뿐만 아니라 식사를 거부하게 되는 거식증(拒食症, anorexia nervosa)이나 식사를 실컷 많이 한 후 구토 유발을 하는 폭식증(暴食症, bulimia)등 식이 섭취 이상 증세로까지 발전될 수 있으므로 주의하여야 한다.

• 청소년의 식품섭취 제한에 영향을 미치는 요인들

지역사회 영양사는 사춘기 청소년들이 왜 식이 섭취 제한을 하는지 그 이유를 이해하는 일이 필요하다. 실제로 사춘기 청소년들은 실제 자신의 체중은 정상인데 뚱뚱하다고 인식하는 청소년들이 25%나 되는 것으로 나타났다(1998년도 국민건강·영양조사). 사춘기 청소년들이 자신의 몸매가 어떻게 보이는가에 대한 기대를 형성해 나가는데 있어서 주위에 있는 부모, 영향력 있는 어른, 또래 집단, 대중 매체 등이 매우 중요한 영향을 끼친다.

① 부모나 영향력 있는 어른들

사춘기 소녀들은 초경 이전에 벌써 체지방이 증가하기 시작하며 초경 시작과 함께 급격히 증가한다. 이런 변화가 있을 때 부모나 다른 가족 구성원들은 다소 장난기가 있는 가벼운 권고로 뚱뚱해지는 것을 경고하기도 하고 식이 제한하기를 권하기도 한다. 그러나 이때 청소년들은 자신의 몸에 대해 지나치게 신경을 쓰므로 이런 어른들의 장난기 어린 경고를 심각하게 받아들인다. 이 시기의 청소년들은 일반 구기 운동 뿐 아니라 체중이나 몸매를 중요하게 다루는 체조, 달리기, 춤추기 등에도 활발히 참여한다.

② 또래 집단

사춘기 때는 가족의 기준, 가치를 친구나 또래의 기준, 가치로 보충하려는 시기이다. 또래들끼리 문화적으로 선호하는 몸매를 성취하기 위해 서로에게 영향을 주어 함께 식이 섭취 제한을 하기도 하고 비만한 사람들을 사회적으로 피하는 행동을 보이기도 한다.

③ 대중 매체

사춘기 청소년들은 십대들의 잡지나 TV 등 대중 매체에서 그려지고 표현되는 몸매, 혹은 인기 있는 연예인들의 몸매를 그들 자신의 기대 몸매를 위한 중요한 모델로 삼는다. 그러나 불행하게도 이 대중 매체에서 다루는 키 크고 지나치게 날씬한 여성 모델이나 마르고 근육질의 남성 모델들은 청소년들이 흉내 내기에는 너무나 비현실적인 몸매들이다. 또 인기 있는 십대들의 잡지에서는 체중 조절 및 식이 제한에 대한 광고 뿐 아니라 어떻게 몸매를 바꾸어 나가는가에 대한 바람직하지 않은 기사도 많다.

2) 체중과잉 및 비만

미국 청소년의 1/5은 과체중이다. 청소년의 과체중은 지난 30년간 모두 2배로 증가하였으며 1970년대에 많이 증가하였다. 이들 중 상당수는 건강에 위험한 수준이다. 우리 나라의 경우도 10~19세 청소년의 10% 정도가 BMI 25 이상의 과체중인 것으로 보고되고 있다(1998년도 국민건강 · 영양조사). 어린이/청소년의 비만은 성인 비만으로 이행되기 쉬우며 성인 비만의 25~30%가 10대에 과체중이나 비만이었던 사람이다. 비만의 원인에는 유전적인 요인 외에도 생활습관, 가족의 식습관, 바람직한 역할모델이 없는 것, 신체를 움직이기 싫어하는 것 등이 있다. 비만한 10대는 고혈압과 당뇨병의 위험률이 높다.

3) 철 결핍

식사로부터의 철 요구량은 남녀 모두 사춘기에 증가하나 여성은 특히 더 증가한다. 남녀 모두 혈액의 양을 증가시키고, 적혈구 수를 늘리기 위해, 그리고 성적인 성숙을 완성하기 위해 철이 필요하다. 소녀들 뿐 아니라 소년들의 헤모글로빈도 한참 급격하게 성장할 때는 1년에 0.5~1g/dl 씩 증가한다. 소녀의 경우 사춘기 동안 헤모글로빈의 농도 변화는 미미하지만 월경으로 인한 손실 때문에 여분의 철이 필요하다. 사춘기 소녀는 철의 불가피 손실량이 하루 0.8mg이며 13세 부근에 월경을 시작하게 되면 월경으로 인한 손실량을 한달 평균으로 볼 때 하루 0.6mg이 된다. 따라서 월경을 하는 사춘기 소녀의 경우,

하루 철 손실량은 평균 1.4mg이나 되며 심한 경우 2.4mg에 달할 수도 있다. 따라서 이 시기의 소년은 철을 필요한 만큼 충분히 섭취할 수 있으나, 소녀의 경우는 그렇지 못하다. 1998년 국민건강・영양조사 결과, 철 섭취량이 권장량의 75% 미만인 청소년(13~19세) 비율이 소년의 경우 전체 조사대상자의 10.6%인 것에 비해, 소녀의 경우는 77.1%에 달하였다. 이런 결과로부터 많은 사춘기 청소년, 특히 사춘기 여성들이 철을 요구량 만큼 섭취하고 있지 않다는 것을 알 수 있다. 헤모글로빈 수준으로 본 우리 나라 14~19세 여성의 빈혈빈도는 10% 이상이며 치료 경험으로 본 빈혈빈도도 10~19세 여성의 경우 7.6%를 보이고 있다.

4) 높은 혈중 콜레스테롤 농도

10대들도 성인들처럼 고콜레스테롤혈증의 위험요인인 관상심장병의 가족력, 총지방, 포화 지방, 콜레스테롤이 많은 식사, 고혈압, 운동 부족, 흡연의 문제를 가지고 있다. 현재까지 동맥경화증의 과정이 완전히 이해되지 않고 있기는 하지만 어릴 때 지방층이 많은 사람은 성인이 되어서 섬유성 플라크로 발전될 가능성이 많다. 1998년 현재 우리 나라 10~18세 청소년의 경우 혈중 총콜레스테롤이 높은 청소년의 비율이 남자는 6.7%, 여자는 12.3%를 보이고 있다(1998년도 국민건강・영양조사).

5) 충치

10대에도 충치는 광범위한 건강문제이다. 미국 사춘기 청소년의 78%가 하나 이상의 충치를 가지고 있다. 충치는 어린이보다도 사춘기 청소년에게 더 만연한 건강문제이며 치과를 통한 치아관리가 소홀한 계층의 청소년에게서 충치발생률은 더 높았다. 우리 나라의 경우에도 초중고등학교 학생 50~60%가 충치를 가지고 있으며, 어린이와 청소년의 충치발생률이 각각 보고되지는 않고 있으나 7세~18세 어린이/청소년의 충치발생률은 27.1%를 보였다(1998년 국민건강・영양조사).

6) 식사섭취 이상

사춘기에 지나친 체중 감량을 계속할 경우, 지나친 부모의 통제로 진정한 자기 감정을 개발하지 못할 경우, 또는 스트레스나 가족의 불화가 있는 경우 여러 가지 심리적 압박으로 인하여 거식증(anorexia nervosa)이 발생하는데 이는 환자의 복잡하고도 미묘한 심리상태에 1차 원인이 있다. 거식증에 걸리게 되면 발병 전 체중보다 약 25%의 체중 손실을 동반하는 식욕부진이 생기며 음식, 식사 또는 체중에 대한 왜곡된 태도가 나타나고 음식 섭취를 거부하며, 체중 감량을 일종의 즐거움으로 생각하고 극도의 마른 몸매를 유지한다(그림 9-2).

비만인 청소년들은 본인의 신체적 발육에 과민반응을 일으켜 체중 감소를 위한 극도의 노력을 하게된다. 이들은 체중 감량을 위해 보통 편식이나 구토의 유발, 설사제의 오용 등 잘못된 방법을 사용하며 또 감량을 위해 과도한 운동을 한 결과 많은 양의 체지방을 손실하게 되며 월경이 중지된다. 거식증을 치료하기 위해서는 정신 및 영양적 치료가 동시에 병행되어야 한다.

청소년기에 나타나는 또 하나의 식사섭취 이상으로 폭식증(bulimia)이 있다. 이는 실컷 배불리 먹은 후에 구토 유발을 하는 것이다. 폭식증으로 고통받는 사람들은 일반적으로 폭식과 구토를 반복하므로 정상체중을 유지한다. 폭식증을 앓고 있는 10대 청소년들은 체형에 대하여 거식증 청소년보다 덜 왜곡된 견해를 가지며, 체중 목표도 정상에 가깝다. 폭식증 치료법도 거식증 치료법과 거의 비슷하며 정신적, 영양적 치료가 병행되어야 한다. 정신적 치료는 환자의 죄의식을 없애주어야 하며 고민을 음식으로 해결하려는 행동을 고쳐주어야 한다. 영양적 치료는 영양교육을 통하여 체중 조절방법을 가르치고 정상적인 식행동을 할 수 있도록 도와주는 것이 특히 중요하다. 이와 같은 정신적 치료와 영양적 치료는 충분한 시간적 여유를 가지고 실시되어야 하며, 비정상적인

그림 9-2 식품섭취 이상의 범위

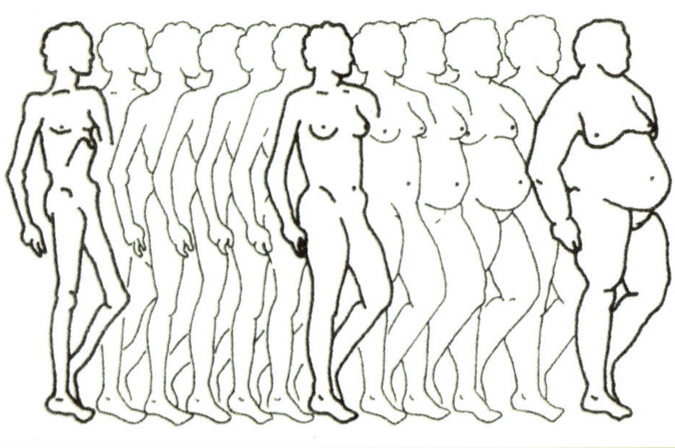

자료 : Mahan Lk, Rees JM. Nutrition in adolescence, P.105, CV Mosby, St.louis, 1984

식행동인 폭식증의 원인을 찾아서 치료하는 것이 재발을 방지할 수있는 방법이 된다. 또한 가족들의 협조가 매우 중요하며, 집단 치료도 효과를 상승시킬 수 있다.

3. 어린이 및 청소년 영양 프로그램(미국)

현재 미국에서 실시되고 있는 어린이와 청소년을 위한 영양 프로그램은 두 가지로 나눌 수 있는데 학교급식 프로그램과 영양교육 프로그램이다. 이것을 먼저 살펴보고 우리 나라의 프로그램을 비교해 보려고 한다.

1) 미국의 국가 영양 목표

1990년 미 보건성은 Healthy People 2000: National Health Promotion and Disease Prevention에 포함될 어린이와 청소년을 위한 건강과 영양목표를 수정하여 책정하였다. 최근에 개정된 1997년 Healthy People 2000 Review에서는 어린이와 사춘기 청소년을 위한 우선 순위 분야를 지정하였다. 운동과 체중조절, 영양, 치아건강 등이 주요 우선 순위 항목들이다. 표 9-3에는 이와 관련된 영

표 9-3 어린이와 청소년을 위한 Healthy People 2000의 주요 영양 목표들

번호	2000 목표	달성 상태
2.3	- 12~19세 사춘기청소년 비만율을 15% 이하로 감소시킨다.	- 1994년 과체중 비율 = 24% (1988~1991년에는 21% 이었음)
2.4	- 5세 이하 어린이 성장장애를 10% 이하로 감소시킨다.	- 기초선 11%; 1995년 8%
2.5	- 2세 이상 어린이 지방섭취를 총 열량의 30% 이하로 감소시킨다.	- 기초선 36%; 1994년 34%
	- 2세 이상 어린이 포화지방산의 섭취를 총 열량의 10% 이하로 감소시킨다.	- 기초선 13%; 1994년 12%
2.8	- 칼슘이 풍부한 식품의 섭취를 하루에 3회 이상 섭취하는11~24세 청소년 비율을 50%이상으로 증가시킨다.	- 기초선 20%; 1994년 17%
	- 칼슘이 풍부한 식품의 섭취를 하루에 2회 이상 섭취하는2~10세 어린이 비율을 75%이상으로 증가시킨다.	- 기초선 48%; 1994년 42%

자료: National Center for Health Statistics, Healthy People 2000 Review, 1997, Hyattsville, MD: Public Health Service, 1997

양목표가 나와있다. 모든 종족에서 저소득층 어린이의 성장 지연은 감소하고 있으나 청소년의 비만율은 증가하고 있다.

지역사회 영양사는 그 지역사회 어린이들이 충분한 영양소를 섭취하고, 정상적으로 성장하며, 건강한 식습관을 개발해 나가도록 도와줄 수 있다. 여기에서는 미국에서 현재 시행되고 있는 어린이를 위한 영양 관련 프로그램 몇 가지를 소개하려고 한다.

2) 미 농무성의 어린이 영양 프로그램

미국 농무성 내 어린이 영양 프로그램(the Child Nutrition Program)은 각 주 정부들이 학교, 탁아소, 하절기 프로그램 등의 사춘기 청소년과 학령기 어린이들에게 식사를 마련해주도록 돕는다. 어린이 대상의 프로그램으로 탁아 프로그램이 있으며, 학령기 어린이 영양 프로그램은 국가 학교 급식 프로그램(the National School Lunch Program), 학교 아침 프로그램(School Breakfast Program), 하절기 급식 프로그램(Summer Food Service Program), 특수 우유 급식 프로그램(Special Milk Program)등이 있다.

(1) 탁아 프로그램

시간제이든 전일제이든 과거에 비해 일하는 엄마의 비율은 증가하고 있다. 미국의 경우, 3~5 세의 어린이를 가진 엄마 중 일하는 엄마의 비율은 1972년 33%에서 1986년 55%로 증가하였다.

가족은 어린이들에게 주요한 역할 모델이며 이에 따라 어린이의 식행동에 큰 영향을 미쳐왔다. 그러나 최근에는 어린이들이 그들의 식행동을 가정이 아닌 다른 곳에서 배운다. 미국 내 많은 탁아 프로그램들은 다음과 같은 영양 관리 표준을 가지고 있으며 이에 따라 어린이들에게 적합한 영양 관리를 실시하고 있다.

(2) 어린이와 성인을 위한 급식 프로그램

미국 농무성에서는 어린이와 성인을 위한 급식 프로그램(CACFP, Child and Adult Care Food Program)을 통해 어린이 탁아 프로그램 소속의 어린이들에게 공급될 식사와 간식에 대한 재정적인 지원과 기술적인 협조를 마련해 주고 있다. 미국 내에서 어린이를 돌보는 많은 사립이나 공립 프로그램이나 기

정보마당

9-1 탁아소의 영양관리 표준

① 식사와 간식은 영양이 풍부하여야 하고 식문화적인 면에서 볼 때 적합한 것이어야 한다.

하루에 4~8시간을 돌보는 시간제 탁아소에서는 식사와 간식에 들어있는 영양소의 양이 그 어린이 영양권장량의 1/3에 해당하는 양이어야 한다. 또 하루에 8시간 이상을 돌보는 전일제 탁아소에서 급식하는 식사와 간식은 영양권장량의 2/3에 해당되는 영양소를 공급할 수 있는 것이어야 한다.

② 탁아소의 교사나 보모들은 식사시간에 긍정적인 학습자세와 정서적인 분위기를 유지하여야 한다.

교사나 보모들은 어린이와 함께 같은 음식으로 식사 할 뿐만 아니라, 여러 가지의 식품들을 잘 받아들이고 맛있게 먹는다든지, 식사시간을 즐기는 등의 긍정적인 식행동의 모델이 되어야 한다. 또 탁아소의 교사나 보모들은 식품을 어린이의 행위에 대한 보상이나 벌로 사용하지 않아야 한다.

③ 식탁, 식탁 의자, 식기류 등은 어린이의 나이, 크기, 발달수준에 적합한 것이라야 한다.

보모나 교사는 소집단별로 어린이와 함께 식사를 하며, 떨어진 물건을 줍게 한다거나 먹는 동안 다른 사람과 어울리게 함으로써, 또는 다른 사람의 도움 없이도 식탁에 앉고 식탁에서 일어날 수 있도록 하게 함으로써 어린이들 자신의 식행동을 발달시키고 조절할 수 있게 해 주어야 한다.

④ 어린이와 부모, 그리고 어린이를 돌보는 보모들을 위한 영양 교육이 마련되어야 한다.

어린이들에게 영양 교육을 마련해 줄 때는 사회적, 인지적, 언어적, 그리고 운동 신경 기술을 도와줄 수 있는 식품을 경험시키는 일이 적절하다. 여기에는 단순한 식품 조리하기, 식품 맛보기, 식품에 대한 이야기와 토론들, 식품 생산 현장을 직접 견학하는 일 등이 포함될 수 있다. 또 건강 유지를 위한 여러 가지 활동이나 운동에 관한 것도 포함시킨다. 어린이의 영양 교육은 집에서 부모에 의해 실시될 수도 있는데 이때 부모들은 영양가 있는 식품이 무엇인가와 긍정적인 식행동을 개발시키는 방법에 관련된 정보를 가지고 영양 지도를 실시한다. 탁아소 보모와 교사들은 어린이에게 적합한 식품과 식행 동 뿐 아니라 식품 마련과 관련된 법규들, 식품 안전성에 관한 문제, 위생 지침 등에 관해서도 알아야 한다.

⑤ 어린이 탁아 프로그램은 자격이 있는 영양 전문가의 자문을 정규적으로 받아야 한다.

영양사는 어린이 탁아 프로그램에서의 어린이 급식과 영양 교육에 관한 지식과 정보를 마련해 줄 수 있다. 또 어린이들 중 영양 문제의 위험이 높은 어린이를 선별해 내는 일을 도와줄 수 있다.

관들, 즉 어린이 탁아소, 방과후 어린이 방, 헤드 스타트 프로그램, 가정집에서 하는 어린이 탁아방 등이 이 프로그램에 참여할 자격이 있다. 이 프로그램의 혜택을 받을 수 있는 자격에는 모든 12세까지의 어린이, 18세까지의 발달 지연 어린이, 15세까지의 이민 근로자의 자녀들이 포함된다. 참여하는 이 프로그램들은 식사와 간식의 횟수, 형태, 양 등에 관해 CACFP 지침을 따라야 한다. 이 지침은 식사와 간식을 통해 공급해야할 매우 구체적인 식품의 형태와 양이 제시되어 있다.

(3) 모성, 영유아, 어린이를 위한 WIC 프로그램

미국 내에서 WIC(Woman, Infants, and Children) 프로그램은 저소득층 임신부, 산모, 수유부, 영유아 및 4세까지의 어린이를 대상으로 식품을 보충해 주고, 영양 교육을 실시하며, 의료 서비스를 받도록 도와주는 대표적인 프로그램이다. 1980년대 중반에 이 WIC 프로그램에 대한 평가를 실시하였는데, WIC 수혜 어린이와 미수혜 어린이로 나누어서 그들의 식이 섭취, 보건 서비스, 그리고 성장 정도를 비교하여 보았다. 미수혜 어린이에 비해 WIC 수혜 어린이들이 여러 미량 영양소들, 특히 철의 섭취가 좋았다. 이는 WIC 프로그램을 통해 공급된 철이 많은 식품들의 섭취 때문이었다. 이 뿐 아니라 WIC 어린이들은 면역 능력이 더 좋았고 더 정규적인 건강 관리를 받고 있는 것으로 나타났으나 예방 면에서의 건강 관리 서비스에서는 차이가 없었다. WIC 미 수혜 어린이들에 비해 WIC 수혜 어린이들의 키가 더 작았는데 이는 WIC 프로그램은 성장 장애가 있을 위험이 높은 어린이들을 대상으로 시행되기 때문이다. WIC 프로그램의 자세한 내용은 8장에서 다루었으므로 여기서는 생략하기로 한다.

(4) 국가 학교 급식 프로그램

국가 학교 급식 법에 따른 연방 정부의 법규가 1946년에 제정되었다. 이 법규에 따라 연방 정부는 비영리적으로 학교 급식 프로그램을 시작하고 시행할 수 있도록 주 정부를 돕는다. 즉, 점심을 급식하는 학교에 대해 미 농무성(USDA)의 영양 표준에 맞도록 현금과 식품들을 마련해 주고 있다. 이 프로그램은 학생들의 영양 요구를 1/3 이상 충족시키도록 마련된 급식프로그램이며 미 농무성과 학생이 반반씩 재정을 부담한다. 초기인 1960년대에는 저소득층은 경비를 내지 못해 학교 급식 혜택을 받지 못하였으나 1960~1970년대 초기에 걸쳐 여러 법을 통과시켜서 결국 저소득층 학생들은 거의 무료거나 매우 싼값으로 학교 급식을 받을 수 있도록 하였으며 이 비용은 미 농무성이 전담하였다. 1980년대에는 이 급식 형태가 학교 급식 형태로 바뀌면서 학년을 초등학교 저학년, 고학년, 중 고등학교로 나누어 각각 그들의 영양 권장량을 만족시킬 수 있는 식단으로 하여 제공되었다. 또한 학교 급식에서 지방과 소디움, 단순 당의 섭취는 감소시키고 섬유질과 복합 탄수화물의 섭취는 증가시키는 방향으로 식단이 작성되도록 돕고 있다. 이 학교 급식 프로그램을 평가해 본 결과 학교 급식교의 학생들이 비 급식교의 학생들에 비해 열량과 영양소의 섭취가 모두 높았다고 한다.

(5) 학교 아침 프로그램

1966년에 부분적으로 학교 아침 프로그램이 시작되었다가 1975년에 영구 프로그램으로 정착되었다. 이 프로그램 역시 학생들의 경제적 수준에 따라 비용을 전액 부담하는 형태, 반 씩 부담하는 형태, 모두 무료인 형태가 있으며 점심 급식에 비해 시행하는 학교는 적다. 예를 들면 1988년에 각급 학교의 90% 이상이 학교 점심 급식에 참여하였는데 비해 40% 정도의 학교만이 학교 아침 프로그램에 참여하였으며 참여 여부의 결정 요인은 급식비였다고 한다. 특히 저소득층에서의 학교 아침 급식은 학습 능력의 개선, 성장 개선, 생화학적 철 영양 상태 개선, 결석과 지각율 감소 등의 바람직한 결과를 가져온 것으로 조사되었다.

(6) 하절기 식품 급식 프로그램

1969년에 시작한 것으로 적어도 반 이상의 어린이가 무료거나 반값의 학교 점심 급식 자격이 있는 지역의 학교에 제한되어 여름 동안 아침, 점심, 저녁, 그리고 간식의 세 끼 식사를 모두 제공하는 프로그램이다. 이 프로그램은 무료로 운영된다.

(7) 특수 우유 급식 프로그램

위의 학교 점심, 혹은 아침 급식 프로그램이나 기타 어린이와 성인 관리를 위한 급식 프로그램 등에 속하지 않는 학교는 특수 우유 급식 프로그램을 실시한다. 또 유치원 어린이 중에서 급식이 되는 시간까지 유치원에 남아 있지 않는 어린이에게도 우유 급식이 해당된다. 이 프로그램은 무료이거나 혹은 아주 낮은 가격에 우유를 급식하며 이 프로그램을 실시한 결과 어린이들이나 학생들의 우유 섭취량이 증가하였다고 보고되었다.

(8) 청소년을 위한 영양교육 프로그램

미국에서는 세 개의 연방 정부 프로그램에서 다음과 같은 청소년을 위한 영양 교육을 다룬다.

① 미 농무성의 어린이 영양 프로그램 산하에 있는 영양 교육과 훈련 프로그램(NET, Nutrition Education and Training Program)에서 영양 교육을 관장한다. 각 주는 NET 진행자를 고용하여 영양 교육을 진행한다. 교육의 대상은 학생, 교사, 학교 급식 서비스 종사자들이며 대상자들의 영양 지식, 태도, 식행동의 향상을 위한 영양 교육 활동을 지원한다.

② 미 농무성에서는 4-H 프로그램을 지원하는데 이 중 영양 파트가 있으므로 원하면 이에 대한 교육을 받을 수 있다.

③ 미 농무성에서 저소득층의 청소년들이나 학령기 어린이를 위한 영양 교육 프로그램인 청소년 확대 식품 영양 교육 프로그램(EFNEP Youth, Expanded Food and Nutrition Education Program for Youth)을 지원한다. 이 프로그램은 4-H 프로그램과 비슷하나 여기서는 식품과 영양으로만 주제를 제한하여 교육시킨다.

3) 미 보건성의 어린이 영양프로그램

(1) 헤드 스타트

헤드 스타트(Head Start)는 미국 내 보건성에서 실시되는 유일한 어린이 탁아 프로그램이다. 이 프로그램은 저소득층 어린이를 대상으로 반일제 혹은 전일제 헤드 스타트 프로그램을 실시하여 학교에 입학하기 전에 필요한 여러 준비를 잘 갖추도록 하는 것이다. 헤드 스타트는 또 영양 서비스, 치과 서비스, 의료 서비스를 통해 이 프로그램에 참여하는 어린이들의 건강 상태를 개선시키는 일을 담당한다. 헤드 스타트 참여 어린이는 영양 문제가 있는지를 알아보기 위해 영양 선별 과정을 거치게 되며 만약 영양 문제가 있다면 이를 개선하기 위한 적절한 후속 조치를 마련해 준다. 나아가서 참여 어린이들은 이 프로그램이 진행되는 동안 영양가 있는 식사와 간식을 제공받으며 어린이와 그 부모들을 위한 영양 교육도 받게 된다. 지역사회 영양사는 헤드 스타트에서의 이러한 영양 선별 작업, 영양 교육, 또는 급식 서비스에 있어서 자문 역할을 담당한다.

(2) 영양교육 프로그램

청소년 시기에는 정규 교육을 통한 교육이 중요하므로 영양 교육 프로그램은 청소년들을 위한 지역사회 영양 중재 프로그램의 주된 형태가 된다. 그 동안 지역사회 영양사는 영양 교육을 다른 학교에서 가르치는 과목들과 통합하여 보건과 영양, 체육과 영양 등으로 가르쳐 왔다. 그러다가 1989년 미국의 19개 주에서 영양을 학교 보건 교육에서의 핵심 내용으로 하기로 결정하였다. 실제로 영양 교육을 실시하고 평가해 본 결과 영양 지식, 태도, 식행동의 변화를 향상시키는데 효과적이었다고 한다. 성공적인 학교에서의 영양 교육에 영향을 미치는 요인들은 다음과 같다.

학교 영양교육에 영향을 미치는 요인

- 영양 과목을 건강이나 과학 등 다른 과목 안에 통합시키는 문제
- 영양 과목을 가르칠 수 있는 교사를 양성하고 훈련시키는 문제
- 문제-해결 활동이나 식품-선택 활동과 같은 교육 기법들을 사용하는 것
- 영양 교육 프로그램에 학부모들을 참여시키는 것

4. 우리 나라 어린이 및 청소년 영양프로그램

1) 교육부의 학교급식 프로그램

학령기 어린이를 위한 영양프로그램으로 가장 대표적인 학교급식 프로그램은 현재 교육부의 지원으로 실시되고 있다. 학교급식 프로그램에서의 영양서비스는 건강증진에 필요한 기본 건강교육 및 식사예절교육, 영양과 운동에 대한 보건교육 및 영양상담을 실시하고, 건강/영양 문제가 있는 어린이의 경우 학교에서의 규칙적인 건강검진 및 예방접종 기회를 이용하여 영양사와 양호교사가 상호 협조 하에 영양지도를 실시할 필요가 있다.

학교급식은 학생들에게 영양적으로 건강하고 균형있는 식사를 제공해 줄 뿐 아니라 편식 등의 바르지 못한 식습관이 교정되는 계기도 되며 학생들의 사회생활의 중요한 장이다. 또, 학생뿐만 아니라 교직원, 학부모에게까지도 영양교육의 좋은 기회가 되고 있으며 직장생활을 하는 여성들에게 시간적인 여유를 줄 수 있고 아동들에게는 식사예절을 배우는 기회도 되므로 많은 호응을 얻고 있다.

우리 나라의 학교급식은 한국전쟁 후 1953년부터 국제아동기금(UNICEF), 세계민간구호협력(CARE), 미국국제개발원(USAID) 등의 기관으로부터 지원받은 양곡으로 초등학교 아동에게 무상급식을 시작한 것이 그 시초였으며, 그 후 1973년 외국원조가 중단됨에 따라 수혜 범위가 대폭 축소된 가운데 정부지원에 의한 자립형태의 급식을 실시하였다. 1977년 빵 급식에 의한 식중독 사고가 발생한 이후 배급제 급식을 중단하고 1978년부터는 전면 학교급식 조리체제로 전환하여 전담직원으로 영양사를 배치하기에 이르렀다. 1981년에는 학교급식법이 제정되었고 1990년에는 학교급식법 시행령이 개정되어 학교급식에서도 소규모 농촌학교에는 공동관리가 허용되었다. 1992년 제7차 경제개발 5개년 계획에 학교급식 전면 확대실시가 포함되어 학교급식이 급속히 확대되었으며 2000년 7월 수집된 자료에 의하면 전국 5,267개 초등학교 중 5,252개 학교에서 학교급식이 실시되고 있어 학교급식 실시비율이 99.7%에 이르고 있다(표 9-4). 초등학교 학교급식 실시율은 숫자적으로 100%를 달성하였으나 우선 학교급식 영양사가 교사가 아닌 일반직 공무원(식품 위생직)으로 분류되어 있어 학생들 대상으로 영양교육을 직접 실시하기 어렵다는 점, 각 지방자치단체에 따라 공동관리교가 증가하는 점, 노후된 시설과 설비의 개선을 위한 예산확보가 쉽지 않은 점등이 문제점으로 제기되고 있다.

표 9-4 각급 학교별 급식실시현황 (2000. 7. 1 현재)

구 분	학교수			학생수(명)		
	전 체	급 식	%	전 체	급 식	%
초등학교	5,267	5,252	99.7	4,019,991	3,460,980	86.1
중 학 교	2,731	1,214	44.5	1,860,539	530,093	28.5
고등학교	1,957	1,775	90.7	2,071,468	1,175,593	56.8

자료: 교육부, 학교시설 환경과, 2000

초등학교와 고등학교의 학교급식 실시율이 거의 100%를 달하고 2002년까지는 중학교 급식도 확대되어 초·중·고등학교 간 연계급식이 이루어질 계획이나, 예산부족으로 인하여 어려움을 겪고 있다. 이에 따라 중·고등학교 학교급식의 운영형태가 직영보다는 위탁업체에 의한 급식을 추진하고 있는 실정이다(표 9-5). 위탁급식이 실시되면 직영에 비해 급식의 질이 저하되고 학생들의 영양교육 기회 감소 등의 문제가 생기게 될 우려가 많다. 학교급식의 경비부담은 표 9-6과 같다. 결식아동은 도시 저소득층뿐만 아니라 농촌에도 많

표 9-5 각급 학교별 급식형태 운영현황 (2000. 7. 1 현재)

구 분	급식 학급수	직영급식 학급수	위탁급식 학급수
초등학교	5,252	5,213 (99.3%)	39 (0.7%)
중 학 교	1,214	565 (46.5%)	649 (53.5%)
고등학교	1,775	792 (44.6%)	983 (55.4%)

자료: 교육부, 학교시설 환경과, 2000

표 9-6 학교 급식의 경비부담

(1) 학교 설립 경영자가 부담할 경비
- 학교급식의 실시에 필요한 시설·설비의 설치 유지비
- 연료비 및 학교급식 조리 종사자의 인건비

(2) 학부모가 부담할 경비
- 식품비
- 급식운영에 필요한 경비 중 감독청이 인정한 경비

(3) 국가 또는 지방자치단체가 지원할 경비
- 도서벽지지역의 초등학교 급식에 관한 경비 중 학부모가 부담할 경비
- 농·어촌지역의 초등학교 급식에 관한 경비 중 식품비의 1/3과 급식운영에 필요한 경비 중 감독청이 인정한 경비
- 시·도교육감이 학부모가 바담할 경비를 부담할 능력이 없다고 인정하는 경우에 학부모가 부담할 경비 중 예산상 가능한 경비

(4) 학교급식후원회가 부담할 수 있는 경비의 범위
- 학교급식 시설·설비의 설치 및 유지비의 일부
- 연료비 및 학교급식 종사자의 인건비 일부

(5) 학교 생산 수입금 등
- 급식학교에서 작물재배, 동물사육 기타 각종 생산활동 등으로 얻은 생산품이나 그 생산품의 매각 대금은 다른 법률의 규정에도 불구하고 학교급식을 위하여 직접 사용할 수 있음

아 국고보조금, 사회복지단체, 종교단체 등에서 다양한 급식지원방법을 통하여 해결하고 있으나 전반적인 학교급식보다 더 나은 해결책은 없다.

2) 보건복지부의 어린이 및 청소년 영양프로그램

우리 나라 보건소에서 실시하도록 권장하고 있는 어린이 및 청소년를 위한 영양프로그램으로는 어린이 영양 및 식습관 지도 사업이 있으며, 올바른 영양교육을 통하여 어린이의 영양상태를 개선하고 건전한 식습관을 형성함으로써

영양장애로 인한 문제들의 발생을 억제하는데 그 목표를 두고 있다. 사업의 내용은 먼저 지역 내 교육시설 및 급식 실태 파악을 하여 어린이들의 영양상태를 평가, 분석한 후 어린이 대상의 편식 예방을 위한 어린이 영양교실, 비만 예방 프로그램 및 어린이 비만 캠프, 청소년 식습관 교정 프로그램 등이 있다. 이 영양프로그램들은 주로 영양교육을 중심으로 구성되어 있으며 교육의 장소로는 보건소의 강당을 이용하거나, 어린이집, 유치원 및 초등학교를 방문하여 영양교육을 수행하기도 한다.

그러나 보건소에 따라 아직도 정식 영양사 인력이 배치되지 않거나 필요한 예산이 뒷받침되지 않아서 어린이/청소년 대상의 영양프로그램을 수행하는데 어려움이 많은 실정이다. 여기서는 현재 우리 나라 각 보건소에서 진행하도록 권장되고 있는 어린이와 청소년 영양프로그램의 지침에 대해 알아보기로 한다.

(1) 편식 예방 교실

유치원, 유아원생 및 초등학생 등 편식 어린이를 대상으로 하여 방학 중 1일 편식 예방에 관한 영양교육을 실시한다. 내용으로는 음식물의 역할, 기초식품군에 관한 영양강좌, 좋아하는 음식과 싫어하는 음식에 관한 역할극, 평소에 먹지 않던 식품을 이용한 조리실습 등으로 구성된다.

(2) 비만 예방 캠프

비만한 어린이 및 학부모를 대상으로 하여 방학 중 3일 동안 캠프를 개최한다. 첫째 날에는 어린이 비만과 건강, 어린이 비만의 식이요법, 비만도 판정, 어린이 비만과 운동에 관한 영양강좌를 실시한다. 둘째 날에는 연극 및 퀴즈 등 특별행사를 열어 영양소 종류와 기능 학습, 각 영양소가 많이 함유된 식품의 역할, 내가 싫어하는 식품의 역할, 컴퓨터 프로그램을 이용한 퀴즈 학습 등으로 진행한다. 마지막 날에는 개인별 영양상담 프로그램으로 영양상담 및 체지방량 측정을 실시한다.

(3) 청소년 식습관 교정교실

중·고등학생을 대상으로 월 1회 정도 청소년의 식습관 교정을 위한 영양교육을 실시한다. 내용은 청소년기 영양의 중요성, 섭취해야할 권장식품, 균형잡힌 영양, 올바른 식습관, 잘못된 영양정보에 대한 올바른 대안 제시, 아침결식 청소년의 식생활관리 개인 상담 등이다.

3) 저소득층 어린이 급식 지원 프로그램

현재 우리 나라에서는 2000년 10월부터 시행되는 국민기초생활 보장법에 때라 보건 복지부 주관으로 저소득층 지원사업이 시행되고 있으며 특히 영양취약계층인 저소득층 어린이 대상의 지원 사업이 여러 형태로 지원되고 있다. 교육부에서는 결식아동에 대한 급식지원 프로그램의 하나로 빈곤가정 학생 중식 지원사업을 시행하고 있다. 도시락을 가져올 수 없거나 학교의 급식비를 납부하지 못하는 학생에 대한 중식 지원을 토·공휴일까지 확대하여 주 7일 지원한다. 토·공휴일 지원방법은 교육부와 보건복지부가 협의하여 실시하며 사회복지관, 청소년회관 등에서 교육프로그램과 병행하여 제공하거나, 인근 지정식당을 이용하게 하거나 도시락 배달 등의 방법으로 지원하고 있으며 소

정보마당

9-2 저소득층 학생 중식지원 사업

1. 추진배경 및 경과

우리 나라에서 가정형편이 어려워 도시락을 지참하지 못하는 학생들에 대한 중식지원 사업은 1989년부터 시작되었다. 당시 우리 나라는 경제적 풍요와 사회적 안정, 88 서울올림픽의 성공적인 개최 등으로 세계 속에 한국을 알리고 선진국 대열에 진입하였다는 국민적 자부심을 가지고 있었다. 그러나 이 시기에 극히 일부 학생들이지만 빈곤, 결손가정, 질병 등 어려운 가정환경으로 인하여 도시락을 지참하지 못하여 점심시간에 운동장에 나가 놀거나, 수돗물로 배를 채우는 학생이 있다는 언론보도가 나오면서 결식학생 문제는 표면화되었고, 정부차원의 지원대책을 마련하게 되었던 것이다.

성장이 왕성하며 감수성이 예민한 청소년기에 결식으로 인한 영양부족은 신체적 발육과 건강에 장애를 초래함은 물론 성격형성에도 영향을 미치고, 학교생활에 대한 만족도와 학습의욕을 저하시키며, 개인의 문제를 넘어서 사회에 대한 반항심 등으로 발전하여 사회구성원으로서의 건전한 성장발달에 저해요인으로 작용할 수 있으므로 빈곤가정 학생에 대한 중식지원은 개인은 물론 국가적으로도 매우 중요한 의미를 갖는다.

1989년 사업시행 초기에는 빈곤, 결손가정 등 어려운 가정형편으로 인하여 학교에 도시락을 가져오지 못하여 점심을 굶고 오후수업을 계속하는 초등학생을 대상으로 학교에서 점심식사를 제공하였으나, 학교급식이 크게 확대됨에 따라 동 사업은 학교급식비를 납부하지 못하는 빈곤가정 학생들에게까지 학교급식비를 지원하는 사업으로 성격이 변화되었고, 그 대상도 1997년 부터는 중·고등학생에게까지 확대되었다.

또한 1998년은 IMF의 영향으로 급식비 지원대상학생이 증가되고, 이들을 돕기위한 성금모금 등 사회적 관심이 높아짐에 따라 국회 "농어촌 및 도시 영세민 특별대책위원회" 위원들이 주축이 되어 1999년 8월 의원입법으로 학교급식법을 개정하였다. 동 법에서는 '극빈가정 학생에 대하여 수업일 및 방학기간 등에 급식지원을 하고, 필요한 경비는 국가와 지방자치단체가 부담하되 국가가 100분의 50 이상을 부담'할 것을 규정하므로써 그 동안 정책사업으로 추진하였던 학생 중식지원 사업은 법적 근거를 갖고 보

다 안정적으로 추진할 수 있게 되었다. 나아가 2000년 3월 부터는 저소득층 지원 확대 방안의 일환으로 토・공휴일까지 중식지원을 하게 됨에 따라 연 365일 지원이 이루어지고 있다.

2. 중식지원 현황

중식지원 대상은 생활보호대상자, 결손가정, 노동력 상실, 실직으로 인한 빈곤가정 학생 중 가정형편이 어려워 도시락을 가져오지 못하거나, 학교급식비를 납부하지 못해 급식을 중단해야할 처지에 있는 학생이다. 대상자 선정방법은 학생의 가정환경을 잘 아는 담임교사가 추천한 학생에 대하여 학교장이 지방자치단체에 사회복지전문요원을 통한 가정환경조사 의뢰, 동 객관적 자료를 근거로 학교운영위원회 또는 학생복지심사위원회의 심의를 거쳐 학교장이 선정한다. 지원방법은 다음과 같이 학기중과 방학기간으로 나누어 지원한다.

- 학기 중 -- 급식비 지원 : 급식학교 (1인 1식 당 1,500원~2,000원)
  도시락 등 식사제공 : 비급식 학교 (1인 1식 당 2,500원)
- 방학기간, 토・공휴일 -- 교육프로그램 연계급식 : 초등학교, 사회복지관 등
  주・부식재료 가정 배달 : 쌀, 김치 등 현물
  농산물교환권 등 지급 : 주・부식재료 교환
  음식점 이용 또는 가정배달 : 일부 자치단체에서 실시

중식지원 학생수는 1989년 초등학생 8,500명이었으나, 학교급식의 확대, 중・고둥학생까지 지원확대, IMF의 영향 등으로 지원대상이 크게 늘어나 11년이 지난 2000년에는 약 20배가 증가한 164,000명에게 지원을 하고 있다. 이는 전체 초・중・고등학생의 약 2% 정도이다. 지원예산은 1989년 사업시행 시 초등학교 결식학생에 대하여는 국고로 지원하되, 급식학교의 급식비 지원대상학생에 대하여는 그 예산을 지방비(시・도 교육비 특별회계 및 자치단체예산)로 지원하며, 장기적으로 학교급식을 확대하여 결식학생문제를 해결하기로 하였다. 1997년 초등학교 급식이 거의 전면 실시되어 국고부담이 크게 줄어들자 정부는 학생복지증진 차원에서 지원대상을 중・고등학교까지 확대하기로 결정하고, 예산 부담은 국고와 지방비로 50:50으로 부담하기로 하였다. 그러나 1998년 IMF의 영향으로 실직자가 증가하여 급식비 미납학생이 증가하고, 초등학교 급식은 물론 중・고등학교 급식이 크게 확대되고, 수업일 뿐 아니라 방학기간까지 지원함에 따라, 지방비 부담이 가중되고 중식지원 재원조달이 문제로 부각되었다. 이에 따라 1999년 8월 학생 중식지원사업이 법제화되고, 종전까지는 지방비로 전액부담하였던 급식학교의 지원대상학생 지원예산의 50%는 국가가 부담하게 된 것이다. 그 결과 1998년 중식지원 총예산 321억원 중 23억원, 1999년 총 708억원 중 201억원을 국고로 부담하였으며, 2000년에는 총 소요예산 1,140억원 중 50%인 570억원을 국고로 부담할 예정이다.

3. 사업에 대한 평가

지원대상 학생을 담임교사가 학생과의 면담 등을 통하여 선정하는 과정에 있어 대상학생이 노출되어 급우로부터 따돌림을 받는다는 일부 보도도 있었으나, 대부분의 학교가 학생이 한 끼의 식사만이 아니고 상담 등을 통하여 정서적으로도 지원을 하려고 많

은 노력을 하고 있다. 수업일은 학교급식을 통하여 영양있고 균형 잡힌 식사를 급우들과 표나지 않게 지원할 수 있어 가장 적당한 방법이나, 학교 밖에서 식사를 하는 방학기간은 지원방법상 학교가 주관하여 지원하기에는 한계가 있어 그 적절한 지원방법을 찾기 위하여 교육활동과 연계한 학교급식 실시, 주・부식 재료지원, 농산물교환권 지원, 지역사회의 음식점 또는 사회복지관 급식시설을 이용한 방안 등 다양한 방법으로 지원하고 있다. 초등학생을 대상으로 한 교육활동과 연계지원 방안은 저학년 학생들의 호응은 좋으나 교원들에게는 방학기간의 연수 등 재충전할 기회를 포기하는 희생을 강요하므로 이 방법으로 지원을 확대하기에는 한계가 있고, 주・부식 재료지원과 농산물교환권 지원은 학부모들이 선호하는 방법이지만 실제 식사지원은 아니고, 극히 일부 학생이지만 타 용도로 사용하는 등 문제점이 제기되기도 하였다. 또 음식점 이용방안도 지원대상임이 노출되어 참여율이 낮고, 사회복지관을 통한 교육과 병행한 급식지원은 이상적이기는 하나 전국 100 여 곳 뿐으로 학생들이 접근이 어려워 학교 밖에서 식사하는 방학, 토・공휴일의 적절한 지원방법을 찾기는 쉽지 않았다.

또한 지원대상자 선정에 있어 엄선을 기하고, 그러한 가정에서 발생할 수 있는 미취학아동 및 부모들의 결식 문제도 종합적으로 판단하여 자치단체에서 적극적으로 복지행정을 펼 수 있는 계기를 마련하기 위하여도, 올해부터는 지방자치단체의 사회복지전문요원을 통하여 대상학생의 가정환경을 조사토록 하였으나 업무과다로 실질적인 협조가 미흡하였다. 일부 학교는 온정주의적으로 지원대상학생을 확대하려는 경향도 없지 않아 대상학생의 선정에는 객관적 기준 등 보완이 필요한 것으로 나타났다.

4. 향후 사업방향

성장기 청소년에 대한 급식지원 사업은 미국, 일본 등 선진 여러 나라에서는 일찍이 이루어지고 있는 사업이다. 미국은 초・중・고등학교의 약 50%학생에 대하여 급식비 전액감면 또는 일부감면을 하고 있으며, 일본은 생활보호 대상가정의 학생에게는 생활보호법에 의거 교육부조의 일환으로 학교급식비를 지원하고, 동법의 보호를 받지 못하는 틈새계층 학생에 대해서는 학교 급식법에 의거 급식비 지원을 하고 있다.

우리 나라의 정부주관 극빈 학생 급식지원사업은 교육부와 보건복지부에서 담당하고 있다. 교육부는 중식을, 보건복지부는 석식을 지원하고 있으며, 또한 지원대상도 차이가 있어 교육부는 급식비 지원차원에서 전체학생의 2% 수준인 164,000명에게 중식 지원을, 보건복지부는 결식아동 지원차원에서 교육부 중식지원 대상학생의 11%인 18,000명 정도에게 석식 지원이 필요한 학생으로 보고 있다. 또한 민간단체, 사회복지전문가들은 학교 밖에서 식사를 하게되는 방학, 토・공휴일의 급식지원방법은 현재와 같이 식품재료 지원보다는 사회복지단체 등을 통한 교육과 병행한 실질적인 식사지원을 해야 한다는 주장을 하고 있다.

연 365일 지원이 이루어지게 된 지금, 관계기관・단체와 업무 담당자들은 빈곤 가정 학생에 대한 급식지원을 어떤 방법으로 얼마만큼 지원해야 올바른 것인가, 2000년 10월부터 시행되고 있는 국민기초생활보장제도 등 국가의 복지정책과는 어떻게 조화를 이루어 나갈 것인가 등 빈곤 학생 중식지원사업에 대한 신중한 검토와 함께 합리적이고 효율적인 지원방안 모색을 위하여 적극적인 협조가 요구되고 있다.

자료:교육부 홈페이지(www.moe.go.kr)에서 발췌, 2001

요예산은 교육부와 각 시·도에서 편성, 집행하고 있다. 지원내용으로는 1인 1식으로 2,000원 상당의 급식비를 제공하고 있으며 2000년도 수혜 인원은 164,000명 정도이다.

(1) 저소득층 어린이의 영양보충식품 지원 및 영양교육 프로그램

여기에는 식품지원 사업과 영양교육 사업이 있다. 식품지원 사업은 저소득층 지역의 어린이집과 탁아소를 대상으로 주 1회 단백질, 칼슘 급원인 난류와 유제품, 비타민 급원인 과일류를 보충식품으로 지급하는 것이다.

영양교육 사업은 저소득층 지역의 탁아소 및 어린이집 급식 담당자를 대상으로 신체의 발육과 영양소의 역할, 성장기에 필수적인 영양소가 들어있는 식품 등에 대한 교육을 실시하는 것이다.

(2) 학교급식 지원 및 영양교육 프로그램

여기에는 급식지원 프로그램과 영양교육 프로그램이 있으며 급식지원 프로그램은 가정 소득 수준을 기준으로 하여 매 학기초에 대상자를 선정한다. 생활보호대상 가정의 어린이와 소년소녀 가장 어린이는 무료급식 대상자가 되며, 저소득층 가정의 어린이는 저가급식 대상자로 분류한다. 매 학기, 각 학교의 선정대상자에게 급식 스티커(무료급식, 저가급식)를 배부하며 급식 실시 학교의 식단을 점검하고 하루 영양권장량의 1/3 이상을 섭취할 수 있도록 지도, 관리한다.

영양교육 프로그램은 소년소녀 가장 어린이를 대상으로 연 2회 스티커 배부 장소와 일치되는 사회복지관에서 실시한다. 교육 내용은 청소년기 필수영양소의 중요성, 경제적이고 다양한 식품구매 방법 및 간단하고 편리한 조리법 등이다.

(3) 방학이용 특별급식 지원 프로그램

여름 및 겨울 방학을 이용하여 생활보호대상 가정의 어린이와 소년소녀 가장 어린이는 점심급식 대상자로, 저소득층 어린이는 우유제공 대상자로 선정하여 급식을 지원한다. 장소는 지역 내 학교 및 사회복지관이며 1일 영양권장량의 1/3 이상을 섭취할 수 있도록 지원한다. 만 18세까지를 대상으로 하며 프로그램의 운영은 자원봉사자 및 식생활개선 추진원과 협조하여 진행한다.

활동마당

우리 나라에서 시행되고 있는 프로그램 중 초등학교 학교급식 프로그램과 보건소에서 실시하고 있는 비만예방 캠프 프로그램을 평가해 보자. 이 두 가지 프로그램 중 한 가지를 택하여서 다음의 단계별로 질문에 답해보면서 평가해 보자.

1. 프로그램의 효과를 평가해보자. 효과를 평가할 때 어떤 단계부터 시작할 것인가? 무엇으로 효과를 평가해 볼 것인가?
2. 이 프로그램이 수혜자들의 요구를 만족시켰는가를 평가해보자. 이를 알아보기 위해 어떤 질문지로 무엇을 알아낼 것인가?
3. 이 프로그램이 수혜자들의 요구를 잘 만족시키지 못하였다면 이 상황을 어떻게 고쳐나가야 하는가? 다음의 두 가지 측면에서 생각해보자.
   (1) 프로그램의 전달 측면
   (2) 국가 정책적인 측면
4. 이 프로그램의 참여도를 높이기 위해 어떤 마케팅 전략을 수행해야 할까?

10

성인 및 노인 영양프로그램

대한영양사회

제 10 장

성인 및 노인 영양프로그램

성인기는 크게 청년기, 중년기, 장년기의 세 시기로 나누어 볼 수 있으며 같은 성인기라도 각 시기에 따라 가족의 변화, 수입, 교육 등 여러 인구학적인 특성이 서로 다르다. 청년기(20~30세)에는 인생에 있어서 여러 가지 중요한 결정을 하게 된다. 결혼은 언제 할 것인지, 아이는 몇을 가질 것인지, 직장은 어디를 다니게 될 것인지 등의 결정이 대부분 이 시기에 이루어진다. 이에 비해 중년기(30~50세)에는 가정과 직장이 안정되므로 아이들을 양육하면서 자신의 고유한 생활 방식을 형성하는 시기라고 볼 수 있다. 장년기(50~65세)가 되면 건강 상태가 서서히 약화되기 시작하고 만성질병, 은퇴, 친구나 배우자의 죽음 등의 문제와 대면하게 된다.

65세 이상의 노인 층이라도 동일한 집단이라고 보기는 어려우며 오히려 신체적, 경제적, 교육 배경, 사회적 특성들이 서로 다른 매우 다양한 집단이라고 볼 수 있다. 노령 인구의 증가에 따라 최근 노인의 건강과 영양 상태를 향상시키어 노인의 삶의 질을 높이는 것에 관심이 모아지고 있으며 이에는 노화와 관련된 생리적 퇴행 현상을 늦추는 일, 무능력이나 만성 질환의 심각성을 줄이고 그 증상을 완화시키는 일 등이 포함된다. 노령 인구가 증가하면 국가의 경제적 부담, 즉 노령 인구 층에 만연한 만성 질환과 무능력의 문제들을 다루기 위한 건강 관리비용이 올라간다.

이 장에서는 인구학적인 요인과 생활 방식의 다양성이 성인 및 노인의 지역사회 영양 서비스에 대한 관심과 요구에 어떻게 영향을 주는가, 그리고 저소득층 성인과 가족의 특성, 성인 및 노인 대상의 지역사회 영양 프로그램 등에 대해 알아보기로 한다.

1. 성인의 영양 문제

1) 성인의 영양 관심

성인기는 생활 방식과 인구학적 특성의 범위가 매우 넓고 다양하다. 마케팅 담당자들은 흔히 시장 분할(market segmentation)이라는 기법을 사용하여 성인기 소비자들을 비슷한 행동 및 요구에 따라 몇 개의 집단으로 분류한다. 그 후에 이 집단들의 고유한 특성에 기초하여 소비자에게 접근한다. 지역사회 영양사는 나이, 성별, 수입, 교육 정도, 생활 방식 등에 따라 식품과 영양의 행동, 태도, 지식 등이 변화한다는 것을 알고 있어야 한다. 한 지역사회의 성인과 가족을 그 식품과 영양 관련 특성에 따라 다음의 네 가지 집단으로 나누어 볼 수 있다.

(1) 관심이 많으며 변화시킬 의지가 있는 집단

이 집단은 식품, 영양, 건강 등에 관심이 많은 집단으로 새로운 식품, 영양 정보를 활발히 찾는 집단이다. 이들은 식생활에 대한 충고를 따르려고 노력할 뿐 아니라 새로운 정보에 따라 식사 내용이나 식사 습관도 기꺼이 바꾼다. 대개 교육 수준이 높고 수입도 평균보다 높다. 지역사회 영양에 관한 조사 연구에 따르면, 한 지역사회 안에서 교육 수준이나 수입이 높은 사람들이 영양 지식도 평균 이상으로 가지고 있고 영양에 대한 태도도 긍정적이며 전문가의 충고에 따라 식사의 내용도 잘 바꾸려는 경향이 있다고 한다. 또 성별 집단으로 비교해 볼 때는 여성이 남성보다 더 식행동에 관심이 높고, 바꾸려는 의지가 강하다.

(2) 관심은 있으나 현재의 식행동에 만족하는 집단

대개 좀 나이가 든 성인 집단에 이에 해당되며 영양에 대해 관심은 있으나 현재의 식행동에 편안해 하는 사람들이다. 사람은 누구나 나이가 들면서 건강에 대한 관심이 커지므로 이들의 주된 영양 관련 관심은 건강에 대한 식사의 영향이다. 이 집단의 사람들은 식사와 건강에 관한 영양 메시지에 매력을 느낀다.

(3) 관심은 조금 있으나 재정적인 여유가 없는 집단

교육 수준이나 수입이 낮은 층에 많다. 이들의 영양에 대한 관심은 중간 정도이거나 그 이하이며 주된 관심은 식품의 가격이다. 이들은 대개 식구가 많고 경제적인 문제가 있으므로 식품과 영양에는 별 관심이 없다. 그러나 이들에게도 가격이 싼 식품과 영양과의 관계를 연관시켜 제시하면 영양에 관한 관심을 높일 수 있다.

(4) 관심이 거의 없고 너무 바쁜 집단

젊은 층은 대개 영양에 대한 관심이 낮다. 이들의 주된 영양 관심은 식품을 조리할 때 어떻게 하면 시간과 노력을 줄일 수 있는가의 문제에 집중되어 있다. 이 집단에 해당되는 사람은 혼자 사는 젊은 사람과 바쁘고 젊은 가족이다. 이들에게 영양가 있는 음식을 빨리, 쉽게 만들 수 있는 방법을 추천하면 잘 받아들인다.

위에서 사용한 시장 분할법은 지역사회 영양프로그램을 위한 주요 목표 집단을 정하는데 도움이 되나 개인이나 집단을 지나치게 일반화시키거나 양극으로 나누는 것은 위험할 수 있다는 비판도 있다. 즉, 모든 혼자 사는 젊은 사람이 영양에 대해 관심이 없는 것은 아니며, 교육 수준이 높고 수입이 많다고 해서 모두 영양가 있는 음식을 선택하는데 관심이 있는 것도 아니다. 또 이 방법을 사용하면 특별히 지역사회 영양사가 관심을 가져야 하는 영양 위험이 높은 집단이 제외될 수가 있다. 길거리 노숙자, 기관이나 시설 수용자, 불법 체류자, 전화가 없는 사람 등이 이에 해당되며, 이들에 대해서는 필요한 정보가 없으므로 좋은 영양프로그램이 주어지기 힘들다.

2) 저소득층 성인과 가족

저소득층에서 생명이 위협받는다거나 쇠약해 지는 등의 영양 문제 발생 빈도가 높다. 저소득층 가족 중에서 십대 임신, 저체중 출산아, 만성 질병 보유자 비율이 높고, 어린이 성장은 부진하며, 철 결핍도 흔히 볼 수 있다. 따라서 지역사회 영양사는 가난한 사람들의 필요를 알아내고, 이해하고, 봉사하는데 관심을 가져야 한다. 어느 가정이 저소득층인가 알아내기 위해서는 흔히 그 가정의 수입을 알아보는 방법이 가장 많이 쓰인다.

저소득층 가족은 식품 뿐 아니라 의복, 주거지, 건강 관리, 생활에 필요한 일용품 등 모든 것이 다 부족하다. 이에 따라 사회 활동에 제약을 가져오게 되고 그 지역사회 내 모든 사회 생활에 주류로 참석하기 어렵다. 즉, 돈이 부족하면 친구나 친척 방문이 어렵고, 장기적 교육 투자를 하거나 안정된 직장 등을 얻기가 쉽지 않으며 소득이 극히 적으면 굶을 수밖에 없다. 굶는 것, 즉 기아(hunger)는 먹을 식품이 부족할 때 나타나는 생리적인 결과이다. 그러나 만성적인 생리적 기아 상태는 지역사회 내에서 측정하기 어려우므로 몇몇 학자들은 기아라는 용어 대신에 식품 불안정(food insecurity)이라는 용어로 바꾸어 쓰기를 주장하기도 한다. 식품 불안정이란, 영양 좋고 안전한 음식, 혹은 개인적으로 수용할 수 있는 음식을 정상적인 방법으로 얻을 수 있는 능력이 제한되거나 불확실할 때를 말한다. 식품의 불안정은 그 지역사회의 식품 환경, 식품의 유용성, 수용도, 안전성, 영양소의 질 등 모든 측면을 포함하고 있다.

한 지역사회 내에서 가난과 식품의 불안정이 증가하는가의 여부를 예측하는 데는 다음 세 가지의 경제적인 지표를 사용한다. 지역사회 영양사는 이 지표들을 모니터 해야 한다.

(1) 실업율과 임금 수준

가난은 실업, 저임금 고용 등과 관련되어 있다. 빈곤층의 임금 수준을 보면 대개 저임금이며 장기간 고용 안정성이 없는 일, 일시 해고, 실직 위험 등이 흔하며 더 나은 직장을 위한 교육의 기회가 적다. 특히 여성에게 불리하여 대부분의 여성들이 저임금과 육아문제를 가지고 있으며 하루 종일 전일제로 일해도 빈곤을 면키 어려운 실정이다.

(2) 최저 생계비

저소득층의 최저 생계비가 그 가족의 수입을 초과하는지의 여부를 알아보아야 한다. 주택, 식품, 교통비가 오르면 제한된 수입으로 이들을 부담해야 하므로 무리가 올 수 있다. 현재 우리 나리의 최저생계비는 4인 가족 기준 93만원이며 이에 못 미치는 인구는 전국적으로 170만 명 정도이다.

(3) 생활 보조비의 수혜 여부

미국의 경우 많은 저소득층 가정들은 기본 생필품의 구입을 도와주기 위해 연방 정부에서 실시하는 저소득층 생활 보조 프로그램에 의존한다. 여기에 해당되는 것으로는 WIC, 무료나 저가의 학교 급식, 식품 스탬프 제도, 노인 급식 프로그램 등이 있으며, 이 프로그램들은 저소득층 가족에게 충분한 식품을 마련해 준다. 그러나 경우에 따라 이 예산이 삭감되어 수혜 층이 감소하면 저소득층 가정의 식품비 지출에 차질을 가져오게 되고 식품 조달이 어렵게 된다. 이외에도 저소득층 가족이 부모가 안 계시거나 실직하여 생활할 수 없을 때 생활비 보조를 해주거나 의료 서비스를 받도록 해 주는 프로그램도 있다.

우리 나라의 경우, 2000년 10월부터 국민 기초생활 보장법이 시행되어 보건복지부 주관으로 자활보호자에 대하여 생계비 지원을 확대하고 있다.

2. 노인의 영양 · 건강 문제

최근 우리 나라 뿐 아니라 전 세계적으로 평균 수명이 증가하고 이에 따라 65세 이상 노인의 인구도 증가하는 추세를 보이고 있다. 1905년에는 우리 나라 전체 국민의 평균 수명이 남자 23세, 여자 24세 이었던 것이 해방 당시에는 남자 43세, 여자 48세로 나타났고 최근인 1995년에는 남자 70세, 여자 77세로 많은 증가를 보이고 있다.

금세기 초에 수명이 증가한 이유는 감염성 질환의 감소로 인해 영유아와 어린이 사망률이 떨어졌기 때문이며 이에 비해 1970년대 이후의 수명의 증가는 중년층과 노년층의 사망률이 감소하는 것에 기인하고 있다. 수명의 증가는 한 나라의 인구 구조에 영향을 주고 이런 영향은 특히 제 2차 세계 대전 후의 베이비 붐 세대가 나이가 듦에 따라 계속 가속화될 것이다. 우리 나라의 경우 1960년대에는 65세 이상의 노령인구의 백분율이 3.7% 이었는데 비해 1990년 4.7%로 증가하였으며 2000년에는 6.4%, 2020년에는 11.5%가 될 것으로 전망되고 있다.

모든 자원이 제한되어 있는 상황하에서 이렇게 노령 인구가 증가하고, 이들에게 무능력을 극복하고 생산적이고 독립적인 삶을 살게 하는 일은 경제와도 밀접한 관계가 있으며 더 중요하게는 노인의 삶의 질의 향상 차원에서 생각해야 하는 일이다.

지역사회 영양사는 노인들이 좋은 영양과 건강 상태를 유지하고, 그들의 영양 요구량을 맞출 수 있도록 돕고, 당당히 죽음을 맞을 수 있도록 돕는 일에 중요한 역할을 담당해야 한다. 우리 나라 65세 이상 노인 사망의 주요 원인은 암, 뇌혈관 질환, 심장병, 고혈압성 질환, 불의의 사고, 만성적 간질환, 당뇨병 등의 순서이다. 노인의 사망 원인은 젊은 사람들과 크게 다르지 않지만 만성 질환으로 인한 무능력의 부담은 일상 생활에서 활동 수행의 어려움 증가와 독립성이 줄어 다른 사람에게 의지해야 하는 정도가 증가하는 것과 함께 노인 집단에 훨씬 크다.

노인의 질병과 무능력에 따른 생리적 변화와 함께 노인과 그 가족은 생활 패턴을 정리해야 하는 일에 당면하게 된다. 노인은 나이가 증가함에 따라 다른 사람의 도움이 필요하게 된다. 이에 따라 노인은 가족과 함께 있어야 할지, 홀로 살아야 할지 아니면 양로원 등의 시설에 들어가야 할지를 결정해야 하고, 이 결정에는 많은 요인들이 영향을 준다. 음식 문제에 대해서는 우선 노인에게 충분한 경제적 능력이 있어야 하고 또 걸음을 잘 못 걷는 노인들에게는 식품을 구매하기 위한 운송 수단이 있어야 한다. 그 외에도 노인에게 그들의 영양 요구량에 맞추어 충분하고도 다양한 식품을 계획하고, 조리하고, 마련하여 먹을 수 있도록 해주기 위해서는 심리적, 교육적, 사회적, 신체적인 요인들이 영향을 미친다. 우리 나라 실태를 보면 현재 시설 입주 노인이 늘고 있는 추세이며, 85세 이상 여자 노인의 1/4이 시설에서 살고 있다. 또 85세 이상 여자 노인의 1/3 이상이 집에서 살고 있기는 하나 도움이 필요하다. 우리 나라는 아직도 노인의 복지에 대한 사회적인 인식이 부족함으로 인해 여러 형태의 다양한 양로원들이 마련되어 있지 못한 상태이다.

저소득층의 노인 문제도 중요하다. 저소득층 노인의 비율은 전 국민 중 저소득층의 비율과 크게 다르지 않으나 가난이라는 문제는 노인 집단에 더 만연되어 있다. 노인 층에서는 나이가 많을수록 교육 정도는 낮다. 또 상당수의 노인들이 농촌에 거주하는데 인구가 많지 않은 농촌에 사는 노인들은 적절한 운송 수단이 없으므로 식품을 구매하거나 건강과 영양 관리 서비스를 받기가 힘들다.

지역사회 영양사들에게는 노인 층에게 영양 판정, 영양 상담과 교육, 음식 제공 등의 영양 서비스를 통해 그들의 영양 요구량을 채우도록 도와주는 일이 목표가 되어야 한다. 여기서는 노인의 영양문제를 알아보기로 한다.

1) 노인의 영양문제

(1) 독거 노인의 영양소 요구량과 섭취량

노인의 에너지와 영양소 요구량은 나이에 따라 감소한다. 이는 노인이 되면 신체 대사율과 활동량이 모두 감소하기 때문이다. 대부분의 나라에서 국가 영양 조사 결과가 75세 이상 노인 등의 영양소 섭취 정도나 영양 판정에 필요한 자료를 잘 제공하지 못하고 있으며 우리 나라도 예외는 아니다. 몇몇 조사에 따르면 75세 이상 노인의 경우 젊은이에 비해 단조로운 식사를 하고 있으며 나이가 들수록 에너지의 섭취량이 감소한다는 보고가 있다.

노인 대상으로 영양 조사나 영양 판정을 할 때 비타민과 무기질 보충제 사용 여부를 반드시 조사하여야 한다. 미국의 경우 노인의 약 1/2 이상이 영양

보충제를 복용하고 있으며 우리 나라도 노인의 26.2%가 영양보충제를 복용하고 있다(1998년도 국민건강·영양조사). 그러나 많은 노인들이 영양제 사용에 대해 잘못된 인식을 가지고 있고 고단위 영양제 복용시 또는 영양제 다량 사용할 때의 독성 작용에 대해 잘 모르고 있다. 그러므로 지역사회 영양사는 영양 상담과 영양 교육을 통해 잘못된 신념을 바로 잡아 주어야 한다.

노인의 식품 섭취에 영향을 미치는 다른 요인은 노인이 혼자 살고 혼자 식사하는 것이다. 한 조사에 따르면 외롭다는 것을 느끼는 노인이 그렇지 않은 노인에 비해 영양소를 부족하게 섭취하는 경우가 많았다. 또 혼자 사는 노인의 식사의 질이 나빴고 에너지의 섭취도 부족하였다. 그러나 다른 조사에서는 혼자 사는 것과 식사의 내용과는 관계가 없었다는 연구도 있다. 아무튼 지역사회 영양사는 이 노인의 혼자 살고 혼자 식사하는 문제에 대해 관심을 기울여야 한다. 단순히 혼자 식사를 한다는 것 외에도 혼자 식사하는 것을 둘러싸고 있는 사회 심리적인 요인이 어쩌면 그들의 식사량 섭취 감소에 더 영향을 줄지도 모른다. 최근 혼자된 노인이 혼자 식사하기는 매우 어려운 일이며 이럴 경우 대개 체중이 감소한다. 여러 만성 질환으로 인해 쇠약해지고 무능해진 무능력 노인들은 식사 준비가 어렵거나 거의 불가능하다. 따라서 노인들의 영양과 건강 상태를 잘 유지시키고 증진시키기 위해서는 불충분한 식품 섭취를 가져오는 여러 경제적, 신체적, 심리적, 교육적인 원인들이 잘 고려되어야 한다.

(2) 나이에 따른 신체 구성 성분의 변화

노화 과정 중 가장 흔한 신체 조성의 변화가 신체 세포량의 감소와 체지방의 증가이다. 또 노인들의 여러 질병들이 이 신체 조성의 변화를 가속시키므로 노인들에 있어서는 체위조사법에 의한 영양 판정이 중요하다.

앞에서 언급한 것처럼 노인들의 식사 섭취량을 평가할 수 있는 적절한 표준은 없다. 이와 마찬가지로 노인의 신체 계측치도 평가할 만한 적절한 표준치가 부족하다.

노인들 중에는 정확한 신체 계측을 하기 어려운 노인이 있다. 의자와 침대 저울 등이 체중 측정 시에 사용될 수 있으나 지역사회 현장에서 사용하기에는 적절치 않다. 신장도 마찬가지인데 여러 가지 질병으로 똑바로 서 있을 수 없는 노인의 경우 무릎 길이를 캘리퍼(caliper)로 측정하여 공식에 따라 신장을 추정한다.

나이가 증가하면서 저체중과 체중 감소 등이 영양 상태 판정에 있어서 중요한 위험 요인이 된다. 노인 집단에서는 저체중 집단에서 사망률이 더 높다. 만약 한 달에 5% 이상의 체중 감소나 6개월에 5kg 이상의 체중 감소가 있으면 이를 완화시키기 위해 영양 중재 활동을 실시하여 그 전략으로 에너지 섭취를 늘려 주어야 한다. 과체중의 경우에는 체중 조절 프로그램을 노인에게 적용시켜야 하나 이 때는 노화로 인한 신체 세포 질량의 감소를 촉진하게 될 위험성에 대해 매우 주의하여야 한다. 그러므로 지역사회에서 노인 대상으로 체중 조절 프로그램을 운영할 때에는 체중 감소에만 신경을 쓸 것이 아니라 식사 패턴이 미국 내 농무부와 보건복지부의 지침에 맞는지를 보고, 또 섭취 영양소의 질을 강조하여 조심스럽게 실시하여야 한다. 지역사회에 살고 있는 노인들에 대한 한 연구에 의하면 정상 체중을 가진 노인이 신체적 기능도도 가장 높았다고 한다. 그러므로 노인들에게는 남은 생애 동안 적절한 체중을 유지시켜 주는 것이 지역사회 영양 관리에서의 중요한 목표가 될 수도 있다.

(3) 노인의 영양위험 상태

노인이 나이가 들면 만성 질환으로 인한 무능력이 증가하여 노인의 20%가 집에서만 생활하게 된다. 식사의 섭취가 빈약하고 신체적으로 무능하며 사회적으로 고립되어 있고 경제적으로 어려움을 겪는 노인들은 영양 위험도가 높은 상태에 있게 된다. 도시와 농촌 모두 집에만 틀어 박혀 있는 노인들은 식사를 준비하는데 어려움이 있다. 그러므로 이런 노인들, 즉 가족들이 식품 구매나 조리를 도와주지 못하는 노인들을 위해서는 이 노인들의 영양학적인 필요를 채워주기 위한 방법의 하나로 외국에서처럼 가정까지 식사를 배달해 주는 제도(home-delivered meals)도 고려해 볼만하다.

2) 노인의 영양상태 판정

노인 영양상태 판정의 첫 단계는 노인이 무엇을 먹는가를 알아보는 일이다. 지역사회 영양사는 노인의 영양상태에 대한 정확한 자료를 얻기 위해, 어떤 식이 섭취 조사 방법을 선택해야 하는가를 잘 생각하고 필요하다면 현재의 조사방법을 노인에 맞게 고쳐서 실시하여야 한다. 식이 섭취 조사를 할 경우, 노인들에게는 24시간 회상법보다 식품빈도 조사법을 사용하는 것이 더 좋다.

노인 대상으로 식사에 관한 질문지를 개발할 때는 그 지역에서 흔히 쓰이는 식품을 포함시켜야 한다. 또 노인들의 건강 상태와 식욕, 음식을 얼마나 씹고

삼킬 수 있는지에 대해 알아보는 것이 중요하다. 건강 상태가 나쁘고, 식욕이 없고, 씹거나 삼키는데 어려움이 있는 노인들은 식사를 잘 못하게 되어 식품 섭취량이 적어진다. 노인의 짠맛에 대한 민감도 연구 결과 짠맛을 알아내는 능력은 감소하지 않으나 나이가 들수록 점점 짜게 먹는 것으로 나타났다. 노인들이 간혹 입이 마르는 증상을 호소하는 수가 있는데 이 증상은 침샘의 기능 저하 혹은 약의 부작용으로 초래되며 입이 마르면 식욕이 떨어진다.

미국의 통계에 의하면 전체 노인 환자의 1/4, 그리고 병원에 입원한 노인 환자의 1/2 이상이 영양불량(malnutrition)으로 고생하고 있다. 1990년의 조사에 의하면 65세 이상의 노인의 1/3이 홀로 살고 있으며, 45%는 식욕을 방해하고 영양소의 흡수를 저해하는 약을 복합적으로 복용하고 있으며, 30%는 거의 매일 끼니를 거르고 있고, 25%는 저소득층이라고 한다. 이런 요인들 때문에 노인들은 잠재적인 영양위험에 처하게 된다. 노인의 삶의 질 및 기능적인 상태를 유지하는 가장 중요한 첫 단계는 영양 위험 상태에 있는 노인들을 선별해 내는 일이다.

(1) 영양 선별

미국에서는 1990년 이후로 여러 관련 단체들이 협동하여 노인 건강 관리의 한 부분으로 영양 위험노인의 영양선별과 초기 영양중재 활동을 장려하고 있다. 노인 영양선별의 대표적인 형태인 NSI(Nutrition Screening Initiative)에서는 노인의 빈약한 영양상태 지표들, 그리고 이에 영향을 미치는 위험요인들을 밝혀낸다. 노인의 영양상태에 영향을 미치는 위험요인을 보면 신체건강 문제 뿐 아니라 사회경제적인 요인 및 생활방식 등도 있다. 영양선별의 핵심전제는 영양상태는 혈압, 맥박 등과 같은 "생명과 관계되는 징후"라는 것이다. NSI 영양선별을 위한 도구로 10개의 질문으로 구성된 자가판정 점검표인 DETERMINE 점검표가 개발되었다(표 10-1). 이 점검표는 질병여부, 식습관, 치아손실이나 구강통증 여부, 경제적인 곤란여부, 사회적 고립정도, 약 복용, 체중변화, 자립할 수 있는지의 여부, 80세 이상 노인인지 등을 묻는 문항들로 구성되어 있다. 이 점검표에 있는 DETERMINE이란 글자는 각 위험요소들을 연상할 수 있도록 위험요소 영문자들의 첫머리를 따서 만들었다. 그림 10-1에서 보듯이 지역사회 영양사는 노인의 영양상태를 제1단계 선별과 제2단계 선별로 나누어 좀 더 깊게 판정하여 보면 노인의 영양위험 요인들이 무엇인지를 알아낼 수 있다.

표 10-1 노인의 영양 · 건강상태 판정에 사용되는 DETERMINE* 점검표

<노인의 영양 · 건강상태를 점검하기 위한 DETERMINE 조사표>
다음에 써 있는 문장을 잘 읽고 당신의 경우에 해당된다면 "예" 칸에 써 있는 숫자 위에 ○ 표 하시오. 다 끝난 후에는 총점을 계산해 보시오.

	예
나에게는 현재 평소에 내가 먹어오던 식사의 종류나 양을 바꾸어야 할만한 질병이 있다.	2
나는 하루에 한 끼 먹는다.	3
나는 야채, 과일, 우유 및 유제품을 거의 먹지 않는다.	2
나는 맥주나 소주, 혹은 막걸리 등의 술을 3 잔 이상 거의 매일 마신다.	2
나는 치아가 좋지 않거나 입안이 헐어서 음식 먹기가 힘들다.	2
나는 필요한 식품을 사기에는 언제나 돈이 모자란다.	4
나는 거의 대부분 혼자 식사한다.	1
나는 매일 3 가지 이상의 서로 다른 약을 먹는다.	1
나는 원하지 않았으나 지난 6 개월간 체중이 5 kg 이상 줄거나 늘었다.	2
나는 장보고 음식 만들고 식사하는 일을 신체적으로 감당하기 어렵다.	2
총 점	

당신의 총점은 어느 정도입니까?

0～2점 : 아주 좋습니다. 6 개월 후에 다시 점검하십시오.

3～5점 : 당신은 중간정도 영양위험 상태입니다. 식습관과 생활방식을 개선하기 위해 노력하셔야 합니다. 보건소의 영양사가 도와줄 것입니다. 3개월 후에 이 영양점검표로 다시 점검하십시오.

6점 이상 : 당신은 고도 영양위험 상태입니다. 이 점검표를 의사나 영양사에게 보이고 도움을 받으십시오.

※ DETERMINE은 다음 단어들의 첫 자를 따서 만든 용어이다. 질병(Disease), 빈약한 식사(Eating poorly), 치아손실/구강 통증(Tooth loss/mouth pain), 경제적 어려움(Economic hardship), 사회접촉 감소(Reduced social contact), 복합적 약 복용(Multiple medicines), 원치않는 체중 감소/증가(Involuntary weight loss/gain), 자기관리 보조 필요성(Needs assistance in self-care), 및 80세 이상의 노인(Elder years above age 80).

자료 : Boyle MA, Morris DH. Community Nutrition in Action : An Entrepreneurial Approach, 2nd ed, West/Wadsworth, 1999, p. 469

먼저 제1단계 선별요인에는 의료적인 관심이나 영양서비스가 필요한 노인들을 선별해 내기 위한 기초 영양 선별요인들이 포함되어 있다. 즉, 신장과 체중으로부터 BMI를 계산하며 식습관을 평가하고 사회경제적인 요인도 알아본다. 다음 제2단계 선별에서는 노인의 영양상태에 대한 보다 더 특이한 진단 정보를 알 수 있다. 이 단계는 잠재적으로 심각한 의료 문제나 영양문제를 가진 노인들 선별해 내도록 고안되었다. 여기에는 영양판정의 각 요소들, 즉 신체계

그림 10-1 노인의 영양선별 과정

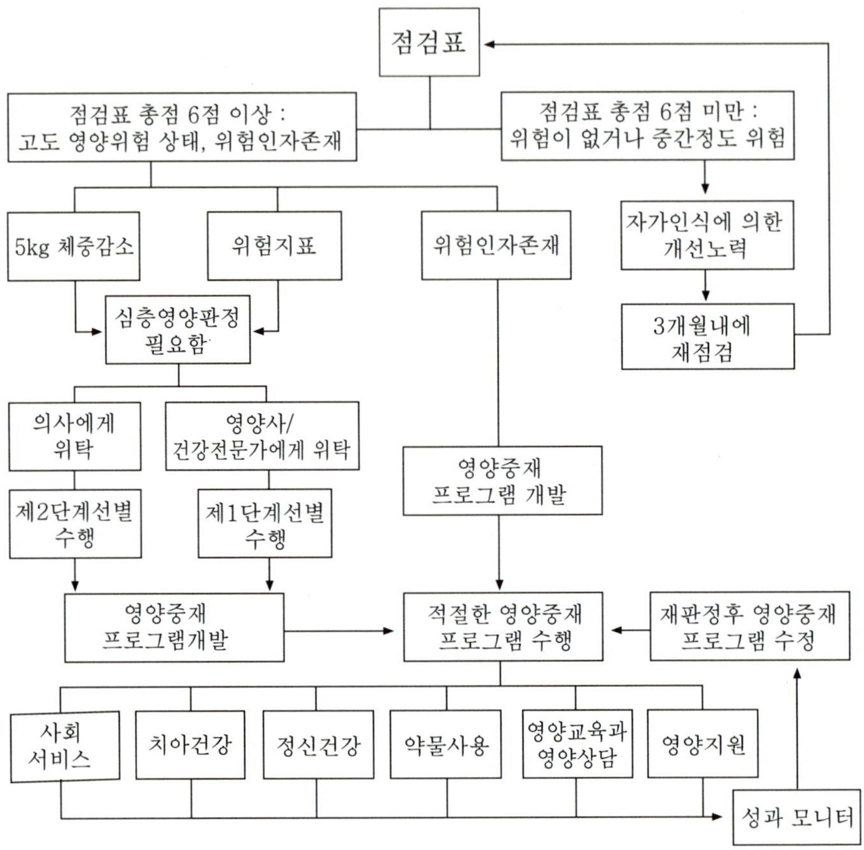

위험요인들	주요 지표들(Major indicators)	2차적 지표들(Minor indicators)
· 부적절한 식품섭취	· 5kg 이상 체중감소	· 알코올 중독 · 인지 장애
· 가난	· 저체중/과체중	· 만성신장 부전
· 사회적 고립	· 혈청알부민 3.5 g/dL이하	· 동시에 다수 약 복용
· 의존/무능력	· 기능상태 변화	· 흡수불량증세
· 급만성 질환	· 부적절한 식품섭취	· 식욕부진, 구토, 연하곤란
· 만성약물복용	· 상완근육둘레 10번째 백분위수 이하	· 배변습관의 변화
· 80세 이상	· 삼두근 피부두겹 두께 10번째 백분위수 이하거나 95번째 백분위수 이상	· 피로, 냉담, 기억력 상실
		· 치아상태 부실 · 탈수
	· 비만	· 상처회복 부진
	· 영양관련장애	· 피하지방 및 근육손실
	골다공증, 골연화증,	· 체액보유
	엽산결핍, 비타민B_{12} 결핍	· 철, 비타민 C, 아연 섭취감소

자료 : Boyle MA, Morris DH. Community Nutrition in Action: An Entrepreneurial Approach, 2nd ed, West/Wadsworth, 1999, p.472.

측 지표들(신장, 체중, 신체구성성분 등), 임상적 지표들(구강 건강, 신체검사 등), 생화학적 지표들(혈청 알부민, 혈청 콜레스테롤, 헤모글로빈, 혈당 등), 그리고 식사력과 같은 식이 지표들이 포함되어 있다. 제2단계 선별에서는 또 약 복용상태 및 각 개인의 주거환경, 인지도, 정서상태, 기능적 상태에 관한 요인들도 포함된다.

(2) 영양판정

주기적인 영양판정은 영양 위험상태에 있는 노인들을 선별하기 위해 매우 유용하게 사용되는 도구이다. 노인의 영양판정 요인 및 위험지표들을 간단히 살펴보면 다음과 같다.

신체계측 조사

신장, 체중, 피부두겹 두께 등은 노화의 영향을 받는다. 뼈의 손실로 인해 골격구조가 달라져서 신장은 감소한다. 노인이 되면 어깨가 굽고 똑바로 서있기 힘들므로 노인의 신장을 측정하는 일이 어려울 때도 있다. 이럴 경우는 신장 대신 무릎길이 등으로 신장을 추정할 수 있다.

임상적 판정

임상적인 판정은 머리, 피부, 손발톱, 골격, 눈, 점막, 기타 신체적인 특징들을 눈으로 보아 판정하는 것이다. 구강과 치아의 상태, 틀니의 필요 등을 알기 위해서는 구강검사가 필요하다. 씹는 정도, 삼키는 정도, 또는 혼자 식사를 할 수 있는지 등에 대한 조사를 실시한다.

생화학적 판정

생화학적인 지표들은 노화에 의해 영향을 받는다. 노인의 영양 위험 상태를 생화학적으로 판정하기 위해서는 혈액 지표들을 연속적으로 측정해 볼 필요가 있다. 혈청 알부민은 노인의 내장 단백질 영양상태를 알기 위해 사용된다. 혈청 알부민이 낮으면 노인의 유병률과 사망률이 증가한다. 혈청 콜레스테롤, 헤모글로빈, 혈당, 항체피부 반응 등이 포함된다.

기능적 판정

기능적 판정이란, 노인이 독립적인 삶을 유지하는데 필요한 기본적인 기능의 변화를 측정하는 것이다. 즉, 독자적인 일상활동(목욕하기, 옷입기, 밥먹기 등)을 할 수 있는가를 조사하는 것이다. 기관에서의 독자적인 일상활동에는 식사 마련하기, 재정 관리하기, 집안 관리하기 등이 포함된다. 이런 독자적인 일상활동들(장보기, 요리하기, 밥먹기 등)은 충분한 영양상태와 밀접하게 관련되어 있다.

의료적 판정

노인들이 복용하는 여러 가지 약의 종류와 양을 조사한다. 영양소의 흡수, 이용, 대사, 요구량에 영향을 미치는 약을 얼마나 섭취하고 있는지 알아본다. 또 식욕을 감소시키거나 맛의 변화를 일으키는 약을 얼마나 복용하고 있는지도 조사한다.

사회적인 판정

재정 상태, 주거 환경, 사회적인 지원 네트워크의 유무(예: 노인 봉사원이 얼마나 있는가 등)와 같은 사회적인 요인들이 노인 영양상태에 영향을 미치므로 조사, 평가되어야 한다. 또 가난과 사회적인 고립여부 등도 고려되어야 한다.

3. 성인과 노인 영양프로그램(미국)

1) 성인 및 저소득층 영양 프로그램

(1) 식품 스탬프

식품 스탬프(Food Stamps)는 1961년 부분적으로 시작되었다가 1964년 영구 프로그램으로 되었으며 $1, $5, $10짜리 스탬프(우표같이 생긴 식품 구매권)로 식품 구매가 가능하다. 다만 사람이 먹을 수 있는 식품만 구입이 가능하다. 1989년 현재 미국에서 가장 예산이 많이 사용되는 식품 관련 프로그램이다. 1989년 현재 각 프로그램의 예산 배분을 보면 식품 스탬프(Food Stamps)가 58%로 가장 많고 그 다음이 학교 급식 프로그램으로 15%이며 WIC은 10%, 다른 어린이 프로그램은 7% 등이다.

식품 스탬프의 수혜 자격은 연방 정부에서 마련한 저소득층 수입 지침과 비교해서 가구 수입으로 결정한다. 자격이 있다고 판정된 가구는 매달 현금 가치가 있는 일정 금액의 식품 스탬프를 그 가족의 수, 나이, 성별, 그리고 지난 달의 재정 상태에 따라 받게 된다. 이 금액은 저렴한 가격으로 영양가 있는 식품을 구매하는데 필요한 최소한의 금액이다.

식품 스탬프 프로그램의 목적은 저소득층 가족들로 하여금 그들에게 필요한 양만큼의 영양가 있는 식품을 살 수 있도록 도와주려는 데 있다. 그러나 실제 운영에 있어서는 다음과 같은 문제점이 있다. 첫째로, 식품 스탬프로 구매할 때 사람이 먹을 수 있는 것이면 어떤 식품이든 살 수 있을 뿐 아니라 가축이 먹는 음식도 살 수 있으므로, 이 음식들이 정말 그 가족 식사의 영양학적인 질을 개선하는데 도움을 줄지 의문이다. 둘째로, 식품 스탬프를 가족에 필요한 식품을 사는데 더해서 보조로 쓰는 것이 아니라 아예 그 가정의 식비를 몽땅 이것으로 대체하는 경우가 있다. 즉 원래 식비로 쓰려고 계획했던 돈을 다른 데 쓰고 식품 스탬프만으로 식비를 충당할 경우 그 가정의 식비 지출은 증가하지 않으며 따라서 그 가정의 식품과 영양 섭취 상태도 나아지지 않는다. 한 연구에 따르면 이 프로그램에 참여한 가족의 경우 부분적으로 식비 지출이 증가하였으나 그 가족의 영양소의 섭취에 미치는 영향은 매우 미미했다고 한다. 최근에는 이 식품 스탬프를 현금으로 바꾸거나 신용 카드 같은 플라스틱 카드로 바꾸려는 시도가 지역에 따라 되고 있다. 카드를 이용할 경우 매달 일정한 금액만큼만 사용할 수 있도록 카드 안에 프로그램을 저장해 놓을 수 있다.

(2) 필수식품 분배 프로그램(Commodity Program)

미 농무성에서는 연방정부가 농부들의 농산물 가격을 지원해 주기 위해 구매하는 식품인 필수식품(Commodity foods)을 분배해주는 몇 가지의 프로그램들을 관리하고 있다.

① 필수보충식품 프로그램(Commodity Supplemental Food Program)

이 프로그램은 비교적 소규모이며 몇 개 주에서 시행되고 있다. 저소득층 임신부, 수유부, 산모, 영유아, 유아들에게 이 식품들을 매달 나누어준다. 지역에 따라 저소득층 노인들도 수혜자에 포함시키기도 한다. 사용되는 식품의 종류로는 분유, 통조림 고기, 과일과 채소, 씨리얼, 곡식가루 등이 있다.

② 인디안 보호 구역내의 식품 분배 프로그램

인디안 보호 구역의 저소득층 아메리카 원주민 가족이 수혜자가 된다. 매달 식품을 분배하며 식품의 종류는 위에서와 같다.

③ 비상시 식품지원 프로그램 (The Emergency Food Assistnace Program)

1981년에 Ronald Reagan 대통령이 잉여 농산물을 저소득층 가구에 분배하도록 지시하였고 1983년 의회는 이것을 계속할 수 있는 법을 통과 시킨 결과 탄생한 것이 이 프로그램이다. 처음엔 치즈와 버터가 주된 잉여 농산물이었으나 그 외에도 쌀, 분유, 밀가루, 옥수수 가루 등이 분배되었다. 이 프로그램은 정부의 치즈와 버터 재고량을 줄이는데 기여하여 1980년 후반기에는 거의 재고가 바닥났다. 이에 따라 의회는 이 프로그램을 중지하는 대신 시장에서 식품을 사서 분배를 하도록 허락했고 이에 따라 이 분배 프로그램은 계속되었다. 따라서 현재 이 프로그램은 잉여 농산물로 운영되는 프로그램이 아니다.

④ 다른 프로그램에 필요한 식품과 현금을 분배하는 프로그램

미 농무부는 각종 다른 프로그램에 필요한 식품을 사용하거나 살 수 있도록 식품과 현금을 기증한다. 학교 급식 프로그램에 가장 많이 기증하며, 어린이와 성인 관리 급식 프로그램 또는 미 보건복지부의 노인을 위한 영양 프로그램 등에도 기증한다.

(3) 확대 식품 · 영양 교육 프로그램(EFNEP)

미 농무부의 확대 협동 서비스(Cooperative Extension Service) 기구에서는 1900년대 이래로 소비자들에게 식품 · 영양 교육을 해 왔으며 이를 EFNEP (Expanded Food and Nutrition Education Program)라고 부른다. 이 확대 협동 서비스 기구에는 농업 생활지도사, 식품과학자, 영양사 및 영양 전문가들이 고용되며 판정 자료를 수집하고 교육 프로그램에 대해 계획하고 평가한다. 확대 생활지도사들은 식품과 영양뿐만 아니라 다른 의식주 분야까지도 교육 프로그램을 수행한다. 이때는 모든 시민을 대상으로 한다. 생활지도사는 두 가지 형태의 영양 교육을 실시한다. 하나는 영양 원리이고 다른 하나는 식사와 만성 질병 위험 요인 감소와의 관계이다. 이 영양 교육 프로그램은 가족에 초점이 맞추어져 있고, 집단 교육이나 집단 시범 또는 대량 매체를 이용하여 실시되며 그 효과는 지식과 식행동 변화 측정으로 평가한다.

EFNEP는 1969년에 시작되었으며 저소득층, 특히 어린이들을 대상으로 영양 교육을 실시한다. 이 프로그램의 주요 목적은 저소득층 가족이 영양가 있는 식사를 하는데 필요한 지식과 기술을 얻도록 돕기 위함이다. EFNEP에서는 전문가들이 교육을 담당하고 있으며 EFNEP 시행 초기에는 집에서 1:1로 가르쳤으나 최근엔 비용도 적게 들고 소비자에게 더 다가갈 수 있는 교육 방법으로 소집단 교육이 많이 사용된다. 저소득층 가족은 12개월 미만 기간동안 진행되는 EFNEP에 등록할 수 있으며 등록하고 있는 동안 저소득층 가족에게 필요한 영양 지식, 기술에 대해 표준 교과 과정으로 배운다. 이 프로그램을 평가해 본 결과, 영양 지식, 식품 섭취, 식행동 등이 모두 향상되었으며 특히 그 동안 혜택이 적었던 가족에게서 영양 지식과 식품 섭취의 변화가 가장 컸다고 한다.

(4) 기아 완화를 위한 민간 단체 프로그램

연방 정부 프로그램들은 식품이 필요한 사람에게 그 만큼의 식품을 충분히 마련해 주지 못하는 경우가 있다. 따라서 민간 단체가 나서서 필요한 식품을 마련키 위해 다양한 프로그램을 시행한다.

① 식품 은행(Food Banks)

식품회사, 도매상, 농부들로부터 기증 받은 많은 식품들을 수집하고, 저장하고, 재분배한다. 이들은 모두 안전하고 먹을 수 있는 식품이지만 식품 표시가 잘못되었거나, 과잉 생산되었거나, 혹은 엄격한 신선도 기준에 미달된 식품들이다. 식품 은행은 이런 식품들을 기증 받고 수집해서 지역사회의 비영리 자선 단체들에 분배하면 이 곳에서는 이 식품으로 음식을 만들어서 필요한 사람들에게 제공한다. 운반이 필요한 경우, 최소한의 운반비용만을 받고 식품을 분배한다. 식품 은행을 운영하는 운영 자금은 주로 개인이나 지역사회의 후원금에 의해 충당된다. 많은 식품 은행들이 전 국가적인 연락망을 결성하고 있고 그들 사이에 정기적으로 식품을 교환하여 각 연락망에 있는 식품 은행들 사이에 식품의 종류를 다양화시키기도 하고 식품의 양을 균일하게 분배하기도 한다.

② 식품저장 프로그램

식품이나 다른 필수품들을 저장해 두었다가 개인이나 가족이 필요한 대로 마련해 준다.

③ 더운 식사 프로그램

이 것은 더운 식사를 필요한 사람들에게 마련해 주는 프로그램으로 주로 노인들이나 저소득층의 가족에게 시행된다.

식품저장과 더운 식사 프로그램들은 종종 비상 식품 지원 방법이 되기도 하며, 식품의 종류, 수혜자, 프로그램 운영 방식 등이 매우 다양하다. 그러나 어느 것이든 이 프로그램의 목표는 개인과 가족의 기아 상태를 완화시키는 것이다. 대개 민간단체인 종교 집단이나 봉사 기관에 의해 운영되고 있다.

(5) 건강 증진 프로그램

1900년대 초기에는 급성 감염성 질환이 주요 사망 원인이었으나 현대는 심장병, 암, 당뇨병과 같은 만성 질환이 주된 건강 문제이다. 이제는 건강한 사람이란 단순히 질병이 없는 사람이 아니라 좋은 건강을 유지할 수 있는 생활 방식, 그리고 질병을 예방하고 건강 문제를 지연시킬 수 있는 생활 방식을 실천하며 사는 사람이라는 개념이 중요해졌다. 건강 증진 프로그램은 이런 생활

방식을 채택하고 따르는 사람들을 돕는 프로그램이다.

지역사회 건강 증진 프로그램은 어린이부터 노인까지 모든 연령층에, 그리고 학교, 체중 관리 센터 및 지역사회 단위 모임 등 다양한 환경에서 수행되고 있다. 그러나 가장 흔한 형태는 직장에서 직원들을 위해 만든 '직장 건강 증진 프로그램'이다. 이 프로그램들은 생산성 향상, 의료비용 감소, 이직률 감소 등과 같은 잠재적인 혜택을 고용자에게 주며, 이 혜택은 직장에 따라 많은 차이를 보인다. 직장 건강 증진 프로그램은 직장에 따라 개인별로 건강 위험 판정(health-risk assessment)을 실시하는 프로그램이 있는가 하면 이런 판정이 전혀 없는 프로그램도 있다. 또 그 지역에서 가능한 영양 중재 프로그램의 형태가 지역사회마다 매우 다를 뿐 아니라 그 깊이, 범위, 기간 등이 다 다르다. 어떤 프로그램은 행동의 변화를 유지시킬 수 있도록 개인을 추적관찰(follow-up) 하는가 하면 다른 프로그램에는 이런 추적관찰이 없다.

어떤 직장 건강 증진 프로그램은 단지 지역 건강관리 센타의 할인 회원권을 제공하는 것이나 교육 책자를 건내주는 것만으로 구성되어 있기도 하고, 다른 직장에서는 전문적인 건강 전문가에 의해 주도되는 포괄적이고도 현장감 있는 프로그램이 제공되기도 한다. 포괄적인 프로그램에는 질병의 위험 정도를 알아내기 위한 개인별 판정, 실제 행동 변화가 나타날 수 있을 만큼 충분한 깊이와 기간을 가진 여러 종류의 영양 중재 프로그램, 행동 변화를 유지하도록 돕는 추적관찰 등이 포함된다. 이런 포괄적인 프로그램의 효과를 평가한 연구에 의하면 이 프로그램을 실시한 결과 고용자들의 비용을 절감시켰을 뿐 아니라 피고용자의 건강도 좋아지는 결과가 나타났다고 한다. 1987년 미국에서 50명 이상의 직원을 둔 비정부 고용자들에 대한 국가 조사 결과, 대기업은 90% 정도, 소기업은 약 1/2 정도, 합하여 약 2/3 정도가 피고용자 건강 활동을 마련해 주고 있었다. 이중 영양과 관련된 중재프로그램, 즉 체중 조절과 영양 교육 등의 활동은 대기업의 약 1/2 정도, 소기업의 10% 이하만이 실시하고 있었다. 우리 나라에서는 몇몇 대 기업에서만 관심을 가질 뿐, 다른 고용자들은 이런 기업 차원의 건강이나 영양 관리 프로그램을 활발히 실시하지 못하고 있다. 직장에서 영양에 관한 정보를 전달하는 방법으로는 교육 자료의 개발과 보급, 집단 교육, 개별 상담, 여러 영양 증진 행사들을 들 수 있으며 집단 급식을 실시하거나 그 직장 내 건강에 유익한 식품으로 채워진 자판기를 설치하는 방법도 있다.

직장 내 건강 증진 프로그램들은 직장에 따라 많이 다르다. 어떤 프로그램은 개인 대상으로 영양 상담이나 소그룹 지도 등 직접적인 영양 중재 활동을 마련해 주는가 하면, 다른 프로그램은 식품과 영양 행동 변화에 도움이 되는 방향으로 환경을 바꾸어 주기도 한다. 즉, 회사의 식당에 건강 식품 코너를 마련한다든지 혹은 비만한 직원의 경우 체중 감소 시 보너스를 지급하는 등, 행동 변화에 대한 보상이나 격려금을 주는 방법을 택한다. 또 어떤 영양 중재 프로그램은 모든 피고용자에게 열려 있으나 다른 영양 프로그램은 직원 중 특수층에만 제한하여 실시한다거나 혹은 영양 문제 위험률이 높은 사람들, 즉 비만한 사람이나 혈청 콜레스테롤 농도가 높은 직원들에게만 제한적으로 실시되기도 한다. 또 어떤 프로그램은 영양사만 관여하는데 비해 다른 프로그램은 영양사에 더하여 영양 비전문가, 즉 간호원, 체력 관리자, 심리학자 등도 참여시켜 함께 일하기도 한다. 이럴 경우 이들에게 영양 훈련을 실시한다. 어떤 영양 프로그램은 영양 정보의 양과 형태가 매우 많고 깊고 다양한데 비해 다른 영양 프로그램은 단기적이고 표면적일 경우도 있다. 많은 회사들이 탁월한 건강 증진 프로그램을 개발하고 있으며 이들이 사용하는 몇 가지 전략들은 표 10-2와 같다.

표 10-2 직장 건강증진 프로그램에서 사용하는 전략들

- 영양 교육은 종종 다른 건강 증진 노력들과 결합되어 있다. 예를 들어 어떤 회사는 산전 관리 프로그램을 기존의 건강 증진 프로그램에 첨가하기도 하며 이 경우 "영양 교육"은 이 회사의 임신전 상담과 산전 교육의 중요한 한 구성성분이 된다.
- 체중 조절 프로그램에서는 영양 교육과 운동은 종종 동등한 구성 요소가 된다. 실제로 미국의 GE(General Electric) 회사는 식사와 운동을 결합한 5개의 체중 조절 프로그램을 가지고 있으며 각각의 프로그램은 서로 다른 체중 감소 요구를 가진 종업원들을 대상으로 운영된다.
- 몇몇 회사들은 집단이나 개인 영양 교육을 모두 사용한다. 코카콜라 회사에서는 영양사 등 건강과 영양을 전담한 전문 직원이 매달 건강한 식품 섭취에 대해 강의하고 개인적인 영양 상담도 하며 개개 종업원의 식품 섭취 기록에 대해 분석하고 사후 추적 관리도 한다.
- 회사 내 식당과 자판기에서 제공되는 음식들을 바꾸어서 직원들이 건강에 도움을 주는 식품들을 선택하여 먹을 수 있도록 마련해 준다. 미국 Quad 회사의 건강 영양 관리 전문 직원은 회사 내 식당에서 건강 식품의 선택이 가능하도록 급식 관리 직원과 협의해나가며, 코카콜라 회사에는 저열량, 저지방, 저염식을 위한 특별 급식 라인이 마련되어 있다.

표 10-3 노인 영양프로그램 개발시 고려할 사항

1) 노인들의 식사지침:
- 노인 인구집단의 특별 관심사항에 대한 분명한 메시지가 있어야 한다.
- 필요한 영양소섭취 뿐 아니라 체중도 유지될 수 있는 식품섭취를 권장해야 한다.
- 과일, 야채, 곡류 뿐 아니라 충분한 단백질과 칼슘을 공급할 수 있도록 육어류와 유제품의 섭취가 권장되어야 한다.
- 약과 영양소와의 상호작용이 다루어져야 한다.
- 의사, 영양사, 및 다른 전문가들 간의 상호 협동이 잘 이루어져야 한다.

2) 노인대상의 영양서비스:
- 영양서비스에는 영양판정과 영양교육이 포함되어야 한다.
- 노인을 위한 지역사회, 기관, 가정 단위의 관리 프로그램들이 협동되어야 한다.
- 가족과 같이 사는 노인, 독거 노인, 만성질환 노인 등 각 노인들의 필요에 맞는 영양서비스가 되어야 한다.
- 자격이 있는 영양전문가가 있어야 한다.

3) 식품 산업체:
- 쉽게 조리해 먹을 수 있고, 영양밀도가 높고, 맛있는 노인식을 개발한다.
- 노인들이 쉽게 읽을 수 있도록 영양표시는 큰 글씨로 쉽게 표시한다.

4) 지방자치 단체:
- 노인 대상으로 영양교육과 영양서비스를 성공적으로 실시하였던 모델프로그램에 관한 정보를 퍼뜨린다.
- 노인들의 열량과 영양소 필요를 다루기 위해 후원자가 있는 프로그램이 요구된다.
- 노인의 영양상태를 향상시키기 위한 영양연구와 영양감시 프로그램을 장려한다.
- 노인에게 전달되는 영양서비스에 필요한 적절한 재정 지원 체계를 개발한다.

2) 노인 영양프로그램

노인의 만성질환 위험을 감소시키고 건강상태를 증진시키기 위해서 식사지침이나 영양서비스 등의 국가 영양정책을 개발하려고 할 경우, 표 10-3과 같은 사항들을 고려해야 한다.

최근 노인을 포함한 모든 연령 집단을 대상으로 만성 질환과 무능력(disability) 증상에 대한 위험 요인들을 알아내고 예방하는 일이 지역사회 활동에서 주요관심사가 되고 있다. 이에 대해 정부나 민간단체에서 예산 보조가 있으며 여러 예방 프로그램들이 개발되고 있다.

건강 증진 활동에는 세 가지 예방 단계가 있다. 첫째는 질병과 상해가 나타나는 것을 예방하는 제1차 예방 단계이며 집단 영양 교육 등이 이에 속한다. 둘째는 질병의 초기단계를 알아내는 제2차 예방 단계이며 콜레스테롤 선별

표 10-4 나이에 따른 노인의 건강목표

60-74세 노인의 경우
- 적절한 신체, 정신, 사회적 활동 기간을 연장하는 것
- 만성 질환으로 인한 신체 장애와 불편을 최소화하는 것
- 은퇴를 미리 준비하는 것

75세 이상 노인의 경우
- 시설 수용을 가급적 피하고 독립적으로 살 능력이 있는 기간과 효율적으로 활동할 기간을 연장하는 것
- 만성 질환으로 인한 무활동(inactivity)과 불편을 최소화시키는 것
- 질병 말기라면 가능한 한 신체적, 정신적 고통을 줄이고 환자와 가족에게 정서적 지원을 마련해 주는 일

프로그램 등이 이에 속한다. 셋째는 현존하는 질병이나 무능력의 영향과 독립성의 손실을 최소화하는 제3차 예방 단계이며 병원 입원 후 회복기 동안 집으로 배달해 주는 식사 등이 이에 속한다.

노인 대상의 지역사회 건강과 영양 프로그램들은 노인의 건강 유지와 무능력 증상의 예방을 목표로 고안되어야 한다. 예를 들어 어떤 지역사회에서 노인을 위한 영양 프로그램의 하나로 "노인의 건강 유지와 상담 프로그램"을 계획한다면 표 10-4와 같은 건강 목표를 설정할 수 있을 것이다.

노인을 위한 건강 증진과 질병 예방 프로그램 중 중요한 부분인 영양 교육 프로그램은, 영양교육자가 노인들이 배우고 싶어하는 것들을 교육하고 또 교육자가 노인과 일하는 것에 대해 긍정적인 태도를 가질 때 훨씬 더 효율적으로 진행된다. 그러나 최근 연구에 따르면 교육자의 긍정적인 태도에도 불구하고 약 60% 정도의 노인들이 새로운 식행동 따르기를 거절하였다고 한다. 그러므로 지역사회 영양사는 프로그램 계획과 실시 효율성을 방해할 수도 있는 노인의 편견과 부정적인 태도를 잘 인지하고 있어야 한다.

노인들이 관심있어 하는 주제와 영양사들이 노인에게 가르치고 싶어하는 주제와는 큰 차이가 있을 수 있다. 예를 들면, 노인들은 어떻게 하면 건강 상태가 좋아지는지, 밖에 나가서 외식하는 일, 새로 나온 식품을 사용하는 일, 식품의 표시를 어떻게 읽을 것인가 등에 관심이 있는데 비해 영양사들은 만성 질환이나 식이 요법 등에 관련된 주제에 관심이 있다. 그러므로 교육의 동기 유발을 위해서는 노인들이 진정 무엇을 알기 원하는지, 특히 그 노인집단이 지금 무엇을 배우고 싶어하는지를 아는 것이 매우 중요하다. 노인들이 관심 있어 하는 분야는 지역사회에 따라 다양하나, 노인들은 지루하게 강의를 듣는

것보다는 요리 시범, 역할 연기, 토의, 맛보기 시범 등 활발한 활동에의 참여를 더 즐긴다.

현재 미국에서 시행되는 노인을 위한 정부 프로그램에는 두 가지의 범주가 있다. 즉, 특정 나이가 되면 자격이 생기는 '나이에 따른 프로그램'과 특정한 필요가 있는 사람에게 프로그램 지침서에 따라 자격을 주는 '요구에 따른 프로그램'이다. 여기서는 미국에서 실시되고 있는 노인들을 위한 영양프로그램인 급식프로그램, 메디케어, 가정 노인 건강관리 서비스 및 호스피스 등을 살펴보기로 한다.

(1) 급식 프로그램

지역사회의 노인들에게 식사를 제공하는 급식프로그램은 그 재정적 자원으로 볼 때, 다음 세 가지 형태를 통해 마련된다.

① 미국 노인법에 따른 노인 급식 프로그램

미국 노인법(OAA, Older Americans Act)은 1965년에 의회를 통과한 법으로 노인들에게 독립성을 마련해 주고 삶의 질을 확보케 해 주는데 필요한 요구들을 다루기 위해 제정된 법이다. 1972년 이 법은 연방 정부 예산으로 60세 이상의 노인과 그 배우자에게 뜨거운 식사를 마련해 주는 것에 관한 관련 법규를 포함하는 것으로 개정되었다. 1978년에는 이 법규가 다시 보건성에서 예산 지원하는 사회보장 서비스와 노인 프로그램으로 통합되었다. 이 프로그램에서는 매일 한 차례 씩 일주일에 5일간 노인들에게 집단 급식소에 함께 모여서 뜨거운 식사를 제공받을 수 있도록 (congregate meals)하고 있다. 집단 급식 장소는 노인정, 지역사회관, 복지관, 교회, 병원, 양로원, 보건소 등이 될 수 있으며 음식값은 형편이 되면 낼 수 있도록 하고 있다. 1978년에는 또 집단 급식소까지 오기 어려운 노인들을 위해 집에까지 뜨거운 식사를 배달해 주는 배달 식사 프로그램(home-delivered meal program, meals on wheels)이 마련되었다. 이 프로그램에서는 하루에 한 번, 일주일에 5~7 회 뜨거운 식사를 집에까지 배달해 준다. 집단 급식소에서의 식사나 집으로 배달되는 식사는 모두 미국 노인을 위한 영양 권장량의 1/3을 만족시키도록 구성된다. 1987년에는 프로그램 수혜 자격이 있는 노인과 함께 살고 있는 무능력한 가족도 이 프로그램에 참여할 수 있도록 하였다.

② 비영리 자원 봉사 단체들의 노인 영양 프로그램

노인에게 식사를 마련해 주는 두 번째 자원은 비영리 자원 봉사자들에 의해 운영되는 노인 급식 프로그램이다. 이 경우의 식사는 연방 정부 지침을 충족해야 할 필요는 없다. 따라서 이 프로그램에서는 식사의 질과 양, 가격이 매우 다양하다.

③ 노인 day care 프로그램

세 번째의 프로그램에는 노인을 주간에 돌보아 주는 day care 프로그램을 들 수 있다. 최근 많이 늘어나고 있는 것 중의 하나이며 자녀들이나 보호자가 낮에 일하려 나가는 동안 노인들을 돌보아 주는 일을 한다. 이 곳에서 마련되는 식사는 미 농무부의 영양 지침을 만족시켜야 한다.

(2) 메디케어(medicare)

65세 이상의 노인과 무능력 증상을 가진 사람들을 위해 1966년에 시작된 연방정부 건강보험 프로그램이다. 대부분의 노인들이 이 프로그램의 수혜자에 해당된다. 메디케어는 의무적인 보험과, 노인과 정부가 반반 부담하는 선택적인 보충 보험의 두 가지로 구성된다. 이 보험의 비용이 너무 비싸서 1983년 연방 정부는 전향적인 비용 지불 제도를 고안하였다. 즉, 467개의 질병의 종류를 분류하여 이의 치료에 먼저 정부가 경비를 책정해 놓고 후에 병원이 그 경비를 취하는 방법이다. 주로 급성 질병에만 해당되는 이 메디케어 혜택에는 예방 차원의 건강 서비스는 포함되지 않는다. 노인의 일상 생활에 크게 영향을 주는 중요한 것들인 안경, 보청기, 의치 등도 제외된다. 또 영양 상담이나 다른 질병의 예방, 혹은 건강 증진 활동도 포함 안 된다.

(3) 가정 노인 건강관리 서비스

최근 간호나 가정에서의 건강관리 서비스를 제공해 주는 건강관리 대행사들이 증가하고 있다. 이 대행사들은 메디케어에 참가하여, 고용한 간호원이 간호관리를 해주고 이에 대해 나중에 정산한다. 이 대행사들 중의 일부는 영양 전문가를 고용하기도 한다. 실제로 고객의 50~75%가 가정의 건강관리에는 영양관리가 필요하다고 보고하고 있다. 지역사회에서는 가정 건강관리에 의존해야 하는 노인 층의 영양상태가 악화되는 것을 막기 위해 충분한 영양지원이 필요하다.

(4) 호스피스

지역사회 영양사는 그 지역 노인 층을 위한 위의 여러 활동 외에도 끝까지 질병을 가지고 있는 노인들을 위한 호스피스(hospice) 서비스의 역할도 해야 할 필요가 있다. 호스피스란 죽어 가는 사람과 그 가족에게, 치료 서비스가 아니라 고통을 완화시켜주는 서비스를 제공하는 프로그램을 말한다. 호스피스 관리는 그들의 고통과 불안을 관리하기 위해 간호, 의료 관리 등 다각적인 팀으로 접근해야 할 뿐 아니라 아픈 환자와 그 가족, 친구들을 위한 사회, 심리, 영적인 요구를 지원해야 한다.

병원이나 보건소에서, 혹은 죽어 가는 사람의 집에서 호스피스 활동이 이루어 질 수 있으며 이들에게는 영양상태를 향상시키거나 유지시키는 일을 하는 것이 아니라 영양상태와 신체가 악화되는 데 따른 신체적이고 정서적인 안정감을 마련해 주는 일이 강조되어야 한다. 즉 당당하게 위엄을 가지고 죽어갈 수 있도록 돕는 일이 필요하다. 경우에 따라 식사 상담이나 영양 상담도 가능하다. 지역사회 영양사는 호스피스 활동을 위하여 슬픔을 심리적으로 이해하기, 사망을 당당히 맞도록 도와주는 것에 대한 훈련을 받을 필요가 있다.

4. 우리 나라 성인 및 노인 영양프로그램

우리 나라 보건복지부 산하 보건소에서 실시하도록 권장하고 있는 성인 및 노인을 위한 영양프로그램은 여러 가지 다양한 것이 있다. 우선 성인을 위한 프로그램으로는 영양상담이나 영양교육을 중심으로 지역주민과 여성건강교실 등 건강한 성인의 건강·영양관리 프로그램, 만성퇴행성 질환 및 기타 질환 식사지도, 저소득층 영양관리 및 노인의 건강 및 영양관리 프로그램 등이 실시되고 있다. 이 프로그램들은 주로 영양교육과 식품지원(저소득층의 경우)을 중심으로 구성되어 있다.

그러나 다른 연령층의 영양프로그램과 마찬가지로 보건소에 따라 아직도 정식 영양사 인력이 배치되지 않거나 필요한 예산이 뒷받침되지 않아서 성인과 노인 대상의 영양프로그램을 수행하는데 어려움이 많다. 여기서는 현재 우리 나라에서 저소득층을 중심으로 실시되고 있는 영양프로그램들과, 각 보건소에서 진행하도록 권장되고 있는 성인 및 노인 영양프로그램 지침을 중심으로 살펴보기로 한다.

1) 건강한 성인의 건강·영양관리 프로그램

성인들의 신체 건강 유지를 위해 여러 가지 올바른 식습관이나 식생활 패턴을 확립해 나가고 잘못된 식생활로 인해 발생되는 여러 가지 질병들을 예방할 수 있도록 영양교육을 실시하는 프로그램이다. 여기에는 지역 주민들의 건강증진 교실 및 여성의 건강문제와 관련된 영양교육 프로그램이 있다.

(1) 지역주민들의 건강증진 교실

일반인을 대상으로 올바른 영양지식과 질환 예방을 위한 식생활을 교육시킴으로써 식생활의 변화에 따라 발병할 수 있는 여러 질병들을 예방하고 건강을 증진시키는 것을 목적으로 하는 프로그램이다. 내용으로는 건강관리 및 증진 교실, 비만 및 체중조절 교실, 직장인 식행활 교실 및 영양진단 컴퓨터 프로그램을 이용한 상담 및 집단 교육 등이 있다.

① 7일 건강교실

20~64세까지의 지역주민을 대상으로 4회 이상, 1회에 3단계 프로그램을 가지고 7일 건강교실을 운영한다. 교육의 내용은 1단계(1일째와 2일째)에서 영양과 운동, 영양문제와 바람직한 식생활, 식생활 지침을 교육하며, 2단계(3일째와 4일째)에서 노화와 각종 성인병, 만성퇴행성 질환 예방을 위한 식사관리를 다루며, 마지막 3단계(5일째, 6일째, 7일째)에서 기초 식품군과 식사계획, 식품 교환법에 따른 1일 식단작성, 지역식품을 이용한 조리실습 및 참석자 토론회(영양문제의 Q&A) 등으로 진행한다.

② 비만교실

BMI 25 이상이거나 W/H ratio 남자 0.87~0.95, 여자 0.77~0.82인 성인을 대상으로 월 1회 1코스 8회 프로그램으로 진행한다. 그 내용은 표 10-5와 같다.

③ 직장인 식생활 교실

각 사업장에서 직장인을 대상으로 월 1회 이상 영양교육을 실시한다. 내용은 직장인 식생활 관리의 필요성, 직장인을 위한 식생활 지침, 적정량 먹어야 되는 식품과 과잉섭취를 피해야 하는 식품, 하루의 식사 계획, 스트레스와 술, 술과 영양, 외식 섭취시 올바른 영양관리 방안 등이다.

④ 영양진단 컴퓨터 프로그램을 이용한 상담

보건소 내소 성인 및 직장인을 대상으로 개인 상담과 직장, 모임별 집단교육을 실시한다. 장소는 개인상담의 경우 보건소를 이용하고 집단교육의 경우 각 사업장 및 모임장을 사용한다. 내용은 컴퓨터 프로그램으로 개인의 영양상태 및 식사섭취 상태를 진단하여 영양상담을 실시한다.

표 10-5 성인 대상의 비만교실 영양교육 내용

회	교육목표	내 용	지도인원
1	자기의 건강을 체크하고, 체중감소의 필요성을 인식	- 오리엔테이션 - 측정(신장, 체중, 혈압, 총콜레스테롤, 중성지방) - 강의 「비만과 건강」 - 영양진단 기입	소장 검사기사 의사 영양사
2	식사와 비만의 관계를 인지하고 운동의 즐거움, 필요성을 인식	- 측정(체중, 만보계) - 강의 「식생활 관리」 - 건강체조	영양사 체육지도원
3	1일 식사 내용 계획 및 각자 식습관을 비교 분석	- 측정(체중, 혈압) - 건강체크 - 식단작성실습(1600kcal), 감상문적기	간호사 체육지도원
4	건강진단 결과 지도	- 개인상담	의사, 영양사
5	자기 체력을 체크함	- 측정(체중, 체력테스트) - 강의·실기 「운동의 효과」	체육지도원
6	상호의견교환, 영양섭취량 평가	- 측정(체중·혈압) - 시식, 감상문 - 개별상담	간호사 영양사
7	자기 건강을 재체크하고 체험기입	- 측정(신장, 체중, 혈압, 총콜레스테롤, HDL-콜레스테롤, 중성지방) - 전체토의 「건강생활을 생각해보자」	검사기사 영양사
8	금후의 생활 프로그램 제공	- 개별지도 - 협의 「추후 식생활 관리」	의사 영양사

자료 : 보건복지부, 보건소 시범영양사업 평가보고서, 보건복지부, 1997

(2) 여성의 건강문제와 관련된 영양교육 프로그램

여성들의 건강유지 및 증진, 정확한 영양지식의 보급, 조리실습에 의한 조리기술의 향상을 도모하고자 하는 목적으로 건강요리 교실과 골다공증 교실을 운영한다. 여성단체나 주부들의 모임을 이용해 홍보활동을 실시하여 지역 주부들의 적극적인 참여를 유도하며 시청각적 교육자료와 교육방식으로 다양하게 적용하여 교육의 효과를 극대화시킨다.

① 건강요리 교실

주부를 대상으로 월 1회, 연 10회 실시한다. 1회의 학습시간은 3시간 정도이며 강의 1시간과 조리실습 2시간으로 구성한다. 장소는 보건소, 사회복지관, 또는 부녀회관을 사용하며 학급의 운영, 조리재료의 구입, 조리실습 재료비 및 교재비의 관리운영도 수강자가 한다. 표 10-6에는 건강요리 교실의 내용이 나와있다.

표 10-6 건강요리 교실의 영양교육 내용

기간	재미있는 건강교실	알기쉬운 건강요리교실	즐거운 건강요리교실
5월	개강식 「피로도 테스트」	개강식 슬라이드 상영	개강식
6월	당신의 식생활로 장수할 수 있을까?	올바른 식사방법	식생활 관련 질문 및 퀴즈
7월	3끼의 식사와 야채는 왜 먹지않으면 안될까?	생각해 보지 않겠습니까? 「기름의 올바른 사용법과 뒤처리」	잘못 알고 있는 건강 및 영양상식
8월	아이들과 함께 즐거운 요리를	「식생활 교육은 언제부터 시작 했습니까?」 건강에 자신있습니까?	영양권장량
9월	당신의 식생활을 체크해 봅시다	「만성퇴행성질환의 자기 체크」 맛있는 야채를 드십니까?	「운동부족도」 테스트 및 운동실습
10월	만족한 것 같지만 부족한 단백질	「녹황색 야채와 유색 야채」 스트레스 해소법	식생활 지침
11월	영양성분 표시를 읽읍시다	「도예 예쁘게 굽기, 예쁜 그릇」 뼈가 약해지고 있습니다.	식품의 올바른 선택 및 보관
12월	스트레스의 정체와 해소법	「건강가족의 칼슘 작전」 노년기의 식사를 즐겁게	외식의 선택
1월	가공식품은 건강에 해로운가?	「고령자를 위한 연식」 폐강식	술과 영양
2월	폐강식 당신의 피로도는 변화되었는가?		합동폐강식 다과회

자료 : 보건복지부, 보건소 시범영양사업 평가보고서, 보건복지부, 1997

② 골다공증 예방교실

폐경기 여성을 대상으로 연 2회 이상 골다공증 예방교실을 운영한다. 내용은 골다공증 진단 및 골다공증 예방과 치료를 위한 식사 및 운동요법으로 구성하며 보건소, 사회복지관 및 부녀회관에서 진행한다.

2) 만성퇴행성 질환 및 기타 질환 식사지도

지역 내에서 통원치료를 받고 있거나 재택 만성퇴행성 질환자를 대상으로 식생활 관련 질병에 대한 원인분석과 적절한 영양을 공급할 수 있도록 식사지도를 함으로써 식생활의 서구화에 따라 증가되는 만성퇴행성 질환이나 기타 질환들의 병태를 개선 및 회복시키고자 하는 목적으로 실시된다. 먼저 환자 실태를 파악한 후, 환자를 대상으로 한 영양상담, 건강회복을 위한 영양교실을 운영하며 질환별 식단전시회를 개최한다.

(1) 영양상담 및 영양교육

만성 퇴행성 질환이나 기타 질환으로 인해 보건소를 내소하는 환자들을 대상으로 수시로 영양상담을 실시한다. 영양상담 내용은 당뇨병의 식사요법 및 식사계획을 위한 식품교환표 이용, 고혈압의 식사요법, 비만의 식사요법 등이다.

또 환자, 환자의 가족 및 만성퇴행성 질환에 관심이 있는 모든 사람을 대상으로 영양교육을 실시하며 월 1회 이상 보건소 내소를 권장하여 건강상태를 점검하고, 구체적인 식단표를 제시하며 건강회복을 위해 적극적인 식사요법을 지도한다.

(2) 건강회복을 위한 영양교실

재택 환자로서 가정에서 통원치료를 받고 있거나, 만성퇴행성 질환의 식사관리에 관심이 있으나 경제적으로 어려워 치료를 받지 못하고 있는 모든 지역 주민이 대상이다. 월 1회 이상 교육을 실시하며 만성퇴행성 질환으로는 당뇨병, 고혈압, 비만 및 기타 질환(암, 신장질환, 간질환, 소화계 질환 등)을 중심으로 식사계획, 식품구성, 권장식품과 금지식품, 체중감소를 위한 식생활 관리 등을 교육한다.

(3) 질환별 식단전시회

지역 내 영양사 및 지역 영양협의회의 도움을 받아 질환별 식단을 계획하고, 식단전시회를 개최함으로써 환자나 환자 가족들에게 실제적인 영양교육의 효과를 도모한다. 연 1회 보건소 및 지역 내 병원에서 실시하며 식단의 내용은 당뇨병 식사, 고혈압 식사, 비만 식사, 심장병 및 동맥경화증 식사, 간질환 식사, 신장질환 식사 등으로 구성한다. 질환별 식단 전시회는 우리 나라에서 현재 각 보건소에서 가장 활발하게 수행되고 있는 영양 프로그램 중의 하나라고 볼 수 있다.

3) 저소득층 영양관리

특히 저소득층에서는 경제적 제약과 교육의 기회 감퇴로 인해 여러 가지 영양 문제가 발생하기 쉽다. 따라서 이들의 영양상태를 개선시킬 수 있도록 지원사업을 수행함으로써 저소득층 주민들의 영양상태와 건강상태를 증진시키는데 그 목적이 있다. 여기에는 식품지원 및 영양교육 프로그램이 있으며 그 세부 내용은 영양보충 쿠폰 지급 프로그램, 모자보건 증진을 위한 영양보충식품 지원 프로그램, 저소득층 아동의 영양보충식품 지원 프로그램, 학교급식 지원 프로그램, 방학 이용 특별 급식지원 프로그램, 및 무의탁 노인 급식서비스 프로그램이 있다.

현재 우리 나라에서 보건복지부 주관으로 실시되고 있는 저소득층 지원 사업은 2000년 10월부터 시행되는 국민기초생활보장법에 따라 시행되고 있으며 자활보호자에 대해 생계비를 지원하고 있다. 특히 노인·어린이 등 취약계층에 대한 지원을 확대, 강화해 나가고 있으며, 소득이 60만원 이하인 자활보호 대상자들에게는 2인 가족의 경우 월 5~15만원의 생계비를 지급하고 있다. 결식아동이나 노인 등 취약계층에 대한 지원을 확대하고 있으며 결식 아동 중 취학아동에게는 석식을, 미취학 아동에게는 중식 및 석식을 무료로 제공하고 있다. 이 프로그램의 수혜 인원은 2000년 현재 22,000명 정도이다. 한편 결식재가노인에 대한 식사배달도 실시되고 있는데 지원내용은 2,000원 상당의 식사를 1일 1식씩 지원해주며 수혜 인원은 20,000명 정도이다.

교육부에서 주관하는 프로그램으로 빈곤가정 학생 점심 지원사업이 있으며 이의 내용은 제9장에서 다루었으므로 여기서는 생략하기로 한다.

(1) 영양보충 쿠폰 지급 프로그램

저소득층 주민에게 영양 결핍될 가능성이 있는 주요 식품을 지급함으로서 저소득층 지역 주민의 저영양상태를 미연에 방지하고자 하는 프로그램이다. 대상은 생활보호 대상자(거택보호자 및 자활보호자)이며 월 1회 일정한 날 보건소에서 식품을 구입할 수 있는 쿠폰을 제공한다. 쿠폰 사용이 가능한 식품점을 선정하여 관리하며 쿠폰 교환 가능 식품에는 국민영양조사 결과에 의하여 칼슘과 비타민 A 급원 식품(예 : 전지분유, 우유, 계란, 당근, 김 등)을 포함시킨다.

(2) 모자보건 증진을 위한 영양보충식품 지원 프로그램

유아, 미취학 어린이 및 저영양상태를 나타내는 임신, 수유부 여성에게 보충식품을 제공하려는 목적으로 실시되는 프로그램이다. 대상은 저소득층의 유아,

정보마당

10-1 다른 나라의 식품은행 운영

미국/효율성 99.7%로 미국 내 자선단체 3위

1967년에 세계에서 처음으로 시작되었으며 현재 전지역에 200개소가 활동중이다. 조직체계는 '중앙본부(보스턴) - Second Harvest - 지역별 식품은행 - 자원자선단체 - 최종수혜자' 이다. 식품은 물론 생활용품, 돈(신용카드 포함)도 기탁이 가능하며 기탁한 제품에 일정액의 세금감면 혜택이 있다. 기탁한 개인에게는 호텔비, 관광비, 교통비를 10%내외 할인해 준다. 95년 50,193개소의 지원기관을 통해 총 2,600만 명에게 분배되었다. 운영상 특징은, 직장에 다니는 영구빈곤자도 수혜대상자에 포함시키고 있고 정부도 기탁이 가능하다는 점이다.

캐나다/ 주정부 지원 하에 지역별 식품은행 활동 활발

1981년 세계에서 두 번째로 식품은행 사업을 시작했고 현재 전국에 50여 개가 활동하고 있다. 조직체계는 '캐나다 식품은행 협회 - Second Harvest - 지역별 식품은행 - 자원자선단체 - 최종수혜자' 로 미국과 같다. 단체나 개인 모두 기탁할 수 있으며 기탁품은 식품, 생활용품, 현금 등이다. 1992년 수혜대상자 수는 전체 인구의 약 12%인 총 2,400만 명에 달했으며, 수혜대상자 중 노인과 영유아가 40% 이상을 차지하고 있다. 이 비율은 해마다 증가하고 있다.

프랑스/ 특수기술 가진 전문인력에 의한 운영

1984년 유럽 지역에서는 처음 시작하였으며, 1998년 현재 72개소가 설치되었다. '중앙본부(파리) - 지역별 식품은행 - 지원자선단체 - 수혜대상자' 의 조직체계를 갖고 있다. 기탁품이 상업화되지 않도록 철저히 관리한다. 운영상 특징은 근무인력이 전문직으로 구성되어 있다는 점. 창고운영, 냉장시설 운영 등 특수기술이 가진 인력이 계약에 의해 식품은행에서 파견근무를 한다. 또 다른 나라와는 달리 냉장 냉동 창고 및 차량이 구비되어 있어 신선식품류의 기탁 및 분배가 안전하게 이루어지고 있다.

독일/ 슈퍼마켓 통해 저가로 식품 제공

1986년에 처음 실시, 현재 독일 전역에 약 80여 개의 식품은행이 운영하는 슈퍼마켓이 있다. 조직체계는 '중앙본부 - 지역별 식품은행 - 슈퍼마켓 - 수혜대상자' 로 구성되어 있다. 기탁식품은 식품은행이 운영하는 슈퍼마켓을 통해 저가(정상가의 40% 수준)로 수혜대상자에게 판매된다. 수혜대상자들에게 식품은행 이용카드를 발급하여 식품은행이 운영하는 슈퍼마켓에서 필요 물품을 구매토록 하는 것이다. 이러한 방법은 수혜대상자들의 자존심을 살려주고 있다.

(자료: 빛과 소금, 2001년 1월호)

미취학 아동 및 임신, 수유부로서 영양상태 평가 후 영양결핍 상태(빈혈, 저체중 등)를 보이거나 부적절한 식사 섭취(영양권장량의 75% 미만 섭취)를 보이면 지원한다. 영양보충식품은 월 1회 일정한 날에 보건소에서 지원하며, 단백질, 칼슘 급원 식품인 난류와 유제품, 비타민 급원인 과일류를 보충식품으로 지급한다.

(3) 저소득층의 어린이의 급식지원 및 영양교육 프로그램

저소득층 어린이집과 탁아소 어린이, 학령기 어린이를 대상으로 식품지원, 학교급식 지원과 영양교육 사업이 있다. 자세한 것은 제9장 4절의 "저소득층 어린이 급식지원 프로그램"에서 다루었으므로 여기서는 생략한다.

(4) 여성 영양교실

저소득층 여성을 대상으로 연 4회 사회복지관 또는 여성근로자가 많은 직장에서 여성 영양교실을 운영한다. 교육 내용은 경제적 식품구매 방법, 식품보관법, 알뜰 식단계획법 등을 포함한 효과적인 식품이용방법, 그리고 균형적인 영양섭취의 중요성으로 구성한다.

(5) 무의탁노인 급식서비스 프로그램

저소득층의 무의탁 노인을 대상으로 주 5회 보건소 또는 노인정에서 급식을 서비스하는 프로그램이다. 자원봉사자 및 식생활개선 추진원과 협조하여 저렴하고 영양가 있는 점심식사를 제공한다.

(6) 식품은행(Food Bank) 프로그램

식품은행이란 식품의 생산, 유통, 판매, 소비 단계에서 발생하는 잉여 먹거리들을 기탁자들로부터 제공받아 이를 필요로 하는 어려운 기관이나 개인들에게 무상으로 제공함으로써 식품 자원의 낭비를 막고 그 사회적 활용을 극대화하고자 하는 운동이다. 즉, 먹을 수 있는 음식을 폐기하는 비용을 줄이고, 수요자에게 필요한 음식을 공급하며, 음식 쓰레기로 인한 환경오염도 줄이는 다양한 효과를 얻을 수 있는 운동이다. 보건복지부에 따르면 2000년 현재 우리 나라에는 약 198개의 식품은행이 있으며 전국 단위 1개, 각 광역시에 16개, 나머지는 이하 시·군·구에 흩어져 있다. 정부 주도 아래 보건복지부에서 운영하고 있는 식품은행은 광역 혹은 기초 식품은행을 거쳐 수혜자에게 이르는 체계이다. 이외에도 여러 민간 단체에서 식품은행 사업에 참여하고 있으며 가장 먼저 시작했고 가장 활발하게 참여하고 있는 민간단체는 성공회로서 현재 서울에 5개를 비롯하여 전국에 28개 지부를 두고 활발한 사업을 벌이고 있다. 최근 정부는 식품은행에 대한 법적 뒷받침이 될 식품기탁 촉진에 관한 법률을 마련하고 이에 대한 의견 수렴을 마치고 있어 앞으로 이 사업은 더욱 활성화 될 것으로 기대한다.

4) 노인의 건강 및 영양지도 프로그램

체력의 약화로 면역력과 정신기능이 떨어지게 되는 노인들에게 올바른 영양섭취 방법을 지도함으로써 노년기의 질병을 예방, 치료하는데 도움을 주기 위하여 실시하는 프로그램이다. 프로그램의 내용으로는 노인을 대상으로 하는 영양상담, 노인건강 증진교실 및 노인식사 지원교실 등이 있다.

(1) 노인의 영양상담 및 교육

영양상담은 보건소를 찾아오는 지역 노인을 대상으로 수시로 실시하며 내용은 노인질환 관리법 및 식이요법, 만성퇴행성 질병 예방을 위한 식생활 관리로 구성한다. 영양교육은 지역 내 노인의 실태와 노인의 거주형태, 노인 질환의 분포 등을 파악하여 이를 기초로 영양교육 우선 순위를 정하고 보건소 관계자와 영양전문가들의 협조를 구하여 교육을 실시한다. 노인정, 양로원을 방문하거나 보건소 내 노인건강 증진교실을 개설하여 영양교육을 실시한다. 영양교육은 시청각 자료 등을 활용하여 재미있고 다양한 내용으로 구성하도록 하며, 1시간 이내의 강의로 지루하지 않도록 전개한다. 교육을 실시한 후에는 설문조사를 통해 교육의 효과를 판정하고 다음 교육 내용과 수준을 계획한다. 또 상담이나 교육 실시 후에는 반드시 우편이나 전화를 통해서 추후 관리를 계속하고 필요한 영양 정보지를 배포한다. 개인상담 기록표나 영양상담 일지, 또는 노인 영양교육 대장 등을 작성하여 관리한다.

(2) 노인건강 증진 교실

가정의 독거 노인이나 만 65세 이상의 고령자 부부를 대상으로 월 1회 노인건강 증진교실을 운영한다. 자소는 보건소 내 또는 노인정을 방문하여 실시하며 교육의 내용은 표 10-7과 같다.

표 10-7 노인건강 증진교실의 교육내용

	1일째	2일째	3일째
내용	- 오리엔테이션 - 자기소개 - 강의(노년기의 질병요인, 노인의 생리적 변화 및 고려해야 할 사항, 질병의 예방을 위한 식단관리의 중요성) - 토의(식사를 맛있게 먹는 방법)	- 교육내용 · 노년기의 건강유지를 위한 식생활지침소개 · 비만과 체중미달의 식사관리 · 식품선택법 : 칼슘과 철이 풍부한 식품 - 조리실습(참가자가 희망하는 음식위주)	- 건강체크(혈압측정등) - 운동실기(신체를 움직여 봅시다) - 영양권장량 소개 - 토의(건강과 식생활) - 폐회
목표	∘ 동료와 주리하는 것이 즐겁게 느끼도록 함 ∘ 질좋은 식사를 하는 것이 만성퇴행성질환 예방에 도움이 되는 것을 인식시킴 ∘ 자기의 식생활 문제점을 인식함 ∘ 조리실습 · 식단구성시 식품의 적량, 식품의 배합을 익히도록 함 · 음식을 좋아하도록 간단한 조리법을 익힘		∘ 건강증진을 위해 신체를 움직이는 것이 적절하다는 것을 인지시킴 ∘ 동료와 함께 신체를 움직이는 것이 즐겁도록 느끼게함 ∘ 동료와 친근감을 느끼도록함

자료 : 보건 복지부, 보건소 시범영양사업 평가보고서, 보건복지부, 1997

(3) 노인 식사지원 교실

노인을 부양하는 주부, 노인복지 시설 급식 책임자 및 영양사를 대상으로 1년에 2회 이상 노인 식사지원 교실을 운영한다. 보건소 내 또는 사회복지관에서 실시하며 내용은 노년기의 질병원인, 노인의 생리적 변화 및 고려해야 할 사항, 질병의 예방을 위한 식단관리의 중요성, 노인의 영양권장량 및 식생활지침, 노인의 영양권장량, 칼슘과 철이 풍부한 식품 선택법, 노인식의 식사계획 및 조리실습 등으로 구성한다.

활동마당

가족이나 친척, 혹은 주위에 65세 이상 된 노인을 면담하여 표 10-1에 나와있는 NSI 영양판정 도구인 DETERMINE 조사표를 완성한다. 그 결과를 가지고 그림 10-1을 참고하여 적절한 영양판정을 해 본다. 이 노인의 빈약한 영양상태와 관련 있는 위험요인을 평가하기 위해 수준 1의 영양선별은 한다. 이런 대상자에게는 다음에 언급한 프로그램 중에서 어떤 영양 중재 프로그램을 권장하는 것이 좋겠는가? 왜 그런가?

- 영양교육 프로그램
- 식품스탬프 프로그램
- 더운 식사 급식 프로그램(집단급식소 혹은 집으로 배달)
- 치아관리 프로그램
- 신체활동과 운동 프로그램
- 가정 건강보조원 지원 프로그램
- 사회활동 지원 프로그램

11

만성질환의 위험과 식사지침

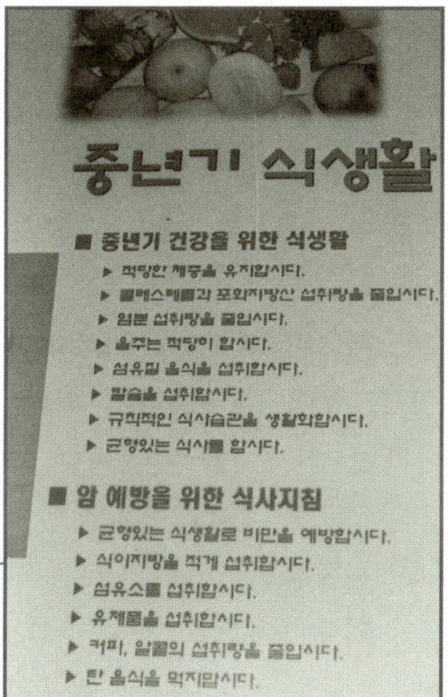

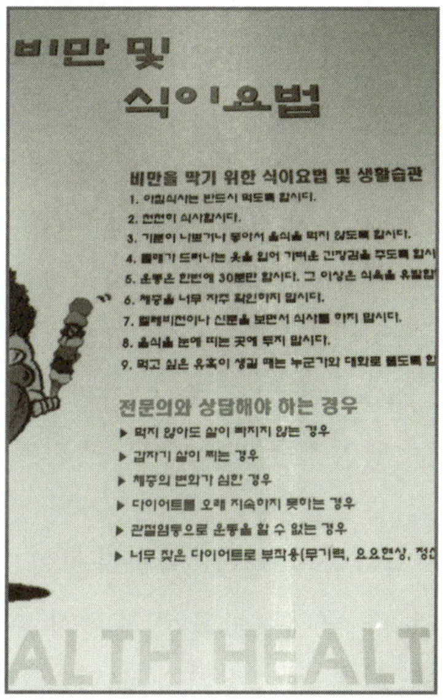

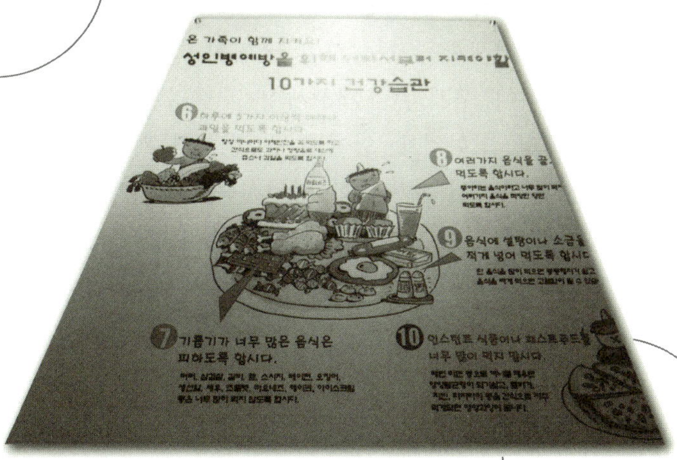

이대부속병원

제 11 장

만성질환의 위험과 식사지침

과거에는 영양학연구의 주된 관심은 새로운 영양소의 발견이나 영양소의 결핍증세에 있었으나, 최근에는 영양의 과잉 섭취와 같은 식사양식이나 운동양식의 변화로 인해 소위 성인병으로 불리우는 만성질환의 위험이 증가함으로 이에 대한 관심이 증대하게 되었다.

만성질환은 발생시점이 불확실하며, 발생후 오랜 기간이 지나야 이환 여부를 알 수 있고 발생원인균외에 생활습관, 환경요인 등이 상호복잡하게 작용하여 이환되는 특성을 가지고 있다. 따라서 만성질환은 예방이 중요하며, 특히 올바른 식생활을 꾸준히 실천할 수 있도록 지도하는 것이 중요하다. 현대에 와서 늘어난 만성질환의 위험요인을 감소시키기 위한 식생활 방안으로 나온 것이 식사지침이다. 즉 영양권장량이 영양부족을 최소화하기 위해 결핍이 우려되는 영양소를 대상으로 제정된 것이라면, 식사지침은 경제발전과 함께 풍요한 식생활을 누리면서 증가된 만성질환예방 및 감소를 위해 만들어진 것이다. 식사지침은 현대 일반국민의 식사나 전형적인 식습관으로부터의 변화를 위한 보다 구체적이고 실제적인 식생활의 안내형태라고 볼 수 있다. 영양소의 적절한 섭취를 보장하기 보다는 심장병, 고혈압, 당뇨, 암과 같은 만성질환의 위험요인을 감소시키기 위해 식생활을 좀 더 일반화 시킨 것이라 볼 수 있다.

식사지침은 국민의 식생활을 개선하여 국민의 건강을 보다 더 증진시키기 위한 바람직한 방향이나 구체적인 개선사항을 정리한 것이다. 올바른 식생활은 건강증진, 질병예방, 노화억제, 암예방 등 건강의 기틀을 만드는 데 있어서 중요한 역할을 한다. 따라서 지역사회 영양사는 만성질환과 식사요인과의 관계를 잘 이해하고 이에 따른 올바른 식사지침을 지역주민들에게 제시하도록 한다. 그림 11-1과 표 11-1은 이런 관계를 이해하는데 도움이 될 것이다.

그림 11-1 식사와 관련된 만성질환의 위험요인

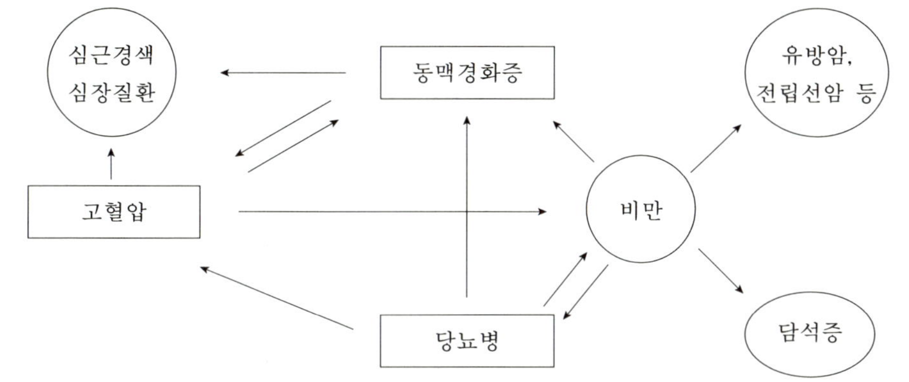

표 11-1 각 만성질환의 식사 및 생활양식 위험요인

식사 및 생활양식의 위험인자 \ 만성퇴행성 질환	암	고혈압	당뇨병	골다공증	동맥경화	비만	심근경색
과량의 지질섭취	✓	✓	✓		✓	✓	✓
탄수화물과 식이섬유의 낮은 섭취	✓		✓		✓	✓	✓
낮은 칼슘 섭취	✓	✓					
비타민과 무기질 섭취의 저하	✓	✓		✓	✓		
짠 음식과 염장식품 섭취의 증가	✓	✓		✓			
과량의 알코올 섭취	✓	✓			✓	✓	✓
흡 연	✓	✓		✓	✓		✓
유전자	✓	✓	✓	✓	✓	✓	✓
나 이	✓	✓	✓	✓	✓		✓
습관적인 생활양식	✓	✓	✓	✓	✓	✓	
스트레스		✓		✓	✓		✓

정보마당

11-1 성인병이란?

40세 이후에 주로 발병하는 비전염성 퇴행성 만성질환을 쉽게 성인병이라고 부르며, 성인의 사망이나 기능장애의 주요 원인이 된다. 질병의 직접적인 원인은 불분명하며 여러 가지인 다인성이고, 개인의 생활양식과 밀접하게 관련 되어 있다. 따라서 위험인자의 관리를 통해 예방하는 것이 가장 효과적이다. 장년층초기에 주로 나타나서 노화에 따라 발병하는 경우가 많으며 장기간에 걸쳐 지도, 관찰 및 전문적인 관리등이 요구되는 질병으로 재활을 위해 지속적인 관리가 필요한 질병이다.

11-2 한국인의 10대 질병 사망원인

1. 뇌혈관 질환	2. 간질환	3. 위암	4. 소화기계 질환	5. 간암
6. 폐암	7. 당뇨	8. 정신질환	9. 허혈성 심질환	10. 고혈압성 질환

1. 동맥경화증

동맥경화증은 동맥혈관의 안쪽 벽에 콜레스테롤이 축적되어 혈관의 내경이 좁아져 혈액의 운반이 원활하게 일어나지 못하고 혈관은 탄력을 잃어 굳어지는 현상을 말하며 이는 어릴 때부터 시작될 수 있다. 지방층으로 얇게 쌓이기 시작한 지방은 점점 축적되면서 지방의 섬유성 플라크(plaque)를 형성하게 된다. 이 플라크 안으로 궤양이 생기거나 출혈이 있으면 부어오르게 되고, 이것은 동맥의 내경을 좁게 만들어 혈액의 공급이 차단되면 조직이 파괴된다.

동맥경화증과 같은 관상동맥의 손상은 중년층에 흔한 관상심장병을 일으키게 되고, 심근경색(myocardial infarction)이나 심장마비의 위험율을 높인다. 보통 10~20년 후에는 대뇌동맥이 막히거나 출혈이 생기게 되고, 이로 인해 중풍을 동반한 뇌졸증(stroke), 언어장애, 시력, 청력, 기억력 등의 상실을 초래한다. 혈청 콜레스테롤과 LDL 수준의 상승 및 고혈압 등은 동맥경화증의 심각성을 더욱 증가시킨다.

우리나라에서는 식생활변화로 인해 지방섭취량이 증가하면서 전체적으로 혈청지질치가 증가하는 경향을 보인다(표 11-2).

표 11-2 정상한국인의 혈청지질치의 변동

종류	1973년	1981년	1990년
총지질	496.2±93.1	479.9±82.6	672.2±22.16
인지질	154.2±38.7	175.1±36.6	207.8±47.8
총 콜레스테롤	148.3±36.1	111.0±41.3	171.4±144.7
HDL-콜레스테롤		42.4±5.0	42.0±13.8

1) 동맥경화증의 위험인자

동맥경화증은 비교적 천천히 진행된다. 동맥경화증을 유발하는 정확한 원인은 아직 모르지만 혈중 콜레스테롤이 높거나 혈중 섬유소원으로 알려진 단백질이 응고되면 발병율이 높아진다. 동맥경화증과 이로 인해 야기되는 관상동맥 심장병은 경제적으로 풍요롭고 산업화된 사회에서 크게 만연하는 질병이며 여러 요인들이 이 질병을 야기시킨다. 그러나 가장 중요한 발병 요인은 우리가 먹는 일상식품이다.

표 11-3에 있는 것과 같은 유전적, 식이성, 그리고 생활양식상의 요인들은 동맥경화증과 심장병의 발병 기전에 영향을 준다. 이를 경감시키기 위한 중재전략(intervention strategies)으로 식사나 약을 통해 혈중 LDL 수준을 낮춘다든지, 금연, 체중감소, 알코올 섭취 제한, 그리고 신체 활동의 증가를 들 수 있다. 식사 중 콜레스테롤이나 포화지방이 많으면 LDL 수준은 증가하는 반면, 포화지방산 대신 다중 불포화지방산으로 섭취하면 HDL과 LDL콜레스테롤 농도를 둘 다 낮추어 준다. 올리브 기름에서 많이 발견되는 단일 불포화 지방산은 HDL콜레스테롤 수준은 낮추지 않으면서도 LDL콜레스테롤을 감소시킨다. 귀리의 밀기울이나 과일과 채소에 많은 수용성 섬유질도 혈청 LDL수준을 낮추어 주며, 육체적인 활동은 HDL수준을 증가시킬 뿐 아니라 동맥경화성 플라크의 형성을 지연시키거나 방지할 수 있다.

표 11-3 심장병의 위험 요인

위험요인	연 령	남자 45세 이상 여자 55세 이상이거나 조기 폐경된 여자(에스트로젠 치료를 받지 않을 경우)
	가족력	아버지나 남자 직계 가족 중에 55세 전에 심장마비로 사망하였거나 어머니나 직계 여자 중에 65세 이전에 사망한 가족이 있을 경우
	흡 연	현재 흡연을 하고 있는 경우
	혈 압	혈압이 140/90mmHg 이상이거나 혈압 강하제를 사용할 경우
	HDL	40mg/dl 이하
	질 병	당뇨병
억제요인	HDL	60mg/dl 이상

2) 동맥경화증을 위한 중재 시도

중년층의 콜레스테롤이 높은 사람들을 대상으로 몇 가지의 대규모 식이 중재 연구가 관상심장병의 사망률을 줄이기 위한 목적으로 시도되었다. 이 연구에서는 식사중 지방과 포화지방량을 낮추었으며, 지방을 낮추는 약제도 사용하여 혈청 콜레스테롤 수준을 낮추도록 하였다. 연구결과, 혈청 콜레스테롤 수준 감소와 비례하여 관상 심장병의 위험도 감소하였는데, 혈청 콜레스테롤 수준 매 1% 저하마다 관상심장병의 위험은 2%감소하였다.

고콜레스테롤 혈증의 치료지침은 표 11-4에 제시되어 있다.

표 11-4 고콜레스테롤 혈증의 치료지침

수 준	총콜레스테롤	LDL	HDL	치료지침 및 조치
바람직함	〈200(170)	〈130(110)	〉40	2년 내 재검 필요
경계선	200~239 (170~200)	130~159 (110~130)	35~40	위험인자 2개나 병력이 있으면 치료 필요, 식이요법 우선
위험수준	〉240	〉160(130)	〈35	식이요법 및 약물치료

* ( )안은 소아의 수치

동맥경화성 손상에 대해 외과적 수술이나 약을 사용하지 않고 단지 생활방식만을 바꾸었을 때 영향을 미칠 수 있는가를 평가해 보는 연구가 현재 진행중에 있다. 이 연구에서는 규칙적 운동, 금연, 그리고 저지방 식이(총열량의 10%이하)를 하는 사람에게서 관상동맥에 지방성 플라크가 상당한 양 감소하는 것을 볼 수 있었다. 물론 이런 식사에는 필수지방산, 비타민 B_{12}, 아연, 철분 등이 부족할 가능성이 있고 또 의사의 감독 없이 진행해 나가기 힘들다는 점은 있으나 이 연구는 오랜 기간에 걸친 생활방식의 변화가 관상동맥 질환의 발병을 지연시키거나 막아줄 수 있다는 증거들을 마련해 주고 있다.

3) 관상심장질환의 남녀 차이

성인 초기부터 시작하여 관상심장병의 발병에는 남녀간의 성별 차이가 존재한다. 즉, 남성의 발병 위험율이 여성에 비해 훨씬 높으며, 이 때문에 심장병을 '남성병'이라고 한다. 그러나 이 성별 차이는 여성이 폐경을 하게 되면 급격히 감소하며, 현재 미국에서는 50세 이상의 여성에게는 사망의 제 1 원인이 관상심장질환이 되고 있다.

우리 나라에서는 65세 이상 노인의 10대 사인을 볼 때 남녀 모두 심장병이 사망원인의 3위를 차지하고 있다. 폐경 전의 여성은 여성호르몬인 에스트로젠의 보호효과로 인해 관상심장병 발병의 예가 극히 적다. 폐경이 된 여성은 남성과 같은 정도의 관상심장병에 대한 위험인자를 갖게 된다. 그러므로 콜레스테롤 수준의 증가라든가 콜레스테롤을 세포로 운반해 주는 LDL의 증가 등 관상심장병 발병의 주된 위험인자로 최근에 인식되고 있는 혈액내 사망요인들에 대해 주의를 기울여야 한다. 혈액내 LDL수준이 높은 것은 남녀 모두에게 독립적인 위험인자가 되나, 혈청내 중성지방(serum triglyceride)수준이 높은 것은 오직 여성에게만 독립적인 위험인자가 된다. 당뇨병이 있거나 체중과다와 고혈압 증세가 있는 여성의 경우 특히 위험하며, 여기에 흡연까지 하게 되면 위험성은 가중된다. 남성의 경우 뿐 아니라 여성의 흡연의 경우도 혈관계 질병과 관상심장병을 악화시킨다.

이런 여러 가지 면에서 볼 때 여성에 있어서의 관상심장병 위험인자는 혈청 콜레스테롤, 혈청 중성지방, 혈압, 혈당, 체중 및 흡연으로 간추려 볼 수 있다. 이런 위험 인자들에 의한 위험성을 줄이는 길은 규칙적인 운동과 균형 잡힌 식사 등의 건강한 생활습관을 갖는 일이다.

표 11-5 식품의 콜레스테롤 함량 (식품가식부 100g당)

소량함유 (0-50mg)	계란 흰자, 우유, 식물성 기름, 비스켓, 땅콩, 잣
중등함유 (51-99mg)	생선류, 치즈, 아이스크림, 돼지기름, 도넛
다량함유 (100mg 이상)	계란 노른자, 오징어, 명란젓, 새우, 가재, 내장, 쇠기름, 쇠꼬리, 버터

4) 동맥 경화증 예방을 위한 식사지침

혈중 콜레스테롤이 너무 높을 때는 동맥경화증을 일으킨다. 간에서 콜레스테롤 생산을 촉진하는 요인은 여러 가지가 있다. 특히 계란, 육류, 기타 콜레스테롤 함량이 높은 식품을 조심해야 한다.

① 하루에 콜레스테롤의 섭취량이 300mg을 넘지 않도록 한다. 이것을 지키기 위해서는 계란을 하루에 2개 이하로 먹고, 육류나 유제품은 되도록 적게 먹는 반면에 저지방우유, 식물성 기름을 사용해야 한다.

② 총에너지 섭취량가운데 지방이 차지하는 열량이 30% 이하가 되도록 한다.

③ 포화지방산의 섭취는 줄이고 불포화지방산의 섭취를 늘리며, 불포화지방산:포화지방산의 비율을 1:1(P:S ratio=1)로 유지한다.

④ 탄수화물의 섭취는 총에너지 섭취량의 50% 정도로 하고 정제된 당은 피하며 섬유질이 풍부한 복합당을 섭취하도록 한다.

⑤ 단백질은 총에너지 요구량의 15% 정도 되도록 한다. 동물성 단백질의 과다한 섭취는 포화지방산의 섭취를 증가시키므로 식물성 단백질 섭취도 유의해야 한다.
⑥ 소금 섭취량은 1,000Kcal 섭취당 1.0g 또는 하루에 5.0g을 넘지 않도록 한다.
⑦ 알코올 섭취는 총에너지 섭취량의 15%를 넘지 않아야 한다.
⑧ 여러 종류의 음식을 섭취해야 한다.
⑨ 혈압을 측정하여 정상을 유지한다.

2. 고혈압

혈압이 높아지는 병을 총칭하여 고혈압증이라 하며 대개 혈압이 140/90mmHg 이상인 경우를 말한다. 고혈압이나 동맥혈압이 높은 상태로 지속되는 경우는 뇌졸중, 관상심장병 및 신장장애의 위험이 증가한다. 비만증도 고혈압과 관련이 있으며 실제로 체중이 감소되면 혈압은 떨어진다. 규칙적인 운동은 흔히 나이가 들어가면서 함께 나타나는 혈압상승을 막아줄 수 있으나 이에 대한 장기적인 평가는 아직도 부족한 편이다.

고혈압과 관련된 식이성 요인들은 알코올과 나트륨, 칼륨, 칼슘과 같은 여러 가지 전해질들이다. 1일 28g 이상의 알코올을 섭취하면 고혈압의 빈도가 증가한다. 고혈압에 미치는 영양소의 효과는 비교적 덜 알려져 있다. 역학조사 결과를 보면 그 결과가 언제나 일치하는 것은 아니나 습관적으로 하루 6g 이상의 소금이나 2,400mg 이상의 나트륨을 섭취하였을 때 고혈압의 위험이 증가한다고 한다. 또 몇몇 연구에 의하면 칼륨과 칼슘을 적게 섭취하였을 때 혈압이 오르고 뇌졸중을 볼 수 있었다고 한다. 그러나 이 경우에 칼륨과 칼슘을 보충해 주어 혈압이 낮아지는가를 보았으나 일치된 결과를 얻지 못하였다. 또 중간 정도의 나트륨과 높은 칼륨을 함유한 식사, 체중 감소 및 약물요법이 혈압에 미치는 영향을 알아본 실험적 연구에서는 식사요법에 체중 감소와 약물요법이 함께 시행될 때 심혈관계 위험상태가 현저히 개선됨을 볼 수 있었다. 나트륨 섭취량을 조금만 제한해도 적절한 혈압수준을 유지하는 데 필요한 약의 복용량을 줄일 수 있다.

전해질을 제한하거나 보충하는 것이 혈압에 미치는 영향은 개인에 따라 매우 다르다. 임상적 연구를 해 보면 처치 후 혈압이 전혀 변하지 않는 사람이 있는가 하면 현저하게 떨어지는 사람도 있다. 나트륨은 제한하고 칼륨과 칼슘이 들어 있는 식품을 마음껏 먹게 하는 식사내용이 일반적으로 고혈압에 좋다. 아주 주의 깊게 감독하지 않는다면 칼륨의 보충은 권장하지 않으며, 칼륨-절약 이뇨제(potassium-sparing diuretics)를 사용하는 사람이나 신장기능이 좋지 않은 사람에게는 위험할 수도 있다.

이상과 같이 고혈압환자의 치료는 식사요법이 중요하고 약물요법 및 기타 체중감량, 운동량증가, 알코올과 카페인 섭취를 줄이던가 또는 끊고, 칼슘, 칼륨, 마그네슘섭취를 증가시키는 것이 중요하다. 이와 아울러 편안한 마음으로 삶을 영위하려는 자세와 노력이 수반되는 것이 좋다. 고혈압환자를 위한 권장사항은 다음과 같다.

① 체중이 초과된 경우에는 우선적으로 체중을 줄인다.
② 나트륨 섭취량은 제한하되 칼슘섭취는 적절히 한다.
③ 식이 섬유질과 불포화지방산을 섭취하도록 한다.
④ 알코올을 제한한다.
⑤ 규칙적인 운동을 한다.
⑥ 심리적으로 안정하며 편안한 생활자세를 갖는다.

정보마당

11-3 고혈압과 소금섭취량

혈압조절의 측면에서 볼 때, 대부분의 사람들은 다양한 소금 섭취량에 적응할 수 있다. 그러나 소디움에 민감한 사람의 경우는 소디움을 과량 섭취하면 고혈압을 일으키므로 이들에게는 소디움 함량이 적은 식이(약 2~3g 작은술)를 제공함으로써 고혈압의 위험을 낮출 수 있다. 전문가들은 향후 고혈압의 발병 위험을 낮추기 위해 모든 성인의 경우 1일 소디움의 섭취량을 2~3g으로 제한해야 한다고 제안하고 있으나, 우리 나라의 식사지침은 소금과 소디움을 적절하게 사용하도록 권하고 있다.

3. 체중과다와 비만

과다한 영양섭취와 체내 에너지 소비의 불균형으로 지방이 지나치게 축적되어 나타나는 비만(obesity)은 각종 성인병을 유발하게 된다. 비만에 의해서 주로 나타나는 성인병은 동맥경화증, 고혈압, 당뇨병, 심장병 등이며 비만은 건강을 해치는 주요한 원인이 된다.

1) 체중과다의 발생빈도

우리 나라의 경우는 1990년대 초에 이미 현재 성인남자의 18%, 성인 여자의 28% 정도가 체중의 과다나 비만이며 이 수치는 연령에 따라 증가하고 있으므로 청년기에서 중년기에 이를수록 비만과 관계되는 여러 만성질환의 위험이 증가한다고 볼 수 있다. 이들은 미용을 생각해서, 또는 건강을 생각해서 체중 조절을 하려고 많은 애를 쓴다. 그러나 이들이 사용하는 체중 조절용 식사는 열량이 적을 뿐 아니라 단백질, 비타민, 무기질도 적으므로 영양소 결핍이 될 우려가 많다. 게다가 극심한 저에너지 식사는 체중을 조절하려는 사람에게 새로운 식습관 양식을 정착시켜 주지 못하여 새로운 식사를 오래 따라 하지 못하게 되고 평상시 먹던 식생활 습관이 다시 나와서 체중은 다시 늘어난다. 즉, 체중증가, 체중감소 또 다시 증가하는 악순환이 계속되고, 이것이 몇 년 동안 계속되면 처음 상태보다 건강을 더 악화시킨다. 따라서 체중 조절시는 합리적인 수준의 에너지 섭취 감소와 함께 육체적인 운동을 병행하는 것이 훨씬 효과적이다.

11-4 비만측정방법

비만도 (obesity index : %) $\dfrac{\text{현재체중} - \text{이상체중}}{\text{이상체중}} \times 100$

신체질량지수 (body mass index : BMI) $\dfrac{\text{체중(kg)}}{[\text{신장(m)}]^2}$

신체질량지수에 의한 비만의 분류

고도비만 : BMI > 40.1	과 체 중 : BMI = 25.1 ~ 30
비 만 : BMI = 30.1 ~ 40	정 상 : BMI = 20.1 ~ 25

2) 비만증과 질병의 위험

비만은 심혈관계 질병의 독립적인 위험인자이며 동시에 혈압과 혈청 콜레스테롤 수준을 높이는데도 위험인자이다. 비만은 뼈의 유연성과 운동성을 감퇴시킴으로써 관절염과 퇴행성 뼈관절 질병의 진전을 촉진한다. 비만한 사람은 육체적인 운동을 하기가 쉽지 않으므로 앉아서만 생활하게 되고 이로써 더욱 비만해지며, 나아가서 퇴행성 변화로 인한 질병에 걸리기 쉽게 된다. 비만은 확대된 지방세포가 인슐린의 활동을 방해하기 때문에 성인형 당뇨병의 발병에 중요한 요인이 된다.

사망률 위험에 미치는 비만이나 체중과다의 영향은 아직도 논란의 여지가 있다. 생명보험 통계에 의하면 평균 체중보다 훨씬 많거나 적은 사람들이 젊은 나이에 사망할 위험이 더 높았다고 한다. 그래서 몇몇 건강전문가들은 특히 심각한 질병이 있을 때는 체중이 약간 과다한 쪽이 생존율이 높다고 주장하기도 한다. 그러나 25년간 추적연구를 하였던 프레밍햄(Framingham)의 심장연구에 따르면 체중부족인 사람들이 더 높은 사망률을 보인 것은 흡연과 관계되었기 때문이라고 한다. 이 연구에서는 체중 부족인 사람의 80%가 흡연자였고, 체중과다인 사람의 경우는 55%만이 흡연자였다.

체중이 약간 초과되었을 때도 좋은 건강을 유지하는 데 해롭다. 40~49세까지의 남자들의 경우 20% 체중과다한 사람의 사망율이 10% 체중과다한 사람의 2배나 되었다고 한다. 나아가서 혈압이 높을 경우 약 5kg 정도의 체중만 감소시켜도 혈압이 상당히 떨어진다.

어떤 사람이 비만하게 되기 시작할 때의 나이도 심혈관계 질병으로 인한 사망률에 영향을 준다. 25세 때의 체중에는 관계없이 그 이후의 체중 증가가 심혈관 질병의 위험을 증가시키는 반면, 체중과다였던 사람의 제중 감소는 이 위험율을 감소시킨다. 체중 증가로 인한 해로운 영향과 체중 감소로 인한 이로운 효과는 모두 여자보다 남자에서 더 민감하게 나타난다.

체지방의 신체내 분포상황도 관상심장질환 위험도에 영향을 준다. 체지방량이 같을 경우, 그 지방이 둔부에 있는 것보다 복부에 두껍게 있는 것이 남녀 모두에서 관상심장병의 위험도를 더 높인다.

3) 여성과 체중

체내에 과다한 지방이 축적되어 생기는 비만증은 이제까지 과식의 결과로 생각되어 왔다. 그러나 최근 쌍둥이를 대상으로 한 연구결과에 의하면 체지방 축적이나 체지방 분포에는 유전적인 요인이 강하게 작용한다는 것이 밝혀지고 있다. 남성과 여성은 성염색체(sex chromosomes)가 유전적으로 달라서 비만의 시작시기, 만연도, 치료에 대한 반응 등이 남녀간에 차이가 있을 수 있다. 비만에 있어서의 이런 유전적인 요인은 많은 여성들이 성공적인 식사요법으로 체중을 줄이고 체지방 축적으로 감소시킨다고 해도 유전적인 소인으로 인해 얼마 지나면 다시 비만으로 되돌아오게 되는 현상을 설명해줄 수 있다.

특히 성인기 초기 여성이 한 번 이런 체중 증가에 대한 유전적인 소인이 나타나게 되면 비만에 걸릴 확률이 높으며, 생활습관이나 환경요인들을 변화시켜서 건강을 촉진시키는 여러 가지 노력을 하지 않는다면 자주 재발된다. 규칙적인 운동이나 신체활동이 건강한 생활양식을 지켜나가는 데 큰 도움이 된다. 이때는 단기간보다는 생활습관화된 장기간의 규칙적인 운동이 체중 조절에 더욱 큰 효과가 있다.

젊은 여성들은 생리적으로 체지방 조성이 남성보다 많은데다가 사회적으로는 여성의 이상적인 몸매는 날씬해야 한다는 압력도 받고 있다. 이런 젊은 여성에게 장기간의 운동이 체중 조절에 효과가 있다는 앞의 연구결과는 상당히 고무적이다. 또 이 결과는 중년여성에게도 적용될 수 있는데, 중년여성들의 경우 체지방 분포가 문제가 되며 특히 복부의 체지방은 심혈관계의 질병이나 고혈압, 당뇨병과 같은 만성질환의 위험성을 높인다.

여성의 경우는 체지방이 흔히 둔부와 대퇴부(gynoid, 체지방의 저부위 분포)에 많이 축적이 되는 데 비해 남성은 복부(android, 체지방의 고부위 분포)에 많이 축적된다. 그러나 이와 같은 성별 체지방 분포는 개인 차이가 크다. 남녀 모두 나이에 따라 복부의 체지방이 증가하나, 여성의 경우 폐경이 되어 여성호르몬의 분비가 감소되면 복부의 지방 축적이 많아진다.

4) 비만 치료

이상과 같이 비만은 여러 만성질환의 위험요인이 되므로 적절히 치료되어야 한다. 비만치료를 위해서는 식사요법, 운동 그리고 식습관의 교정이 함께 꾸준히 계속되어야 한다.

열량 제한은 체중 조절에 있어 가장 우선적인 방법이다. 섭취한 열량이 소비열량보다 부족할 때에 축적된 지방이 분해되면서 에너지원으로 충당되어 결국 체중이 감소하게 되는 것이다. 식사 요법은 일단 섭취하는 열량을 줄이는 것이 원칙이다. 식사 횟수는 1일 3~4회로 나누어 소량씩 먹는 것이 좋다. 그리고 인체에 필요한 무기질과 비타민 등의 영양소를 충분히 섭취하여야 된다.

또 비만이 심각한 경우에는 단식(fast)을 하는 방법도 있다. 단식은 하루에 무려 2~3kg을 줄일 수 있는 방법이기는 하나 반드시 병원에서 의사의 지시아래 시행되어야 한다. 이때 심장, 신장, 통증, 간장 등의 질환이 있는 환자들은 단식을 해서는 안된다.

환자의 식습관을 전반적으로 검토하여 비만의 원인일 수도 있는 식습관을 인내로 개선토록 하여야 한다. 비만증 환자를 분석해 보면 남자의 경우는 술

정보 마당

11-5 요요효과(yoyo-effect)

체중감량 후 체중이 회복되고, 다시 체중감량후에는 체중이 원래보다 더 증가되는 현상을 반복하는 효과

정보 마당

11-6 비만의 문화적 이해

비만과 건강의 기본적인 연관성과 함께 문화적으로 정의된 미의 기준은, 성적 선택(sexual selection)과정에 하나의 요인으로 작용하였을지도 모른다. 나이지리아에 에픽(Efik)족의 엘리트 계층의 사춘기 소녀들이 오두막에 갇혀서 몸을 살찌우는 풍습에 대한 연구는 그 고전적인 사례를 보여주고 있다. 결혼 전 이곳에서 2년 동안 격리되어 지낸 소녀는, 이러한 통과의례를 마치게 되면 성인 여자로 간주되며 '결혼할 수 있음'을 상징하는 것들을 가지게 된다. 그 상징은 3층으로 된 머리 스타일과 음핵 절개, 그리고 살찐 몸 등이다. 이 중 뚱뚱함은 이 풍습에 참여할 수 있는 경제적 자원을 가진 엘리트들이 정의한 가장 중요한 미의 기준이다. 남자들의 뛰어난 장거리 달리기 솜씨로 알려진 북부 멕시코의 타라후마라(Tarahumara)지방에서도 여자의 크고 뚱뚱한 허벅지가 미의 제 1 요건으로 여겨진다고 한다. 따라서 여기에서 미인은 '아름다운 허벅지'라 불린다.

그런데 아름다움과 뚱뚱함 사이의 문화적 연관은 어느정도까지 보편적이라고 할 수 있을까? 많은 사회에서 여성적 아름다움, 혹은 이상적 체형이라 여겨지는 것들에 대한 체계적이며 비교문화적인 조사 연구는 아직 없다. 「인간 관계 지역 파일」(HRAF:Human Realtions Area Files)에 수록된 325개 문화 중에서 단지 58개 문화만이 여성의 이상적 체형에 대한 몇 가지 자료들을 내놓고 있을 따름이다.

자료가 갖는 취약성에도 불구하고, 위의 사실들은 미에 대한 문화적 기준이 그 사회의 지배집단이 갖고 있는 '정상성'의 특징 들을 기반으로 하고 있다는 것을 보여준다. 가장 두드러지는 특성으로 신체적 극단성이 배제된다는 것인데, 어느 사회도 극단적 비만을 미의 이상으로 삼고 있지는 않다. 자료를 제시하고 있는 사회의 81%가 뚱뚱함을 바람직한 아름다움으로 제시하고 있는데, 거의 모든 사회에서 성적인 아름다움에 대한 기준들은 2차 성장이 끝난 결혼 적령기의 젊은 성인들의 외모에 기반을 두고 있다. 뚱뚱함은 또한 여성의 다른 측면인 모성, 즉 어머니라는 사실과 간호, 즉 돌보아주기의 상징이기 때문에 바람직하게 생각되는 것인지도 모른다. 여성이 오로지 모성을 통해서만 적절한 사회적 지위를 부여받는 전통사회의 경우 '뚱뚱한 여성은 잘 돌보아진 여성이고, 그들은 아이들을 잘 돌볼 것이다.'라는 상징적 연계가 비만에 대한 문화적 수용 정도를 높이고 있다고 보여진다.

미의 기준에 있어서 문화적 다양성이 존재한다고 할지라도 이런 다양성은 어떤 맥락 내에서 존재하는 것이다. 날씬함에 대한 미국적 이상은 뚱뚱해지기 쉬운 환경에서 발생한 것이고, 뚱뚱함에 대한 선호는 또한 마르기 쉬운 상황에서 생기는 것이다. 상황적으로 두가지 기준 모두가 개인의 노력과 경제적 자원을 필요로 한다. 즉, 마름과 뚱뚱함은 각각 부를 표시하는 기호들이다. 가난한 사회에서 부자들은 뚱뚱해짐으로써 가능한 사람들에게 자신들의 우월한 지위를 과시하지만, 가난한 사람들은 그렇게 할 수가

없다. 그러나 부유한 사회에서는 가난한 사람들도 뚱뚱해질 수 있고 실제로 그들은 게걸스럽게 먹기 때문에 뚱뚱해진다. 따라서 부자들은 날씬함을 유지함으로써 자신들의 지위를 과시하는데, 마치 '우리는 다음 식사를 어떻게 마련할지에 대한 걱정이 없다. 그러니 우리는 단 1그램의 지방도 저장해 놓을 필요가 없다.' 라고 말하는 것 같다. 따라서 여성의 아름다움에 관한 기준의 상대성은 한편으로는 진화 과정에서 결정된 인간의 보편적 속성에 의해서, 또 한편으로는 적법한 문화적 다양성에 의해서 제한되는 것일지도 모른다.

선호되는 남성의 체형에 대한 민족지적 기록은 거의 없다. 이러한 사실이 혹시 여성에게만 몸이 중요한 가치평가 기준이 됨을 말해주는 것은 아닐까? 쿵족과 같은 경우를 제외하고는 예외없이 거의 모든 인간 사회에서는 신체가 커다랗다는 사실이 남성의 매력을 구성하며, 찬사의 대상이 된다. 이는 반드시 뚱뚱함을 의미하지는 않는다. 이러한 신체적 특성들은 일반적인 건강과 영양상태의 지표로 간주될 수 있다. 그러나 몇몇 사회에서는 큰 신체는 물론, 심지어 비만조차 경제적 성공과 정치권력, 사회적 지위를 상징하기 때문에 바람직한 것으로 여겨진다. 실제로 큰 덩치는 식량 자원에 대한 차별적 접근의 지표이다. 큰 덩치의 사회적 위세는, 세습적인 정치 지도자들의 가족이 일반 대중이 생산하는 농산물의 일정 부분을 보장받은 폴리네시아의 추장 제도 등에서 더욱 두드러지게 드러난다. 여기에서 추장은 그의 영혼, 영적인 힘(mana)과 귀족적인 양육의 흔적이 그의 외모에서 드러날 것이 기대되며, 실제로 그렇다.

살찐 몸의 의미를 둘러싼 문화적 다양성은 미국의 여러민족집단 내에서도 발견된다. 필라델피아의 푸에르토리코인 사회에서 수행된 몸무게의 문화적 의미에 대한 민족지적 연구에 의하며 비만이 공정적인 의미를 갖고 있고, 이에 대한 사회적 낙인이 없다고 한다. 살찐 몸에 대한 긍정적 평가는 하층 흑인 사회와 멕시코계 미국인 사회에서도 나타난다.

그러나 이러한 민족 집단 내에서도 차이가 존재하는데, 계층상승을 하고 있는 집단일수록 비만과 이상적 체형에 대한 태도가 주류 미국 문화의 기준을 닮아간다. 소수민족 집단들, 그리고 세계의 대부분의 문화에서와는 대조적으로 미국 지배 계층과 중산층에서 이상적으로 여겨지는 여성의 체형은 날씬함이다. 많은 연구들은 남성들보다 여성들이 이러한 문화적 가치에 더 집착하고 있음을 보여주는데, 지난 30년간 여성의 체형에 대한 아름다움의 이상은 점점 더 의학적인 이상형보다 훨씬 더 날씬한 쪽으로 변화하였다. 그러므로 매력적인 체형에 대한 문화적 신념은 여성들에게 몸무게를 줄이라는 압력이 되었고, 이는 거식증과 폭식증의 주 원인으로 작용하고 있다. 현대 미국사회의 여성들에게 날씬함은 피부를 일부러 그을리는 것과 마찬가지로 경제적 지위와 여가의 상징이 되었다.

마지막으로 덧붙일 것은, 우리가 살펴본 인류 역사상의 굶주림의 문제가 불행하게도 과거의 역사에만 국한되지 않는다는 점이다. 아프리카의 소말리아 지역과 사하라 사막 주변에서 발생한 가뭄과 기근은 전세계의 주목을 받아왔다. 인류 역사상 가장 부유한 국가라는 미국 내에서도 2천만 명 정도가 굶주리고 있는 것으로 추산된다. 이렇게 계속되고 있는 기아는, 새로운 유행으로 등장한 비만에 대한 우리의 생각과 비극적인 대조를 이루고 있으며 인류 역사의 가혹한 현실을 보여준다.

인용문헌: 김은실외, 낯선곳에서 나를 만나다. 일조각,1998

을 즐기는 사람이 많고 여성의 경우에는 단음식을 간식으로 즐기는 사람에 많다고 분석되고 있다.

예를 들어 배가 고프지 않을 때라든지 시간, 장소에 관계없이 아무때나 먹는 습관, 대화중, 독서중, TV시청시 먹는 습관을 없애고 또 불안, 초조, 흥분, 행복, 고독감이 있을 때 폭식하는 습관을 지양한다. 이외에도 수술하는 방법이 있다. 이는 위, 장의 부분적인 절제 수술을 하여 영양소의 흡수를 감소시키는 방법이다. 이러한 수술은 다른 장기의 이상을 초래할 확률이 크므로 비만으로 인한 위험성이 아주 심각하기 전에는 의사들은 되도록 권장하지 않는다.

4. 당뇨병

당뇨병은 인슐린의 분비가 부적절하여 혈당이 올라가고 또 탄수화물의 이용이 비정상적으로 되는 대사성 질환이다. 인슐린 의존형 당뇨병은 췌장의 β-세포가 파괴되어 생긴다. 이 경우는 췌장에서 인슐린이 분비되지 않으므로 인슐린을 주사로 공급해 주어야 하며, 그렇지 않을 경우는 죽을 수도 있다. β-세포의 파괴는 자가면역반응을 통해 일어나는 것으로 보이며, 발병되는 시기는 주로 어릴 때이다. 인슐린 비의존형 당뇨병은 성인형 당뇨병으로서, 40세 이후에 주로 발병하며 비만과 많이 관련되어 있다. 이것은 인슐린의 결핍이라기 보다는 인슐린이 부적절한 형태로 분비되거나 또는 지방 세포의 인슐린 작용에 대한 저항성(insulin resistance) 때문에 생기는 것으로 보인다. 최근 미국에서는 당뇨병이 사망원인의 여섯 번째 요인이며, 이에 합병증을 감안하면 세 번째 요인으로 보고되고 있다. 우리 나라에서도 고혈압, 비만과 함께 대표적인 성인 질환으로 성인의 약 10%가 당뇨병을 앓고 있으며, 10명중 1명은 당뇨병 가능성이 있으며 연령의 증가와 더불어 발병율이 증가하고 있다.

최근에 진행중인 연구결과, 탄수화물과 지방의 비율을 중간정도로 했을 때 인슐린 비의존형 당뇨병에 있어서 혈당과 혈중 지질 수준을 조절하기에 유용했다는 결과가 있기는 하나 일반적으로 사용하는 치료법으로는 체중 감소와 함께 고탄수화물(복합탄수화물의 형태로), 저지방 식이를 사용한다. 또 규칙적인 운동이 중요하며, 만약에 필요하다면 경구로 투여하는 혈당강하제가 쓰일 수도 있다. 당뇨병의 합병증으로는 동맥경화성 관상심장병이 흔히 나타나므로 수용성 섬유질이 많고 콜레스테롤과 포화지방이 적은 식사가 바람직하다. 또 당뇨병의 위험을 줄일 수 있는 예방법으로 신장 대비 체중(weight for height)

을 적절하게 유지하는 것과 알코올의 섭취는 제한하는 것도 중요하다.

정보마당

11-7 경구 내당능 검사(OGTT)?

경구 내당능 검사(OGTT, oral glucose tolerance test)는 성인의 경우 75g 정도의 포도당이 함유된 음료를 환자에게 마시게 한후 혈당을 측정하는 방법이다. 포도당 음료를 투여하기 직전에 채혈하여 공복 혈당을 측정하고, 포도당 음료 투여 2시간 후의 혈당 수준을 관찰한다. 포도당 투여 후 2시간이 지나도 여전히 200mg/dl 이상을 보이면 당뇨병으로 진단한다.

정보마당

11-8 당화 헤모글로빈(glycosylated hemoglobin)이란?

혈당측정은 혈당검사가 이루어지는 시점의 혈당 수준만을 말해주므로 환자의 지난 몇 달 간의 혈당 수준을 알아보기 위해서는 당 결합 헤모글로빈의 함량을 측정해야 한다. 혈액중의 포도당이 증가하면 포도당분자는 적혈구에 있는 헤모글로빈(Hb)의 아미노산과 결합하여 당화 헤모글로빈(HbA_{1c})을 만든다. HbA_{1c}와 포도당의 결합은 적혈구의 수명기간(120일) 동안에는 거의 비가역적이므로 HbA_{1c}는 지난 두세달 동안의 평균 혈당 수준을 나타내게 된다. 일시적으로 혈당이 떨어져도 HbA_{1c}의 비율은 감소하지 않으며, 몇 주에 걸쳐 혈당의 수준이 일정하게 감소 되었을 경우에만 감소한다. 따라서 이 검사법은 환자의 과거의 혈당 수준을 판정하여 혈당의 조절 프로그램에 응용할 수 있는 좋은 방법이다.

1) 성별 차이

성인이 되어서 나타나는 당뇨병인 인슐린 비의존형 당뇨병(NIDDM, non-insulin independent diabetes mellitus)은 앞의 관상심장병에서의 위험인자들과 깊이 관련되어 있다. 이 병 역시 45~60세까지의 폐경 후 여성에게 주로 나타나며, 남성보다 여성에게 더 심하게 영향을 미쳐서 때로는 손상된 포도당 내성능력을 완화시키기 위한 초기 치료단계에서 인슐린을 요구하기도 한다. 이렇게 당뇨병의 영향을 받는데 성별의 차이가 있는 이유는 아직 밝혀져 있지 않다. 최근의 연구결과에 의하면 비만(특히 신체 상부 및 복부 비만의 경우)과 혈청 지질의 증가(특히 중성지방), 또 폐경이 되어 에스트로젠의 분비가 부족한데다 HDL 수치가 낮을 경우, 여성의 포도당 내성능력이 손상된다고 한다.

2) 식사 지침

당뇨병을 호전시키기 위한 식사지침으로 현재 미국에서는 미국 심장협회(AHA, American Heart Association)에서 제시한 것과 미국 당뇨병협회(ADA, American Diabetes Assoscation)와 미국 영양사협회(ADA, American Dietetic Association)에서 함께 제시한 지침이 있다(표 11-6).

표 11-6 당뇨병환자를 위한 AHA와 ADA의 식사지침 비교

	AHA[1] 1단계 (총열량 %)	AHA 2단계 (총열량 %)	ADA/ADA[2] (총열량 %)
총지방	30	30	30
단일불포화지방	10~15	10~15	12~14
포화지방	10	7	10
다중불포화지방	〈10	〈10	6~8
탄수화물	50~60	50~60	55~60
단백질	15~20	15~20	0.8g/kg
콜레스테롤	300mg/일	200mg/일	300mg/일

1) AHA : American Heart Association
2) ADA : American Diabetes Assoscation / American Dietetic Association
자료 : Williams SR, Nutrition and Diet Therapy 6th, Times Mirror/Mosby College Publishing, St. Louis, 1989

그러나 최근의 몇몇 연구에서는 식이 탄수화물과 지방의 비율을 다르게 주었을 때 혈당과 혈중 지질의 반응이 달라지는 것을 발견하였다. 한 연구에서는 표준 식사지침에 따라 흔히 쓰이는 고 탄수화물/저지방 식이를 주었을 때 여성에게 심장병의 독립적 위험인자가 되는 혈청 중성지방이 지속적으로 증가하는 것을 관찰하였다. 다른 연구자들은 지방의 형태를 단일 불포화지방 식이의 형태로 주었을 때 혈청 지질 수준이 개선되는 것을 관찰하였다. NIDDM에 걸린 성인을 치료하기 위해서는 혈당과 혈청 지질을 잘 조절해 줄 수 있는 영양소의 비율을 정하는 것이 필요하다.

5. 골다공증

중년여성에 있어서 골다공증(osteoporosis)에 관련된 건강문제는 뼈의 성장, 발달, 유지와 관계가 있다. 따라서 젊어서부터 골다공증을 예방해 줄 수 있는 생활방식을 계획하고 실천해 오고 있느냐가 중요한 문제가 된다. 뼈를 튼튼하게 하는데 관련된 생활방식에는 세 가지의 기본적인 요인, 즉 영양상태, 신체적 운동, 호르몬의 상태가 관계한다. 또 젊은 여성의 골질량의 발달에는 유전적인 요인이 크게 작용하기는 하나 식이요인, 신체적 운동 및 호르몬 상태는 유전적으로 미리 결정된 뼈의 질량이나 크기 및 모양을 조절해 줄 수 있다. 최근 한국 골다공증 환자 200만명이며, 50세이상 여성의 16.3%가 골다공증, 48.5% 골감소능이 있다. 65세이상 노인의 경우 고관절 골절 남자는 152.8/10만, 여자는 552.5/10만이다.

1) 뼈의 발달

뼈조직의 바깥 부분인 피질(cortical)부분은 20세를 전후해서 다 완성이 되나, 뼈의 질량은 35세를 전후해서 최고조에 달하며, 긴뼈 끝 부분의 작은 뼈들인 소주(trabecular)뼈 조직들은 35세나 그 이후에 발달이 완성된다. 또한 뼈에 들어있는 칼슘의 양은 연령에 따라 변화한다. 생의 전반기에서는 증가되며 약 35~45세 전후에 최고에 도달하고 그 후부터는 서서히 감소된다. 손목이나 척추에 있는 긴뼈의 끝과 둔부의 인접한 대퇴골에 있는 소주뼈들이 여성의 폐경기에 시작되는 골절에 더 약하다. 남성들도 같은 부위에 골절이 일어나기는 하나 남성은 골질량이 많고 또 수명이 짧으므로 골절이 되는 정도는 여성에 비해 훨씬 낮다. 대개의 여성들이 50대에 폐경을 하게 되는데, 폐경 전 10년 동안 골질량은 천천히 감소되기 시작하며 이 골질량의 상태에 칼슘 섭취수준은 별 영향을 미치지 못한다. 폐경이 되면 에스트로젠의 분비율이 급격히 떨어지다가 궁극적으로는 중단이 되며, 이런 생리적 상황은 모든 여성들에게 뼈의 교체율에 영향을 주어 골다공증에 매우 취약하게 만든다. 이런 징후가 나타나면 에스트로젠 보충요법이 필요하다. 폐경기 이후에 적당량의 규칙적인 운동을 계속하면 폐경기 전에 가지고 있던 골질량의 유지를 도와 줄 수 있다.

2) 식사지침

현재 우리 나라 권장량에는 20~64세까지 남녀 모두 1일 700mg의 칼슘을 권장하고 있으며, 이 정도면 골질량을 유지해 나가기에 충분한 양이다. 그러나 폐경기 이후에는 칼슘 보충제로는 난소의 에스트로젠의 손실로 인한 음의 칼슘 균형(negative calcium balance)을 극복할 수 없으므로 식사로부터의 칼슘 섭취를 다소 늘리는 것이 좋다. 특히 육식을 주로 하는 사람은 채식가 보다도 소변으로 배설하는 칼슘의 양이 많기 때문에 더 많은 칼슘을 섭취해야 한다. 이는 육식을 주로 하면 고기중에 포함된 함황아미노산에 의해 소변이 산성으로 변하여 칼슘을 함께 손실시키는 주요 원인이 되기 때문이다.

여성의 경우 젊었을 때부터 계속해서 충분한 칼슘 섭취뿐 아니라 뼈의 형성에 도움을 주는 다른 영양소, 즉 단백질, 인, 비타민 D 등의 섭취도 충분히 해야 골질량이 최대화되고 또 폐경기 이후까지 골질량이 높은 수준으로 유지될 수 있다. 이와 같은 식사 지침뿐만 아니라 골다공증 예방을 위해서는 걷기, 달리기, 등산, 에어로빅 등의 체중하중 운동을 규칙적으로 해나가는 것이 필요하다. 칼슘의 최적 섭취량(optimal calcium intake)은 첫째, 성인이 되었을 때 최고 골질량(peak adult bone mass)을 유지하고, 둘째, 성인의 뼈 상태를 그대로 유지하며(maintain adult bone), 셋째로, 노년기에 뼈의 감소를 최소화하도록 필요한 수준의 칼슘을 섭취하는 것이다.

칼슘 섭취량은 칼슘권장량과는 달리 최고수준으로 본다면 생후 6개월 미만의 유아는 1일 400mg이고 6개월 이후 12개월까지는 1일 600mg이다. 그리고 1살 이후 10살까지는 1일 800mg이고 10살 이후 1일 1,200~1,500mg의 칼슘을 섭취하면 성인이 되었을 때 최고 골질량을 나타낸다. 25세 이후 50세까지는 건강한 여자는 1일 1,000mg의 칼슘 공급수준을 유지해야 되고 50세 이후 폐경기와 더불어 에스트로젠 분비 감소로 골질량이 감소되면 1일 1,500mg수준을 유지해야 한다고 주장되기도 한다. 그러나 이때 에스트로젠 치료를 받으면 1,000mg을 유지하면 된다. 남자의 경우는 65세까지 1,000mg이면 된다. 연령이 65세 이후가 되면 남녀와 같이 1일 1,500mg의 칼슘을 공급하고 임신과 수유기는 1일 1,200mg의 칼슘 공급이 요구된다. 특히 수유를 하면 1일 160~300mg의 칼슘이 모유를 통해 배출된다.

3) 칼슘보충제

최근 골다공증이 폐경기 이후 여성에게서 증가하면서 골다공증예방을 위해 칼슘제제(calcium preparation)를 복용하고 있다. 그러나 칼슘제제를 택하는 것보다는 음식을 통해 칼슘을 보충하는 것이 가장 좋다. 음식 중 칼슘 함량은 음식의 종류에 따라 크게 차이가 나며 우유(288mg Ca/cup), 유제품, 정어리(sardine)와 연어(salmon) 통조림에 비교적 많이 들어 있고 과일, 야채, 빵과 음료 등에는 칼슘 함량이 낮다.

칼슘제제도 여러 가지 형태가 있으며 또한 종류에 따라 장단점이 있다. 현재 가장 많이 사용하고 있는 것은 탄산칼슘(calcium carbonate, 40% 칼슘)이다. 부작용은 흔하지는 않지만 탄산칼슘과 구연산 칼슘(calcium citrate)은 위를 자극하고 가스가 차는 경우가 있으며 때로는 탄산칼슘은 변비를 일으키기도 한다. 이때 유산 칼슘(calcium lactate)이나 포도당 칼슘(calcium gluconate)으로 바꾸면 된다. 골분(bone meal)은 비소, 납, 수은과 카드뮴등이 오염되어 있을 가능성이 높으므로 피하는 것이 좋다.

다량의 칼슘 보충(1일 1,000~1,500mg)은 때로 신장 장애와 요석(kidney stone)을 야기할 가능성이 있다. 따라서 가족 중에 요석의 병력이 있는 사람은 의사의 지시를 받고 칼슘제제를 복용하고 또 다량의 물을 마시는 것이 좋다. 칼슘제제를 복용할 때 비타민 D를 같이 복용하면 칼슘의 흡수가 잘 된다. 연령이 60세 이상으로 위산이 잘 분비되지 않는 사람은 칼슘의 흡수가 잘 안 된다. 따라서 위산 분비가 원활치 못한 경우 칼슘제제를 음식과 같이 복용하면 흡수가 잘 된다. 또한 칼슘제제를 복용할 때 비타민 D와 젖산이 많이 들어 있는 우유나 요구르트와 같이 먹으면 흡수가 촉진된다. 그리고 소장에서 칼슘 흡수 능력이 한정되어 있으므로 칼슘제제를 소량씩 자주 복용하면 흡수도 잘 된다.

다량의 칼슘을 복용하면 다른 무기물, 즉 아연, 구리, 철분, 마그네슘 등의 흡수를 저해한다. 최근의 연구에 의하면 구연산 칼슘(calcium citrate)은 흡수가 가장 잘 되고 요석 형성이 적고 또 소화 기관의 부작용이 거의 일어나지 않는 것으로 평가되고 있다.

6. 암

암은 한국 내 사망원인의 두 번째 요인이다. 물론 아직까지도 암 사망율에 미치는 식사의 영향이 다 밝혀진 것은 아니지만 현재까지의 추정은 모든 암으로 인한 사망의 1/3 정도는 식사와 관련이 있다고 제시되고 있다. 특별한 암들과 연관이 되는 식이성 요인으로는 알코올, 지방, 비타민 C, 항산화제들, β-케로틴, 훈연된 식품과 염장식품들을 들 수 있다.

고지방 식사는 암의 유발과 사망율에 깊이 관련되어 있다. 다중 불포화 식물성 기름은 포화지방만큼 혹은 그보다 더 종양의 성장을 촉진시킨다. 반대로 생선 기름에 많은 ω-3 지방산과 올리브 기름을 주로 먹는 지중해 지역의 사람들은 지방의 섭취가 많아도 암의 발생률이 낮다.

지방이 종양 성장의 촉진제 역할을 한다 해도 그 기전은 신체부위에 따라 다르다. 대장에서는 지방이 종양의 성장을 촉진시키는 담즙산의 농도를 증가시킨다. 대장암에 대한 섬유질의 보호효과는, 섬유질이 수분을 흡수하게 되어 대장에 있는 담즙산을 묽게 해주며, 또 음식물 덩어리가 소화기관을 빨리 지나가도록 하여 섭취된 발암성 물질이 장벽과 접촉하는 시간을 줄여준다. 동물실험에서 보면 지방과 다중 불포화지방산이 많은 식사는 면역체계 내에서 초기 암세포를 공격하고 파괴하여야 할 T-세포의 능력을 저하시킨다.

케로틴류을 많이 가지고 있는 녹황색 채소의 섭취는 암으로 인한 사망으로부터 인체를 보호해 준다. 흡연하는 사람들 중에도 케로틴이 많은 채소를 많이 먹는 사람들에게는 폐암의 발생률이 감소한다. 그렇다고 해서 케로틴류의 섭취가 흡연자들을 폐암으로부터 완전히 보호해주는 것은 아니다. 케로틴류는 체내에서 레티놀(retinol)로 전환되며 세포 분화의 조절기전을 통해서 종양 발생을 억제한다. β-캐로틴 역시 효과적인 항산화제이며 유리기(free radical)를 없애 줌으로써 퇴행성 작용을 예방해 줄 수 있다. 식사와 암에 관련한 내용은 표 11-7에 제시되어 있다.

표 11-7 식사와 암의 관련성

암의 부위	관련 영양소	
	암발생 증진효과	암발생 억제효과
유방	지질, 단백질, 탄수화물	셀레늄, 저지방
췌장	단백질, 탄수화물, 알코올, 튀긴 고기, 지질	셀레늄, 저지방, 과일, 야채
폐	흡연	비타민A, 셀레늄
위장	염장, 훈연된 생선, 질산염	우유, 겨자과 식물, 비타민 C, 비타민 E
전립선	지질, 단백질	비타민 A, 셀레늄
대장	지질, 단백질	겨자과 식물, 우유, 펜토산
후두		비타민 A, 비타민 C
담낭		비타민 A, 셀레늄
식도	알코올	우유, 과일, 녹황색 야채

암 예방을 위한 식사지침에 대해 살펴보자.

최근 역학조사, 동물 실험 및 사례보고에 의한 것을 보면, 식사요인은 암 발생(carcinogenic)을 시작한다기보다는 그 과정을 수정 또는 변형한다고 한다. 지금까지 어떤 특정한 식사가 암을 유발한다는 증거가 없듯이 어떤 특수한 식사가 암을 예방하지도 못한다. 그러나 암 예방을 위하여 권장되는 사항은 다음과 같다.

1) 비타민 A(carotene)를 충분히 섭취하는 사람은 암에 걸릴 확률이 적다. 실제로 동물에서 암예방 목적으로 비독성인 비타민 A 아날로그(analog)가 사용되고 있다.
2) 비만인 여성은 요도암, 신장암에 걸릴 활률이 높다. 따라서 정상 체중을 유지하도록 한다.
3) 숙주나물, 양배추, 브로커리 등의 야채에 있는 인돌(indole) 성분은 소화기 내에서 발암물질(carcinogen)을 불활성화하는 효소를 유도한다.
4) 장기간에 걸쳐 비타민 A, C, B 복합체가 부족되는 경우, 암에 대한 감수성이 증가한다.
5) 무기질의 적절한 섭취가 중요하다. 많은 양의 셀레늄(Se)은 발암 물질로 작용하는 동시에 셀레늄의 부족은 암 유발을 증가시키기도 한다.
6) 저 콜레스테롤 식사는 심장 질환을 보호한다지만 이는 또 암을 유발할 수도 있다는 보고가 최근에 있다.
7) 비타민 C와 같은 항산화제는 니트로사민(nitrosamine)의 형성을 억제하는 것으로 본다. 따라서 비타민 C의 다량 섭취는 위암 유발을 감소시킨다고 알려져 있다.
8) 열량 제한은 동물에 있어 암의 발달을 저해한다.
9) 식이내 지방량은 결장암, 유방암과 관련이 된다고 하지만 아직 확인된 것은 아니다.
10) 식품을 온습한 곳에 보관하는 지역에서 간암의 발생이 높은 것으로 되어 있는데 이는 아마도 보관중에 형성된 아플라톡신에 기인된 것이라고 본다.
11) 섬유질은 장내 음식물의 이동을 빠르게 하고 미생물의 종류와 양을 변화시킴으로써 장암의 발생을 낮춘다고 보고 있다.
12) 커피는 췌장암을 일으킬 수도 있다고 제안되었으나 이는 증명되지 않았으며 한 두잔 정도의 커피는 권장 되고 있다.
13) 콩과류 식품에 들어있는 단백질 소화 저해인자(protease inhibitor)는 항암 효과가 있는 것으로 나타났다. 이는 채식가들에 있어 암의 발생률이 낮다

는 것을 뒷받침 할 수 있는 요소로 제시된다.

이상과 같은 내용은 어느 한 요소가 암을 예방할 수 있는 것은 아니며 특히 아직 증명되지 않은 것들이 많이 있다. 다만 이 시점에서 암 예방을 위한 최선의 권장 사항은 첫째로, 균형 있는 식사를 하고, 둘째로는 다양한 식품을 섭취하며, 셋째로는 적절한 비타민, 무기질을 섭취하고, 마지막으로는 발암 물질로 알려진 것들을 피하도록 하고 특히 담배, 술은 과용하지 말아야 한다.

7. 알코올 중독증

미국내에서 알코올은 20~40세 사이에 사람들이 제일 많이 마시며, 전국민의 70%가 정도의 차이는 있어도 알코올을 사용한다. 우리 나라 통계로는 전국민의 50%정도가 알코올음료를 자주 혹은 가끔 마시며, 연령별로는 30~60세 사이의 사람들이 제일 많이 마신다. 알코올의 남용도 역시 청년층이나 장년층에 더 많다.

알코올의 과다섭취는 영양상태에 나쁜 영향을 끼치고 만성질환의 위험율을 증가시킨다. 알코올은 소화기관에 독성작용이 있으며, 비타민 B_6, B_{12}, 엽산, 아연 등 많은 영양소의 흡수를 감소시키고, 또 열량만 낼 뿐 단백질이나 다른 중요한 비타민과 무기질 등을 가지고 있지 않으므로 영양불균형(malnutrition)을 초래할 수도 있다. 따라서 술을 즐기는 사람의 경우, 그가 섭취하는 총열량의 1/3 가량을 알코올에서 나는 열량으로 대치하게 되어, 열량 외에 청장년층에서 부족되기 쉬운 철분이나 칼슘 등 다른 영양소의 섭취가 부족하게 되는 영양밀도(nutrient density)저하의 문제가 심각해진다.

알코올 남용(중독)은 혈청 지방의 수준을 올릴 뿐 아니라 고혈압, 고혈당증 및 간질환 등의 문제를 통해 건강을 심각하게 해친다. 알콜섭취로 인한 간의 손상은 알코올 그 자체의 직접적인 독성작용보다는 영양소의 결핍으로 인한 손상일 경우가 많으나, 몇몇 연구에 의하면 영양 섭취가 비교적 좋은 알코올 중독자에게서도 간이 손상된다고 한다. 지속적으로 알코올을 섭취하면 뇌졸중의 위험과 구강암 및 식도암의 위험을 증가시킨다. 알코올 중독이 되면 간의 비타민 A 저장량이 줄게 되는데, 이로써 알코올 섭취와 간암, 유방암 및 췌장암의 발병이 상관관계가 있는 것이 설명될 수 있다.

합리적인 음주량 또는 안전 음주 수준은 아직까지 규명되어 있지 않으나 일반적인 허용 수준을 설정하는 것은 중요하다.

최근에 영국에서 보고된 자료에 의하면 특수한 경우를 제외하고는 1주일에 남자의 경우 순수알코올 168g(맥주 4.8리터 또는 동일 알코올 수준의 포도주 또는 위스키), 그리고 여자의 경우 112g(맥주 3.2리터)까지의 음주는 안전하다고 한다. 그러나 1주일에 남자 168~392g(맥주4.8~11.3리터), 여자 112~280g(맥주 3.2~8.1리터)의 음주는 해로우며 남녀 각각 1주일에 448g(맥주 12.9리터)와 280g(8.1리터) 이상의 음주도 위험한 것으로 평가되며 동시에 금주일을 일주일에 2일에서 3일을 가지는 것이 바람직하다고 한다. 그러나 안전 수준은 해마다 감소되고 있고 위험 수준도 정확한 근거 자료를 기준으로 한 것이 아니기 때문에 앞으로 이에 대한 정확한 규명을 필요로 한다. 국민 전체 평균 음주량으로 볼 때는 연간 1인당 10리터 이상으로 순수알코올이 증가할 때는 여러 가지 금주 운동을 펼치는 것이 바람직하다.

8. 식사 지침

식사지침은 영양 권장량을 개개인에게 제대로 알려주어 자신의 식습관을 바꾸기 위한 것으로서 앞서 언급한 여러 가지 성인병을 예방하고 개선시키는 것을 목표로 삼아 식생활 개선을 위해 마련된 것이다.

1) 한국인의 식사 지침

한국인을 위한 식사 지침은 최근에 특히 증가하고 있는 성인병 발생율에 대한 우려에서 만들어졌다. 여러 단체에서 만들어 졌으나 비슷한 내용이 담겨져 있다.

(1) 국민 식생활 지침(보건사회부, 1990년 12월)

70~80년대의 급격한 경제성장으로 식생활 패턴이 바뀜에 따라 10~20년 사이에 질병의 패턴도 바뀌어 과거의 전염병 위주의 질병 패턴이 성인병의 급증으로 변화하고 의료비 지출 증가로 예방책의 필요를 인식하게 되었다. 이에 따라 영양적 접근의 필요성과 국민에 대한 영양 홍보의 필요성을 느끼게 되었고 그때까지 영양관련 단체마다 내놓은 상이한 지침을 정부 차원에서 실천

이 용이하고 알기 쉽게 단일화하여 보급하고자 보건사회부 식품위생심의위원회의 영양분과위원회에서 제정하였다. 5개 항목 밑에 세부 조항이 있고, 이전에 들어간 적이 없는 구체적인 수치를 포함하고 있는 것이 이 식생활 지침의 특징이다.

① 여러 가지 식품을 골고루 먹자 : 지방을 총 섭취 열량의 20% 정도
② 정상 체중을 유지할 수 있도록 알맞게 먹읍시다 : 이미 영양과잉에 의한 소아 비만이 문제가 되고 있어 소아 비만의 예방을 위해 만든 조항으로 정상 체중에 대한 수치가 포함되어 있다.
③ 음식은 되도록 싱겁게 먹읍시다 : 소금섭취는 하루 10g 이하
④ 과음을 삼갑시다.
⑤ 식사를 규칙적으로 즐겁게 먹읍시다.

(2) 한국인을 위한 식사 지침(한국영양학회, 1986)

① 다양한 식품을 골고루 먹자.
② 정상 체중을 유지하자.
③ 단백질을 충분히 섭취하자.
④ 지방질을 총 열량의 20% 정도를 섭취하자.
⑤ 우유를 매일 마시자.
⑥ 짜게 먹지 말자.
⑦ 치아건강을 유지하자.
⑧ 술, 담배, 카페인 음료 등을 절제하자.
⑨ 식사는 즐겁게 하자.

(3) 국민 식생활 개선 지침(식생활 개선 범국민운동본부, 1986)

① 여러 가지 음식을 골고루 먹자.
② 축산물, 수산물, 콩류를 좀 더 먹자.
③ 지방질을 알맞게 먹자.
④ 우유를 많이 마시자.
⑤ 음식을 되도록 싱겁게 먹자.
⑥ 우리 나라에서 나는 식품을 많이 이용하자.

(4) 한국인의 건강을 위한 식사 지침(한국식량경제학술협의회, 1985)

① 여러 가지 음식을 골고루 먹자.

② 적정 체중을 유지할 수 있도록 알맞게 먹자.
③ 콩, 수산물, 우유, 그리고 과일을 많이 먹자.
④ 음식을 되도록 싱겁게 먹자.
⑤ 식량의 낭비를 줄이고 즐거운 식생활을 하자.

2) 외국인의 식생활 지침

세계 여러 나라에서는 국민들의 영양과 건강을 보다 증진시키기 위한 이상적이고 바람직한 식생활에 대하여 큰 관심을 가지고 있다. 따라서 각 나라마다 국민들의 신체조건, 생활양식, 식습관, 유전적 요소 및 환경적 여건을 기초로 해서 식사 지침을 제정하여 제공하고 있다. 몇 나라의 식사 지침을 살펴보면 다음과 같다.

(1) 미국인을 위한 식생활 지침(미 농림부와 보건복지부(안), 2000)

미국에서는 1890년 식사지침을 제정하여 발표하였고, 그 후 5년마다 재개정을 실시하여 1985년에 제 2개정판에 이어 1990년 제3개정판이 발표되었다. 1990년에 보건복지부와 농무부가 공동으로 5년마다 식생활지침을 개정·발표할 것을 규정하여 1995년 다시 4차 개정하여 발표하였다. 이어 1997년 5차 개정을 위해 식생활지침 자문회의가 구성되어 2000년 2월에 '미국인을 위한 식생활 지침(안)'을 제시하고 공청회를 거쳐 여름에 두 관련 부처에서 공동으로 제 5차 개정 식생활 지침을 발표하게 된다. 개정될 안은 ABC 3가지의 기본 사명을 가지고 가족의 건강을 지키는 목표로 설정하고 있다.

A. 휘트니스를 위한 목표 : 지각 있는 식사와 규칙적인 운동과 함께 하는 생활양식의 선택
  ① 건강한 체중을 목표로 하라.
  ② 매일 신체적으로 활력을 유지하라.

B. 건강한 기준 확립
  ③ 피라미드를 식품선택의 잣대로 하라.
  ④ 여러 종류의 곡류, 특히 잡곡을 매일 섭취하라.
  ⑤ 과일과 채소를 매일 섭취하라.
  ⑥ 음식을 안전하게 보관하라.

A : Aim for fitness
B : Build a healthy base
C : Choose sensibly

C. 지각 있는 선택
  ⑦ 포화지방과 콜레스테롤이 낮은 식사와 지방이 적당한 식사를 선택하라.

⑧ 설탕 섭취를 줄일 수 있는 음료나 식품을 선택하라.
⑨ 식품 섭취시나 조리시 소금을 적게 쓰도록 하라.
⑩ 술을 절제하라.

(2) 일본인의 건강 만들기를 위한 식생활 지침(후생성, 1985)

① 다양한 식품으로 영양의 균형을 유지하자 : 하루에 30가지 종류의 식품을 섭취하자.
② 일상의 생활활동에 맞는 에너지를 섭취하자.
③ 지방은 양과 질을 생각해서 섭취하자 : 지방은 과량 섭취를 삼가고 동물성보다는 식물성 기름을 섭취하자.
④ 식염은 너무 많이 먹지 말자 : 소금은 10g 이하를 섭취하자.
⑤ 즐거운 식생활을 하자 : 식탁을 조화된 가정생활의 장소로 만들자.
⑥ 비쁜 일상생활에서도 가정에서 식사함을 소중하게 여기자.

(3) 영국인을 위한 식사 지침(보건사회 복지성, 1984)

① 지질 섭취를 총 섭취 열량의 30% 정도로 한다.
② 포화지방산의 섭취는 총 섭취 열량의 30% 정도로 한다.
③ 설탕의 연간 섭취량을 1인당 20kg으로 줄인다.
④ 현곡과 과채류의 소비를 권장함으로써 1일 1인당 섬유 섭취량을 20g에서 30g으로 늘린다.
⑤ 소금의 섭취량은 1일 1인당 3g 정도가 좋다.
⑥ 알코올의 섭취는 총 섭취 열량의 4%정도로 줄인다.

(4) 독일인을 위한 식사 지침(독일 영양학회)

① 다양한 식품을 골고루 먹자.
② 적당한 양을 먹자.
③ 조금씩 자주 먹자.
④ 단백질을 충분히 섭취하도록 하자.
⑤ 지방질을 너무 많이 섭취하지 말자.
⑥ 단 것을 자주 먹지 말자.
⑦ 신선한 야채와 과일 또한 전곡류를 매일 먹자.
⑧ 적합한 방법으로 조리해서 먹자.
⑨ 소금을 적게 사용하자.

⑩ 술을 적게 먹자.

(5) 호주인을 위한 식사 지침(호주 정부, 1982)

① 영아는 모유로 키우자.
② 여러 가지 음식을 먹음으로써 균형있는 식사를 하자.
③ 적정 체중을 유지하자.
④ 지방질의 과다한 섭취를 피하자.
⑤ 설탕의 과다한 섭취를 피하자.
⑥ 빵, 야채, 그리고 과일을 많이 먹자.
⑦ 알코올을 지나치지 않게 마시자.

(6) 중국(1989년 식생활지침설정, 1997년 개정)

- 균형 잡힌 식사, 이상적인 영양, 그리고 건강증진을 위한 식생활지침.
- 곡류를 주식으로 하여 다양한 식품을 섭취하자.
- 충분한 양의 채소, 과일 및 서류를 섭취하자.
- 유류, 두류 및 그 제품을 매일 섭취하자.
- 적절한 양의 어류, 가금류, 난류 및 기름기 적은 육류를 섭취하자 : 기름진 육류와 동물성지방 섭취를 줄이자.
- 건강한 체중 유지를 위해 섭취량과 운동량의 균형을 이루자.
- 염분이 적고 지방이 적은 식사를 하자.
- 술을 마시는 경우에는 그 양을 제한하자.
- 비위생적이고 상한 음식을 먹지 말자.

활동마당

1. 한국인의 식사지침을 수행하는 데 요구되는 지역사회 변화

지역사회사람들의 식사내용은 한국인의 식사지침에 비교해 볼 때 한가지 혹은 그 이상이 부족할 것이다. 이 연습에서 당신은 식사지침을 수행하는데 도움을 주는 자신이 속한 지역사회에 도움이 되는 변화를 알아낼 것이다. 다음의 각각의 질문에 대답해보시오.

1. 당신이 성장하였거나 혹은 현재 살고 있는 자신이 매우 가깝게 여기는 지역사회에 대해 설명해보시오. 즉 당신의 지역사회는 어떤 지역에 속하며 또 어떤 계층의 사람들이 주로 거주하는가? 그리고 당신의 지역사회의 식품환경은 어떠한가?
2. 지역사회 구성원 대부분에서 부족하다고 생각되는 식사지침내용 2가지를 언급해 보시오.
3. 앞서 언급한 두 개의 식사지침 각각에 대해서, 지역사회 구성원이 식사지침과 만나지 못하는 원인이 무엇이라고 생각하는지 중요한 원인을 주시오(이유의 목록을 수집하시오-인구학적 특성 문화, 지식, 태도, 행동, 신체적, 식품환경 등)
4. 두 개의 식사지침 각각에 대해서, 지역사회구성원들이 식사지침을 따르게 하는데 도움이 된다고 생각되는 실질적인 영양중재를 간략히 서술하시오, 그리고 당신은 왜 그러한 영양중재가 지역사회 구성원들의 행동을 성공적으로 바꿀 수 있다고 생각하는지를 설명해 보시오.

2. 각 개인을 상대로 다음의 기준에 의한 체중조절 자가진단을 해본다.

체중조절 자가진단

1. 체중 조절 대상자 선정

(1) 신체 질량지수(BMI)측정

체중 : kg

신장 : m

BMI= kg/(m)^2=

(2) 이상체중에 대한 백분율

$$\frac{\text{현재체중(kg)}}{\text{이상체중(kg)}} \times 100\% = \quad \%$$

↓

활동마당

이상체중(kg) 계산법(변형된 브로카법)
161cm 이상 : (신장 − 100) × 0.9
150~160cm : (신장 − 150)/2 + 50
150cm 미만 : (신장 − 100) × 1

(3) W/H비(waist/hip ratio)

$$\text{W/H비} = \frac{\text{허리둘레}}{\text{엉덩이 둘레}} =$$

2. 비만 및 저체중 판정(해당되는 난에 표시하시오.)

(1) BMI

20 이하 : 저체중

20.1~25.0 : 정상체중

25.1~30.0 : 과체중

30.1 이상 : 비만

(2) 이상체중에 대한 백분율

90% 이하 : 저체중

90~110% : 정상체중

110~120% : 과체중

120% 이상 : 비만

(3) W/H (허리둘레/엉덩이둘레)비율

여성 : 0.85 이상이면 상체 비만 예______ 아니오 ______

남성 : 0.95 이상이면 상체 비만 예______ 아니오 ______

체중조절에 대한 필요성을 느낍니까? 예______ 아니오 ______

3. 적용

본인이 비만이나 저체중에 속하는 경우 이것을 개선하기 위한 방안을 생각해 보시오.

12

영양정책과 영양행정

대한영양사회

제 12 장

영양정책과 영양행정

영양은 개인 차원에서는 한 사람의 건강과 안녕에 기본적인 요소이며, 사회와 국가 차원에서는 국민의 건강과 체력에 영향을 미침으로써 궁극적으로 국민과 국가의 복지와 번영에 기여하는 중요한 요소이다. 우리 나라의 헌법에 있는 "모든 국민은 건강하고 문화적인 최저한도의 생활을 할 수 있는 권리를 가지고 있다"는 법조문은 국민의 식생활, 영양상태, 건강상태와 밀접한 관계가 있는 조항이라고 볼 수 있다. 이 장에서는 영양정책의 중요성, 입안과정, 정책형성에 필요한 주변 환경과 여건의 성숙을 위해 영양 전문인들이 할 수 있는 역할, 우리 나라의 영양행정기구와 관련법규에 대하여 학습한다.

1. 영양정책

1) 영양정책의 정의 및 중요성

영양정책은 흔히 식량정책이나 농업정책과 비슷한 것으로 간주되곤 한다. 미국에서도 1970년대 중반까지 영양정책을 식품정책이나 농업정책 수준에서 생각하다가 1970년대 후반부터 질병예방이나 건강증진과 관련된 보건 정책에서 식사지침이 필수적인 요소로 부각되면서 별도의 영양정책의 필요하다는 것을 인식하게 되었다. 영양정책이란 뚜렷한 식품·보건·사회 프로그램으로 나타나게 하는 다양한 부문에서 벌리는 총체적인 정부 활동을 의미한다. 영양정책은 농업정책, 보건의료정책, 사회경제정책, 교육정책, 환경정책 사이에서 이들과 연결되고 이들을 다 묶는 집합체로 존재하게 된다.

영양정책은 국가 인적 자원의 질을 향상시켜 경제발전의 원동력이 되게 한다는 점에서 그 의의가 크다. 영양정책의 존재여부는 국가의 질병패턴에 영향을 미칠 정도로 국민의 보건에 중요한 역할을 한다. 노르웨이와 그리스를 비교해 볼 때 일찍부터 영양정책를 수립하여 만성퇴행성질환 예방을 도모했던 노르웨이에서는 심장병 유병율과 사망률이 감소한 반면, 영양정책이 없었던 그리스에서는 만성질환의 유병율과 사망률에 아무런 변화가 없던 것으로 보면 영양정책이 국민의 건강상태에 미친 영향은 실로 지대하다고 평가할 수 있다.

2) 영양정책 입안과정

정책이란 문제를 제기하고자 디자인된 일련의 활동 순서와 지침이며, 정책 입안은 문제 제기를 위하여 공공 당국이 어떤 행동을 취할까를 결정하는 과정을 의미한다.

정책입안 과정은 그림 12-1에 나타난 바와같이 첫째, 문제를 규명하고 의제를 설정하는 일에서 출발한다. 둘째, 문제해결을 위한 여러 가지 대안들을 작성한다. 세째, 정책을 취하는 단계로써 주어진 정책의 목표를 달성시키기(즉 문제를 해결하기) 위하여 도구들을 선정하는 단계이다. 네째, 정책을 실행에 옮긴다. 다섯째, 정책을 평가한다. 그 후 정책의 지지도가 떨어지거나, 경비가 너무 많이 들거나, 목표달성이 어려울 것 같으면 정책을 종결한다. 평가 후 정책의 결과를 새로운 문제 규명하고 의제를 설정하는 일에 반영한다. 정책 입안과정의 각 단계에 대한 설명은 다음과 같다.

그림 12-1 정책 입안과정

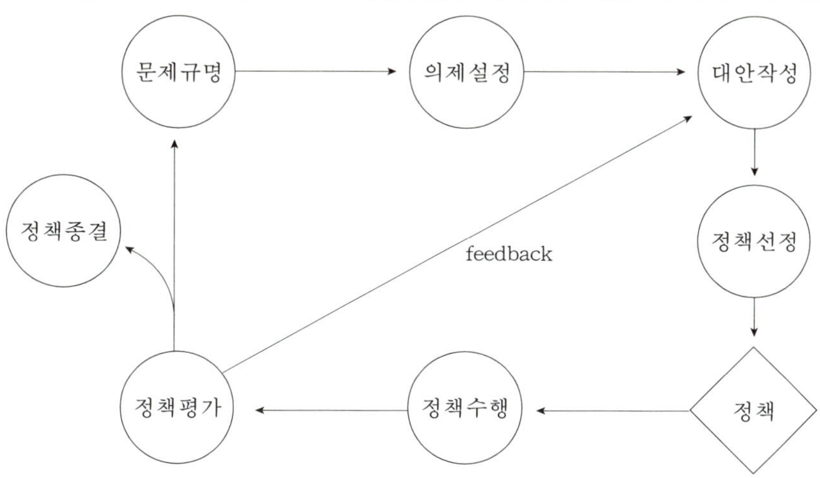

(1) 문제규명(Problem recognition)

정책입안과정의 첫 단계는 공공문제가 있다는 것을 다른 사람들에게 확신시키는 일이다. 예를 들면 국민의 영양문제를 다룰 정부조직이 없다는 점이 문제라는 것을 대중에게 공공 문제로 인식시키는 일이다. 사람들의 주의를 끌어서 어떤 행동을 취하게 하느냐 못하느냐는 어떻게 문제를 제기하느냐 하는 방법에 많이 달려있다.

(2) 의제설정(Agenda setting)

문제가 규명되고 많은 사람들의 관심을 받으면 정책 의제에 상정하게 되는데, 여기에서 의제란 글로 쓰여진 문서나 책이라기보다는 사회 내에서 논란이 되는 이슈들의 모음이라고 볼 수 있다. 논란이 되는 이슈들이 어떤 과정을 통해 정책 의제로 상정될 수 있을 까? 정책 의제로 상정되려면 정부나 정치가의 관심을 살 수 있을 만큼 폭 넓은 대중의 관심과 지지를 받는 이슈이어야 한다. 텔레비견이나 라디오, 신문 등 대중매체를 활용하면 대중의 관심과 지지를 가장 쉽게 받을 수 있다. 다음으로 정부의 입법기관에 의해 기관의제(Institutional agenda)로 상정되어야 하는데 이 과정에는 이익단체, 국회소위원회, 행정기관 등 정책과정에 강력하게 영향을 미치는 3가지 참여단체의 힘이 크게 작용한다.

(3) 대안작성(Formulation of alternatives)

정책입안과정에서 가장 창의성을 요하는 단계가 문제 해결을 위한 해결책을 모색하는 일이다. 공공문제에 대한 해결책을 모색하는 일은 흔히 이익단체, 전문가들의 연합회 등에서 대안을 작성하여 정책입안자에게 보내어 국회, 중앙 및 지방 정부행정기관 등에서 토론 과정을 거치게 한다.

(4) 정책선정(Policy adoption)

정책 선정은 문제를 다룰 도구나 기구를 선정하는 과정이다. 정책도구에는 법규, 기금, 대여금, 세금 감면, 인증제, 벌금, 가격 통제, 쿼터, 공공 프로모션, 공공투자, 정부보조 프로그램 등이 있다.

(5) 정책수행(Policy implementation)

문제에 대한 해결책과 해결책에서 사용될 도구가 결정되면 그 정책을 수행할 기관의 요구사항, 자원 종류, 필요에 맞추어 정책을 약간 수정하는 과정을 거쳐서 실제로 수행하게 된다.

(6) 정책 평가(Policy evaluation)

정책 평가는 공공정책이 의제설정 단계로 옮겨가자 마자 시작되어야 하는 과정이다. 정책을 평가하는 목적은 정책 수행의 목표를 제대로 달성하고 있는지, 접근하고자 하는 청중에게 접근하는지, 프로그램이 무엇을 성취하고 있는지, 정책으로 누가 혜택을 입는지 파악하고자 하는데 있다. 사실 정책은 시작에서부터 시민, 입법인, 행정기관, 대중매체, 학계, 연구기관, 감사기관, 이익단체 들의 공식 또는 비공식적인 평가를 받게 된다.

(7) 정책 종결(Policy termination)

정책이나 프로그램은 아래와 같은 여러 가지 이유로 인해 종결된다. 공공요구가 충족되거나 문제의 성격이 변하거나, 정책이 정치적인 기반을 상실하거나, 사설 기관에서 요구를 채우게되는 경우 정책이 종결된다. 한 번 수립되었다가 사라지는 정책도 있지만, 어떤 정책은 계속 확대되고 새로운 문제 제기로 이어지면서 정책입안과정의 싸이클이 다시 시작되어 계속 존속하는 정책도 있다.

3) 정책 입안 과정에 참여하는 지역사회 영양사

(1) 정책입안과정 참여 방법

우리 주위에는 식품 안전 문제, 영양사의 지위나 제도 문제, 학교급식 문제, 저소득층 식품영양지원 문제 등 지역사회 영양사들이 전문영역에서 관심을 둘 수 있는 문제들이 많이 있다. 문제에 대한 참여도에 따라서 그림 12-2와 같이 담장에 앉아서 구경만 하는 사람에서부터 실권 행사자의 단계에 이르기까지 민중(grass root) 피라미드에서 어디에 속하는지 결정된다. 지역사회 영양사는 지역사회 영양문제의 참여도에 관한 현재 자기의 위치에서 한 단계 또는 두 단계 위에 속할 수 있도록 참여 수준을 높여야 한다. 다음에는 지역사회 영양사가 정책 입안 과정에 참여할 수 있는 구체적인 방법에 관해서 설명하고 있다.

① 자신의 견해를 알린다.

지역사회 영양가가 영양 정책과정에 영향을 가하는 방법으로 어떤 식품영양

그림 12-2 민중 피라미드

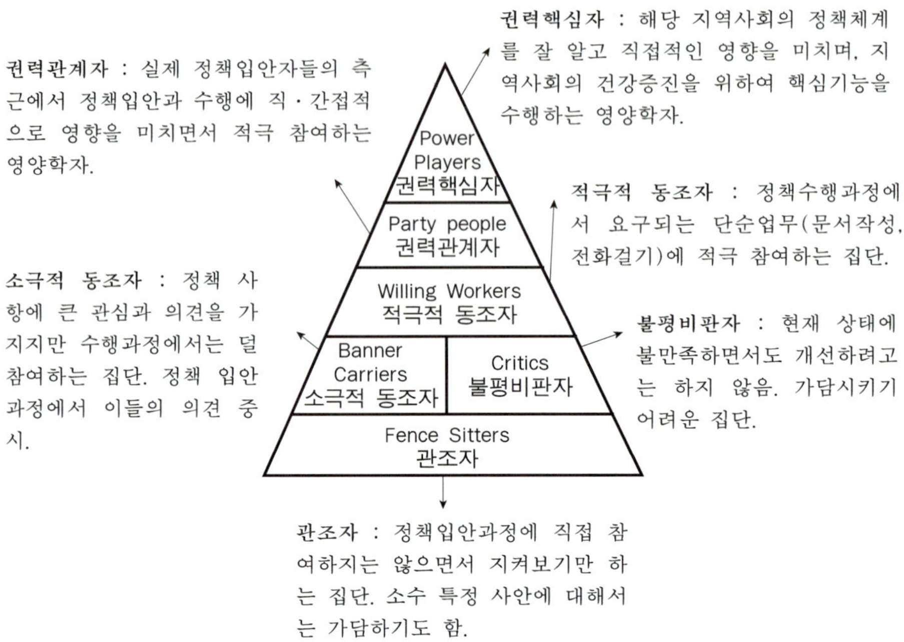

문제에 관해 자신의 견해를 밝히는 일이 있다. 예를 들면 신문에 잘못된 영양정보가 보도되는 경우 그 신문사 편집국장 앞으로 편지를 쓰거나 팩스를 보낼 수 있다.

② 직접 관여한다.

정책수립 과정에 직접 참여할 수 있다. 지방이나 중앙정부에 들어가는 일, 대한영양사회 본부나 지회에서 활동하는 일은 정책 수립과정에 보다 직접 참여할 수 있는 일이 된다. 때로는 청원을 위한 서명운동을 조직하거나 정치가를 위한 기금마련 사업을 도울 수 있다.

③ 이익단체에 가입한다.

이익단체는 공공정책에 영향을 주기 위해 압력을 가할 수 있는 단체로써 공동의 정치적 관심사를 관철시키기 위해 조직적인 방법으로 같이 일하는 특성이 있다. 지역사회 영양사는 소비자 단체, 여성단체, 식생활본부범국민운동본부 등 단체에 가입하여 활동할 수 있다

④ 정치과정에 영향력을 행사한다.

지역사회영양사도 다른 이익단체들과 같이 정치과정에 영향력을 가하기 위해 아래와 같이 로비를 하거나 다른 조직과 연대를 형성하는 방법을 활용할 수 있다.

· 로비

정계에 영향력을 가하고자 할 때 흔히 사용되는 방법이 로비이다. 로비는 가장 오래 전부터 사용되어 왔고 가장 비평을 많이 받는 방법이며 부정적인 느낌을 준다. 중요하다고 믿는 사항을 정치가나 의원들에게 설득하는 일이 로비라고 할 수 있으며 로비스트는 정치기술이나 입법 시스템에 관해 지식이 있어야 한다.

· 연대구축

한 개의 조직이나 단체는 정치계에 영향을 미치기 어려울 수 있으나 여러 개의 조직들이 연대하여 한 목소리를 낸다면 정치계에 영향을 미치기 쉬워진다.

⑤ 정치적 활동을 취한다.

지역사회 영양사는 지방자치단체나 중앙정부 차원에서 직접 로비스트 역할을 담당할 수 있으며 아래와 같은 정치적 활동을 취할 수 있다.

· 정부관료, 공무원, 의원에게 편지를 쓰거나, 전화를 건다.

· 대중매체를 활용한다. 중앙이나 지방의 신문, 잡지, 라디오, TV 방송 기자들과 잘 사귀어 두는 것이 좋고 어떤 이슈에 대한 의견이라도 항상 제시할 수 있도록 준비해둔다. 경우에 따라서는 보도자료를 제공할 수도 있으므로 중요한 포인트만을 담은 간결한 보도자료 작성법을 숙지하여 활용하도록 한다.

(2) 지방자치단체나 지역사회에서의 역할

영양 서비스 수행의 근간이 되는 영양관련 법규나 시행규칙의 입안을 위하여 지방자치단체나 지역사회 차원에서 영양전문가가 해야 하는 역할은 지역주민의 호응을 이끌어내기 위한 조직을 구성하거나 영양에 관한 주민의 요구를 대변하여 문서화하는 일이다. 이를 위하여 지방자치단체에서 영양업무집행과 관련된 직책들을 이해하고 그들의 기능 및 역학관계와 계획과정을 배운다. 어떤 과정을 통하여 정책의 초안이 변화되며 정책결정자에게 자문을 하거나 도움을 주는 사람은 누구인가도 파악한다. 다음으로 자신의 관심사에 관하여 그들과 대화를 시도하여 자신이 어떻게 사업을 통하여 영양문제를 해결할 수 있을지에 관하여 설명할 수 있어야 한다. 또한 자신의 관심사에 동조하고 정책결정권자에게 영향력을 미칠 수 있는 관심자들의 모임을 주선하여 그들에게 정보를 제공하고 도움을 청하며 재정적인 도움도 구한다. 이때 감정적인 동조를 구하기보다는 자신의 주장을 뒷받침할 수 있는 연구 데이터나 실태조사 자료를 제시한다. 관심자들로 하여금 계획과 결정과정에 관여하게 하고 필요하다면 공청회 등을 통하여 대치되는 관심사를 여론화하여 자신의 관심과 주장이 적절히 호응을 받도록 준비한다.

(3) 국가차원에서의 역할

국가차원에서의 영양관련 법안의 제정을 위해서는 영양전문가가 입법과정 전체에 대해 익숙하게 인지하고 있어야 할 필요가 있다. 국회나 정부기관이 제안사항을 준비할 때는 법안의 내용과 관련된 전문가의 자문을 구하게 된다. 이 과정에 영양전문가가 크게 영향력을 행사할 수 있지만 자문을 기다리기보다는 개인적으로 또는 영양관련 단체를 통하여서라도 관련 자료를 준비하여 설명하는 적극성이 필요하다.

또 한 가지 방법으로는 공청회나 토론회 등의 기회를 이용하거나 평소에 영양문제에 개인적으로 관심을 표명하는 국회의원 후보가 당선되도록 도와서 장차 영양과 관련된 법안이 제정되도록 하는 것도 가능하다.

로비 역시 또 다른 방안이 될 수 있다. 법안 제정에 중심역할을 하는 당사자에게 이익단체를 통하여 전화하거나 방문하거나 편지를 쓰는 등의 일을 끊임없이 시도하여 많은 국민이 이 법안의 제정에 관심을 가지고 있는 것을 보여주는 것이 필요하다.

4) 영양정책 입안과정에 영향을 미치는 요인

영양관련 정책의 입안과 법제화에는 다음에 제시한 몇 가지 요인이 영향을 미친다.

첫째, 실제상황에서는 몇몇의 영향력있는 인사들이 정책제안과 결정에 영향을 미치게 된다. 예를 들면 보건 및 영양관련 법안은 국회 보건사회분과위원회 소속의 몇몇 안 되는 국회위원들이 전문위원들의 도움을 받아 제안하게 되며 특히 여성정책에 관심이 많은 여성위원들이나 여성특위장관의 영향력이 크게 작용하게 된다.

둘째, 예산과 경제에 관한 다양한 가정과 예측이 영양관련 법안제정에 중요하다. 새로운 정책을 시행할 때에는 인력의 급여비용과 사업 예산 및 부대비용이 국가 예산이나 지방자치단체 예산에 큰 부담을 줄 수 있다. 따라서 영양사, 영양지도원은 단위보건소에서 실시할 사업의 비용, 편익의 면에서의 효율성을 제시하는 것 뿐 아니라 예산면에서의 절감효과를 제시할 수 있으면 더 효과적으로 정책에 반영할 수 있다.

셋째, 여론과 대중매체의 영향력 역시 중요하다. 국회가 대다수의 국민이나 지역 주민이 영양서비스를 강력히 원한다고 인지하게 되면 정책의 실현이 쉬울 수 있다. 따라서 영양사, 영양지도원은 공신력있는 뉴스레터나 전문잡지 등을 통해 새로운 영양관련 정보를 지역주민들에게 제공하고 문제의식을 심어주는 노력이 필요하다.

넷째, 로비와 이익단체의 역할도 중요하다.

다섯째, 국가나 지방정부에서 수행되고 있는 기존의 프로그램에 관한 정보는 정책 입안자로 하여금 새로운 정책이 입안되고 집행될 때 어떤 효과를 기대할 수 있는가에 대한 예측하게 한다. 그러므로 단순한 보고서보다는 기존 프로그램을 수행하고 있는 당사자의 제언과 증언도 새로운 프로그램에 대한 확신을 주는 데 도움이 된다.

여섯째, 통계청이나 식품의약품안전청 등 공신력있는 국가기관의 보고서 역시 정책형성과정에 결정적인 역할을 할 수 있다.

5) 영양정책의 구성 요소

(1) 영양정책의 개괄

영양정책은 앞서 정의에서 언급한 바와 같이 농업, 보건의료, 사회경제, 교육, 환경 등 여러 부문의 정책과 연결되어야 한다. 그림 12-3은 영양정책 각각의 구성요소의 역할을 도식화하여 보여주고 있다. “투입”은 이용 가능한 식품의 양과 질에 영향을 주는 정책(주로 농업정책)의 수립이다. “과정”은 식품 공급 방법에 영향을 주는 상황들을 의미하는데 가장 중요한 것이 식품 소비이며, 이것은 개인의 건강 상태와 바람직한 식품 환경 조성을 포함하는 “결과”에 영향을 준다. 보건 의료 정책 및 환경 정책은 많은 프로그램과 서비스를 통해 실제 식품 소비에 영향을 주며, 보건정책 중 특히 건강 증진과 질병 예방을 다루는 부분은 전략적 차원에서 영양을 포함한다. 그 밖에 과학 정책은 새로운 제품 개발과 연구에서 중요한 역할을 함으로써 농업, 보건, 환경 정책에 영향을 준다. 사회 경제 정책은 식품 보조 프로그램에서 적절한 기준을 마련하는데 매우 중요한 역할을 한다. 교육 정책은 많은 영양 교육 프로그램

그림 12-3 영양정책의 개관

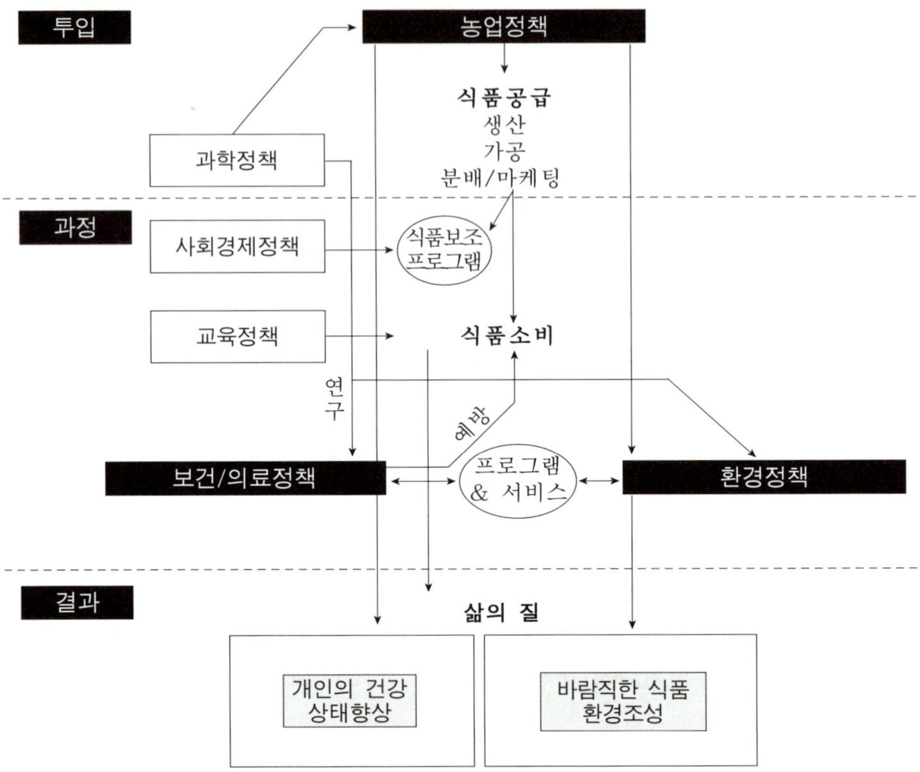

(자료 : From Sims, LS. Public policy in nutrition:a framework for action, Nutrition Today:28(5):14, 1993.)

에 영향을 줌으로써 소비자의 식품 선택 능력에 영향을 미친다.

(2) 영양정책의 구성요소

영양정책을 구성하는 요소는 다음과 같이 값싸고 충분한 식량 공급, 공급식량의 품질·안전성·영양가 보장, 식량 가용률과 구매가능성 보장, 연구기반 정보와 교육 프로그램 제공, 식품과 영양분야의 연구지원, 의료관리시스템에 영양 서비스 통합 등 6가지로 분류될 수 있다.

① 값싸고 충분한 식량 공급

식량을 충분히 생산하고 소비자들에게 값싸게 공급해야 함은 영양정책의 기본이다. 생산 농산물의 양을 결정하는 농업정책은 소비자들이 이용할 수 있는 농산물의 종류나 양, 구매가격에 영향을 미칠 수 있다.

② 공급 식량의 품질·안전성·영양가 보장

식품의 안전, 식품 첨가물, 위생 감시, 식품의 영양소 강화, 만성질환 예방을 위한 저염·저지방·저칼로리 식품, 대체 식품, 영양과 건강을 증진시킬 수 있는 식품 공급을 보장하는 것도 영양정책에 포함되어야 한다.

③ 식량 가용률과 구입가능성 보장

국민의 식품 안보문제에 관한 내용으로 수입에 관계없이 국민 누구에게나 충분한 식품을 보장하는 정책이다. 저소득층을 위한 푸드뱅크 운영, 결식 아동의 급식비 지원, 복지 시설의 급식비 지원 등의 프로그램이 이에 속한다.

④ 연구기반 정보와 교육 프로그램 제공

영양권장량 설정에 관련된 연구 또는 영양감시 모니터링에서 나타난 결과의 내용을 국민에게 주지시키고, 이 결과를 바탕으로 하여 영양개선 영양교육 프로그램을 만들고 그에 따라 국민을 교육시키는 일이 영양정책의 한 구성요소로 포함되어야 한다. 식사 지침을 만들거나 식사 지침에 따른 교육 프로그램 개발과 수행이 이에 속한다.

⑤ 식품과 영양분야의 연구지원

정책을 수립하기 위해 필요한 연구는 생애 주기, 식품 소비 유형과 식품의 영양소 구성을 통한 영양소 요구량에 대한 자료를 포함한다. 이러한 정보는 식품 보조 프로그램, 식품 표시와 식이 지침과 같은 정책 결정에 과학적인 기초를 제공한다. 역학 연구, 임상 연구와 동물 실험 결과는 식이와 만성 질환 사이의 본질적인 관계를 보여줄 수 있어 영양학적 연구에 대한 투자를 증가시키는데 있어서의 타당성을 뒷받침할 수 있다. 영양권장량 설정에 관련된 연구, 식품영양 관련 분야의 연구 활동지원 프로그램이 이에 속한다.

⑥ 의료관리시스템에 영양 서비스 통합

보건 재정, 보건 서비스 제공자의 자격과 영양 전문가들의 업무의 기준과 같은 문제가 과거 몇 년동안에 걸쳐 정책 수립자의 관심을 끌어 왔다. 그러나 최근 정책 수립자들에 있어서는 모든 국민이 적절한 보건 서비스를 받을 수 있도록 하는 것을 가장 중요하게 생각한다. 의료 중재나 재활에 영양 서비스를 통합시키는 일이 영양정책에 포함되어야 한다.

6) 영양정책에 응용되는 영양프로그램

세계적으로 여러 나라에서 다양한 영양정책과 프로그램이 개발되어 수행되고 있으나 그 성격을 크게 나누어 보면 다음과 같이 분류될 수 있고, 때로는 특정한 정책 한 가지를 고수하기보다는 아래에 열거된 여러 가지 프로그램을 조합하여 수행되고 있다. 여러 나라에서 수행된 영양정책의 장·단점을 연구하여 현장에서 적용하도록 노력하여야 할 것이다.

(1) 보충급식(Supplementary feeding)

지역사회의 고위험군을 표적집단으로 하여 그들의 식생활에서 부족되기 쉬운 영양소를 충족시키는 한도 내에서 급식을 하거나 식품으로 보조하는 형태이다. 미국에서 성공적인 평가를 받고 있는 WIC 프로그램이나 제 3세계에서 이유기 어린이나 영양실조인 어린이를 대상으로 보충식을 제공하는 경우가 이에 속한다.

(2) 식량가격보조(Food subsidy)

자유시장 경쟁체제 하에서 식량의 조달에 어려움이 있는 저소득층을 보호하기 위하여 주로 주식이 되는 식품의 가격보조정책을 통하여 구매력을 높이고 소득의 재분배를 꾀하는 정책이다.

예를 들면 우리 나라에서 시행되고 있는 이중곡가제가 그것인데 가을철 수확기에 쌀값이 폭락하여 농민들이 타격을 입는 것을 방지하기 위하여 시장가격보다 높은 추곡수매가를 정하여 국가에서 수매하여 줌으로써 농민의 소득을 보장해주고 일정기간 보관 후에 쌀값이 오를 때에 정부미란 이름으로 싼 값에 되팔거나 공급량을 늘려서 쌀값의 안정을 꾀하여 도시 저소득층 근로자의 실질 소득을 보장해주는 정책이 그 대표적인 것이다. 이 경우에 정부는 보관비, 상품 질의 하락으로 인한 손실, 구입과 판매가격 자체의 차이에서 오는 손실 등 막대한 예산상의 부족을 감수하게 되므로 추곡수매가격과 그 양의 결정에 있어서 논란의 대상이 되기도 한다.

(3) 식품의 영양소 강화(Food fortification)

국민영양에 치명적인 영향을 미치는 결핍 영양소를 상용식품들에 강화시켜 특정 영양소의 결핍을 방지하는 정책으로 소금에 요오드 첨가, 곡류제품에 비타민 B_1, B_2, 나이아신, 엽산 등의 첨가, 우유 및 유제품에 비타민 A, D의 강화 등이 그 대표적인 예이다. 미국에서는 식품에 관련 영양소를 강화한 후에 펠라그라나 갑상선종 등의 위협에서 국민의 건강을 보호할 수 있었던 실례가 있다.

(4) 조제식품(Formulated food)

영양결핍이 심하고 제반여건이 시급하게 개선되기 어려운 때에 이유기 어린이에게 필요한 영양소가 함유된 식품을 먹기 쉽게 조제하여 사용법 지도와 함께 배급하는 형태이며 인도네시아나 필리핀 등지에서 저소득층 계층에도 이용되었다.

(5) 소득증대정책(Income generating program)

저소득층의 영양문제는 소득과 직결되므로 식량을 보조하거나 일시적인 급식프로그램보다 구매력을 키워줄 수 있는 근본적인 정책을 계획하는 것이 우선되어야 한다. 시골에서 개발정책의 일환으로 도로를 확충하고 공장을 유치한다든가 가내 부업을 유도한다든가 고소득 농산물의 재배를 지도한다든가 도시 저소득층 주민에게 취로사업(Food for work)의 기회를 부여하는 등의 경우가 이에 속할 수 있다.

(6) 식량원조(Food aids)

주로 UN 산하 식량관련 기관 또는 국제적인 자선단체나 정부 대 정부의 협약에 의하여 식량난에 처한 위급한 상황의 국가에 식량을 원조하는 정책이다.

세계식량프로그램(WFP), 국제아동기금(UNICEF)등의 UN 산하국제기관, 선명회, 이웃사랑회 등의 종교단체에서 아프리카나 동남아시아에 원조하고 있고, 미국에서는 농림성 산하 AID(Aids for International Development)에서 자국의 잉여농산물을 수혜국의 사정에 따라 무상 또는 차등화된 가격으로 원조하고 있다.

(7) 영양재활(Nutrition rehabilitation)

영양실조 상황이 시급한 경우에 병원 등지에서 의료진이 영양실조 환자를 관리하면서 동시에 상황의 호전에 따라 급식 프로그램을 실시하여 정상적인 영양상태로 회복시키는 프로그램이다.

(8) 신소재개발 및 합성(Novel food development)

세계적인 식량난에 장기적으로 대처하기 위하여 바다의 플랑크톤과 같은 단백질원을 이용하는 방법을 연구하거나 새로운 가공식품을 합성, 개발하는 경우 등으로 채식을 해야할 사람들을 위하여 식물성 단백질을 이용하여 고기의 맛과 질감을 내는 식품을 개발하는 등의 예를 들 수 있다.

(9) 영양연구(Nutrition research)지원

영양학의 발전과 그의 지역사회에의 응용을 위한 연구, 개발사업에 지원하는 정책으로 모든 영양정책의 근간이 될 수 있고 연구결과는 영양교육 프로그램을 위한 기초자료로 이용될 수 있다.

2. 우리 나라의 영양정책

1) 우리 나라 영양정책의 필요성

최근 우리 나라 사망원인의 구조를 보면 뇌혈관질환 및 심근경색, 고혈압 등 순환기계 질환, 암, 당뇨병 등이 수위를 차지하고 있는데 이러한 질병의 발병은 식생활과 깊이 관련되어 있다. 만성퇴행성 질환이 증가하면서 이로 인한 의료비 증가가 사회적 부담으로 인식되고 있다. 기존의 의료전달체계만으로는 의료비 증가 문제를 해결하는데는 한계가 있으며 의료비 절감을 위해서는 사후 치료보다 질병예방과 건강증진이나 영양서비스에 대한 투자를 하는 것이 오히려 의료비용을 절감할 수 있다. 영양이 건강에 미치는 영향이 중요하다는 사실이 분명해진 현 시점에서 국가 보건 정책에서 영양 분야를 다루어야 하는 시기가 이미 왔다고 본다. 정부가 제도적으로 국민영양문제를 다루어서 영양정책을 갖추고 국민의 식생활을 올바른 방향으로 유도해야 한다.

2) 우리 나라 영양정책의 현황

우리 나라는 식품과 영양이 국민보건에 미치는 중요성에 대한 인식 수준이 낮아서 이렇다 할 국가영양정책이 제시되지 못하고 있다. 정부내에 국민의 영양업무를 주도적으로 집행하는 부서가 없고 지역의 보건 업무 중에 영양개선과 식품위생업무가 규정되어 있으나 영양사가 고용되어 있는 몇몇 보건소에서만 일부 업무가 수행되고 있는 실정이다. 그동안 우리 나라에서 실시되었던 국민영양 관련사업과 제도는 다음과 같다.

(1) 국민건강 · 영양조사 실시

국민영양조사는 식품위생법 제70조 규정과 국민영양개선령 및 동 시행규칙에 의거해 1969년 이래로 매년 실시되어 왔으며 1998년도부터는 국민건강 · 영양조사로 명명하여 실시되고 있다. 국민건강증진법 제16조 1항에는 "보건복지부장관은 국민의 건강상태, 식품섭취, 식생활조사 등 국민의 영양에 관한 조사를 정기적으로 실시한다."로 그 목적을 나타내고 있다. 현재 정부 차원에서 이루어지는 규모가 큰 조사사업중에서 영양개선과 관계되어 시행되는 조사사업은 국민건강 · 영양조사뿐이므로 영양관련 연구나 사업은 이 결과를 참고하는 경우가 대부분이다.

국민건강 · 영양조사는 한국보건산업진흥원, 한국보건사회연구원과 대한영양사회의 협조를 받아 보건복지부가 총괄하고, 각 시 · 도와 보건소 및 기타 지방자치단체의 협조를 받아 수행하고 있다. 그 동안 매년 실시해 오던 국민영양조사를 국민건강증진법에 의거해 매 3년마다 국민건강 · 영양조사로 실시하게 됨에 따라 가구수, 조사항목, 조사방법 등이 개선되었다. 그 외 국민건강 · 영양조사에 대한 자세한 내용은 제3장을 참조하기 바란다.

(2) 영양권장량 제정

한국인영양권장량은 1962년에 최초로 책정된 이래 1989년에 개정된 제5차 개정부터 주관 부처가 한국영양학회로부터 이관되어 2000년 7차 개정까지 제정되어 있다.

영양권장량은 식량수급정책, 국민건강 증진방안, 영양 결핍증 및 과잉증 예방, 각종 영양관련질환의 예방대책마련 등 대단위 식품영양정책을 수립할 때 기준이 되며, 각종 영양교육 프로그램을 개발할 때에도 이용된다. 이 외에도 식품의 영양소 함량을 표시할 때에 영양권장량이 기준이 되고 있다.

(3) 국민건강증진법 제정

국민건강증진법은 1994년 국회에서 통과되어 1995년 1월 5일에 공포되었다. 이 법은 1995년 9월부터 효력을 발생했으며, 그 내용 중에는 국가와 지방자치단체가 국민영양조사와 영양개선 등 영양정책을 본격적으로 시행해야 한다는 명시사항들이 있다. 아마도 이것은 국가의 영양정책 시행에 있어서 큰 분기점이 될 것으로 생각된다. 특히 이 법령에 근거하여 조성된 국민건강증진기금으로 보건교육, 국민영양개선사업 등의 국민건강증진사업을 지원하고 있다.

국민건강증진법 시행규칙 제17조 제2항에 의하면 시·도에서는 영양지도원을 임명하여 영양지도의 기획·분석·평가 및 상담, 보건소의 영양업무 지도, 집단급식시설에 대한 급식업무 지도, 영양조사 및 효과측정, 홍보 및 영양교육, 기타 식생활 개선에 관한 사항 등을 담당하도록 되어 있다.

(4) 국민식생활지침 제정

정부가 국민들의 건강과 식생활에 대한 지침을 제시한 것으로는 1984년에 발표된 '국민건강 생활지침'과 1990년에 발표된 '국민식생활지침'이 있다. 국민건강생활지침의 내용 중 식생활과 관련된 조항은 '식사 전에는 손을 씻고 식사 후에는 이를 닦읍시다', '음식은 제때 싱겁게 골고루 먹읍시다'였다. 1993년 개정된 '국민건강생활지침'에서는 음식에 관한 조항이 약간 바뀌어서 '음식은 싱겁고 가볍게 골고루 먹읍시다'가 되었다. 1990년에 제정된 '국민건강생활지침'에서는 구체적인 수치적 내용이 포함되어있다는 특징이 있다. 즉 '지방의 섭취는 전 섭취열량의 20% 정도로 합시다' 라는 내용이 포함되어 있다.

(5) 영양사 제도

우리 나라의 영양사제도는 1961년 전문적인 영양사 양성의 필요성을 느낀 대학교수들을 중심으로 한국영양사양성연합회가 발족되어 영양사면허제도를 건의함에 따라 1962년 1월 20일 식품위생법 제정과 더불어 영양사면허제도가 명시됨으로써 시작되었다. 1963년 보건사회부령 제112호로 영양사에 관한 규칙이 공포되면서 영양사의 자격조건이 규정되었으며, 이에 의거하여 1964년부터 영양사 면허증이 발급되었다.

1967년 식품위생법상 50인 이상의 집단급식에 영양사 배치가 의무화되면서 영양사 채용 수요가 늘어나게 되었고, 1981년에 학교급식법의 제정으로 급식학교에 영양사가 임용되기 시작하였다. 1982년 의료법 시행규칙에 신설된 '의료인 등의 정원' 조항에 영양사의 배치를 명시함으로써 병원에서의 영양사의 배치 및 역할이 강화되었으며, 1991년 영유아보육법이 제정되면서 영유아 보육시설에 영양사 배치가 명시되었다. 1995년에는 국민건강증진법이 제정됨으로써 국가 및 지방자치단체에서 영양개선사업의 실시가 의무화되면서 지역보건소에서 영양사들의 역할이 중요하게 대두되고 있다.

(6) 응용영양사업의 실시

우리 나라는 1967년부터 UNICEF, FAO, WHO가 공동으로 한국의 응용영양사업 추진에 관한 협약을 맺어 기술적인 지원을 받게 되었다. 그리하여 1968년 농촌진흥청에 처음으로 응용영양 담당관실이 설립되고 쌀 중심의 식생활 형태를 개선하고 영양식품의 생산을 증가시키면서 국민의 체위향상과 식량자급의 길을 모색하기 위해 본 사업을 착수하게 되었다.

응용영양사업의 일환으로 전문연구인력 및 훈련기관의 필요성에서 1978년에 농촌영양개선연수원이 설립되었고, 1994년 정부조직법 개편과정에서 농촌생활연구소로 개칭되었다.

(7) 영양표시제도의 시행

식품표시제도는 식품의 생산자나 판매자에 대하여 정부가 식품에 관한 각종 정보, 즉 품질, 성분, 제조일자 및 유효기간, 영양가 등에 관한 정보를 제품의 표장이나 용기에 표기하도록 지시함으로써 소비자가 합리적으로 식품을 구입할 수 있도록 하는 제도이다. 영양표시란 식품표시항목 중의 하나인 영양에 대한 정확한 정보를 제공하는 제도이다.

우리 나라에서의 영양표시제도는 1994년 식품공전에서 그 일부에 대한 규정을 정한 바에 따라 1995년 1월부터 시행되다가 1995년 12월 말에 공표되어 1996년 1월부터 시행된 식품표시에서는 그 규정이 더욱 세분되었다. 그 동안 식품위생법 시행규칙과 식품공전 등에서 각기 따로 규정하고 있던 표시 관련 조항은 1995년 12월 28일자로 고시에 의해 '식품 등의 표시기준'으로 일원화되었다.

우리 나라의 경우 특수영양식품이나 건강보조식품은 반드시 영양정보표시를 하여야 하며, 그 외의 식품에 대해서는 제조업자가 자사제품에 표시하고자 할 경우 규정을 따르도록 하고 있다. 그밖에 영양강조표시를 한 제품이면 모두 영양성분을 표시해야 한다.

(8) 식품보조정책

사회의 소외계층에 대한 포괄적인 건강증진전략의 일환으로 영양개선을 위한 식품보조정책이 시행되고 있다. 식품보조정책은 본래 노인, 영유아 등 고위험군을 대상으로 하여 결핍되기 쉬운 영양소를 충족시키는 한도 내에서 급식을 실시하거나 식품으로 보조하는 것을 말한다.

우리 나라에서도 사회복지정책의 일환으로 생활보호대상자를 선정하여 생계 보호금품을 지급하기 위하여 보조대상 선정이나 지급방법, 지급액수 등에 대한 기준을 마련하고 있다. 한편 1998년 10월부터 전국 56개 지역에 광역 및 기초 식품은행(Food Bank)이 조직되어 남은 음식을 기탁받아 음식이 필요한 사람들에게 제공해주는 사회복지체제로 이용되고 있다. 중앙에서는 보건복지부가 주도적인 역학을 하고 있으며, 수혜자는 여성복지단체연합회 소속의 여성 및 어린이가 주요 대상이다.

3) 우리 나라 영양정책의 문제점

(1) 중앙 및 지방자치단체의 영양정책담당 주무부서의 미비

우리 나라의 영양업무는 중앙 정부의 경우 보건 복지부 보건국 보건정책과에서 6급 공무원 1명이 전담하고 있어서 국민건강영양조사 업무 이외의 다른 업무를 수행하기 어렵다. 지방자치단체의 경우 시도의 보건과에는 영양 담당자가 없으며 시군구의 보건소법에 영양개선과 식품위생업무가 보건소의 업무로 규정되어 있고 보건소 전문인력 배치 기준에 영양사 1인을 배치하도록 되어 있기는 하나 지방 공무원 정원 규정에 영양사를 두는 것이 권장안에 그쳐 있어서 실제로 보건소에 영양사가 배치되어 있는 곳이 매우 드문 현실이다. 설사 보건소에 영양사가 있다 하더라도 대부분이 정규직이 아닌 일용직이라는 것도 문제이다.

(2) 영양정책의 수립 미비

현재 있는 영양정책은 거의 국민영양조사 업무에 국한되어 있는 실정이다. 하지만 우리의 영양문제는 영양결핍과 영양과잉이 공존하면서 다양한 건강문제가 발생하고 있어서 이를 해결하기 위한 다양한 영양개선사업이 필요한 실정이다.

(3) 식품정책과 영양정책의 상호연계 부재

식품생산과 식품 위생에 관한 정책은 보건복지부 식품국에서 담당하고 있으나 정책의 방향이 지나치게 감시, 규제에 치우쳐 있으며 식품소비나 국민건강을 위한 식품의 관리와 영양정책과는 연계되어 있지 않는 문제가 있다. 개발국에서는 식품의 안전성과 건강 및 영양정보에 대한 소비자의 요구에 맞추어 식품표시제도를 만들어 실시하거나 식품 첨가물에 관한 규약을 마련하고 있으나 우리 나라는 아직 미흡한 실정이다.

(4) 국민의 영양상태 평가에 필요한 조사연구의 미비

과거에 가구별 식품섭취조사를 바탕으로 국민영양조사를 실시했던 것에 비해 1998년부터는 개인별 식품과 영양소 섭취조사를 실시하는 국민건강영양조사를 수행함으로서 국민의 영양상태평가 방법이 많이 향상되기는 했으나 조사 방법의 문제점, 식품 성분표의 미비, 운동 습관이나 생활양식에 대한 기초 연구자료가 부족하여 영양조사 결과의 후속 효과로 나타나는 건강 영양문제와 연계하여 분석하기 어려운 실정이다.

4) 우리 나라 영양정책의 개선방향

(1) 국가 영양정책의 수립

영양정책은 식량 정책, 식품수급 및 판매정책과 연계하여 운영되어야 한다. 외국과 같이 식량영양정책심의회 형태의 기구를 두어 보건정책, 영양정책, 농업정책 등이 서로 유기적인 연관성을 갖고 협조할 수 있도록 한다. 식품 생산자나 판매자, 소비자가 공동으로 참여하는 영양교육 프로그램을 실시하여 소비자가 건강에 좋은 식품을 구매할 수 있도록 해야 한다.

(2) 영양 개선법 제정

우리 나라는 아직 영양개선법이 단독법으로 제정되어 있지 않다. 미국, 유럽, 일본등 개발국에서는 영양과 건강에 관한 단독법이 제정되어 있으며, 그 법에 근거하여 정책입안시 영양이 국민보건정책에서 기본 부분으로 채택되고 있다.

(3) 영양행정체계의 보강

보건 복지부내 보건국에 영양과를 설치하여 영양정책을 담당하도록 해야 한다. 영양과에서는 국민 영양에 관한 종합계획 수립, 국민의 식생활 지도 및 영양정보 보급, 식품 및 영양관련 업무의 기획, 감독, 지원, 국민영양감시관리 및 국민영양조사 실시 등의 업무를 담당하도록 한다.

(4) 기본 의료서비스에 영양서비스 포함

만성퇴행성질환을 예방하거나 관리하여 의료비 부담을 절감하려면 의료 서비스에 식생활 개선을 위한 영양지도가 포함되어야 한다. 이를 위해서는 먼저 보건의료인을 대상으로 영양서비스의 필요성을 인식시키는 보수교육을 실시하며, 의사, 간호사, 영양사의 협진체제가 원활하게 이루어지록 해야 한다. 현재는 영양서비스가 의료보험수가 산정에 포함되어 있지 않은 실정인데 미국이나 일본과 같이 영양서비스가 기본 의료서비스에 포함되어야 하며 의료보험 수가 체계내에서 영양지도나 영양상담 등 영양서비스에 대한 의료보험 수가 산정이 이루어져야 한다.

(5) 영양감시체계의 확립

현재 국민건강영양조사 한 가지만 실시되고 있으나 앞으로는 추가적인 영양 모니터링 제도를 통해 종합적인 영양감시 관리체계를 구축하고, 식사형태에 관한 연구, 영양 권장량 연구, 생활방식에 대한 연구, 영양상태평가를 위한 지표 개발 연구 등이 필요하다.

(6) 영양과 건강증진 프로그램의 개발과 시행

보건소에서 활용할 수 있는 각종 영양증진 프로그램을 개발하여 시행할 필요가 있다.

(7) 식품표시제도의 확대실시

현재 건강보조식품 및 특수영양식품 등 몇몇 식품에만 실시되고 있는 식품표시제도를 점차 모든 가공식품에 확대 실시해야 하며 이를 위한 제도적 뒷받침이 마련되어야 한다.

3. 한국의 영양행정조직 및 정책관련법규

1) 영양행정 조직 및 관련기관

영양행정이란 영양관계법규에 따라 국민전체를 대상으로 영양개선을 시도하는 국가 및 지방자치단체의 행위로 그 대상은 농어촌의 주민, 근로자, 학생, 임신·수유부, 영유아, 사회복지시설 장애인, 노인에 이르기까지 다양할 수 있다.

(1) 보건복지부

보건 복지부는 영양행정의 중앙기관으로서 국민영양사업의 기획 및 정책을 총괄하고 있으며, 새로이 제정된 국민건강증진법의 시행과 식품위생법, 지역보건법, 영양사 국가고시 등을 관장하고 있다. 보건복지부 내 영양관련 업무를

그림 12-4 우리나라 보건복지부의 행정체계(2004년 12월 현재)

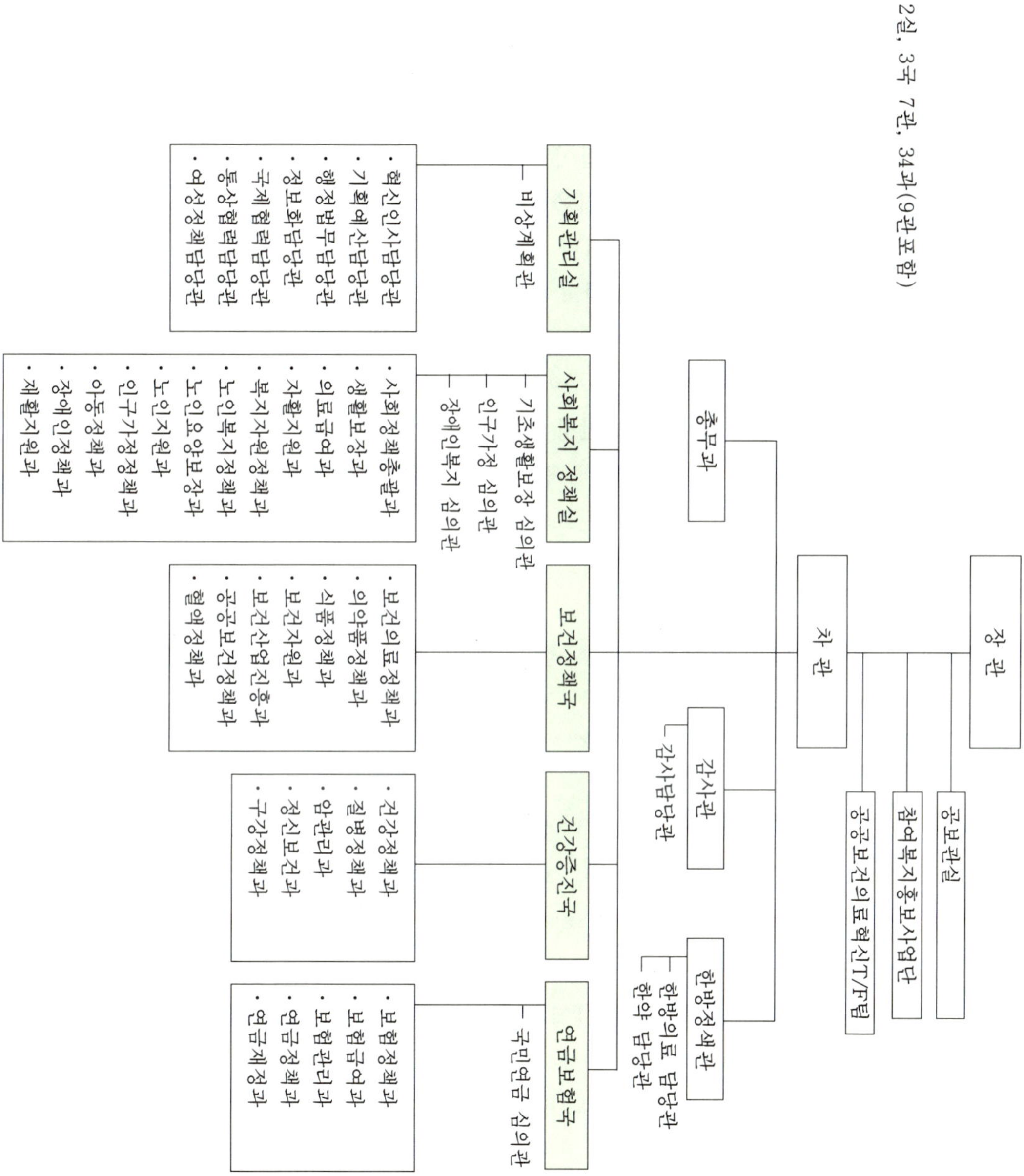

담당하고 있는 기관으로 생활보장과, 식품정책과, 보건지원과, 건강정책과 등이 있다. 2004년 12월 현재 우리 나라 보건복지부의 행정체계는 그림 12-4와 같다.

(2) 보건소

보건소는 1995년에 보건소법이 지역보건법으로 개정되면서 지방자치단체에서 건강증진에 역점을 둔 사업을 추진하도록 변화되었다. 지역보건법에 따라 지역의료기관의 설치·운영이나 지역보건의료사업 등 국민보건에 직접적인 영향을 미치는 사항이 시행되고 있으며, 영양개선사업, 식품위생행정, 영양교육 등 보건소의 업무내용과 영양사 등 전문인력의 지역 보건소에의 배치 등에 관한 사항도 이 법에서 다루어지고 있다. 보건소에서는 국민건강증진법을 실천하기 위해 다음과 같은 건강 및 영양사업을 실시하고 있다.

- 국민건강 증진, 보건교육, 구강건강 및 영양개선사업
- 전염병의 예방, 관리 및 진료
- 모자보건 및 가족계획사업
- 노인보건사업
- 공중위생 및 식품위생
- 의료인 및 의료기관에 대한 지도 등에 관한 사항
- 의료기사, 의무기록사 및 안경사에 대한 지도 등에 관한 사항
- 응급의료에 관한 사항
- 농·어촌 보건의료를 위한 특별조치법에 의한 공중보건의사, 보건진료원 및 보건진료소에 대한 지도 등에 관한 사항
- 약사에 관한 사항과 마약, 향정신성 의약품의 관리에 관한 사항
- 정신보건에 관한 사항

이상에서와 같이 영양개선사업은 보건소의 중요한 업무임을 알 수 있으며, 이러한 업무를 효율적으로 실시하기 위하여 보건소에 영양전문인을 배치하는 문제가 중요한 쟁점으로 부각되고 있다.

(3) 국립보건원

보건복지부 산하기관인 국립보건원은 국민보건의 향상과 보건행정의 발전을 위한 보건요원의 훈련, 방역약품의 생산과 연구, 전염병 예방 및 환경위생 개선 등의 연구평가, 의료 및 약사에 관한 시험검사, 각종 영양, 보건관계 시험 등에 관한 업무를 관장하고 있다.

위생부 내의 영양과에서는 각종 식품의 영양성분 검정 및 시험방법의 검토와 조사연구를 하고 있다. 식품분석과의 업무는 식품의 검정 외에 식품의 기구, 용기 및 포장과 이들의 규격기준에 관한 것이다.

식품위생심의위원회 영양분과위원회는 식품위생법에 근거를 두고 식품과에 설치되어 있다. 이 위원회에서는 국민들의 영양개선에 관한 많은 문제를 토의하고, 보건복지부 장관의 자문에 응하며 관계 행정기관에 의견을 건의하는 역할을 하고 있다.

(4) 한국보건산업진흥원

한국보건산업진흥원은 1999년에 설립된 기관으로서 국내외 환경변화에 대응할 수 있는 보건산업의 육성 발전과 보건 서비스의 향상을 위한 지원사업을 전문적 · 체계적으로 수행함으로써 보건산업의 국제경쟁력을 높이고 국민 보건향상에 이바지함을 목적으로 하고 있다.

(5) 식품의약품안전청

정부는 WTO(World Trade Organization) 체제의 출범, HACCP(Hazard Analysis Critical Control Point)제도의 채택, 리콜(recall) 제도의 도입 등 국제적 흐름과 급변하는 세계화에 대비하여 과학기술의 선진화 및 행정관리의 개선으로 우리 국민의 건강을 보호 증진하고자 보건복지부의 조직을 개편하여 1996년 식품의약품안전본부가 발족(대통령령 제14971호)하게 되었으며, 1998년에 식품의약품안전청으로 승격되었다.

식품의약품안전청은 식품, 의약품, 화장품, 위생용품, 생약, 생물학적 제재 및 의료기기 등에 대한 검정 및 평가, 독성연구 및 안전관리에 관한 사무를 관장하도록 되어 있다. 모든 국민이 안심하고 섭취, 사용할 수 있는 식품, 의약품 등의 공급을 위한 완벽한 안전관리체계의 구축을 중점사업으로 추진하고 있다.

(6) 한국보건사회연구원

한국보건사회연구원은 인구와 보건 전반에 관하여 정책수립에 필요한 연구 및 평가사업을 수행한다. 최근 활동영역을 확대하여 국민건강증진과 체위향상 등 국민영양에 관한 전반적인 연구에도 비중을 두고 있다. 그 일환으로 국민 건강 · 영양조사에서 국민건강조사 부문을 주관하고 있으며, 우리 나라 사람들에게 더 정확한 영양필요량 설정을 위한 실험적 연구도 계획하고 있다.

(7) 농림부

농림부의 식량국 식생활개선과에서는 주식인 양곡소비에 대한 식생활개선 사업을 담당하는 식생활 문제를 관장하고 있다. 최근 식생활 양상이 변화함에 따라 질병과 영양에 관한 새로운 과제를 선정하여 계몽하고자 각 부처별로 영양사업을 추진하고 있다.

① 농촌진흥청

지도국 생활개선과에서는 농촌진흥법에 근거를 두고 1968년부터 농촌의 영양수준 향상을 위한 응용영양사업을 전개하고 우리 나라 농촌의 양양개선사업의 선구적인 역할을 했던 적이 있었다.

국제기구의 도움으로 시작된 우리 나라 응용영양사업의 일환으로 전문연구인력 및 훈련기관의 필요성에서 1978년에 농업진흥청 산하에 농촌영양개선연수원이 설립되었고, 1994년에 정부조직법 개편과정에서 농촌생활연구소로 개칭되었다. 농촌생활연구소의 주된 업무로는 농촌 생활의 전반적인 개선에 관한 연구 및 지도를 하고 있으며, 이와 관련하여 농촌영양개선사업이 활발하게 수행되고 있다.

② 한국식품연구원

한국식품연구원은 1988년 한국과학기술연구소의 식량자원연구실과 농어촌개발공사의 식품종합연구원의 두 기관이 합쳐진 정부출연 연구기관이다. 농림수산물의 처리·저장 및 가공기술을 개발 보급하여 식품산업의 기술기반을 향상시키고 농림수산물의 부가가치 제고를 통한 농어업인의 소득 증대에 기여하고자 설립되었다.

(8) 교육부

학교보건법에 근거를 두고 초등학생에 대한 학교급식의 계획 및 추진을 관장하고 있다. 현재 중·고등학교에서 급식을 확대, 실시하는 작업이 활발하게 진행되고 있다.

(9) 법무부

교정국 관리과에서는 전국의 교도소, 구치소 및 소년원 등 교정시설에 대한 급식문제를 관장하고 있다. 이들 재소자들의 급식관리를 위하여 재소자 및 원생급식관리 위원회 규정에 따라 법무부장관 소속하에 중앙급식위원회를 두고 있다.

(10) 국방부

중앙급식제도 연구위원회가 설치되어 국군의 급식 및 영양 향상을 위해 연구하고 있다.

2) 영양정책 관련법규

(1) 국민건강증진법

최근 경제수준과 영양상태의 향상으로 인구가 고령화되고 있고 만성퇴행성 질환이 증가되어 보건 정책 사업의 방향이 질병진료체계에서 건강증진체계로 전환되었으며, 건강검진사업을 본격적으로 추진할 후 있는 법적 장치의 필요성이 대두됨에 따라 1995년 1월에 국민건강증진법이 제정·공포되었다. 동년 9월부터 효력을 발생한 이 법은 국민에게 건강에 대한 가치와 책임 의식을 함양하도록 건강에 관한 바른 지식을 보급하고 스스로 건강생활을 실천할 수 있는 여건을 조성함으로써 국민의 건강을 증진함을 목적으로 제정되었다.

국민건강증진법의 주요 골격은 건강증진계획의 수립, 금연 및 금주 운동, 건강생활실천협의회 구성, 보건교육 실시, 영양개선, 구강보건사업, 건강증진사업, 국민건강증진기금, 기금의 사용 등으로 구성되어 있으며 지역사회 영양 서비스의 제공이 법적으로 명시되어 있다. 제2조에는 영양개선에 대한 정의를 "개인 또는 집단이 균형된 식생활을 통하여 건강을 개선시키는 것을 말한다." 라고 내리고 있다. 국민건강증진법에 대한 자세한 내용은 부록-8에 실려있다.

(2) 식품위생법

식품으로 인한 위생상의 위해를 방치하고 식품영업의 질적 향상을 도모함으로써 국민 보건 증진에 이바지함을 목적으로 제정된 식품위생법에는 제10조에 식품 등의 표시기준에 대한 사항이, 제34~41조에 영양사 관련 조항이 있다. 식품 위생법 중 영양사에 관한 조항은 부록-8에 나타나 있다.

(3) 지역보건법

국민소득 수준의 향상, 질병 및 인구구조의 변화 등에 따라 그동안 전염병 관리와 가족계획 사업 위주로 운영되어 온 보건소를 1995년에 공포된 국민건강증진법에 맞추어 지역주민의 중추적 건강관리기관으로 육성하기 위하여 1995년 12월 29일에 기존의 보건소법을 지역보건소법으로 개정하였다. 지역보건법은 보건소 등 지역보건의료기관의 설치 운영 및 지역보건 의료사업의 연계성 확보에 필요한 사항을 규정함으로써 보건행정을 합리적으로 조직 운영하고, 보건시책을 효율적으로 추진하여 국민 보건의 향상에 이바지함을 목적으로 제정된 것이다.

이밖에도 의료법에는 의료기관에 영양사 배치 의무가 규정되어 있고 아동복지법, 노인복지법, 영유아보육법에는 각각의 해당 시설에 영양사 배치 의무가 규정되어 있다. 학교 급식법에는 학교급식시설 및 영양사 배치에 관한 의무사항이 규정되어 있다. 부록-8에는 지역 보건법, 의료법, 영유아 보육법, 학교급식법 중 영양사 관련 조항이 실려 있다.

4. 외국의 영양정책

각 나라마다 자국민의 영양과 건강 증진을 위해 다양한 영양정책을 수립하여 수행하고 있다. 미국, 일본, 필리핀, 싱가포르의 영양정책에 관하여 간단히 알아보면 다음과 같다.

(1) 미국

미국에는 영양정책을 담당하는 독립적인 주무부서가 있지는 않지만 농무성(Department of Agriculture: USDA)과 보건성(Department of Health and Human Services)의 긴밀한 협조 체제하에 국민영양모니터링활동과 식사지침 체계로 대변되는 영양정책을 수행하고 있다. 미국에서는 1969년 "미국 식품영양 보건에 관한 백악관 회의"에서 빈곤, 소비자, 식사와 건강에 관해 논한 것을 기점으로 영양행정이 크게 확대되었다. 영양취약집단에 대한 식량 지원의 확대, 만성퇴행성 질환 예방을 위한 식생활 정립과 영양교육을 실시하고 있으며, 1993년 의료법 개정안에서 임상영양치료와 영양서비스를 기본 의료 혜택 조항에 포함시키고 있다.

미국의 영양정책은 초기에는 주로 저소득층에게 식품공급을 확대하여 영양결핍을 방지하는 사회보장의 보조수단 성격이 강하였다. 모든 지역주민이 건강한 신체를 유지하도록 바람직한 영양환경을 제공하기 위하여 1960년대 초 케네디 대통령은 영세민에 대한 무료 식품공급 프로그램인 Food Stamp를 시작하였다. 1969년 닉슨 대통령이 'War on Hunger' 정책을 공표하면서 미농무성 내에 연방 식품보조 프로그램을 담당하기 위한 Food and Nutrition Service 부서가 설치되었다. 이 후 수많은 지역사회영양 프로그램들이 개발되었으며,

지금까지 성공적으로 진행되고 있다.

그러나 최근 20여 년 간은 퇴행성 질환의 예방 등 국민들의 건강증진을 위한 적극적인 영양정책으로 전환하고 있다. 그러므로 최근 정책방향은 식생활이나 건강관련 정보를 국민들에게 정확하고 신속하게 제공하고, 국민들이 이를 실천할 수 있도록 정부가 뒷받침하고 있다.

미국에서 수행하고 있는 영양프로그램에 대한 몇가지 예를 들면 다음과 같다. 영양프로그램에 많은 예산을 투자하고 있는 미농무성의 대표적인 프로그램인 Food Stamp의 경우 전체 인구의 10%(1992)가 혜택을 받고 있으며, 영양취약계층인 영세인 영세민 영유아와 임산부를 위한 WIC 프로그램(Special Supplemental Food Program for Women, Infants, and Children)의 경우 그 효과평가에서 매우 성공적인 경과를 보여주고 있다. 미농무성에서 주관하는 영유아, 청소년만을 위한 프로그램 이외에도 5가지 프로그램(Commodity Supplemental Food Program, School Lunch Program, Breakfast Program, Child Care Food Program, Summer Food Service Program)들이 더 시행되고 있다.

미국에서 실시하는 영양프로그램의 종류 수혜대상과 범위에 관한 자세한 내용은 부록-7에 수록되어 있다.

(2) 일본

일본에서는 일찌기 1952년부터 정부에서 영양에 관심을 가지고 영양정책를 실행했던 역사가 있다. 1952년 공포된 영양개선법을 기본으로 영양사법, 조리사법, 식품위생법 등에 의거하여 영양행정이 실시되고 있으며, 1995년에는 생활주기와 성별을 고려한 국민 식생활 지침을 제정하여 바람직한 식생활을 실천하도록 교육하고 있다. 일본의 영양행정은 중앙정부의 후생성 보건의료국 건강증진영양과에서 중심적인 역할을 담당하고 있으며 후생성 산하의 국립건강영양연구소에서는 식품영양관련 연구를 수행하고 있다.

일본 후생성에는 1978년부터 건강증진을 위한 종합시책으로 '국민건강증진운동'을 발족시켰다. 1988년에는 제2차 국민건강대책으로 'Active 80 Health Plan'을 시책으로 전개하여 영양·운동·휴양의 균형을 유지하도록 하였다. 이중에서 영양대책에는 가공식품의 영양성분표시제도의 보급, 집단급식 시설에 관리영양사의 배치, 건강증진을 위한 식생활지침의 보급, 식생활 건강 상담, 일본인 영양소요량의 책정과 보급 등이 포함되어 있다. 1985년에 '건강 증진을 위한 식생활 지침(대상특성별)'을 책정하여 국민들에게 바람직한 식생활을 실천하도록 교육하고 있다. 또한 지역주민들의 영양, 식생활 개선을 지도하기 위하여 보건소에 영양지도원이 배치되어 있으며, 이들은 집단이나 개인을 대상으로 영유아, 임산부에 대한 영양지도, 보건식 지도, 만성질환자를 위한 병인식 지도, 집단급식시설에 대한 영양지도 등에 주력하고 있다.

일본에 수행되고 있는 영양프로그램에는 다음과 같은 것들이 있다.

- 특수영양식품 표시허가제도 및 가공 식품의 영양성분표시제도
- 외식요리의 영양성분표시 가이드라인 책정 보급
- 재택 영양사 및 조리사에 대한 영양교육
- 집단급식시설의 관리 영양사 배치
- 식생활개선 추진원을 통한 영양개선 운동
- 건강증진을 위한 식생활 지침의 보급
- 연령별 운동권장량의 보급
- 보건소 영양지도 활동
  - 임상영양상담지도
  - 중소기업, 저소득층 중점지도
  - 영양결핍 및 질병 관련 영양지도
  - 부인회 지구조직의 육성을 통한 영양지도
  - 생활개량 보급원과 연계 식생활 개선 활동추진
  - 영양지도 차량 운영
  - 단체급식시설의 식품위생감시와 영양지도
  - 영양조사
  - 특수영양식품의 지도관리
- 시정촌 보건센터의 영양활동
  - 모자영양상담
  - 모자영양식품 지급
  - 성인병교실, 질병 비만 교실, 영양교실, 저콜레스테롤 교실
  - 성인보건 영양상담

(3) 필리핀

필리핀은 국가 경제규모에 비해 영양정책사업이 잘 이루어지는 나라로 손꼽히고 있다. 필리핀에는 국가 영양자문회(National Nutrition Council)라는 기관에서 필리핀영양활동계획(Philippine Plan of Action for Nutrition; PPAN)이라는 필리핀국가영양정책사업을 벌리고 있다. PPAN의 대표적인 사업으로는 1989년부터 176개의 영양불량 지역의 영양상태를 개선시키고 지역사회를 발전시

킨 LAKASS 프로그램이 있었다. 그 외에 빈곤한 농촌지역의 영양개선사업인 "영양개선을 위한 바란게이 통합 개발 접근방법"(Barangay Integrated Development Approach for Nutrition Improvement; BIDANI) 사업이 있었다.

1978년 필리핀 국립대학에 의해 만들어진 활동-연구 프로그램인 BIDANI는 빈농의 영양개선을 위한 지방차원의 실천모형 수립, 지역지도자와 훈련자의 실천적인 훈련과정 개발, 지역 참여 서비스 패키지 개발, 군/지역 모형의 지속적인 수행을 목적으로 하고 있다.

1978~1985년 수행된 결과에 의하면 중등 및 중증 영양불량은 절반으로 감소되었고 무료병원·구충·예방접종·무료 의약품·양변기·상수시설 등의 보급은 증가하였으며, 작물 및 가축생산 증가로 인하여 열량과 단백질 섭취량도 증가되었다. 뿐만 아니라 소득과 지역참여율도 증가되었다.

(4) 싱가포르

인력개발과 보건교육과에서 영양과 교육을 위한 집중적인 자료개발과 정보보급기능을 가지며 국가식량영양자문(National Advisory Committee on Food and Nutrition)은 보건부, 환경부, 교육부, 병원, 상무부, 소비자협회 대표, 식품산업계 대표, 대학전문가로 구성되어 부처간을 연계 조정하는 기능을 가지고 있다.

5. 영양관련 국제기구

영양관련 국제기구로는 UN 산하 세계보건기구(World Health Organization; WHO), 식량농업기구(Food and Agriculture Organization; FAO), 국제아동구호기금(International Children's Emergency Fund; UNICEF), 세계식량계획(World Food Programme; WFP) 등이 있다.

(1) 세계보건기구(WHO)

전세계의 인류의 보건증진과 건강 및 영양에 장애가 되는 여러 원인을 제거할 목적으로 설립된 UN 산하의 세계보건기구는 연합회의, 프로그램의 계획과 수행, 연구, 지원사업 등으로 인류의 보건과 건강 증진에 이바지하고 있다.

(2) 식량농업기구(FAO)

세계의 식량과 영양상태를 개선하려는 목적으로 설립된 UN 산하의 식량농업기구는 식량의 증산, 분배개선, 생활 수준 향상, 영양상태 개선을 위해 공헌하고 있다.

(3) 국제아동구호기금(UNICEF)

영유아, 모자 보건을 향상시키기 위해 설립된 UN 산하의 국제아동구호기금은 세계보건기구, 식량농업기구 등 UN 산하 국제기구 뿐 아니라 기타 NGO 단체들과의 협력하에 개발도상국 아동의 영양개선사업에 이바지하고 있다.

(4) 세계식량계획(WFP)

1963년에서 부터 활동을 시작한 UN산하의 세계식량계획은 세계의 기근을 없애기 위하여 설립된 기관으로 개발도상국이나 빈곤지역, 긴급식량부족 지역에 식량을 지원하는 국제식량지원기관이다.

활동마당

1. 우리나라 중앙정부에서 실시되고 있는 영양정책에 해당된다고 생각되는 것을 그룹별로 한 가지씩 선정하여 그 정책과 관련되어 지역수준에서 수행되는 사업 사례를 모아 발표한다.

2. 현재 시급하다고 생각되는 영양관련 문제를 선정하여 이를 정책의제로 만들기 위해 policymaking process의 단계마다 해야 할 일을 구체적으로 생각해본다.

13

세계의 영양문제

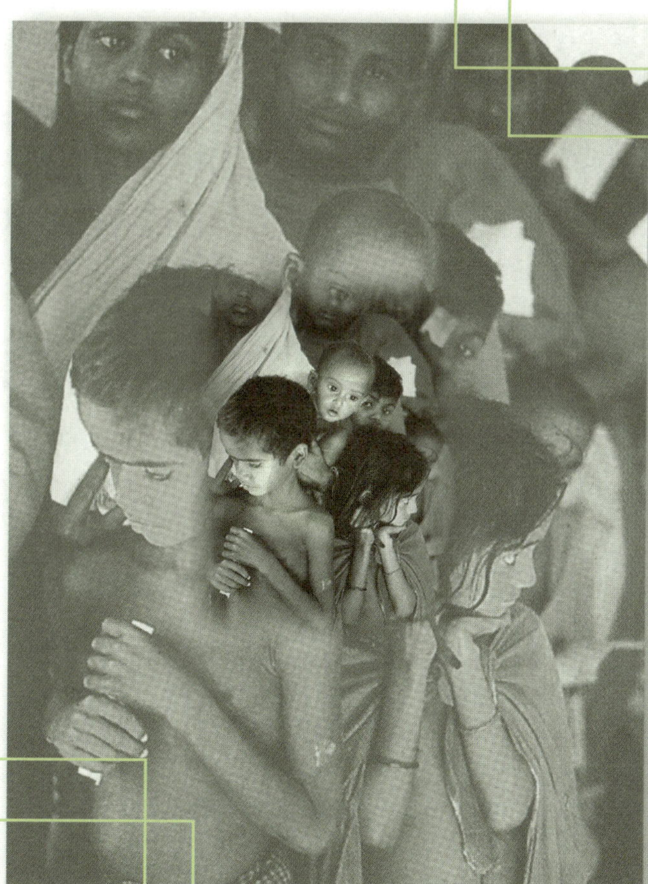

기아의 주원인은 빈곤이다.

제 13 장

세계의 영양문제

모든 사람들은 음식을 필요로 한다. 종교나 인종, 성, 국적에 관련 없이 우리의 몸은 식품부족의 효과를 비슷하게 경험하여, 그에 수반된 무기력, 쇠약, 생존의 실패, 성장지연, 정신발달지연, 근육소모, 각기, 빈혈, 구루병, 괴혈병, 골다공증, 갑상선, 충치, 야맹증 더 나아가 죽음에까지 이르는 영양불량증세를 겪게 된다. FAO(The Food and Agriculture Organization of the United Nations)는 전세계 57억 이상의 인구중에서 8억 4천만명의 인구 즉 개발도상국 국민의 20% 혹은 세계 인구의 1/7이 최소한의 에너지 권장량 이하를 섭취하는 만성적인 심한 영양결핍으로 고생하고 있다고 하였다. 특히 5세 이하의 2억 이상의 어린이들이 단백질과 에너지 결핍으로 아직도 고생하고 있다.

그림 13-1 8억 4천만 명의 영양결핍인구

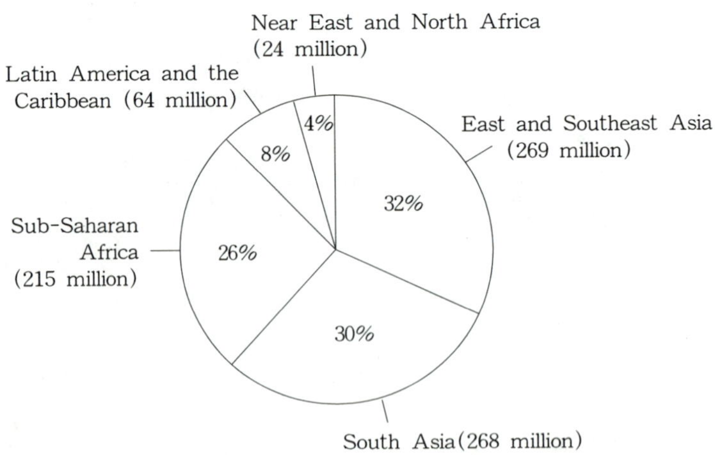

자료 : Food and Agriculture Organization of the United Nations, This Sixth World Survey (Rome: FAO, 1996)

대부분 여성과 어린이들인 20억 인구는 철분, 요오드 및 비타민 A와 같은 중요한 3개의 미량 영양소 중 한 개 이상의 결핍을 보이고 있다. 2030년까지 세계인구는 30억 이상의 인구가 더 성장할 것으로 예견되고, 따라서 세계 식품자원개발이 필요하다.

1. 기근과 굶주림

지구상의 인구가 1억 명이 채 안되던 시기에는 식량부족의 문제는 대부분 조악한 음식의 섭취와 인구의 인위적 조절의 형태로 해결하였을 것이다.

그러나 인류가 농경을 시작하여 정착생활을 하게 됨에 따라 사람들은 특정 지역에 집중하여 살게 되었고, 그 곳에서 가뭄이나 또는 홍수가 장기간 계속될 경우에는 사람들이 굶주림으로 고생하였으며, 심한 경우에는 집단적으로 죽어갔다.

수천년 전까지 지구상에서 가장 기름지고 따라서 풍요를 구가하던 중동지역과 아프리카 북부지역은 그 거대한 지역에 남아 있는 과거의 문화유산들을 사막화되어가는 대지 속에 하나 둘 묻어가고 있다. 이들 지역 특히 사하라사막 주변 지역은 점차 사막화되어 왔으며, 최근에는 1년에 3km의 속도로 남으로 남으로 사막이 확대되어가고 있다.

따라서, 이 사막의 변두리에 위치한 여러 나라들 특히 모리타니아·마리·챠드·중앙아프리카·소말리아 및 이디오피아와 이들 나라와 인접하고 있는 여러 나라들은 식량부족과 굶주림 속에 허덕이고 있다.

이들 나라에서의 식량문제는 기후문제뿐만 아니라 정치적인 투쟁마저 겹쳐 있어서 그의 해결을 어렵게 하고 있으며, 미국 등지로부터 들어오는 구호식량마저도 제대로 분배하지 못하고 국가재정은 식량증산보다도 정치적 목적을 달성하기 위하여 무기구입 등에 사용함으로써 굶주림은 더욱 심각해지고 있다.

유목민들은 수천 마일을 먹거리와 물을 찾아 헤매고 있고, 1,400만 에이커(약 567만 ha)의 생산성 있는 초지가 매년 그들의 가축들에 의하여 파괴되고 있다.

현재 아프리카 땅면적의 26%를 사막이 점유하고 있으며, 현재의 토지이용형태가 그대로 유지되는 것을 방치하면 50년 내로 45%의 아프리카의 토지가 사막화될 것이라고 우려하였다.

그동안 전세계적으로 수많은 기근이 있었고 이로 인한 사망이 많이 있었다.

서기 310년에 40,000여명이 굶어죽은 영국의 기근을 필두로 1837~1838년에 감자마름병으로 인하여 200~300만 명이 굶어죽은 아일랜드의 기근은 특기할 만한 것이며, 1876~1879년에 중국 북부의 가뭄으로 인한 아사자와 구 소련의 집단화로 인한 작황부진의 결과 발생한 아사자의 수는 각각 1,000만 명 이상이었고, 인도에서 100만명 이상이 굶어죽은 기근은 비교적 흔한 사건이었다. 근래에도 방글라데시나 소말리아에서 굶어죽는 사람들을 보는 것은 비교적 흔한 일이다(표 13-1).

표 13-1 과거의 기록에 나타나 있는 기근과 사망자

연 도	장 소	기근의 정도와 사망원인
310	영국	40,000 여 명
857년 후 100년	유럽	20번의 가혹한 기온
1064~1072	이집트	7년간의 나일강 홍수로 인한 흉작
1069	영국	노르만족의 약탈
1344~1345	인도	수만 명
1600	러시아	기긴과 역병으로 500,000 여 명
1630	인도(데칸)	스트라에서만 30,000 여 명
1769	프랑스	인구의 5%
1770	동유럽	보헤미아에서 168,000 여 명, 러시아와 폴란드에서 20,000 여 명
1803~1804	서인도	가뭄 · 메뚜기 · 전쟁 등으로 수천 명
1837~1838	북서 인도	800,000 여 명
1846~1847	아일랜드	감자마름병으로 200~300만 명
1866	인도(벵갈 등지)	100 만 명
1869	인도(라주푸타냐)	150 만 명
1876~1878	인도	500 만 명
1876~1879	중국 북부	3년간 가뭄으로 900~1,300 만명
1920~1921	러시아	가뭄으로 수백만 명
1926	중국 호남성	200 만 명
1932~1933	러시아	집단화 300~1,000 만 명 추정
1943~1944	인도(벵갈)	많은 비와 전시 공급 곤란으로 200~400만명
1969~1970	비아프라	내전으로 수십만 명

2. 식량부족의 문제

유엔이 1945년 산하에 세계식량기구(FAO)를 발족시키고 초대 사무총장에 영양전문가인 존 보이드 오어 경(1949년 노벨평화상 수상)을 선임하여 기아해방사업을 벌여온 지도 50년이 지났다. 1986년 우루과이 라운드(UR)와 1995년 세계무역기구(WTO)의 출범으로 농산물이 무역대상으로 되면서 기아 인구는 오히려 늘고 있다. 특히 WTO체제의 출범 이후 자유무역주의 시장체계로 인해, 비교저위국가는 농업쇠퇴화로 내몰리고, 해외 식량의존도가 높아질 뿐만 아니라 빈익빈으로 인한 빈민인구가 확대되어 기아인구가 줄지 않는다는 견해가 많다.

이와 같이 식량위기를 벗어나기 어려운 배경을 살펴보자.

첫째, 1990년대에 접어들어 세계식량의 증산력은 현저히 둔화되어 세계식량자급률은 크게 약화되었다. 따라서 1980년대 전만 해도 세계 양곡 재고율이 20%를 상회하던 것이 98년에는 16.7%로 떨어졌다. 이 수치는 지구촌 인구를 58일간밖에 먹여 살릴 수 없는 양에 불과하다. 이에 따라 21세기에는 국제곡물 가격의 폭등 가능성을 배제할 수 없다.

세계식량작물의 재배면적은 1980년대에 이르러 감소국면으로 바뀌었고 단위면적당 추수량의 증대 추세도 둔화되었다. 이와 더불어 농지를 제대로 관리하지 않고 방치하거나 한발과 같은 기후 변화는 식량생산을 크게 저하시키게 된다.

둘째, 인구 증가의 문제로서 세계인구가 1999년 8월 60억을 넘어섰고 이 추세대로라면 2012년 70억, 2027년에 80억, 2043년 90억을 돌파할 전망이다. 미국인구통계국에 의하면 세계인구는 매년 1,800만명 이상이 늘어나고 그 가운데 신생아 10명 중 9명이 개발도상국에서 태어난다. 우리 나라의 경우 북한에서는 인구가 계속 증가하고 있다.

지난 10년간의 식량생산을 1인당 곡물생산으로 환산해 보면 개발도상국에서 절대적으로 감소하였다. 왜냐하면 영양불량인구는 20%넘게 증가한 것으로 추정된다. 그들의 식량지급률은 69~71년 3년간의 평균이 95% 이상이었으나 93~95년에는 88%정도로 크게 떨어졌다. 이러한 현상은 개발도상국의 인구증가율은 높은 반면 식량증산율이 이를 따르지 못해 수요와 공급의 괴리가 크기 때문이다.

3. 빈곤과 영양결핍

식품부족은 한때 과잉인구와 부족한 식품생산에 기인한 문제로서 많이 언급되었으나, 현재는 많은 사람들이 빈곤의 문제로 인식하고 있다. 식품은 설사 유용할지라도 땅이나 돈을 갖지 못한 빈곤한 사람들에게 얻기 어려운 것이다. 1978년, 월드뱅크총재인 Robert McNamara는 절대빈곤의 정의를 다음과 같이 내렸다. “인간의 품위유지라는 합리적인 정의에 미치지 못하는 것으로서 영양불량, 문맹, 누추한 환경, 높은 유아 사망률, 낮은 예상 수명 같은 그러한 제한된 삶의 조건을 말한다.”

영양결핍으로 평가된 전체 사람수의 경향이 그림 13-2에 제시되어 있다. 빈곤하게 살고 있는 약 12억으로 추정되는 인구는 세계인구의 23% 정도이다. 삶의 조건은 지난 20년 동안 인구증가와 인플레이션 및 채무 등으로 오히려 더 나빠지기도 하였다. 다른 표현으로 가난한 사람들은 덜 벌고 많이 지불한 셈이다.

그림 13-2 개발도상국의 저영양인 사람들 인원수와 비율

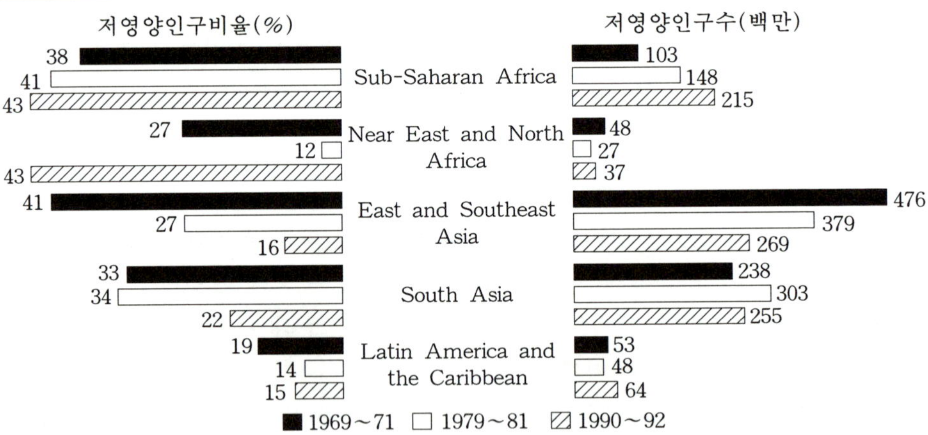

자료: Food and Agriculture Organization of the United Nations, The Sixth World Food Survey (Rome:FAO, 1996), P. 46.

FAO에 의하면 넓게 만연된 만성적 기근은 소위 저소득식품부족국가(low-income food deficient countries : LIFDCs)로 알려진 80개국 이상에 집중되어 있다. 이러한 개발국가들은 그들의 인구를 먹여 살릴 충분한 식량을 생산하지

못할 뿐 아니라 모자라는 식량을 수입하지도 못하고 있다. 1996년에 아프리카 지역의 반정도인 82개 국가가 이에 해당되었다.

만성빈곤에 시달리는 사람들은 비위생적인 급수, 장기생충, 부족한 식품, 저단백질식사, 성장지연, 출생시 저체중, 문맹, 질병, 수명감소 및 죽음에 항상 직면해 있다.

빈곤은 경제적인 조건뿐 아니라 인구과잉, 인간의 탐욕, 실직, 땅이나 기구나 신용 같은 생산적 자원의 결핍을 포함하는 많은 이유가 된다. 결과적으로 만약 우리가 지구의 기아 인구를 위한 적절한 영양을 제공하려고 한다면 식품 생산, 분배는 제한하고 부자나 가난한 사람의 차이를 증가시키는 경제, 정치 및 사회구조를 변화시켜야만 한다.

표 13-2 개발국가와 개발도상국간의 보건지표의 차이

국가별	GNP	유아 사망율	기대 여명	문자 해독율	안전한 급수률 (%)	5세미만 어린이사망률	의사1인당 인구수
저개발국	$301	120	51	40	50	200	17,000
개발도상국	$684	67	63	70	70	120	2,700
개발국	$19,542	7	76	98	100	20	520

	유아사망율	영양결핍어린이수(%)	5세미만 어린이사망율
Sub-saharan Africa	106	30	175
South Asia	82	58	121
Southeast Asia	42	24	55
Latin America and Caribbean	38	12	47
Middle East and North Africa	46	25	60

자료 : Hunger 1998 : Hunger in a Global Economy, Bread for the World Institute. 1997

4. 세계의 영양불량과 건강

전 세계적으로 매일 약 40,000~50,000명의 사람들이 영양결핍의 결과로 죽어가고 있다. 1997년 세계 인구 보고서에 의하면 전세계의 평균 수명은 65세이고, 미국과 캐나다는 77세이고 아프리카는 약 50세이고, Sierra Leone이라는 국가는 단지 38세라고 한다. 수백만명의 어린이들이 매해 빈곤과 관련된 기생충과 감염성 질환인 이질, 감기, 홍역, 결핵, 콜레라, 말라리아로 죽어가고 있다.

이러한 질병들은 불량한 영양과 상호작용하여 많은 사람들을 죽음으로 몰고 가는 악순환을 만든다. UNICEF는 영양불량과 질병이 매 2초간 1명의 비율인 매주 250,000명의 어린이의 생명을 요구한다고 하였다.

표 13-3 콰시오커와 마라스무스의 특징

신체적 특징	콰시오커	마라스무스
골격근육	뚜렷한 감소 없음	감소
혈청 단백질	유의적인 감소	상대적으로 유지됨
지방조직	유지됨	감소
체중	상대적으로 정상 유지	감소
부종	누르면 들어가는 부종이 흔함	나타나지 않음
면역기능	감소	감소
질병의 소인	단백질 섭취부족, 단백질 없는 빈 열량식품의 섭취	기아상태, 단백질과 총 에너지 섭취의 부족

자료: Shils ME, Olson JA, Shike M. eds. Modern nutrition in health and disease, 8th ed. Philadelphia.

그림 13-3 콰시오커와 마라스무스의 증상 비교

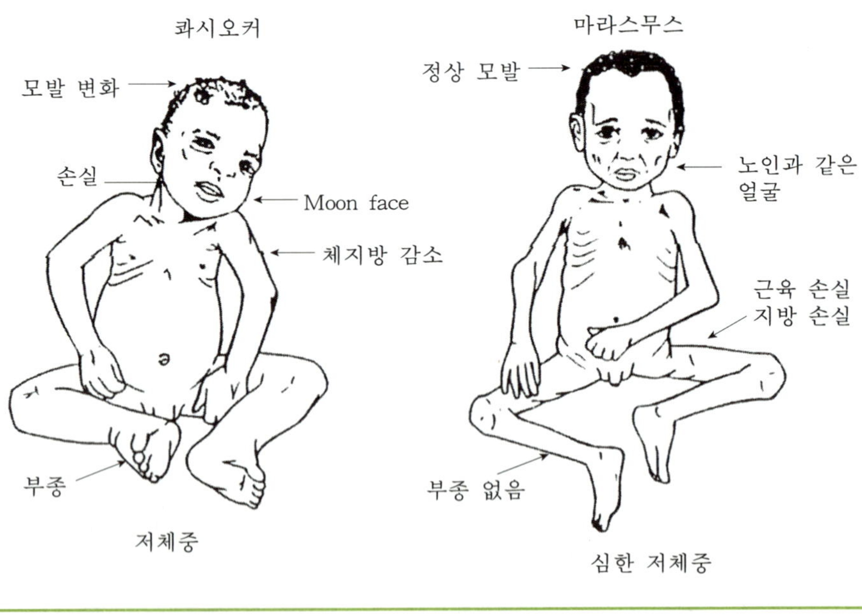

자료: Jellife DB. 1968. Clinical nutrition in developing countries. Washington, DC:US Department of Health, Education, and Welfare

· 단백질-열량불량(protein-energy malnutrition :PEM) : 이는 오늘날 전세계적으로 가장 널리 퍼져 있는 영양불량의 형태이고, 약 5억 이상의 어린이들이 영향받고 있다. 그들의 키에 비해 몸무게가 작은 어린이(Low weight-for-height)는 최근의 심한 영양불량으로 고통받고 있고, 반면 자신의 나이에 비해 키가 작은 것(Low height-for-age)은 오랜 기간의 영양결핍이라고 한다. PEM은 주로 단백질 부족증인 콰시오커와 단백질 에너지 부족증인 마라스무스를 포함하는데, 이는 부족한 식품섭취로부터 나타나는 결핍증이다. PEM으로 고생하는 어린이들은 감염증, 영양결핍증과 설사증을 나타나게 된다(표 13-3, 그림 13-3).

그림 13-4 세계의 성장부진어린이의 지역적 분포

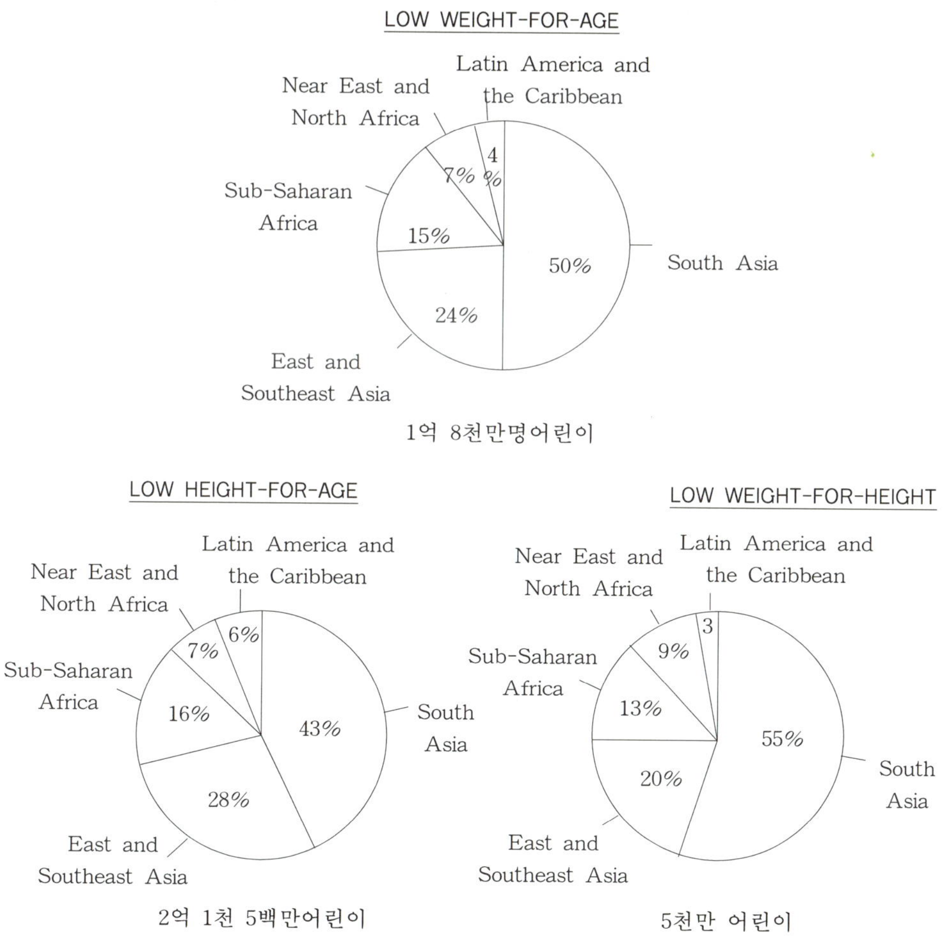

자료: WHO Bulletin 71(1996):703

그림 13-5 영양불량의 악순환

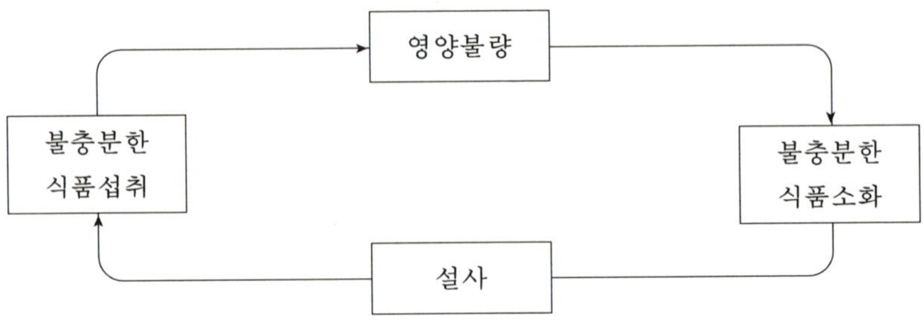

· Vit. A 결핍증 : 6세 이하의 약 천삼백만명의 어린이들이 안구건조증(xerophthalmia)을 가지고 이들 중 약 50만명의 어린이들이 부분적으로 혹은 전체적인 장님이 되는데 이는 식사내 Vit. A 결핍 때문이다. Vit. A 결핍은 또한 영양불량의 다른 형태인 감염, 설사, 높은 사망률과 연관되어 있다.

· 철겹핍증 : 철결핍 빈혈은 지역인구의 사람에게 영향을 미치는 것으로 추산된다. 유아기나 아동기의 철분결핍은 인지능력과 면역능력을 저하시킨다.

· 요오드 결핍증 : 요오드결핍증은 정신발달장애의 원인이 되고 약 10억 인구에게서 신체적 정신적 발달지연의 위험요인이 된다. 특별히, 산간지역의 6억 5천 5백만 사람들이 갑상선종(goiter)을 갖고 있는 것으로 추정되고 약 3백만 명이 크레틴병(cretinism)으로 고통받고 있다.

1) 어린이 영양불량

빠른 성장기와 같이 영양요구량이 높은 시기에는, 저영양의 위험성이 증가한다. 만약 가구내 식품량이 부족하다면 임신수유부, 영유아 및 어린이에게서 그 영향이 가장 먼저 나타날 것이다. 적절한 태아성장과 발달을 위해서 임신부는 임신기동안 적절한 몸무게를 얻어야 한다. 개발국의 건강한 임신부라면 임신기동안 12~13kg를 얻게 되나, 빈곤층 임신부의 경우는 4~7kg의 증가에 그친다. 어떤 지역에서는 에너지 결핍이 42%에 이르고, 임신기동안 체중증가가 거의 없는 경우도 있다. 결과적으로 이는 신생아의 저체중을 가져오는데 출생시 체중은 유아의 미래의 건강상태를 나타내는 지표가 된다. 출생시 체중이 2500g 이하의 저체중아는 분만기의 합병증, 신체적, 정신적 결함, 질병에 걸릴 위험성이 커지고, 일찍 사망할 위험성도 커지게 된다. 즉 여러 가지의 영양불량증세의 문제를 안게 된다.

20세기까지 대부분의 개발도상국에서 어린이는 생후 1년까지 모유- 생후 몇 개월후에는 인공유나 곡물류가 첨가되어진채로 수유되었다. 오늘날 생후 4개월까지의 모유수유률은 10% 이하로 감소되었다. 이러한 바람직하지 않은 모유수유감소현상의 원인에는 조제분유회사의 공격적인 판매전략과도 맞닿아 있고, 또 일하는 여성의 증가와도 관련이 있다. WHO에 의하면 만약 모든 엄마들이 생후 4~6개월까지 모유를 줄 수 있다면, 백만명 이상의 어린이들의 생명을 구할 수 있다고 하였다.

모유수유는 개발도상국의 어린이들이 개발국가의 어린이들과 마찬가지로 생후 6개월까지는 체중과 신장의 증가를 가져오게 하지만, 그러나 이 이후에는 부적절한 보충식의 첨가 때문에 성장 발달이 지연되게 된다. 저개발국에서는 실제로 8~9세의 아동이 3~4세 아동으로 보이기도 한다. 어린이 성장지연은 곧 겪게 될 극도의 영양불량상태에 대한 경고이기도 하다.

모유를 조제분유로 대신한다는 것은 조제물을 안전하게 먹이는 것을 불가능하게 하고, 어린이 영양불량으로 이끌게 된다. 모유에는 어린이의 질병에 대한 저항력을 증가시키는 항체가 충분하므로 권장되어진다. 소독과 냉장시설이 없다면 인공유는 바람직하지 않다. 개발도상국의 19억의 어린이가 안전한 마실 물을 얻지 못하고 있다. 따라서 조제물이 오염된 물로 준비되고, 감염을 일으켜 설사, 탈수, 영양소 흡수가 제대로 되지 못하게 된다. 따라서 위생시설이 제대로 되어있지 않은 나라일수록 인공수유는 바람직하지 않고 모유수유를 하도록 지도하는 것이 바람직하다.

어린이들이 처음에 모유수유로 보호되더라도, 곧 그들에게 이유식이 보충되어져야 한다. 이유시기는 개발도상국 어린이에게 매우 위험한 시기이다. 새로 이유식을 시작하는 어린이들에게는 곡물류의 영양물을 공급받아야 한다. 이때 오염된 물을 사용하는 것은 감염의 위험을 높이게 된다. 식품에 대한 문화적인 태도도 중요한데, 인디아에서는 임산부에게 과일이 찬 음식이라는 이유로 금지되는데 이는 문제가 될 수 있다.

유아나 어린이 사망률을 살펴보아도 그 위험성을 알 수 있는데, 1~4세까지의 어린이 사망률이 개발도상국이 개발국에 비해 20-30 배에 이른다. 모성사망률은 15~70배로서 더 놀랍다.

UNICEF에 의하면 5세 미만 어린이 사망률(U5MR)은 어린이의 전체적인 건강과 삶수준을 나타내는 가장 좋은 지표라고 하였다.

"U5MR은 어머니의 영양상태와 건강지식, 면역상태와 경구용 수분보충제

이용율, 어머니의 건강서비스 유용성, 가구내 소득과 식품이용도, 깨끗한 물과 안전한 위생, 어린이 환경의 전체적인 안전도를 나타내 주는 주요한 지표이다."

2) 여성들의 영양불량

여성들은 남성들에 비해 식품안전성이나 저영양문제에 더 예민하게 반응한다. 임신기는 증가된 영양요구량을 필요로 하기도 할 뿐 아니라 가족을 먹여 살리기 위한 노동을 하는데 더 많은 영양이 필요하다. 여성의 빈약한 영양상태는 가구 내 음식자체가 부족한데서 올 뿐만 아니라, 가구내 식품분배의 불평등에서 오기도 한다. 많은 여성들이 남편, 아이들, 그리고 나머지 가족을 먼저 생각하고, 자신은 남겨진 음식을 먹기 때문이다. 따라서 임신을 하게 되면 체내 영양소저장량은 급격히 감소한다.

사회적인 신념 또한 여성의 식품섭취를 제한한다. 인디아 펀잡지방에서는 여성중 10~15%의 저영양률은 가족의 보충식을 제공하기 위한 노력 때문에 지속된다는 것을 볼 수 있다. 이들의 희생은 주로 어린 소녀들로써 이들은 가족 내에서 전혀 자신의 몫을 유지 할 수가 없다. 따라서 여성은 임신 수유의 과정을 거칠 경우, 더 많은 영양이 요구되는 데도 불구하고 실제적으로 가정 내에서는 가장 불리한 영양상태하에 있게 되는 것을 볼 수 있다.

활동마당

다음에 대해 토론해보자.

1. 21세기에는 식량이 무기가 될 수 있다는 말이 갖는 의미가 무엇인가?
2. 세계가 하나의 "life boat"라는 말이 갖는 의미에 대해 생각해 보자.
3. 세계의 굶주리는 아동에 대해 우리가 할 수 있는 일이 무엇인지 생각해 보자.

14

우리나라의 지역사회 영양프로그램

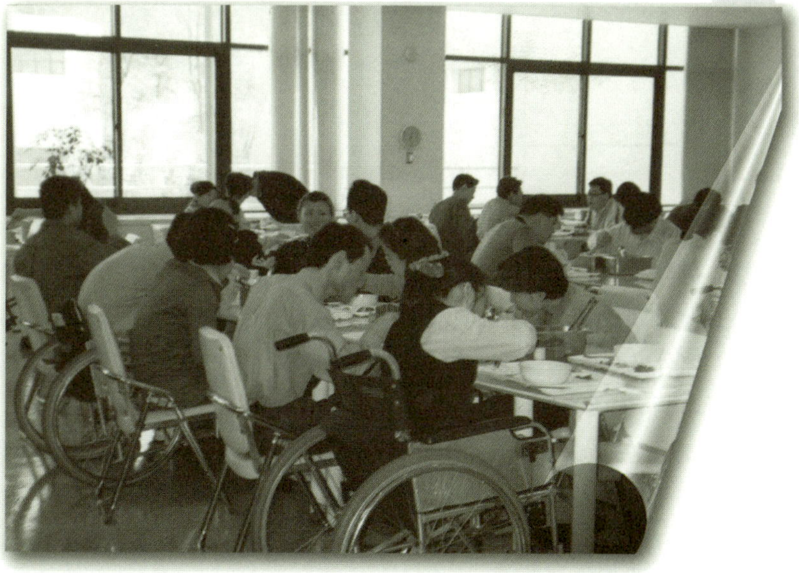

대한영양사회

제 14 장

우리 나라의 지역사회 영양프로그램

우리 나라의 지역사회 영양프로그램에는 어떠한 것들이 있는가? 지역사회 주민의 영양문제들을 해결하기 위해 정부는 어떠한 노력을 기울이고 있으며, 현재 어떠한 정책들이 수행되고 있는가? 국가차원의 영양정책외에도 많은 민간 단체 혹은 식품회사와 같은 사업체에서 영양프로그램이 수행되고 있음을 본다. 우리가 지역사회에서 여러 형태의 영양문제들을 접하게 될 때 이러한 영양문제들을 개선해나가는 것은 매우 중요하다. 지역사회의 영양문제를 개선해나가고자 할 때 개인 차원에서만 방안을 모색해서는 문제를 해결할 수가 없다. 개인을 중심으로 하는 활동과 더불어 개개인이 살고 있는 지역사회의 보건환경을 총괄적으로 파악한 후에 주민들의 건강증진, 영양개선에 필요한 제반업무를 조직적으로 수행해나가는 것이 바람직하다.

본 장에서는 현재 한국의 지역사회 내에서 이루어지는 영양정책이나 프로그램에 어떠한 것들이 있는가를 살펴보기로 하자.

1. 보건소의 영양프로그램

우리 나라의 보건소는 보건행정의 합리적인 운영과 국민 보건의 향상 및 증진을 위하여 대통령령이 정하는 기준에 따라 당해 지방자체단체의 조례로 정하도록 되어 있고 지역보건법에 의거 시, 군, 구의 행정단위별로 1개소씩의 보건소를 설치하도록 되어 있다. 2000년 현재 전국에 270여개의 보건소가 설치되어 운영중이다. 공공보건의료조직에는 보건소를 비롯하여 보건지소, 보건진료소, 모자보건센타 등이 있으며 일부 의료 취약 군지역에는 보건소 대신 보건의료원이 설치되어 있다.

지역보건법에 명시된 보건소 업무는 사업대상을 중심으로 볼 때 크게 두 가지로 분류할 수 있다. 하나는 지역이나 주민을 대상으로 직접 보건서비스를 제공하는 업무로써 이에 속하는 업무로는 전염병 및 질병의 예방과 진료, 보건교육, 영양개선, 식품위생 및 공중위생, 보건에 관한 실험과 그 검사, 구강보건, 정신보건, 노인보건, 가족계획, 기타 국민건강증진에 관한 업무 등이며, 다른 하나는 그 지역의 보건의료에 관한 연구, 지도, 감독, 보건의료의 관리를 위한 행정, 규제적인 업무로 보건의료인 관리, 의료기관지도, 보건지소, 보건진료소 지도, 감독, 의약품관리 등이 이에 속하는 업무이다. 구, 시, 군 단위의 보건소에서 영양지도원이 다음과 같은 영양사업을 담당하도록 규정되어 있다.(국민건강증진법 시행규칙 제17조 3항)

그림 14-1 지역사회에서의 보건 영양사업

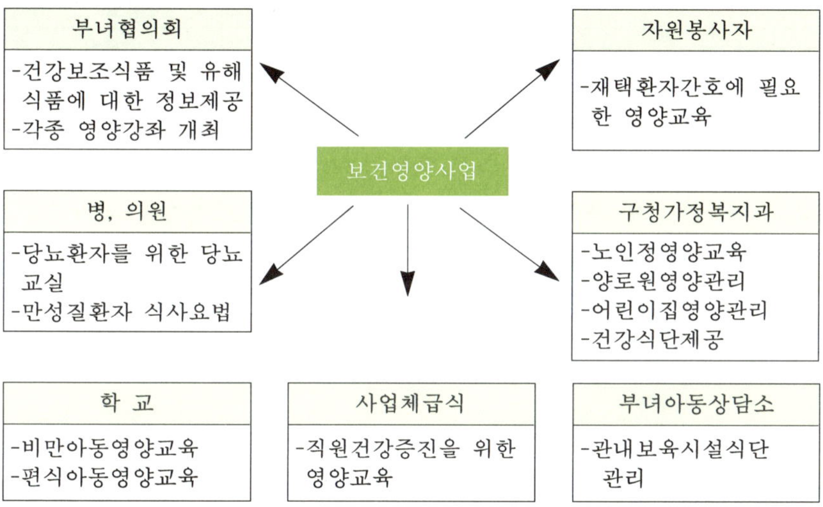

- 영양지도의 계획, 분석
- 지역주민의 영양지도(영·유아, 임산부, 수유부, 노인, 환자, 성인의 영양관리) 및 상담
- 집단급식시설에 대한 현황파악 및 급식업무지도
- 영양조사 및 지역주민의 영양평가 실시
- 영양교육자료의 개발, 홍보 및 영양교육
- 지역주민의 영양조사결과 자료 활용
- 기타 영양과 식생활개선에 관한 사항

이를 지역사회 내에서의 보건영양사업의 위치(그림 14-1)와 실제로 각 보건

그림 14-2 보건소에서의 보건영양사업

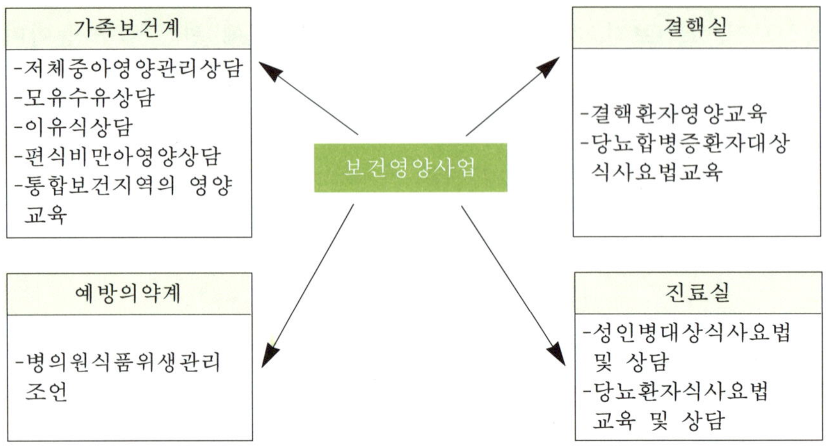

소에서 각 부처별로 행해져야 하는 영양관련업무를 요약해 보면 그림 14-2과 같다. 그러나 위에 제시된 보건소의 업무가 얼마나 어느 정도 수행되는 지는 정확히 알 수 없으며, 특히 영양관련업무는 극소수의 보건소를 제외하고는 현재 거의 수행되지 못하고 있다.

1) 보건소 영양사업의 필요성

우리 나라 보건소가 지금까지 보건 시책을 잘 집행하여 국민 보건의 향상에 이바지했으며 국가경제의 기본이 되는 건강한 노동력의 생산에 큰 몫을 했다는 것은 누구나 인정하는 일일 것이다. 그러나 여러 가지 상황변화로 보건소의 변화가 필요하다. 언급되어진 대표적인 상황변화들은 다음과 같다.

첫째, 지방자치제가 활성화됨에 따라 지역사회 중심으로 자율적이고 민주적인 행정체제가 확립되어 지역주민의 정치 및 지방행정에 참여가 활발해지고 보건복지 서비스에 대한 요구가 증폭될 것이다. 또 선거에 선출된 지방자치장은 지역주민의 요구를 만족시키기 위해 애쓸 것이다.

둘째, 국민소득의 증가와 교육수준의 향상으로 국민들의 건강에 대한 관심 및 관리의식이 높아져 보건 의료에 대한 요구와 기대가 증대될 것이다. 특히 전국민의료보험의 실시로 진료의 욕구가 높아질 것이다.

셋째, 국가경제발전에도 불구하고 소득격차에서 오는 상대적 빈곤계층은 계속 생존하게 될 것이다. 이들에 대한 사회복지문제는 사회문제로 정치적인 관심사가 될 것이다. 보건의료의 경우 민간부문의 의료 서비스는 경제수준이 높아질수록 좋아지기 때문에 상대적인 빈곤감의 해결을 위해서 공공부문의 역할이 좀더 요구된다.

넷째, 산업화의 부산물로 나타나는 산업재해, 각종 공해, 환경 오염 등 건강에 악영향을 미치는 사회적 위험요인이 증대될 것이다.

다섯째, 산업화와 도시화의 가속으로 심화되는 생활경쟁, 자동차 증가에 의한 혼잡등으로 정신질환과 사고는 증가될 것이며, 생활습관의 변화는 지금까지의 건강문제와는 다른 문제를 발생시킬 것이다.

여섯째, 소득수준의 향상과 보건의료의 발전으로 평균수명이 연장되고 이로 인하여 나타나는 인구의 노령화는 심각한 사회문제로 대두될 것이다.

일곱째, 인구구조의 변화에 의한 질병형태의 변화로 암, 고혈압, 당뇨병, 순화기계 질환 등과 같은 만성퇴행성 질환, 노인성 질환 등이 증가될 것으로 예상되는 바, 이러한 질병관리에 대한 사회적 역할이 증대될 것이다.

우리의 현재 상황은 위에서 열거한 바와 같이 변화하고 있다. 그렇다면 우리 나라는 정부차원에서 국민의 건강을 위하여 어떤 보건정책을 가지고 있었나 살펴보아야 할 것이다.

첫 번째 생각해 볼 수 있는 것이 식량문제였다. 우선 먹을 것이 부족한 국민에게 할 수 있었던 일은 먹을 것을 수단과 방법을 가리지 않고 제공하는 것이었다고 생각된다. 이렇게 단순히 식량을 제공하는 과정에서 눈에 보이는 심각한 영양문제였던 영양결핍증세는 거의 사라지게 되었다. 남아 있는 영양부족은 뚜렷한 증상을 보일 정도의 심각한 문제는 아니다. 우리 나라의 첫 번째 당면 건강문제였던 에너지 섭취 부족문제는 식량문제라는 차원에서 경제와 농업분야의 정책으로 해결되었다.

두 번째 건강문제는 감염성 질병문제였다. 결핵은 만연되어 있었고 여름이면 콜레라나 장티푸스 같은 전염병이 만연하곤 했기 때문에 예방접종사업과 방역사업은 정부의 주요 보건사업일 수밖에 없었다. 효과적인 보건정책과 생활 수준의 향상은 이제 이런 감염성 질병이 더 이상 국민건강의 커다란 위험이 되지는 못하고 있다.

세 번째는 모자보건문제였다. 무계획한 출산은 건강에 문제가 있는 아기의 출산으로 영아 사망률이 높았을 뿐만 아니라 산모의 건강을 위협했으며 급격한 인구의 증가는 식량문제를 심화시켰다. 이 문제의 해결을 위하여 보건행정조직을 통한 국가적인 가족계획사업이 시행되었으며 이 사업은 좋은 성과를 나타내어 인구 증가율과 영아사망률은 감소하게 되었다.

네 번째는 환자의 치료이다. 치료보다 예방이 궁극적으로 더욱 경제적이라는 것은 누구나 알고 있는 일이나 당장 치료를 못하고 있는 국민이 다수 존재할 때 정부는 치료에 우선을 두어야 했다. 그래서 무의촌을 없애기 위한 많은 노력이 진행되었으며 양질의 의료 서비스를 제공하기 위한 노력이 계속되고 있다. 또 이제는 전국민이 의료보험의 실시로 진료 부문의 문제가 많이 완화되었다.

이와 같이 우리 나라 국민건강의 시급한 문제들은 어느 정도 해결되었고 여러 가지 상황이 변하고 있다. 그렇다면 이제 정부의 보건정책을 시행하는 보건소에서 시행하여야 할 주요 보건사업은 무엇인가 생각해 보아야 할 것이다.

우리 나라의 사인별 사망원인을 보면 만성퇴행성 질환이 주요 사망원인임을 알 수 있다. 이런 질병들은 질병이 발생하는데 오랜 시간이 걸리고 질병이 한 번 발생되면 치유가 어려우며 계속적인 치료와 관리가 필요한 것으로 잘 알려져 있다.

오랜 기간 만성퇴행성 질환이 주요 사망원인인 대부분의 나라에서 보면, 의료보험이 잘 되어 있는 경우 국가의 의료비 상승은 엄청나서 국가경제에 엄청난 부담을 주고 국가경제를 위협하는 경우를 볼 수 있다. 이런 외국의 예를 볼 때 우리 나라도 의료비의 상승과 국가경제의 부담은 누구나 예견할 수 있는 일일 것이다. 외국의 예를 보면서 우리 나라는 그 전철을 밟지 않도록 노력이 필요할 것이다.

많은 나라에서 이런 문제를 해결하기 위해서 많은 투자와 연구가 이루어지고 있으며 여러 가지 방법들이 제시되고 있다.

만성퇴행성 질환으로 인한 이러한 여러 가지 문제의 크기를 줄이는 가장 경제적인 방법으로는 질병의 예방과 일단 질병이 생기면 철저한 관리로 병의 진전을 최소화하여 노동력의 상실을 막고 부담을 줄이자는 데 있다는 것에 일치하고 있다. 그러므로 우리 나라 보건소에서는 업무의 주요 순위를 만성퇴행성 질환관리도 두어야 하며 더 나아가서 질병인의 치료가 아닌 건강인을 위한 예방사업을 실시하여야 한다.

보건소 본래의 기능이 1차 보건진료(Primary Health Care)라면, 건강인을 대상으로 하여 건강증진, 예방사업을 벌여야 할 것이다. 이런 방법이야말로 현재 우리 나라의 주요 사망원인인 만성퇴행성 질환의 증가를 막을 수 있을 것이다.

질병의 예방을 위해서는 생활습관을 건강하게 가지는 것이 가장 중요하다고 결론지어지고 있으며 이 중에서 식생활의 중요성에 대한 인식은 점차 그 비중이 커지고 있다. 이제 보건소는 영양사업을 기초로 하여 만성퇴행성 질환관리로 그 사업의 우선순위를 돌려야 할 것이다.

이렇게 우리의 식생활은 변화하고 있으며 식생활이 그 주요 발생원인으로 생각되고 있는 만성퇴행성 질환이 우리 나라의 주요 보건문제로 부각되고 있고 노인인구의 증가 등으로 그 심각성은 점점 커질 것으로 예견되고 있는데 현재 우리 나라의 보건소는 식생활에 대해서는 거의 어떤 사업도 시행하고 있지 않다고 볼 수 있다.

이제 우리의 보건소는 그 사업의 우선 순위를 만성퇴행성 질환관리로 돌려야 할 것이며 특히 그 중에서도 주민의 식생활 관리를 위하여 영양사업의 개발과 시행이 시급하다.

2)보건소의 영양프로그램의 수행

(1) 모자보건

이 분야의 영양사업은 임신기, 영아기, 유아기 대상으로 이루어져야 한다. 임신기의 영양사업은 적당한 영양공급, 임신기에 일어날 수 있는 문제점, 그리고 모유수유를 준비할 수 있게 교육을 시키는 것이다. 수유기의 영양서비스는 모유수유의 중요성과 영양적 우수성, 부득이한 경우에 대비한 바른 인공영양법, 그리고 이유의 필요성 및 올바른 이유도입시기와 방법 등에 중점을 두고 제공되어야 한다. 유아기의 사업은 적절한 영양소공급과 식단계획, 간식 그리고 유아기의 영양상 문제점에 초점을 맞추어 지도한다. 참고로 임산부 영양서비스 프로그램을 소개하면 그림 14-3과 같다.

(2) 건강인 영양관리

이 분야의 영양사업은 직장인, 학령기아동, 청소년 등을 위한 영양관리 등이 주로 이루어져야 할 것이다.

직장인을 위한 영양사업에서는 외식 및 아침결식율이 높고 영양상의 불균형이 우려되는 집단이므로 가능하면 식사섭취평가, 신체계측을 통한 비만도 측정, 생화학적인 검사, 식습관 및 생활습관 조사를 통한 건강위험평가를 통하여 위험대상자의 조기발견에 주력하여 초기에 적절한 서비스가 제공되도록 한다. 이를 위한 건강진단정보, 보건교육 및 치료관리 정보의 제공은 필수적이며 이들 사업이 보건사업의 일환으로 함께 이루어지도록 의료팀과의 협력에도 유의한다.

학령기아동의 경우에는 첫째, 건강증진에 필요한 기본 건강교육 및 식사예절 교육, 영양과 운동에 대한 보건교육 및 상담을 실시하고, 둘째, 학교를 통

그림 14-3 임산부 영양서비스 프로그램

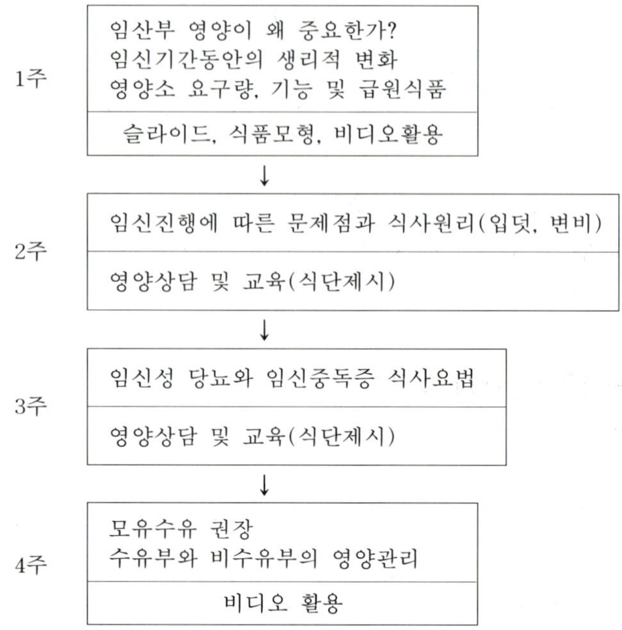

하여 실시되고 있는 규칙적인 건강검진 및 예방접종 서비스의 기회를 이용하여 문제가 있어 보이는 아동을 대상으로 양호교사 및 학교급식 영양사와 협조하여 영양지도를 실시하고, 셋째, 이들 사업과 병행하여 가능하면 식사섭취평가, 신체계측을 통한 비만도 측정, 식습관 및 생활습관조사를 통한 건강위험평가를 통하여 위험대상자의 조기발견에 주력하여 조기에 적절한 서비스가 제공되도록 한다.

청소년기는 우리 나라 청소년의 경우는 과중한 학업과 입시에 대한 부담으로 결식, 폭식 및 기호식품의 양이 늘어나 청량음료, 가공식품, 편의식품에 지나치게 의존하여 영양섭취의 불균형이 두드러지고 비만, 충치, 골절, 빈혈의 위험이 많다. 또한 거식증, 탐식증, 식품유행의 경향도 보인다. 발육의 정점이 되는 이 시기는 일생을 통해 가장 많은 영양공급을 필요로 하는 시기인 동시에 영양섭취 불균형에 처하기 쉬운 위험한 시기이기도 하므로 풍부하고 적절한 영양섭취에 대한 관리와 교육이 필요한 시기이다. 대개 사업내용은 수험생의 영양지도와 취업청소년 영양지도로 나누어 수행한다.

(3) 저소득층 관리

현재 우리 나라에서도 가난으로 인해 영양부족이나 영양결핍에 시달리는 저소득층이 있으며 특히 성장기 어린이나 임산부, 노인층이 위험하여 이들에 대한 효율적인 영양사업이 이루어져야 한다.

식습관이 바람직하지 못하여 알코올중독, 흡연 등의 건강 위해 습관이 만연하고 충치, 빈혈, 저체중, 비만, 만성퇴행성질환 등에 시달리는 경우가 많다. 동사무소나 면사무소의 담당자나 사회복지사의 도움으로 저소득층의 소재나 실태를 파악하고 적절한 서비스를 제공하도록 한다.

적절한 사업내용을 소개하면 다음과 같다.

① 최소한의 예산으로 영양권장량에 맞는 식품을 구매하여 섭취할 수 있도록 최저 생계비의 개념에 입각한 식품구매 및 조리를 지도하는 것이 필요하다.

② 제한된 예산안에서 싼 값에 같은 영양밀도를 지닌 식품을 선택하는 요령을 식품교환표의 개념을 도입하여 지도한다.

③ 가구주나 어른의 입맛보다는 고 위험군에 속하는 성장기 어린이 우선의 메뉴를 선택하도록 지도한다.

④ 식품표시 및 영양표시에 제공된 정보를 이용하는 요령을 지도하여 예산의 낭비가 없게 한다.

⑤ 허용된 예산을 계획성있게 사용하게 하고 사치품구입이나 충동구매후에 식품비 할당액을 줄이는 일이 없게 한다.

⑥ 보약 등의 잘못된 영양정보에 예산을 낭비하지 않도록 바른 영양정보를 제공한다.

⑦ 영양 이외의 요소로서 영양에 영향을 미칠 수 있는 식품위생, 주거환경 등의 문제에 종합적으로 관심을 갖는다.

⑧ 식품구매력을 높일 수 있는 부업, 취업 등의 계기마련에 힘쓰고 취로 사업 등의 기회를 놓치지 않도록 적절한 정보 및 훈련의 기회를 제공한다.

이상의 사업을 제대로 수행하기 위해서, 지역사회주민중 경제, 사회적 여건이 열등한 이들을 위한 서비스가 이용주민의 자존심을 다치지 않도록 유념하고 보건소를 통해 고소득층이나 다를 바 없는 평등한 서비스를 제공받는다는 인식을 갖게 한다. 조절되지 못한 만성퇴행성질환을 나타내는 경우 적절한 2차, 3차 의료 서비스와 영양서비스를 보건소에서 받도록 유도한다.

(4) 만성퇴행성질환 관리

건강한 사람들에게는 영양권장량에 따라 고른 영양섭취를 하여 성인병에 걸리지 않도록 예방차원의 서비스가 필요한 반면, 성인병을 앓고 있는 경우에는 질병의 증세에 따라 특정영양소를 제한 또는 금지시키는 등의 식사요법이 필요하므로 이에 따른 영양서비스가 필수적이다. 보건소에서 수행할 수 있는 사업으로 당뇨교실, 고지혈증교실, 성인비만교실, 골다공증교실 등이 있다.

당뇨병, 고지혈증, 골다공증, 비만 등의 교육은 예방차원에서 관심있는 사람들을 대상으로 집단교육을 하거나 병·의원 혹은 보건소에서 근무하는 의사의 의뢰로 환자들을 모아서 집단교육을 할 수 있지만 반드시 개별적인 상담

그림 14-4 당뇨병식사지도 과정

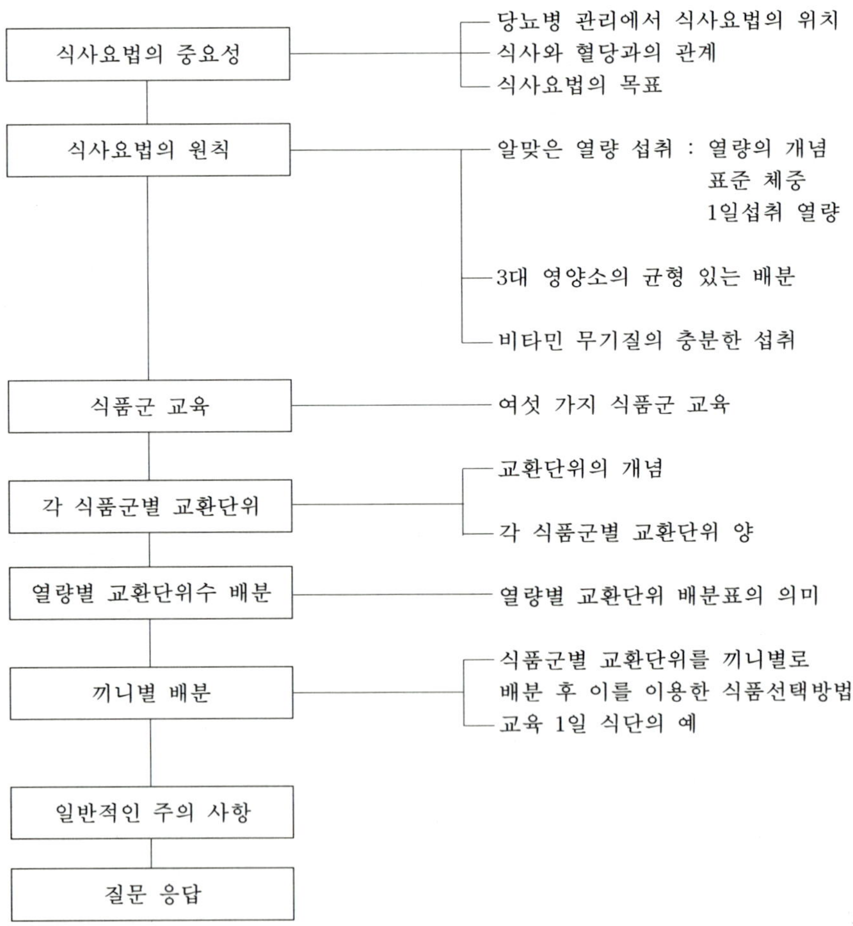

자료 : 김원경, 효과적인 당뇨병교육의 예, 당뇨병(18) 부록2호 1994

과 추구관리가 병행되어야 한다. 일회적인 교육을 지양하고 계속적인 관리에 힘쓰며 교육의 내용이 반복학습이나 실습을 통하여 숙지되도록 한다.

특히 식품교환표의 자유로운 이용과 응용이 필수적이므로 식품모형이나 그림 등을 이용하면 효과적일 수 있으며 경험담을 나누도록 시간을 할애한다. 또한 식사기록이 필수적이므로 식사기록 방법을 주지시키도록 한다.

참고로 당뇨병 식사지도의 교육과정을 소개하면 그림 14-4와 같다.

(5) 노인 건강관리

최근 우리 나라의 노인인구가 급증하고 있다. 특히 노년기는 신체적으로 모든 기능이 약화되고 일생을 통한 바르지 못한 식습관의 누적효과로 인해 만성질환에 시달리는 경우가 많으며 정신적으로도 건강하지 못한 경우가 많아 이들을 위한 특별한 영양관리 프로그램이 필요하다. 이들을 위한 영양관리 프로그램의 예로는

① 내소노인의 영양상담 및 지도

- 보건소 방문노인이 자신의 필요에 의해 영양상담실을 찾았을 때는 개별적인 영양평가내용에 따라 영양상담 및 지도를 하고 꾸준한 추구관리를 통하여 계속적인 실천여부를 모니터링 한다.

② 노인대학요리교실

- 노인대학을 보건소내에 설립하여 지역사회 서비스 차원에서 운영하거나 기존의 노인대학일정에 추가하여 흥미를 끌 수 있는 건강요리법의 소개와 함께 간단한 메시지 중심의 영양교육을 실시한다.

③ 노인급식서비스

- 지방자치 단체의 여건에 따라 예산배정에 여유가 있는 경우 보건소의 간단한 조리시설과 공간을 이용하여 노인대상 급식서비스를 하루 한끼정도 시도해 볼 수 있다.

④ 가정방문 영양서비스

- 거동이 불편한 장애노인이나 병환중에 있는 노인의 경우 일일이 방문하여 영양서비스를 제공하기에는 영양사의 인력이 부족하므로 이 서비스에 필요한 기초자료를 준비하여 간호조무사나 보조원 등의 보건소 의무인력을 활용해 시장보기, 조리하기, 식단짜기, 영양가계산, 균형된 식사배달 등의 서비스를 제공한다.

참고로 노인들을 대상으로 한 영양교육 일정을 소개하면 다음과 같다.

일 정	내 용	검사 및 과제
1주	노년기 신체변화와 영양	혈압측정, 뇨검사, 혈액검사, 먹은 음식의 종류와 양 받아적기, 신체계측, 비만도 측정
2주	건강요리 교실	조리실습 또는 식단전시 교육후 개별상담
3주	나는 요리사 교육후 개별상담	자신있는 음식 조리하여 가져오기 및 함께 나누기
4주	추구관리 및 회원제 도입안내 경험담 나누기	

2. 농촌 진흥청의 영양프로그램

1) 응용영양사업의 배경

응용영양사업은 세계평화와 식량문제의 해결 및 건강향상을 기본이념으로 하여 UNICEF(국제 연합 세계보건 기구)의 설립과 함께 시작되었다. 초창기에는 이들 각 국제기구에서 회원국의 응용영양사업을 위해서 국가적 영양 사업의 조직 또는 활동을 강화하는 일과 분유를 이용한 아동급식을 주로 하였으나 점차 보다 풍부한 영양식품을 생산하여 보다 나은 영양과 균형식을 섭취하도록 지도하고 적절한 영양교육 방법 및 기술에 대한 연구와 보급 사업실행에 필요한 지도요원의 교육과 훈련 그리고 사업의 궁극적인 목적달성을 위한 보건, 교육, 농수산 및 기타 정부관계부처와 사회 공공단체와의 협조로 지원활동을 실시하기 시작하였다. 즉 우리 나라 응용영양사업은 농촌진흥청이 주관하고 UNICEF, FAO, WHO의 후원 아래 1968년 1월부터 이루어진 사업이다.

우리 나라에서 응용영양사업을 시작하게 된 배경에는 몇가지 요인이 작용했다고 볼 수 있다.

첫째, 60년대 우리 나라의 농업생산구조는 곡류편중에 축산농업은 거의 없으므로 식품생산구조를 개선하기 위한 것이다.

둘째, 식품생산은 식품공급과 연결되므로 곡류편중의 식생활습관을 개선하기 위한 것이었다.

셋째, 만성적인 영양불량 증상은 농촌이 도시보다 더 두드러지는데 이는 편중된 식생활 습관은 물론 저소득, 저학력이 주원인으로 생각되어지기 때문에 식품생산의 불합리한 점을 농가단위로 시정하고 편중된 식생활구조를 개선하며 농촌주민을 대상으로 영양교육을 반복 실시하여 농민의 영양섭취와 체위향상에 기여해야 할 필요가 있다고 생각한 것이다.

2) 주요사업내용

(1) 응용영양 시범마을 육성

응용영양 사업을 추진하던 첫 해인 1968년 농촌진흥청 및 농촌진흥원의 사업대상 마을을 각 1개씩 총 10개 마을을 선정하여 농민의 영양섭취실태, 건강상태, 식습관, 금기식품, 농업경영 및 사회경제 실태에 관한 조사를 실시하였으며 이 조사 결과 농민의 영양상태가 고르지 못한 것으로 나타나 이를 개선하기 위하여 단백질 식품, 칼슘 식품, 비타민 식품 등과 같은 영양식품 생산을 지도하였다.

기본협정 사업기간인 1968년부터 1970년대 말까지 171개 마을 대상으로 기초조사를 실시한 결과에 의하여 영양식품을 증산지도 하였고 영양개선의 집과 식품가공의 집을 설치하여 식품공동가공, 탁아급식장 및 영양교육의 장으로 활용하였다. 또 교육에 활용할 각종 교재의 제작배부와 지도요원을 확보하고 훈련을 실시하는 등 사업의 굳건한 기초를 닦았다고 할 수 있다.

1971년부터 이를 토대로 1, 2차 연장사업에 들어가 새로운 체제를 정비해 계속적으로 사업을 전개하였으며 특별히 식량자급을 위한 감자류 증산 및 감자요리 보급을 추가로 실시하였다. 1977년 제 3차 연장사업이 시작되던 해에 「응용영양 시범마을」은 「농촌영양개선 시범마을」로 그 명칭을 바꿈과 동시에 지방으로 이관하여 자율적으로 운영하도록 하였다. 1978년 제4차 연장사업에 들어가면서 아동의 영양상태 개선에 초점을 두고 총 1,847개 마을을 육성하였다.

(2) 아동영양지도마을 육성

농촌 아동의 체위향상을 위하여 1977년부터 시, 도당 1개소씩 11개소, 1978년에 16개소의 아동영양지도 마을을 선정하여 식품섭취실태 및 건강조사, 식습관 및 금기식품조사 등 기초조사를 시범마을과 비교마을에서 실시하였고, 특히 취학전 아동의 영양개선으로 체위를 향상하고자 어린이 건강상태 및 체위측정조사, 금기식품조사, 아동 급식시설 설치, 영양식품 공급과 어린이 이유식 및 보충식의 개발보급은 물론 각종 놀이기구를 지원하고 올바른 식습관 형성을 위한 아동 영양교육, 아동 급식에 관한 주민교육의 실시, 임산부의 영양섭취 등을 주요 과제로 지도하여 좋은 성과를 거두었다.

1980년에는 젖먹이 어린이 및 임신 수유부 영양섭취 개별지도, 정기적으로 아동의 신장, 체중측정, 취학전 아동 개인별 카드비치, 영양식품 공급, 이유식 및 보충식을 중점 지도하였다. 제5차 연장기간인 1982년부터 1986년까지 5년동안 아동영양지도 마을에 젖소, 비육우, 흑염소 등을 지원하여 농가소득 증대사업을 실시하면서 그 이익금을 어린이 공동급식비로 충당하여 사업을 원활하게 추진하였다. 한편 1983년 이후의 응용영양사업은 현재 농촌진흥청에서 육성하고 있는 생활개선 시범마을의 튼튼한 기반이 되어 농촌지역 주민의 체위향상과 아울러 농가생활의 질 향상에 이바지하고 있다.

(3) 조리실 겸 단체급식장 설치운영

농촌 부녀자들의 조리기술 향상과 단체급식으로 균형된 영양을 공급하기 위하여 농촌지도소에 조리 실습을 겸한 단체급식 시설을 1974년부터 설치 운영하였다. 중앙에는 농촌진흥청과 새마을 지도자 연수원, 지방에는 각도의 4-H 연수농장을 비롯하여 시, 군 농촌지도소의 훈련시설로서 50인 이상의 급식장에 시범적으로 설치 운영하였으며, 최근에는 농촌 주민의 종합적인 복지수준 향상을 꾀하고자 농촌생활 문화관으로 바꾸었다.

(4) 생활개선 교육차 운영

농촌 식생활 및 영양개선을 위한 오지마을 주민들을 교육하기 위하여 식생활 교육차 12대를 FAO에서 기증받았다. 1976년에는 경기, 전남, 경북도 농촌진흥원에, 1979년에는 9개 도농촌진흥원에 1대씩 총 12대를 배정 운영하고 있다.

1981년 이후에도 식생활 교육차는 매우 활발하게 활용되었는데 특히 교통이 불편한 산간벽지 및 오지마을의 순회교육은 주민들에게 인기가 높았다. 그 주요 교육내용은 기초 영양상식, 개발요리, 향토요리, 병조림 연시교육, 생활개선 과제 실물전시, 영화, 슬라이드, 시청각기자재 활용으로 과학적이고 합리적인 영양개선 교육은 물론 생활개선 과제도 함께 보급할 수 있는 기회가 되었다.

1990년부터는 생활개선 과제를 종합적으로 보급하기 위하여 그 명칭도 "생활개선 교육"으로 명칭을 바꾸고 식생활 외에도 가정관리, 농작업환경개선, 의생활, 주거 환경개선, 취미교양 등 다양한 과제를 지도하고 있다.

3) 응용영양사업의 성과

(1) 농민 영양수준의 향상

우리 나라에 응용영양 사업이 전개된 이후 농촌의 식생활은 많은 성과를 가져왔다. 식생활이 개선 된 것은 건강상태가 향상됨과 동시에 사람의 생각이나 태도가 바뀐 것을 말한다. 하나의 개선이 가족 한 사람, 한 사람의 생활에 작은 변화를 일으켜 집안을 밝고 평화롭게 하는 계기가 되며 이와 같은 변화는 한 농가의 범위를 넘어 마을 전체와 인근마을에까지 영향을 미치게 되었다.

응용영양 사업을 처음 시작한 때의 농촌 식생활실태나 농민들의 생각은 사업 실시이후 농민들의 건강상태와 의식보다 많은 차이가 있음을 발견할 수 있었다. 먼저 응용영양 사업 지역주민의 식품 및 영양 섭취량, 체위 및 건강상태가 사업실시 전에 비하여 훨씬 향상된 것으로 나타났다. 그리고 한 사람이 하루에 동물성 식품을 37g 섭취하는 반면, 시범마을은 62g으로 훨씬 많이 섭취하고 있었으며 영양소 섭취 실태를 보면 동물성 단백질에 있어서 일반마을은 성인 1인당 1일 10.1g을 섭취하였으나 시범마을은 20.1g으로 훨씬 많이 섭취하였다. 칼슘 섭취량에 있어서도 시범마을의 일반 마을보다 더 많이 섭취하고 있음을 볼 수 있다. 또한 아동의 신장, 체중을 조사했을 때 일반마을 아동보다 시범마을 아동의 체위가 더욱 높은 것을 알 수가 있다. 아동의 영양장애 증후 발현율도 일반마을보다 시범마을 아동이 더 낮았으며 특히 빈혈, 구순염, 설염의 발현율이 더 낮았다.

(2) 식생활 태도 및 행동개선

식생활과 영양에 대하여 많은 지식을 갖고 있다 할지라도 실천하지 않는다면 본인은 물론 가족전체의 건강에 많은 영향을 끼치게 되므로 사업실시 전후에 주부의 영양상식수준과 식단 간이 진단 점수를 비교하였다.

(3) 전문연구 및 훈련기관 설립

농촌 영양개선 연수원의 설립은 응용영양 사업에서 빼놓을 수 없는 업적중의 하나이다. 농촌 영양개선을 위한 식품조리 가공보존법에 대한 연구조사와 식품 영양요원에 대한 교육훈련의 양 기능을 수행하기 위해 농촌진흥청 산하 14개 시험장 연구소의 하나로 설립되었으며, 1994년 12월 23일 정부의 조직개편에 의하여 농촌생활 연구소로 개칭되었다.

3. 사회복지시설의 영양사업

사회복지는 '전국민의 물질적, 정신적, 사회적 최저생활을 확보하기위한 공적, 사적 사회 서비스의 전반'이라고 규정되어 있다. 일반적으로 사회복지의 대상은 심신의 미발달, 미성숙, 노화 또는 심신의 장애등으로 다른 사람에 의존해야 생활이 가능한 사람으로서, 이들을 보호해야 할 가족이 현재 없거나 있다 하더라도 가족의 부양기능이 결여 되어 가족내에서 생활이 곤란한 사람들이다. 사회복지시설은 신체적 영양적으로 취약한 어린이, 노약자, 장애자 등을 수용하므로 사회복지시설에서의 영양문제는 매우 중요한 비중을 차지하고 있다.

1) 아동복지시설

아동복지시설의 역할은 시설에 입소하거나 다님으로써 아동에게 좋은 환경, 좋은 영양, 주거, 피복, 각자의 개성과 능력에 적합한 교육, 직업의 지도를 받도록 하고 사회의 한사람으로서의 책임을 다할 수 있도록 하는데 있다. 아동복지시설의 혜택을 받는 대상은 만 18세 미만의 어린이들로 영아시설, 육아시설, 일시보호시설, 아동직업보도시설, 교호시설, 자립지원시설로 분류된다. 1995년의 수용아동수를 보면 총 19,214명중 보육시설아동이 16,079명(83.7%) 영아시설아동이 1,760명(9.1%)으로 보육, 양육목적의 시설아동이 92.8%를 차지하며 나머지 시설아동은 7.2% 밖에 되지 않는다.

아동복지시설의 급식목적은 어린이의 적당한 영양을 공급하여 건강하게 성장하는 것을 목적으로 하고 있다. 실제로 각 아동복지시설에 영양사를 두도록 권장하고 있으나 현재 영양사가 있는 곳은 10%에 불과한 실정으로 앞으로 시정되어야 할 것으로 생각된다.

아동복지시설의 영양업무내용은 다음과 같다.

(1) 영양급식의 계획

① 아동복지시설의 종류에 따른 다른 형태의 급식계획확립
② 어린이들의 연령별 영양구성량 기준 작성
③ 발육상황, 특수질환 등을 고려한 급식계획과 특별영양공급
④ 식단계획의 검토

(2) 영양공급내용의 검토

① 공급영양량의 적정성 검토
② 식품의 영양균형도의 검토
③ 음식의 적정한 배분성 검토

(3) 영양교육

① 조리종사자에게는 조리기술 교육 및 직원들에게 영양교육실시
② 어린이들에게 영양교육과 영양지도실시

(4) 위생관리

① 식품위생관리
② 급식시설설비의 위생관리
③ 조리종사자의 위생관리

(5) 기타

사무관리, 각종 조사연구, 지역사회내의 각 부처와의 연락조정업무

2) 노인복지시설

노인복지시설은 양로원, 유로양로원, 노인복지센터, 경로원, 노인대학 등이 다 포함되나, 현재 주로 급식을 실시하는 곳으로 유료 복지시설과 무료 복지시설로 대별된다고 할 수 있다. 복지시설에 거주하는 노인들은 재택 거주노인들보다 연령도 높고 질병보유율과 약물섭취빈도도 높아 여러 가지 영양문제를 내포하고 있는 집단이므로 영양상태가 나쁠 확률이 더욱 높으므로 영양공급에 더욱 많은 주의가 요구된다. 그러므로 노인을 대상으로 하는 사회복지시설의 일반적인 영양과 식사관리 뿐만 아니라 때에 따라서는 영양공급방법이 조절되어야 한다.

노인복지 시설에서의 영양업무는 다음과 같다.

(1) 급식 및 배식관리

① 급식방법
② 배식방법 및 배식시 음식량 결정방법

(2) 식단관리 및 조리관리
① 표준조리법사용
② 피급식자의 기호도 반영

(3) 식품구매관리

(4) 영양교육 및 위생관리

(5) 노인들의 영양 및 건강상태조사

3) 장애인복지시설

우리 나라 장애인 복지시설은 216곳이며, 수용인구수는 약 14,000여명에 달한다. 우리 나라의 총 장애인 인구수는 약 100만으로 추정된다. 심신장애자 복지법에 의하면 입소자 50인 이상의 시설에는 반드시 영양사를 1명 이상 두도록 하고 있다. 그러나 실제 상황은 이보다 훨씬 열악한 것으로 생각되고 있다.

장애인 복지시설에서의 영양업무는 다음과 같다.

(1) 식단관리
① 현재 급식되고 있는 아침, 점심, 저녁 식단표의 영양가 분석
② 장애별 영양소섭취관리
③ 간식 및 별식제공
④ 식단의 영양적정성 검토

2) 급식관리
① 주방 및 식당의 위생관리
② 주방조리종사자의 영양교육
③ 급식관리자의 영양관리 및 위생관리

(3) 구매관리
① 주구매장소 및 선정비 계산
② 식품비 적정성구매

(4) 피급식자의 기호, 반응, 만족도 상태검사

(5) 장애인의 영양건강상태 판정

4. 유아 교육기관의 영양프로그램

1) 영양프로그램의 목표

유아들로 하여금 영양 및 식품에 대한 기초지식을 배우고 바람직한 식생활을 영위하도록 하기 위한 학령기 이전 아동의 영양프로그램의 목표는 다음과 같다.

① 식품에 대한 긍정적인 태도와 식사시간에 대한 즐거운 인식을 갖도록 한다.
② 다양한 종류의 식품을 먹도록 유도한다.
③ 건강에 이로운 식습관을 강조한다.
④ 식사준비에 참여하도록 함으로써 식품과 건강의 관계에 대한 이해를 증진시킨다.
⑤ 영유아의 식품 또는 식사선택에 영향을 주는 부모나 보육자들의 영양지식을 증진시킨다.
⑥ 영양교육 교과과정과 자료들을 개발하고 보급, 평가한다.

2) 영양프로그램의 교육내용

유아들의 경우에는 일상생활과 놀이를 중심으로 교육을 해야 하므로 한 번의 교육내용에 하나의 주제를 담아야 한다. 이 때 주제로 선택할 수 있는 내용으로는 다음과 같은 것이 들어 있을 수 있다.

① 음식을 먹는 이유

키가 크려고, 건강해지려고, 영양소 섭취, 배고픔 해소, 만족감을 얻기 위하여 등을 이끌어 낸 후 식품이 우리 몸에서 어떤 역할을 하는지에 대하여 교육한다.

② 음식의 선택

같은 식품군은 우리 몸에서 비슷한 역할을 하므로 다른 종류의 식품군을 고루 먹어야 한다는 점을 교육하며, 많이 먹으면 해로운 식품의 무엇인지도 알아 본다.

③ 식사태도

식사 전후에도 무엇을 해야 할까? 밥 먹을 때의 자세는 어떻게 할까? 새로운 음식이 나왔을 때는 어떻게 할지에 대하여 말하게 한 뒤 음식을 꼭꼭 씹어 먹지 않으면 어떻게 되는지 설명하고 자기가 먹으려고 덜어 온 음식을 남기지 않도록 지도한다.

④ 외국음식과의 비교

우리 나라 음식과 다른 나라 음식을 비교하여 우리 나라 음식의 좋은 점과 개선해야 할 점에 관하여 이야기한다.

5. 학교에서의 영양프로그램

학교에서의 영양프로그램중에서 가장 중요하게 언급되는 것은 학교급식을 통하여 식습관을 고정하고 식사예절을 배우는 것이다. 그리고 교과목과 연계한 다양한 영양교육들이 실시될 수 있을 것이다.

1) 영양프로그램의 목표

첫째, 어린이가 현재 영양과 관련하여 대두되고 있는 문제점을 이해하는데 필요한 지식, 기술, 태도를 갖게 한다.

둘째, 음식과 질병과의 관계에 관한 많은 연구를 근거로 질병의 위험을 감소시킨다.

셋째, 우리 나라 식량자원의 생산, 분배, 합리적인 소비에 대한 지식을 갖도록 한다.

2) 영양프로그램의 내용

학교에서의 영양은 교과과정에 맞추어서 적합한 내용과 순서로 전달되어야 하며, 교육을 담당하는 사람은 영양에 대한 지식이 있어야 한다. 어린이의 영양교육 프로그램이 성공을 거두기 위해서는 식사요법과 운동요법을 병행하며, 이 때 부모나 가족의 협조가 반드시 필요하고, 프로그램은 흥미를 유발하여야 한다.

그리고 학교영양프로그램은 나아가서 학교, 가정, 지역과도 연계할 수 있다. 우선 교과목 교사와 TT(team teaching)를 하는 것이 좋다. 국어시간에는 식품의 이름을 쓰도록 하거나 식품, 건강, 영양에 관련된 내용의 문장을 많이 알려주는 방법으로 교육할 수 있으며, 수학시간에는 식품의 그림을 이용하여 식품을 세고 계산하면서 식품을 눈에 익히도록 한다. 과학시간에는 식품으로 음식을 만들 때 어떤 변화가 일어나며, 음식이 우리 몸에 들어가서 어떻게 소화되고 변화되는지에 관하여 배우고, 사회시간에는 우리 지역에서 생산되는 농산물, 수입되는 농산물, 과잉생산된 농산물에 대한 소비방법 등에 대하여 학습한다. 음악시간에는 식품과 영양에 관련된 가사로 노래공부를 할 수 있고, 실과시간에는 우리가 먹는 야채 중 간단하게 키울 수 있는 야채를 직접 키우고 관찰함으로써 야채의 성장에 대하여 배운다. 또한 특별활동시간에는 역할극, 인형극, 소집단 토의, 비디오 상영 등을 활용하면 좋은 결과를 가져올 수 있고, 교내벽보, 교내신문, 교내방송을 이용한 영양프로그램도 효과적이다.

정보마당

14-1 초등학교의 영양프로그램의 사례

광주시 서석초등학교에서는 급식교사가 중심이 되어 학생과 학부모, 교사를 대상으로 하여 식생활 교실을 3월부터 11월까지 운영하였다. 여기에서는 학부모와 교사들에게는 아동영양의 특징, 식사·영양문제와 대책 등에 관해 교육하고, 전교 학생들에게는 비디오로 편식과 결식의 문제점을 교육하였다. 한편으로 고도비만아를 대상으로 1개월간 매주 1회씩 개인식사기록과 함께 강의식으로 또는 OHP와 식품모형을 사용하면서 가르치고, 매일 전화 상담을 병행하였다. 그 결과 지속적으로 참여한 학생들은 체중이 감소하였고 학생들과 학부모도 그 효과에 만족하였다.

6. 산업체에서의 영양프로그램

1) 영양프로그램의 목표

근로자들은 만성질환에 시달리고 있다. 최근 우리 나라의 산업체의 질환상태를 보면 일반 질환은 5.4%이고 업무상재해자중 작업조건, 식생활 및 생활환경과 관련된 질환 이환율이 심각한 것으로 나타났다. 근로자의 건강은 근로자 자신의 의료비외에 기업고용주의 경비도 절감할 수 있으므로 기업의 생산성 향상과 경쟁력강화 더 나아가 국가경쟁력의 근간이 된다. 따라서 산업체의 영양프로그램은 매우 중요하며 다음과 같은 목표를 갖는다.

표 14-1 영양교육 프로그램의 대상 및 내

종 류	연구방법	교육대상	교육내용
바른 식생활	전체영양교육 뉴스레터 게시판	전직원	균형잡힌 식생활과 기초식품군, 각 영양소 간의 기능 및 한국인을 위한 식사지침, 권장량 등에 대한 교육
체중조절교실	그룹지도 개인지도	비만도 120이상 또는 BMI 남:26 여:28 이상인자	6주 정도의 프로그램으로 비만의 원인, 식사계획, 식습관 및 식사행동, 운동의 효과 등에 관하여 교육
콜레스테롤교실	그룹지도 개인지도	혈중 콜레스테롤이 200mg/dl 이상인 자	3주 정도의 프로그램으로 식이 중 전체지방량, 포화지방산, 콜레스테롤의 섭취를 줄이고 섬유소와 운동량을 늘리는 방법에 대한 교육
암예방교실	전체영양교육 뉴스레터 게시판	전직원	암예방을 위하여 바른 식생활, 적절한 지방섭취, 체중조절, 식품첨가제와 오염에 대한 교육
알코올과 건강	전체영양교육 뉴스레터 게시판	전직원	간에서의 알코올 대사, 알코올의 영양성분 및 칼로리, 알코올이 건강에 미치는 영향, 적절한 음주량 및 방법 등에 대하여 교육
외식의 요령	전체영양교육 뉴스레터 게시판	전직원	외식시 선택요령 및 문제점에 대한 보완책, 특히 질병 유소견자의 외식 선택요령 등을 교육
고혈압과 영양	개인지도	고혈압과 유소견자	식염과 고혈압, 비만과 고혈압의 관계를 설명하고 식사시 특별히 조심해야 할 음식 및 주의사항, 권장식품 등에 관하여 교육
금연 교실	그룹지도	흡연자	흡연과 질병과의 관련성을 설명하고 금연을 권장하며, 흡연시 추가 요구되는 영양소에 대한 교육
가족영양교실	가정통신문 근로자 가족초빙	근로자 가족	아침식사의 중요성, 어린이 영양, 노인영양, 빈혈 및 골다공증 예방을 위한 영양교육 등 전반적인 가족을 위한 영양교육 실시

자료: 조여원(1996), 근로자건강증진과 바람직한 영양서비스교육

① 근로자들이 올바른 식습관을 가질 수 있도록 한다

② 만성퇴행성 질환자(심혈관 질환, 뇌혈관 질환, 고혈압, 당뇨병, 고지혈증 등)의 비율을 감소시킨다.

③ 혈중 콜레스테롤이 200mg/dl 이상인 사람의 비율을 감소시킨다.

④ 흡연율을 줄인다.

⑤ 알코올의 적절한 섭취량 및 섭취방법을 실천하도록 한다.

⑥ 정상체중을 유지하도록 한다.

⑦ 아침식사를 꼭 하도록 한다.

2) 영양프로그램의 내용

우리 나라에서는 근로자에 대한 영양 서비스 측면에서 급식을 제공하고 건강진단을 실시하고 있다. 대개 산업체에서 요구되는 영양프로그램의 예를 표 14-1에 제시하였다.

활동마당

다음 두 가지 서식을 이용해서 보건소에서 사용할 수 있는 임산부 식사 기록일지와 영양상담지원서를 새롭게 작성해 보자.

임산부 식사 기록 일지

성명 : ____________

1 나이 : ____________세

2 분만예정일 : ________년 ________월 ________일

3 임신 회수 : ____________회

4 출생한 아기의 수 :

5 1) 키는 얼마입니까?____________cm

2) 임신전 몸무게는?____________kg

3) 현재의 몸무게는____________kg, 체중증가분 :____________kg

4) 체중증가의 정상여부는?________________________

5) 현재의 Hgb과 Hct는? Hgb____________, Hct____________

6) 질병의 유무____________

7) 이 번이 첫 번째 임신이 아니시라면 지난번 임신때 건강상 문제가 있었습니까?

____

8) 현재 아래와 같은 증상이 있습니까?

① 입덧 ② 속쓰림 ③ 변비 ④ 소화불량

⑤ 당뇨 ⑥ 임신중독증 ⑦ 기타 ____________

9) 24시간 회상법과 식사력을 이용하여 아래와 같이 평가함.

5가지 식품군 : 우유군 적당 / 부족 육류군 적당 / 부족

곡류군 적당 / 부족 채소군 적당 / 부족

과일군 적당 / 부족

기 타 사 항 : 철 분 적당 / 부족 칼 슘 적당 / 부족

섬유소 적당 / 부족 알코올 적당 / 부족

흡 연 유 / 무 알레르기 유 / 무

기 타 적당 / 부족

영양상담 지원서

I. 나는

__________(국민, 중)학교 __________학년 이고요, 내 이름은__________입니다.
내 생일은________년_____월_____일에 태어난 만_____세의 (남자, 여자)입니다.
우리집주소는 ____입니다.

II. 우리집 식구는? ( )명이고요, 다음과 같습니다.

관 계	이 름	나 이	직 업

III. 나의 학교 생활은?
학교 생활은 (재미있다. 보통이다. 재미없다.)
나의 성적은 (우수, 보통, 저조)하다.

IV. 지금까지의 나는?
내가 살이 찌기 시작한 때는_______살부터이고요, 그래서 나는_______살때부터 빼려고 노력했어요.
뚱뚱해지고 나서 1년 동안에 이런 일이 일어났지요.
(해당란에 ☑ 표시하세요)

- ☐ 성적이 떨어졌다.
- ☐ 친구가 줄어들었다.
- ☐ 동생과 자주 싸웠다.
- ☐ 체육시간이 싫어졌다.
- ☐ 자주 아팠다.
- ☐ 생활이 불규칙해졌다.
- ☐ 늦잠을 자는 일이 많다.
- ☐ 기타 다른 문제가 있었다면 : ____________________

우리 식구들은 다음의 문제를 갖고 있어요.

- ☐ 비만 누가 : __________
- ☐ 체중부족 누가 : __________
- ☐ 당뇨병 누가 : __________
- ☐ 중풍 누가 : __________
- ☐ 고혈압 누가 : __________
- ☐ 기타 병명 누가 : __________

V. 앞으로의 나는?
나는 정말 살을 빼기 원해요 ☐ 예 ☐ 아니오
내가 살을 빼고 싶은 이유는?
(보기) 예쁜 여자친구를 사귀려고 ____________________
몸무게를 줄이기 위해 이런 일을 하겠어요.
(보기) 초콜릿이나 아이스크림을 안 먹을래요 ____________________

부 록

1. 지역 사회 영양관련 웹사이트

2. 국민 건강 · 영양조사 조사표(1998)

3. 혈청 단백질 농도와 영양상태

4. 임상적인 영양조사를 통해 조사할 수 있는 영양불량의 징후들

5. 1998년 한국 소아의 발육 곡선(신장과 체중)

6. 1998년 한국 소아의 정상 발육 표준치

7. 미국의 식품지원 프로그램

8. 영양관련 법규

부록-1 지역사회 영양 관련 웹사이트

- http://www.dietnet.or.kr

대한지역사회영양학회에서 제공하는 여러 가지 유용한 영양정보를 얻을 수 있다. 공신력 있는 학회에서 운영하는 사이트이므로 검증된 정보를 얻을 수 있다.

- http://fns.usda.gov/fns

미국농무성(USDA)의 식품영양센터(Food and Nutrition Service)에서 제공하는 정보를 얻을 수 있다.

- http://www.nal.usda.gov/fnic

미국농무성(USDA)의 식품영양 정보센터(Food and Nutrition Information center)의 홈페이지로 식품과 영양에 관련된 다양한 정보를 얻을 수 있다.

- http://www.nal.usda.gov/fnic/foodcomp

미국 농무성(USDA)에서 제공하는 식품분석표로서 자료를 다운로드 받아 사용할 수 있다.

- http://www.usda.gov/cnpp

미국 농무성(USDA)산하 영양정책 및 증진 센터(Center for Nutrition Policy and Promotion)에서 제공하는 사이트로서 미국의 영양증진을 위한 영양정책에 관한 유용한 정보를 얻을 수 있다.

- http://schoolmeals.nalusda.gov:8001

학교 단체급식관련 데이터베이스와 미국 학교영양사들이 제공하는 학교급식 메뉴, 영양교육매체, 식단작성 데이터베이스 등이 제공되고 있다.

- http://www.foodsafety.org

식품위생에 관한 미국 플로리다 대학의 사이트로, 식품위생에 관한 데이터베이스가 CD-ROM으로도 제공되고 있다.

- http://www.clsan.fda,gov/index.html

식품위생, 식중독, 미국 가공식품의 표시(food labeling)에 관한 정보를 미국 FDA산하 식품위생과 응용영양 센터에서 제공하고 있다.

- http://www.fao.org

FAO에서 제공하는 많은 국제적 영양정보에 연결 가능한 사이트로 캐나다의 식품학회와 캐나다 농무성과의 공동프로젝트인 Food-Net에 관한 정보도 제공한다.

• http://www.hunger.brown.edu/hungerweb

미국 브라운대학에서 제공하는 기아에 관련된 정보 사이트이다.

• http://www.kfda.go.kr

한국 식품의약품 안전청의 홈페이지로서 소비자를 위한 식품의약품 정보 및 보건 정보 그리고 각종 학술자료를 얻을 수 있다.

• http://www.dole5aday.com

미국 돌(Dole)사에서 제작한 어린이 영양교육용 사이트로, 게임 등을 이용하여 재미있게 과일과 야채섭취의 중요성을 익히도록 제작되어 있으며, CD-ROM으로도 제공된다.

• http://www.kordic.re.kr

정부기관인 연구개발정보센터 홈페이지로 각종 과학기술 정보 및 전자도서관 등을 운영하고 있어 유용한 정보를 많이 얻을 수 있으며, 각종 학회의 학술지를 찾아볼 수 있도록 연결하여 놓았다.

• http://www.kordic.re.kr/~society

연구개발정보센터에서 운영하는 각종 학회의 학술지를 찾아볼 수 있는 사이트이다. 영양학 연구와 관련된 기초과학, 의약학 및 생명과학, 가정학 분야의 각종 학회에서 발행하는 학술지를 주제어로 검색할 수 있으며 초록 및 일부 학술지는 전문을 볼 수 있다.

• http://society.kordic.re.kr/~kscn

대한지역사회영양학회의 홈페이지로 학회에 관한 정보나 학회, 회원소식을 찾아볼 수 있고, 지역사회영양학회지에 실린 논문을 주제어 검색으로 찾을 수 있으며, 논문의 전문을 찾아볼 수 있는 서비스를 제공하고 있다.

• http://www.ksn.or.kr

한국 영양학회의 홈페이지로서 학회에 관한 정보나 회원소식, 한국영양학회지에 실린 논문을 검색할 수 있다.

• http://user.chollian,net/~kosfost7

한국식품과학회의 홈페이지로 학회 및 회원에 관한 정보, 각종 식품과 식품의 안정성 등에 관한 정보를 얻을 수 있으며 학술지에 실린 논문 목록을 볼 수 있다.

• http://www.hscosyr.edu/~nutrition

Nutrition: The International Journal of Applied and Basic Nutrition Science의 사이트로서 수록논문의 초록과 테이블이 제공되고 있다.

• http://www.cdc.gov

미정부 산하의 질병예방센터(The Centers for Disease Control and Prevention)에서 발행하는 각종 정보문서와 NHANES Ⅲ의 통계자료 데이터를 제공하고 있다.

• http://www.aicr.org

미국 암연구소(American Institute for Cancer Research)의 사이트로 암과 식품 등의 일반인을 위한 정보제공뿐 아니라 암에 관한 연구비 지원 안내, 암 연구 보고서 등의 연구를 위한 다양한 정보도 포함되어 있다.

• http://www.edi.ac.uk

영국의 European Bioinformatics Institute(EBI)에서 제공하는 사이트로 유럽에서 진행되고 있는 유전공학 관련분야의 각종 연구 정보를 얻을 수 있다.

• http://ncbi.nih.gov/cgi-bin/medline

미국 보건성(NIH, National Institute of Health)에서 제공하는 Medline 데이터베이스 중 특히 분자생물학 분야(Molecular Biology subset)의 학술정보를 얻을 수 있는 사이트이다.

• http://www.nih.gov

미국 보건성(NIH, National Institute of Health)의 홈페이지로 NIH 검색엔진(NIH search engine)을 이용해 각종 건강 관계 정보를 얻을 수 있다.

• http://www.ncbi.nim.nih.gov

미국 국립 분자생물학 정보센터(NCBI, National Center for Biotechnology Information)의 홈페이지로 각종 정보 및 소식지와 학술연구 과제에 관한 정보와 연구비 지원에 관한 안내가 제공된다.

• http://www3.ncbi.nlm.nih.gov/Entrez/index.html

NCBI에서 제공하는 또 다른 데이터베이스로 브라우저(browser)를 통해 Medline과도 연결되며 DNA sequence, protein sequence 및 genome 등에 관한 데이터 뱅크를 제공한다.

• http://www.healthfinder.gov

미국 정부에서 운영하는 건강관련 정보제공 사이트로 유용한 정보를 많이 찾아볼 수 있다.

• http://www.bric.postech.ac.kr

포항공대 도서관에서 제공하는 사이트로 생물학 관련 학술지(한국 생화학학회지, 한국 분자생물학회지, 한국 미생물학회지, 한국 동물학회지 등)에 실린 논문의 전문(full text)을 얻을 수 있다.

• http://www.kihasa.re.kr

한국보건사회연구원의 홈페이지로 각종 보건·의료 분야의 연구결과에 대한 정보를 검색할 수 있다.

• http://www.hpeb.re.kr

정부에서 운영하는 보건의료기술연구기획평가단의 홈페이지로 보건, 의료 분야의 연구결과에 대한 정보를 검색할 수 있다.

• http://www.kfri.re.kr

한국식품개발연구원의 홈페이지로 각종 식품관련 정보와 연구소에서 실행한 연구에 관한 정보를 얻을 수 있다.

• http://www.faseb.org/ajcn

미국 임상영양학회지(Am.J. of Clinical Nutrition)에 실린 논문의 초록을 찾아볼 수 있다.

• http://www.faseb.org/asns/journal/journal.html

미국 영양학회지(The Journal of Nutrittion)의 1995년 이후 발간 논문에 대한 초록과 1997년 부터 full text가 제공된다.

• http://www.cup.org/Journals/JNLSCAT/pns/pns.html

미국 영양학회(Nutrition Society)에서 주관하는 모든 학회에서 발표된 논문 및 초록집이 올라오는 사이트이다. 현재 작업 중이지만 영국 케임브리지 대학 출판사 홈페이지와 연결되어 다른 출판물 정보 등을 얻을 수 있다.

• http://www.cup.org/Journals/JNLSCAT/nut/nut.html

영국영양학회지(The British Journal of Nutrition)에 실린 논문의 테이블이 1995년 수록편부터 올려져 있는 사이트이다. 역시 케임브리지 대학 출판사 홈페이지와 연결되며, www.journal.cup.org 사이트에서는 일부 논문의 전문을 볼 수 있다.

• http://www.academicpress.com/appetite

Appetite 학술지에 실린 논문의 초록과 테이블을 1995년 수록 논문부터 찾아볼 수 있는 사이트이다. 미국 아카데미 출판사에서 제공하는 IDEAL USA라는 데이터 베이스와 연결하면 전문을 다운받을 수도 있다.

• http://www.eatright.org/journaltoc.html

미국영양사회지(Journal of American Dietetic Association)에 1996년 이후의 수록 논문에 한해 초록과 데이블이 http://www.khidi.re.kr(한국보건산업진흥 연구원의 홈페이지)로 제공되고 있다. 그 외에도 미국 영양사회 임원진들과 연결될 수 있고 각종 정보를 얻을 수 있는 사이트이다.

• http://www.elsevier.nl:80/inca/publications/store/5/2/5/0/1/3

1995년 이후 수록된 논문의 테이블을 찾아볼 수 있는 사이트로 Elsevier 출판사의 홈페이지 및 다른 출판물에 관한 검색도 가능하다.

• http://www.mcb.co.uk/cgi-bin/journal1/nfs

영국에서 발간되는 Nutrition and Food Science 학술지의 사이트로 근간 논문의 초록과 테이블을 볼 수 있으며 다른 학술지와도 연결되고, 등록 후 논문 전문을 받아 볼 수도 있다.

• http://www.nlm.nih.gov

미 정부 산하 국립 의학 도서관(USNLM, National Library of Medicine)에서 제공하는 각종의학관련 정보를 얻을 수 있고, 분자생물학에 관한 데이터베이스, 단백질 및 각종 핵산 데이터베이스와 Medline과도 연결된다.

• http://www.who.org

WHO에서 제공하는 각종 정보를 얻을 수 있는 사이트이다.

• http://healthgate.com

Healthgate라는 정보제공회사의 사이트로 Medline과 연결되어 논문의 전문을 전자메일로 주문할 수 있으며 각종 데이터베이스 및 건강관련 정보를 얻을 수 있다.

부록-2 국민건강 · 영양조사 조사표(1998)

[제1쪽]

국민건강 · 영양조사

식품섭취빈도조사표 (12세 이상)

구분	조사구 번호	주거 번호	가구 번호	가구원 번호	조사표 번호
9					

응답자 성명 : ( )
전 화 번 호 :( ) -
조 사 일 : 년 월 일
조 사 원 : 서명

식품 및 음식명 / 섭취빈도		1일(회) 3회	1일(회) 2회	1일(회) 1회	1주(회) 4~5회	1주(회) 2~3회	1주(회) 1회	한 달(회) 2~3회	한 달(회) 1회	1년 4~7회	거의 안먹음	비고	전산 처리용	
곡류	1. 쌀밥												1	
	2. 잡곡밥(현미, 보리, 콩, 팥 등)												2	
	3. 인스턴트면(라면, 사발면, 비빔면 등)												3	
	4. 밀가루면(우동, 짜장면, 칼국수, 수제비 등)												4	
	5. 빵류(식빵,케익 등)												5	
	6. 떡류(떡뽁이,떡국 포함)												6	
두류 · 서류	7. 된장(국,찌게 등, 청국장 포함)												7	
	8. 두부(국,찌게,부침,조림 등, 순두부,유부 포함)												8	
	9. 콩류(비지,콩조림,콩국수,빈대떡 등)												9	
	10. 감자(국,볶음,조림,튀김,찐감자 등, 감자칩 포함)												10	
	11. 고구마(찐고구마,튀김,마탕 등)												11	
육류 · 난류	12. 쇠고기(국(탕),찌개,장조림,구이,볶음,비후까스,튀김,찜 등)												12	
	13. 닭고기(삼계탕,찜,튀김,조림,볶음 등)												13	
	14. 돼지고기(찌개,구이,볶음,돈까스,튀김 등)												14	
	15. 햄,소시지												15	
	16. 내장(간,콩팥,곱창 등)												16	
	17. 달걀(국,찜,부침,조림,말이 등), 메추리알												17	

31310-04431일
98. 10. 10.승인
자료 : 보건복지부, 1998

210mm×297mm
(일반용지 60g/㎡(재활용품))

[제2쪽]

섭취빈도 / 식품 및 음식명		1일(회)			1주(회)			한 달(회)		1년	거의 안먹음	비고	전산 처리용	
		3회	2회	1회	4~5회	2~3회	1회	2~3회	1회	4~7회				
생선류(튀김·구이·조림·탕·전·통조림)	18. 고등어,다랑어(참치)												18	
	19. 갈치,꽁치												19	
	20. 조기(굴비 포함), 명태(북어, 동태,생태,코다리 포함)												20	
	21. 장어												21	
	22. 양미리, 쥐치(쥐포)												22	
	23. 뼈째 먹는 생선(멸치, 뱅어포 등)												23	
	24. 어묵류(오뎅국포함)												24	
	25. 오징어(마른 오징어 포함), 새우, 게												25	
	26. 조개류												26	
유류·유제품	27. 우유(전지, 저지방, 탈지, 가공우유 등)												27	
	28. 요구르트(액상, 반고형 등), 아이스크림(밀크쉐이크 포함), 치이즈(모든형태 포함)												28	
과실류(통조림 포함)	29. 귤, 오렌지												29	
	30. 감												30	
	31. 사과												31	
	32 배												32	
	33. 수박												33	
	34. 참외												34	
	35. 딸기												35	
	36. 파인애플, 자몽, 키위												36	
	37. 복숭아												37	
	38. 과일쥬스												38	

31310-04432일
98. 10. 10.승인

210mm×297mm
(일반용지 60g/㎡(재활용품))

자료 : 보건복지부, 1998

국민건강 · 영양조사

식품섭취빈도조사표 I

음식조리자 기록자-조사지용

구분	조사구 번호			주거 번호	가구 번호		가구원 번호		조사표 번호		
10											

응답자 성명 : ( )

전 화 번 호 :( ) -

조 사 일 : 년 월 일

조 사 원 : 서명

식사 구분	음식명	음식 총량		식품재료명 (상품명)	식품 상태	식품재료량		비고
		눈대중 분량	부피㎖			눈대중 분량	부피㎖	

31310-04511일
98. 10. 10.승인

210mm×297mm
(일반용지 60g/㎡(재활용품))

국민건강 · 영양조사

식품섭취빈도조사표 II

(24시간 회상법 조사지)

구분	조사구 번호	주거 번호	가구 번호	가구원 번호	조사표 번호
11					

응답자 성명 : ( )

전 화 번 호 :( ) -

조 사 일 : 년 월 일

조 사 원 : 서명

식사 구분	시간	매식 및 구입 여부	음식명	음식 총량			식품재료명 및 식품상태	음식 총량		음식 코드	식품 코드	비고
				눈대중 분량	부피 ml	환산 계수		눈대중 분량	부피 ml			

31310-04611일
98. 10. 10.승인

210mm×297mm
(일반용지 60g/㎡(재활용품))

부록-3 혈청 단백질 농도와 영양상태

혈청 단백질	정상범위 (평균±표준편차)	반감기	기 능	특 징
알부민 (Albumin)	45(35~50) 단위	14~20일	삼투압 유지, 작은 분자의 운반	단백질 영양상태 외에도 다른 요인들에 의해 영향을 받음.
트렌스훼린 (Transferrin)	2.3(2.6~4.3) 단위	8~10일	혈청내에서 철분과 결합하여 골수로 운반	증가 : 철분 결핍, 임신, 에스트로젠 치료, 급성 간염에서 증가 감소 : 단백질 결핍, 장질환, 신질환, 만성감염, 요독증, 급성 분해상태에서 감소 총 철분 결합능력(TIBC)으로 간접적으로 측정하기도 함.
프리알부민 (Prealbumin)	0.30(0.2~0.4) 단위	2~3일	T_3와결합, T_4와도 소량 결합 : RBP를 위한 운반체	증가 : 만성 신부전 환자에서 증가 감소 : 수술 후, 갑상선 기능항진증, 단백질 손실 등에서 감소
레티놀 결합 단백질 (RBP)	0.372±0.0073 단위	12시간	혈청에서 비타민 A 운반 : 프리알부민과 비공유결합	증가 : 신질환에서 증가 감소 : 비타민 A 결핍, 심한 분해 상태, 수술 후 갑상선기능 항진에서 감소
인슐린 유사 성장요인 (Insulin-like growth factor)	0.83IU/ml (0.55~1.4)	2~6시간	지방, 근육, 연골과 배양된 세포의 합성작용을 하는 인슐린 유사 성장요인 중 하나임.	과거에 somatomedin C로 불림 감소 : 공복시, 갑상선 기능저하, 에스트로젠 투여, 비만에서 감소 급성반응을 나타내는 동안에는 영양상태에 대한 지표로써 유용한 것으로 보임.
피브로넥틴 (Fibronectin)	혈장 : 2.92±0.2 혈청 : 1.82±0.16 단위	4~24 시간	당단백질로 화학주성을 나타내며 상처 회복에 필요함.	영양결핍과 회복기 동안 민감한 지표로 기준치 불분명

자료 : Heymsfield SB, Tighe A, Wang ZM, Nutrional assessment by anthropometric and biochemical methods.: In Shils ME, Olson JA, Shike M eds. Modern Nutrition in health and disease, 8th ed. Philadelphia:Lea & Febiger, 1994

부록-4 임상적인 영양조사를 통해 조사할 수 있는 영양불량의 징후들

신체 기관	정상 상태	영양불량일 때의 변화	결핍이 의심되는 영양소	과잉이 의심되는 영양소	발생 빈도
입주위		구내염	리보플라빈, 피리독신, 나이아신		가끔 나타남.
		구순구각염(건조하고, 각질이 생기며, 궤양이 나타남)			드물다.
머리카락	윤기가 나며 탄력이 있고 잘 부스러지지 않는다.	건조하고 탈색됨 색상변화로 깃발무늬가 나타남.	단백질		드물다.
		모발이 쉽게 빠짐.	단백질, 아연, 비오틴, 필수지방산		흔하다.
		숱이 적어지고 성긴 머리	단백질, 비오틴, 아연	비타민 A	가끔 나타남.
		모발이 나사처럼 꼬임	비타민C		흔하다.
손톱	단단하고 핑크빛이 나며 윤이 난다.	가로로 솟아올라 고랑이 지는 스푼형 손톱	단백질		가끔 나타남.
얼굴	피부색이 균일하며 부드럽고 건강한 모습이다. 붓지 않는다.	피부색이 창백하며 눈 아래와 볼 주위가 검다. 코와 입 주위가 부풀고 각질이 많으며, 전체적으로 부음. 귀밑선이 부음.	철분, 나이아신		
피부	부드럽고 촉촉하며 혈색이 좋다. 흠집이나 검은 점이 없고 붓지 않는다.	창백하다.	철분, 엽산	비타민 A	가끔 나타남.
		각화증	비타민A, 아연		
		박편 피부염	필수지방산		
		색소의 침착			
		셀로판 모양	단백질		가끔 나타남.
		튼다. 피부병	단백질		드물다.
		낭포성, 각질화	비타민A, C		가끔 나타남.
		낭포 주위의 점상출혈	비타민C		가끔 나타남.
		자반병	비타민C, K		흔하다.
		색소 침착, 햇빛에 노출된 부위의 피부가 벗겨짐.	나이아신		드물다.
		눈의 공막에 약간의 황색소 침착.		카로틴	흔하다.
눈	밝고 깨끗하며 빛이 난다. 막은건강한 분홍빛이며 젖어있다. 충혈되지 않는다.	야맹증, 안구건조증, 비토점	비타민A		드물다.

신체 기관	정상 상태	영양불량일 때의 변화	결핍이 의심되는 영양소	과잉이 의심되는 영양소	발생 빈도
구강	혀의 외양이 붉은 색이고 부풀거나 부드러워지지 않았다. 잇몸은 건강하고 붉은색이며 출혈이 없다. 붓지 않는다.	설염(혀가 붉은색을 띠며 아픔), 미뢰의 수가 감소하거나 없어지고 위축됨. 잇몸 출혈	리보플라빈, 나이아신, 엽산, 비타민 B, 단백질, 철분 비타민 C		흔하다.
		hypogeusesthesia, 후각감퇴	아연		가끔 나타남.
		잇몸이 부풀고, 출혈성 점액질 분비	비타민C		가끔 나타남.
뼈와 관절	근육강도가 유지되며 피하지방이 약간 있다.	늑골주상 형성, 만각	비타민D		드물다.
	통증없이 뛰거나 걸을 수 있다.	아동에서 골막하의 출혈	비타민C		드물다.
신경계	심리적으로 안정된다.	두통		비타민A	
	정상적인 반사와 반응을 보인다.	구토, 졸음, 무기력		비타민A, D	
		치매	나이아신, 비타민 B_{12}		드물다.
		방향감각 상실	티아민, 코르사코프성 신경증		드물다.
		안근마비	티아민, 인		드물다.
		말초신경증(허약, paresthesia 지각이상, 운동실조, 힘줄의 반사 감소)	티아민, 피리독신 비타민 B_{12}	피리독신	드물다.
		테타니	칼슘, 마그네슘		
기타		귀밑샘 확대	단백질(bulimia)		드물다.
		심장 확대	티아민(습성 각기), 인		드물다.
		급작스런 심부전, 사망	비타민 C		드물다.
		간종	단백질	비타민A	드물다.
		부종	단백질, 티아민		흔하다.
		상처치유 지연, 궤양	단백질, 비타민 C 아연		흔하다.

자료 : Detsky AS. Smalley Ps, Change J. 1994. Is this patient malnourished? *J. Am. Med Assoc.* 271 : 54-58

부록-5 1998년 한국 소아의 발육 곡선(신장과 체중)

1. 남아(0~36)

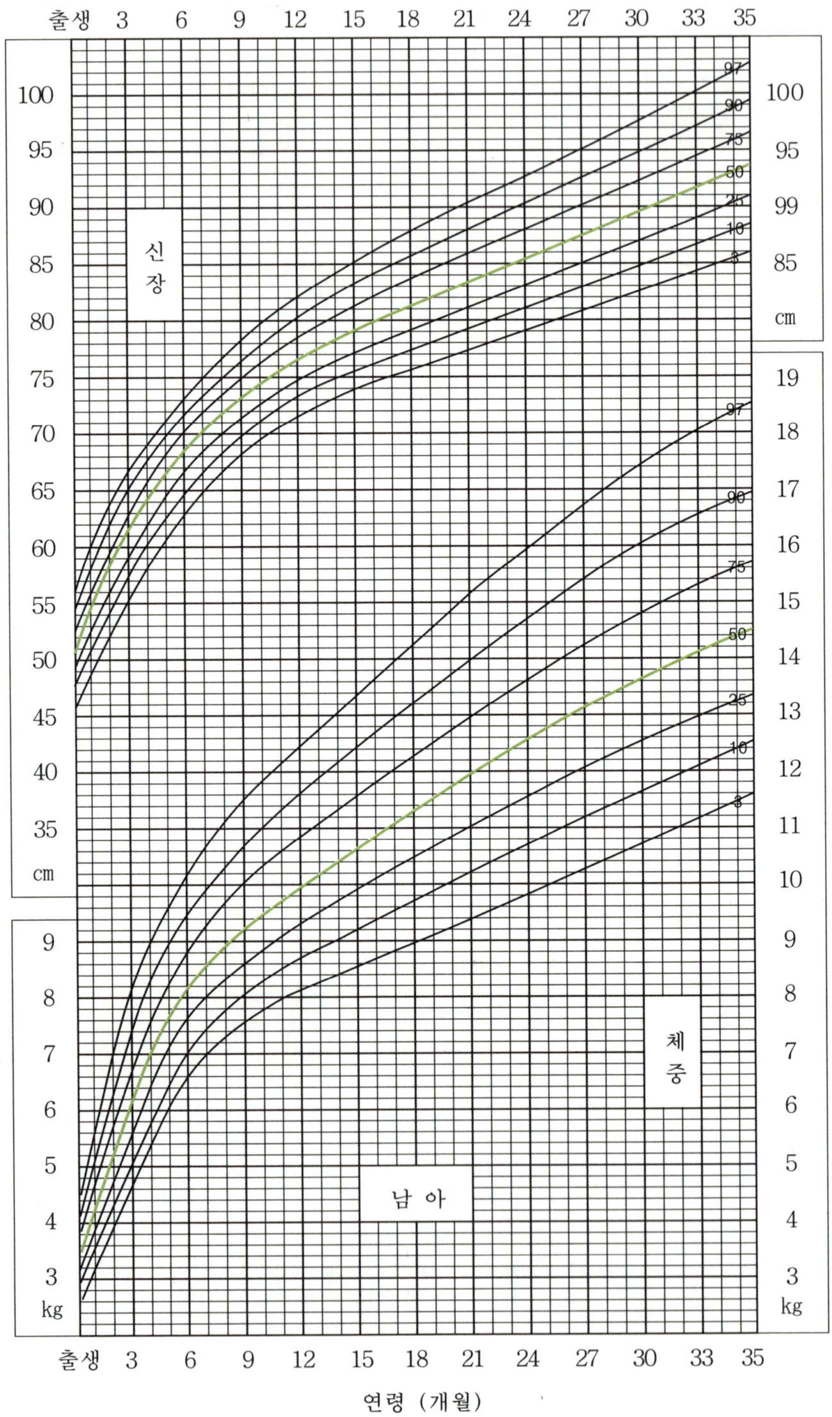

2. 여아(0~36)

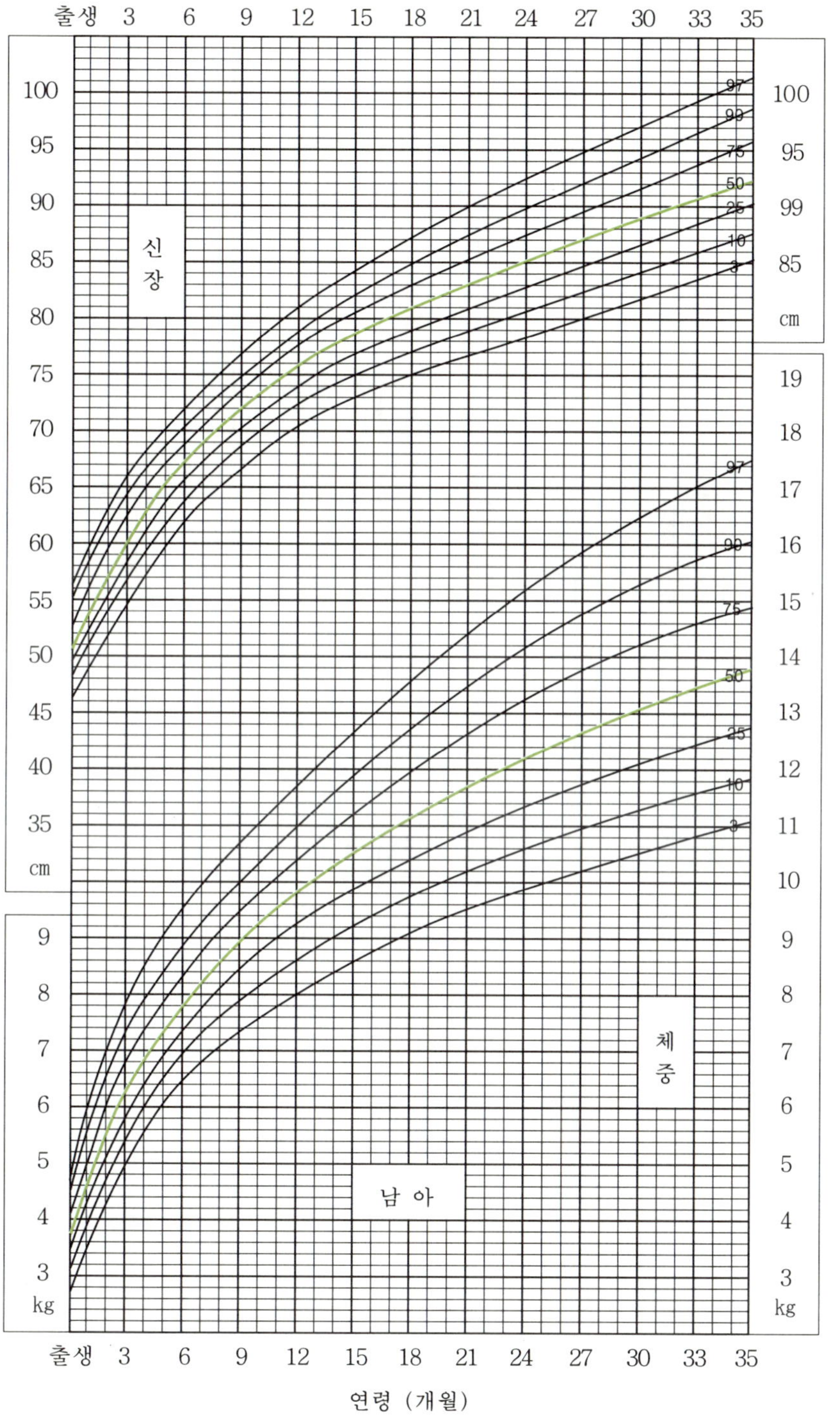
출생 3 6 9 12 15 18 21 24 27 30 33 35
100
95
90
85
80
75
70
65
60
55
50
45
40
35
cm
신장
97
90
75
50
25
10
3
100
95
99
85
cm
19
18
17
16
15
14
13
12
11
10
9
8
7
6
5
4
3
kg
체중
남 아
연령 (개월)

3. 남아(2~20세)

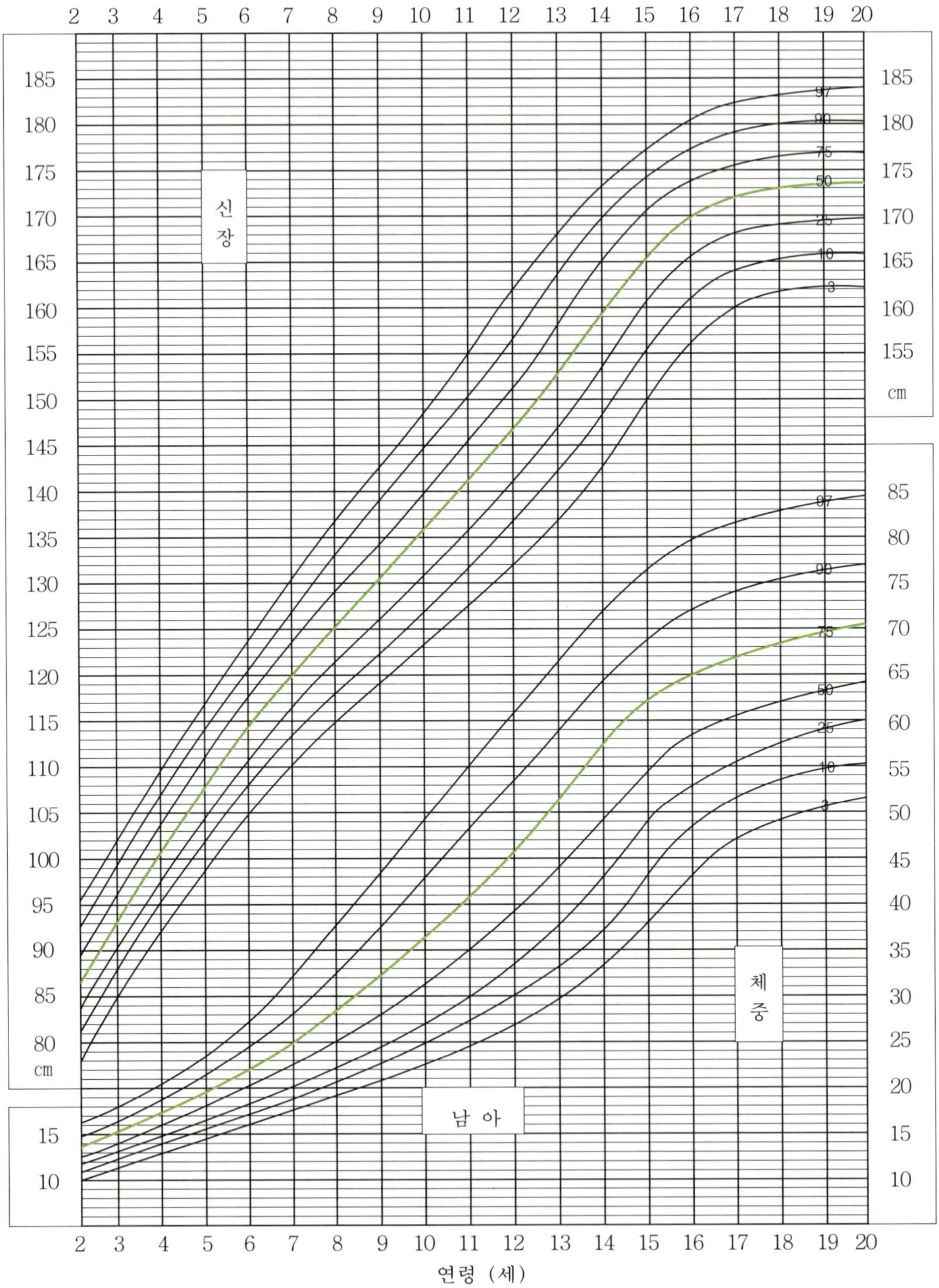
2 3 4 5 6 7 8 9 10 11 12 13 14 15 16 17 18 19 20
신장
체중
남아
185 180 175 170 165 160 155 150 145 140 135 130 125 120 115 110 105 100 95 90 85 80
cm
15 10
185 180 175 170 165 160 155
cm
85 80 75 70 65 60 55 50 45 40 35 30 25 20 15 10
97 90 75 50 25 10 3
97 90 75 50 25 10 3
연령 (세)

4. 여아(2~20)

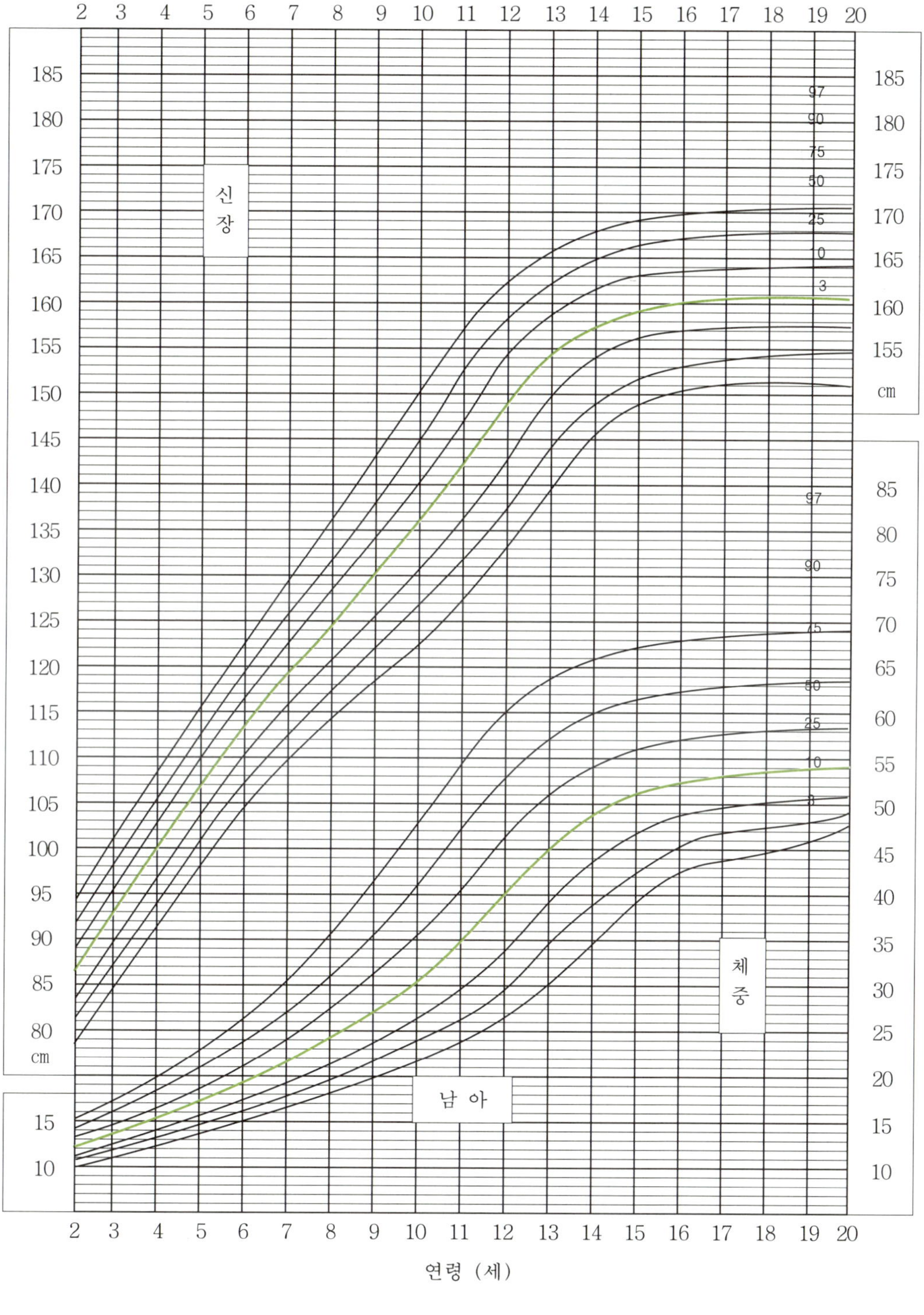

부록-6 1998년 한국 소아의 정상 발육 표준치

① 한국소아의 체중, 신장, 두위, 흉위의 평균치 (1998. 대한소아과학회)

남								나이	여							
체중(kg)		신장(cm)		두위(cm)		흉위(cm)			체중(kg)		신장(cm)		두위(cm)		흉위(cm)	
M	SD	M	SD	M	SD	M	SD		M	SD	M	SD	M	SD	M	SD
3.40	0.5	50.8	2.6	34.6	1.7	33.4	1.9	출생시	3.30	0.5	50.1	2.5	34.1	1.6	33.1	1.9
4.56	0.6	55.2	2.6	37.3	1.5	36.7	2.2	1(1-2)개월	4.36	0.6	54.2	2.6	36.6	1.5	36.1	2.3
5.82	0.8	59.0	3.1	39.2	1.6	39.7	2.5	2(2-3)개월	5.49	0.7	58.0	2.8	38.5	1.5	38.9	2.4
6.81	0.8	62.5	2.7	40.7	1.5	41.7	2.2	3(3-4)개월	6.32	0.7	61.1	2.6	39.9	1.5	40.6	2.2
7.56	0.9	65.2	2.6	41.9	1.4	42.7	2.3	4(4-5)개월	7.09	0.8	63.8	2.4	41.0	1.3	41.7	2.2
7.93	0.9	66.8	2.8	42.8	1.6	43.4	2.2	5(5-6)개월	7.51	0.8	65.7	2.7	41.9	1.5	42.5	2.1
8.52	0.9	69.0	2.5	43.7	1.3	44.1	2.1	6(6-7)개월	7.95	0.8	67.5	2.4	42.6	1.3	43.1	2.1
8.74	1.0	70.4	2.7	44.1	1.4	44.7	2.3	7(7-8)개월	8.25	0.9	69.1	2.9	43.2	1.4	43.7	2.2
9.03	0.9	71.9	2.5	44.7	1.4	45.3	2.2	8(8-9)개월	8.48	0.9	70.5	2.5	43.8	1.6	44.3	2.1
9.42	1.0	73.5	2.4	45.2	1.6	45.9	2.0	9(9-10)개월	8.85	0.9	72.2	2.5	44.4	1.5	44.8	2.0
9.68	0.9	74.6	2.3	45.7	1.5	46.4	2.1	10(10-11)개월	9.24	0.9	73.5	2.5	44.7	1.4	45.4	1.9
9.77	1.3	76.5	3.6	46.1	1.6	47.0	2.2	11(11-12)개월	9.28	1.2	75.6	3.9	45.4	1.6	45.9	2.2
10.42	1.2	77.8	3.1	46.4	1.5	47.4	2.2	12(12-15)개월	10.01	1.2	76.9	3.5	45.6	1.6	46.6	2.3
11.00	1.2	80.1	3.2	47.1	1.6	48.0	2.2	15(15-18)개월	10.52	1.3	79.2	3.3	46.2	1.6	47.2	2.3
11.72	1.4	82.6	3.5	47.7	1.7	48.7	2.4	18(18-21)개월	11.23	1.3	81.8	3.3	46.8	1.6	47.9	2.3
12.30	1.5	85.1	3.5	47.9	1.6	49.4	2.3	21(21-24)개월	12.03	1.4	84.4	3.2	47.2	1.6	48.6	2.2
12.94	1.8	87.7	4.3	48.4	1.68	50.0	2.5	2(2-2.5)년	12.51	1.5	87.0	4.1	47.7	1.7	49.1	2.5
14.08	1.7	92.2	3.8	49.4	1.6	51.2	2.2	2.5(2.5-3)년	13.35	1.6	90.9	3.7	48.4	1.6	49.9	2.3
15.08	1.9	95.7	4.4	49.6	1.7	51.9	2.6	3(3-3.5)년	14.16	1.8	94.2	4.4	48.7	1.6	50.5	2.4
15.94	1.9	99.8	4.3	50.0	1.7	52.3	2.5	3.5(3.5-4)년	15.37	1.8	98.7	4.1	49.1	1.4	51.4	2.5

(1998. 대한소아과학회)

남								나이	여							
체중(kg)		신장(cm)		두위(cm)		흉위(cm)			체중(kg)		신장(cm)		두위(cm)		흉위(cm)	
M	SD	M	SD	M	SD	M	SD		M	SD	M	SD	M	SD	M	SD
16.99	2.1	103.5	4.6	50.4	1.7	53.3	2.8	4(4-4.5)년	16.43	2.1	102.1	4.5	49.6	1.6	52.3	2.6
17.98	2.3	106.6	4.4	50.87	1.7	54.2	2.8	4.5(4.5-5)년	17.31	2.1	105.4	4.3	49.9	1.7	52.8	2.8
18.98	2.4	109.6	4.7	50.8	1.7	55.0	3.2	5(5-5.5)년	18.43	2.2	108.6	4.7	50.0	1.7	53.7	3.0
20.15	2.6	112.9	4.5	51.0	1.6	55.9	3.3	5.5(5.5-6)년	19.74	2.5	112.1	4.4	50.3	1.6	54.8	3.2
21.41	3.1	115.8	4.8	51.3	1.5	57.0	3.4	6(6-6.5)년	20.68	2.8	114.7	4.7	50.5	1.6	55.5	3.3
22.57	3.6	118.5	4.9	51.4	1.5	57.7	3.7	6.5(6.5-7)년	21.96	3.2	117.5	4.7	50.8	1.6	56.1	3.7
24.72	4.3	122.4	5.7	51.7	1.5	59.2	4.4	7(7-8)년	23.55	3.8	121.1	6.1	51.1	1.6	57.6	4.1
27.63	5.4	127.5	6.1	52.1	1.5	61.3	5.1	8(8-9)년	26.16	4.9	126.0	6.1	51.5	1.6	59.6	5.0
30.98	6.4	132.9	6.0	52.5	1.5	64.2	6.0	9(9-10)년	29.97	6.1	132.2	6.4	51.8	1.5	62.4	5.9
34.47	7.5	137.8	6.4	52.9	1.6	66.7	6.6	10(10-11)년	33.59	7.0	137.7	7.0	52.3	1.6	65.2	6.3
38.62	8.6	143.5	7.1	53.3	1.7	69.7	7.4		37.79	8.3	144.2	7.6	53.0	1.7	68.2	7.4
42.84	9.4	149.3	7.8	53.6	1.7	71.9	7.3	12(12-13)년	43.14	8.6	150.9	7.2	53.4	1.5	72.0	7.8
47.20	9.9	155.3	8.4	54.0	1.6	74.6	7.5	13(13-14)년	47.01	8.3	155.0	6.1	53.6	1.5	75.1	7.8
53.87	10.3	162.7	7.1	54.6	1.6	77.9	7.4	14(14-15)년	50.66	8.0	157.8	5.5	53.8	1.6	77.2	8.0
58.49	10.4	167.8	6.5	55.0	1.7	80.6	7.4	15(15-16)년	52.53	7.8	159.0	5.2	54.3	1.5	78.5	7.9
61.19	9.5	171.1	5.8	55.4	1.6	82.9	6.7	16(16-17)년	54.35	7.7	160.0	5.2	54.4	1.4	78.8	7.6
63.20	9.8	172.2	5.9	55.8	1.6	84.5	6.8	17(17-18)년	54.64	7.2	160.4	5.2	54.6	1.4	79.5	7.2
63.77	9.1	172.5	6.0	56.2	1.8	85.3	6.6	18(18-19)년	54.65	6.7	160.5	5.2	54.7	1.5	80.0	6.4
66.04	8.8	173.2	5.7	56.8	1.7	88.0	6.2	19(19-20)년	54.94	6.2	160.1	5.0	54.8	1.5	81.5	5.8
66.55	8.5	173.4	5.7	56.8	1.6	88.2	6.4	20(20-21)년	55.74	5.4	160.4	5.0	55.1	1.7	81.7	5.6

②한국 소아의 신장별 체중 백분위 (1999. 대한소아과학회)

신장(cm)	남자(kg)							여자(kg)						
	3th	10th	25th	50th	75th	90th	97th	3th	10th	25th	50th	75th	90th	97th
44~46	2.33	2.37	2.43	2.53	2.71	3.32	3.90	2.21	2.31	2.47	2.57	2.72	3.04	4.21
46~48	2.40	2.50	2.64	2.86	3.04	3.22	3.50	2.36	2.50	2.63	2.82	3.05	3.20	3.41
48~50	2.56	2.74	2.90	3.10	3.30	3.52	3.78	2.55	2.75	2.92	3.15	3.38	3.62	3.84
50~52	2.90	3.10	3.27	3.45	3.70	3.96	4.40	2.80	3.00	3.22	3.48	3.70	4.00	4.38
52~54	3.13	3.31	3.56	3.88	4.20	4.60	4.94	3.00	3.26	3.55	3.98	4.28	4.53	4.80
54~56	3.35	3.72	4.10	4.47	4.80	5.10	5.60	3.30	3.80	4.12	4.50	4.82	5.17	5.50
56~58	3.85	4.35	4.70	5.08	5.42	5.88	6.30	4.00	4.42	4.80	5.16	5.50	5.86	6.30
58~60	4.50	5.00	5.30	5.68	6.10	6.50	7.00	4.65	5.00	5.30	5.64	5.98	6.32	6.85
60~62	5.16	5.60	6.00	6.30	6.70	7.26	7.86	5.15	5.50	5.80	6.20	6.60	7.17	7.83
62~64	5.70	6.10	6.50	6.90	7.30	7.70	8.30	5.70	6.09	6.42	6.82	7.23	7.64	8.02
64~66	6.24	6.56	7.00	7.48	7.90	8.30	8.75	6.10	6.50	6.90	7.30	7.70	8.12	8.54
66~68	6.70	7.10	7.50	7.90	8.32	8.80	9.32	6.50	6.90	7.37	7.84	8.21	8.67	9.02
68~70	7.00	7.50	7.94	8.40	8.90	9.38	9.81	6.87	7.26	7.70	8.14	8.59	9.01	9.50
70~72	7.50	8.00	8.40	8.80	9.26	9.74	10.24	7.20	7.76	8.16	8.53	9.00	8.42	10.00
72~74	7.95	8.30	8.80	9.26	9.70	10.20	10.98	7.80	8.20	8.67	9.08	9.43	9.80	10.40
74~76	8.40	8.70	9.20	9.70	10.15	10.80	11.20	7.80	8.40	8.98	9.50	9.96	10.31	11.00
76~78	8.72	9.10	9.60	10.10	10.80	11.40	12.20	8.30	8.90	9.40	9.98	10.50	11.00	11.50
78~80	8.90	9.50	10.02	10.60	11.20	11.80	12.50	8.90	9.30	9.83	10.40	11.00	11.60	12.30
80~82	9.40	10.00	10.50	11.10	11.80	12.30	13.00	9.30	9.90	10.40	11.00	11.57	12.37	13.50
82~84	9.92	10.50	11.00	11.76	12.40	13.05	13.80	9.80	10.30	10.99	11.50	12.21	13.00	13.66
84~86	10.40	11.00	11.50	12.00	12.75	13.50	14.30	10.01	10.70	11.20	11.84	12.50	13.20	14.00
86~88	10.40	11.20	11.90	12.50	13.40	14.45	15.10	10.40	11.02	11.70	12.40	13.00	13.97	15.00
88~90	11.00	11.90	12.45	13.00	14.00	14.76	15.75	10.88	11.30	12.04	12.80	13.60	14.32	15.00
90~92	11.40	12.05	13.00	13.70	14.54	15.34	16.20	11.26	12.00	12.50	13.30	14.20	15.00	16.00
92~94	12.00	12.85	13.40	14.10	15.00	15.70	17.10	11.54	12.40	13.04	13.85	14.60	15.30	16.50
94~96	12.60	13.20	13.80	14.43	15.20	16.10	17.00	12.00	12.70	13.34	14.20	14.90	15.50	16.98
96~98	12.78	13.55	14.30	15.00	16.00	17.00	17.80	12.80	13.31	14.00	14.75	15.50	16.60	17.44
98~100	13.50	14.10	14.80	15.40	16.20	17.00	18.20	13.46	14.00	14.60	15.20	16.00	17.00	17.80
100~102	13.90	14.60	15.30	16.04	16.90	17.75	18.96	13.90	14.50	15.00	15.85	16.60	17.50	18.60
102~104	14.66	15.13	15.95	16.64	17.50	18.35	19.50	14.20	14.92	15.60	16.40	17.20	18.00	19.10
104~106	15.00	15.72	16.40	17.20	18.06	19.30	20.40	14.80	15.50	16.22	17.00	18.03	19.20	20.50
106~108	15.50	16.20	17.00	17.80	18.85	19.90	21.26	15.40	16.00	16.72	17.80	18.90	20.10	21.50
108~110	15.90	16.90	17.66	18.60	19.74	21.08	22.90	15.80	16.40	17.22	18.25	19.30	20.50	22.00
110~112	16.50	17.34	18.18	19.06	20.30	21.80	23.20	16.161700		17.92	19.00	20.10	21.60	23.42
112~114	17.30	18.06	18.90	19.92	21.10	22.50	24.55	16.80	17.50	18.50	19.63	20.80	22.50	24.60

신장(cm)	남자(kg)							여자(kg)						
	3th	10th	25th	50th	75th	90th	97th	3th	10th	25th	50th	75th	90th	97th
114~116	3th	10th	25th	50th	75th	90th	97th	17.50	18.58	19.40	20.53	21.98	23.62	26.00
116~118	17.92	18.60	19.50	20.52	21.95	23.28	26.42	18.12	18.79	19.80	21.08	22.50	24.00	26.35
118~120	18.34	19.22	20.30	21.50	22.80	24.30	27.25	18.30	19.50	20.60	21.90	23.42	25.20	27.69
120~122	18.90	20.00	21.02	22.13	23.60	25.70	28.50	19.50	20.40	21.40	22.80	24.54	24.00	29.60
122~124	19.45	20.50	21.66	23.00	24.69	26.80	30.02	19.82	20.92	22.10	23.70	25.70	28.20	30.50
124~126	20.56	21.55	22.70	24.10	26.02	28.50	31.36	20.60	21.90	23.00	24.60	26.82	29.00	32.30
126~128	21.00	22.20	23.30	24.96	27.00	30.10	33.74	21.66	22.72	23.95	25.64	28.00	30.61	34.75
128~130	22.25	23.20	24.28	25.84	28.18	31.60	35.60	22.30	23.46	25.00	26.70	29.00	32.10	35.90
130~132	22.76	23.97	25.35	27.20	30.02	33.60	36.40	23.10	24.40	25.80	27.87	30.22	33.40	37.60
132~134	23.68	24.96	26.45	28.50	31.25	35.31	39.70	24.00	25.40	27.20	29.40	32.40	36.10	40.24
134~136	24.40	26.00	27.60	29.80	32.90	36.80	40.15	25.00	26.30	27.78	30.20	33.58	37.00	41.16
136~138	25.32	26.72	28.48	30.52	34.12	38.85	42.90	25.70	27.30	28.80	31.55	34.70	38.70	43.02
138~140	26.20	27.85	29.86	32.45	36.20	40.45	44.36	25.20	25.20	30.14	33.05	36.86	40.70	45.06
140~142	27.10	29.10	30.65	33.37	37.20	42.50	47.18	27.02	29.20	31.22	34.28	38.64	43.32	46.98
142~144	28.20	30.00	32.00	35.24	39.90	45.30	49.08	28.80	30.50	32.44	35.40	39.50	44.13	48.45
144~146	29.82	31.35	33.30	36.16	41.50	46.87	52.11	29.32	31.75	34.00	37.36	41.80	47.08	52.10
146~148	30.60	32.86	35.00	38.50	43.60	48.60	54.30	31.90	33.72	35.80	39.58	44.50	49.20	54.50
148~150	31.60	33.60	36.26	39.91	45.15	50.20	56.40	32.56	35.50	38.50	41.80	46.10	51.50	56.30
150~152	32.70	35.12	37.60	41.90	46.96	52.76	58.55	34.50	37.20	40.72	44.80	49.90	54.20	58.56
152~154	34.10	36.30	39.23	43.10	48.47	54.60	59.50	36.42	38.80	42.50	47.00	52.16	56.74	63.00
154~156	36.14	38.04	41.00	44.55	50.12	56.62	62.50	38.40	41.20	44.90	49.00	53.95	58.80	64.50
156~158	38.00	39.58	42.17	46.03	51.81	59.58	65.10	39.50	42.95	46.54	50.63	55.30	60.30	66.09
158~160	38.24	40.25	43.37	47.50	53.82	60.07	65.65	41.50	44.90	48.50	52.00	56.00	60.70	67.70
160~162	39.90	42.38	45.45	49.00	55.00	61.70	69.95	42.20	45.80	49.29	52.70	56.95	62.10	68.40
162~164	40.56	43.42	46.15	50.80	56.82	62.45	70.10	44.40	47.50	50.60	54.28	59.00	63.66	69.45
164~166	42.80	45.80	49.00	52.87	58.08	64.10	69.60	45.62	48.80	51.84	55.85	61.00	66.00	71.60
166~168	44.40	47.10	50.40	55.50	62.35	68.30	76.00	46.20	49.26	53.00	56.90	62.00	67.30	74.20
168~170	46.78	49.70	52.88	57.20	62.80	70.40	79.00	48.25	50.36	53.30	57.20	63.00	68.00	72.25
170~172	48.14	50.90	54.16	58.80	64.67	71.39	79.80	49.00	52.04	54.60	59.20	65.87	72.54	76.00
172~174	49.70	52.30	55.98	60.80	66.00	73.40	80.50	49.06	53.95	56.10	60.40	66.10	71.04	81.30
174~176	51.35	54.30	58.00	62.75	68.30	75.55	84.70	51.30	55.30	56.00	61.00	65.15	66.79	85.85
176~178	52.60	55.40	59.10	64.00	69.10	75.00	82.70							
178~180	53.45	56.50	61.00	65.75	71.40	79.20	88.10							
180~182	54.60	58.30	62.07	66.45	72.00	80.00	90.95							
182~184	56.00	60.70	64.00	68.80	74.80	80.50	88.20							
184~186	56.90	61.50	64.97	71.00	77.05	83.50	93.60							
	57.70	64.00	66.80	72.20	81.00	87.30	95.50							

부록-7 미국의 식품지원 프로그램

프로그램	목 적	수혜기준	대상			지원기관
			모자	어린이 청소년	노인	
Food Stamp Program	• 저소득층에게 식품의 일부나 전체를 충당할 수 있는 쿠폰을 제공함으로써 주민들의 식이 향상	• 가구수, 수입, 자산, 생계비, 기타 요인들을 기준으로 가구의 자격부여, 분배량 결정	○	○	○	USDA
Commodity Supplemental Food Program	• 저소득층 임신, 수유, 산욕기 여성, 유아, 6세까지의 어린이, 노인들에게 보충식품을 제공함으로써 건강, 영양상태 개선	• 연령, 수입 기준 충족 • 건강전문가에 의해 영양적 위험상태로 판정	○	○	○	USDA
WIC Program	• 성장, 발달의 중요한 기간 동안 좋은 건강관리를 접하도록 도움	• 유아사망률 높은 저소득지역에서 우선실시 • 영양적 위험상태로 판정	○	○		USDA
Special Supplemental Food Program for WIC	• 영양적으로 위험에 처해있는 저소득층 임신, 수유, 산욕기 여성, 유아, 5세까지의 어린이에게 무료로 영양식품 보충, 영양교육, 건강관리 위탁 실시	• 영양적 위험상태로 판정 • 수입 기준 충족	○	○		USDA
WIC Farmers Market Nutrition Program	• WIC 참가자들에게 신선한 과일, 채소를 제공하고 framer' s market을 인식시켜 이용을 증대시킴	• 유아사망률 높은 저소득지역에서 우선 실시 • 영양적 위험상태로 판정	○	○		USDA
National School Lunch Program	• 어린이에게 영양가 있는 무료, 저가의 점심을 제공하도록 주(州)가 원조하고 농산물의 국내소비를 증가시킴	• 프로그램 시행학교의 모든 학생들 • 가정의 수입정도에 따라 급식가격결정		○		USDA
School Breakfast Program	• 고등학교 공립, 비영리 사립학교 어린이, 시설수용 어린이에게 영양가 있는 아침을 제공하도록 주(州) 원조	• 프로그램 시행학교의 모든 학생들 • 가정의 수입정도에 따라 급식가격결정		○		USDA
Special Milk Program	• School Lunch Program이 실시되지 않는 학교 어린이에게 우유 제공	• 고등학교급 이하 공립, 비영리 사립학교, 비영리 어린이 수용시설 • 참여학교의 모든 어린이		○		USDA
Emergency Food Assistance Program	• 저소득층에게 잉여생산물을 분배함으로써 정부 관리량을 감소시킴	• 저소득층, 실업자 및 복지혜택을 받는 가정의 어린이		○		USDA
Commodity Distribution to Charitable Institution	• 규칙적으로 저소득층에게 식사를 제공하는 비영리 자선단체가 식품생산물을 이용할 수 있도록 함	• 노인의 집, 병원, food bank, soup, kitchen, temporary shelter, 다른 program에 참여하지 않는 고아들을 위한 여름캠프		○	○	USDA

미국의 식품자원 프로그램 (계속)

프로그램	목 적	수혜기준	대상			지원기관
			모자	어린이 청소년	노인	
Summer Food Service Program for Children	• 방학중에 급식이 필요한 지역의 어린이에게 식사, 간식을 제공하는 비영리 식품서비스 프로그램을 실행하는 주(州) 원조	• 18세 이하 어린이 • 18세 이상의 장애자	○		○	USDA
Food Distribution Program	• 식품보조가 필요한 어린이, 노인들의 식사개선 • 잉여산물처리로 가격조절, 국내 생산물의 market 증가	• 프로그램 실시학교, 어린이 보호시설, 여름캠프의 어린이 • 각 가정의 자격은 주(州) 결정 요소를 기준으로 함.		○	○	USDA
Child and Adult Care Food Program	• 거주지 없는 12세까지의 어린이, 노인, 장애인에게 식사제공	• 비영리 어린이 보호센터, 소그룹 day care를 제공하는 private home 등		○	○	USDA
Senior Nutrition Program	• 저렴하고 영양가 있는 식사제공 • 사회접촉기회 증대 • 영양교육과 식품구입 보조 • 상담 및 다른 사회 서비스에 위탁 • 운반서비스 제공	• 60세 이상 노인 (소득수준 무관)			○	DHHS
Meals-on-Wheels America	• 주(州)중의 집단프로그램을 보충하는 home meal				○	Private
Expanded Food and Nutrition Education Program	• 어린이가 있는 주부에게 식품을 제공하고 영양교육을 실시		○			USDA
Title V Maternal and Child Health Program	• 경제적 어려움이 심한 시골지역의 모성, 유아, 어린이의 건강향상을 위해 주(州) 지원		○	○		DHHS
Medicaid	• 경제적 어려움이 있는 집단의 건강관리를 돕는 의료보조 프로그램					DHHS
EPSDT	• 저소득층 어린이 건강상태 개선			○		DHHS
Community Health Center	• 의료서비스 취약지역에서 건강서비스와 건강관련 훈련을 제공					DHHS
Nutrition Education and Training	• 어린이 영양프로그램 참가자 또는 참여대상자에게 식이와 건강에 관한 과학적이고 명확한 정보제공			○		USDA
Nutrition Education in the Private Sector	• 자발적, 비영리 건강단체가 어린이와 어린이를 돌보는 사람들을 대상으로 한 영양교육 프로그램과 자료 개발			○		Private

USDA에서 어린이를 위해 특별히 실시하고 있는 식품지원 프로그램

프로그램	목 적	지원방법	수 혜 자 격
National School Lunch Program	• 어린이에게 영양가 있는 무료, 저가 점심을 제공하도록 주(州) 원조 • 영양가 있는 농산물의 국내소비 고양	*formula grants to states	1. 점심급식 프로그램이 시행되는 학교의 모든 학생들 참가. 2. poverty level 130% 이하의 수입을 갖는 가정의 어린이는 무료급식. 3. poverty level 130%~185% 수입을 갖는 가정의 어린이는 저가급식. 4. poverty level 185% 이상의 수입을 갖는 가정의 어린이는 정가급식.
School Breakfast Program	• 고등학교 급의 공립, 비영리사립학교의 어린이와 residential child care 시설 어린이에게 영양가있는 아침을 제공하도록 주(州) 원조	formula grants to states	1. 점심급식 프로그램이 시행되는 학교의 모든 학생들 참가. 2. poverty level 130% 이하의 수입을 갖는 가정의 어린이는 무료급식. 3. poverty level 130%~185% 수입을 갖는 가정의 어린이는 저가급식. 4. poverty level 185% 이상의 수입을 갖는 가정의 어린이는 정가급식.
Special Milk Program for Children	• 어린이들이 우유를 섭취할 수 있도록 학교와 시설에 현금보상 (cash reimbursement) 제공	formula grants to states	1. 고등학교급과 그 이하의 공립, 사립 비영리 학교와 비영리 residential or nonresidential child care 시설. 2. 가족수입에 무관하게 참여 학교의 모든 어린이들. (유치원생을 위해 전적으로 program을 운영하는 학교에서는 제외)
Summer Food Service Program for Children	• 여름 등 방학중에 어린이에게 식사와 간식을 제공할 필요가 있는 지역에 비영리적인 식품 서비스 프로그램을 실행하는 주(州) 원조	formula grants to states	• 18세 이하 어린이, 18세 이상의 정신적, 육체적 장애자를 위한 program에 참여하고 있는 자.

*formula grants : 기금지원기관이 여러 요인들을 고려한 "공식(formula)"을 기본으로 하여 주(州)에 기금을 분배하는 funding mechanism의 한 type.

USDA에서 어린이를 위해 특별히 실시하고 있는 기타 프로그램

프로그램	목 적	지원방법	수 혜 자 격
Special Supplement Food Program for WIC	• 영양적 위험에 처해 있는 저소득층 임신, 수유, 산욕기 여성, 유아, 5세까지의 어린이에게 무료로 영양식품보충, 영양교육, health care 위탁 실시.	formula grants to states	• 전문가에 의해서 영양적으로 위험에 처해 있어 special supplemental foods program이 필요 하다고 판정되고 수혜소득기준에 적합한 임신, 수유, 산욕기 여성, 유아, 5세까지의 어린이.
WIC Farmer's Market Nutrition Program	• WIC 참가자들이 지정된 farmer's market에서 시선한 제품을 구입하도록 허용.	formula grants to states	• WIC program과 동일.
Child and Adult Care Food Program	• nonresidential child care, adult day care시설과 어린이를 위한 family day care home에 연방정부 기금과 미농림성에서 식품제공	formula grants to states : 그 외에 식품의 판매, 교환, 증정	• 허가된 공립, 사립 비영리 child care center, Head Start center, settlement house, neighborhood center, 소그룹 day care를 제공하는 허가된 private home 등.
Food Distribution Program	• 식품지원이 필요한 학령전기, 학령기 어린이와 노인 등의 식사개선 • 잉여산물을 처리함으로써 가격을 조절하고 국내 생산물에 대한 market의 증가	자산과 식품의 판매, 교환 및 증정	1. 각 가정의 자격은 주에서 제시한 요구조건을 기준으로 함. 2. 프로그램에 참가하는 학교, child care 시설, 여름캠프의 모든 어린이.
Food Stamps	• 저소득층의 식품구입능력을 증가시켜 식사개선	특별히 이용할 수 있는 식품쿠폰 지급	• 가구원수, 수입, 자산, 주거비, 노동자격, 기타 요인들을 기준으로 가구의 자격여부, 분배량결정.
Commodity Supplemental Food Program	저소득층 임신, 수유, 산욕기 여성, 유아, 6세까지의 어린이, 노인들에게 보충식품을 제공함으로써 건강, 영양상태 개선	formula grants to states : 그 외에 식품의 판매, 교환, 증정	• 연령, 수혜소득기준에 적합해야 하며 local agency에서 전문가에 의해 영양적 위험상태 평가

USDA에서 어린이들을 위해 실시하고 있는 기타 프로그램 (계속)

프로그램	목 적	지원방법	수 혜 자 격
Food Distribution Program on Indian Reservation	• Indian 거주지나 그 근처에 사는 대상자의 식사 개선 • 잉여산물을 처리함으로써 가격을 조절하고 국내 생산물에 대한 market 증가.	project grants : 그 외에 식품의 판매, 교환, 증정	• 프로그램을 수행하는 Indian 거주지나 인접지역에 살아야 함. • 지역 해당기관에 의해 결정된 수입, 수혜기준을 충족시켜야 함.
Temporary Emergency Food Assistance	• 주(州)에서 식품지원이 필요한 사람들에게 식품 생산물을 분배할 수 있도록 함.	formula grants to states	• 저소득층, 실업자 또는 복지혜택을 받는 자.
Commodity Distribution to Charitable Institution	• 규칙적으로 저소득층에게 식사를 제공하는 비영리 자선단체가 식품 생산물을 이용할 수 있도록 함.	〃	• 노인의 집, 병원, 무료급식소, food bank, temporary shelter, 다른 federal child nutrition program 에 참가하지 않는 고아들을 위한 여름캠프.

부록-8 영양 관련법규

1) 국민건강증진법

(1) 1995. 1. 5. 법률 제 4914호

제1조(목적)

이 법은 국민에게 건강에 대한 가치와 책임의식을 함양하도록 건강에 관한 바른 지식을 보급하고 스스로 건강생활을 실천할 수 있는 여건을 조성함으로써 국민의 건강을 증진함을 목적으로 한다.

제2조(정의)

이 법에서 사용하는 용어의 정의는 다음과 같다.

1. "국민건강증진사업"이라 함은 보건교육 질병예방 영양개선 및 건강생활의 실천 등을 통하여 국민의 건강을 증진시키는 사업을 말한다.
2. "보건교육"이라 함은 개인 또는 집단으로 하여금 건강에 유익한 행위를 자발적으로 수행하도록 하는 교육을 말한다.
3. "영양개선"이라 함은 개인 또는 집단이 균형된 식생활을 통하여 건강을 개선시키는 것을 말한다.

제15조(영양개선)

① 국가 및 지방자치단체는 국민의 영양상태를 조사하여 국민의 영양개선방안을 강구하고 영양에 관한 지도를 실시하도록 한다.

② 국가 및 지방자치단체는 국민의 영양개선을 위하여 다음 각호의 사업을 행한다.

1. 영양교육사업
2 영양개선에 관한 조사, 연구사업
3. 기타 영양개선에 관하여 보건사회부령이 정하는 사업

제16조(국민영양조사 등)

① 보건사회부 장관은 국민의 건강상태, 식품섭취, 식생활조사 등 국민의 영양에 관한 조사(이하 "국민영양조사"라 한다)를 정기적으로 실시한다.

② 특별시, 광역시 및 도에는 국민영양조사와 영양에 관한 지도업무를 행하게 하기 위한 공무원을 두어야 한다.

③ 국민영양조사를 행하는 공무원은 그 권한을 나타내는 증표를 관계인에게 대 보여야 한다.

④ 국민영양조사의 내용 및 방법 기타 국민영양조사와 영양에 관한 지도에 관하여 필요한 사항은 대통령령으로 정한다.

(2) 국민건강증진법 시행령 (1995. 9. 1. 대통령령 제 14757호)

제1조(목적)

이 령은 국민건강증진법에서 위임된 사항과 그 시행에 관하여 필요
한 사항을 규정함을 목적으로 한다.

제19조(국민영양조사 시기)

법 제 16조의 규정에 의한 국민영양조사(이하 "영양 조사"라 한다)의 시기는 보건복지부령으로 정한다.

제20조(조사대상)

- 영양조사는 보건복지부 장관이 3년마다 구역과 기준을 정하여 선정한 가구 및 가구원에 대하여 이를 행한다.
- 보건복지부 장관은 노인, 임산부 등, 특히 영양개선이 필요하다고 판단되는 자에 대하여는 따로 조사기간을 정하여 영양조사를 실시할 수 있다.
- 제1항의 규정에 의하여 조사대상으로 선정된 가구와 제2항의 규정에 의하여 조사대상이 된 자에 대하여 관할 시 ·도지사는 그 뜻을 통지하여야 한다.

제21조(조사항목)

- 영양조사는 건강상태 조사, 식품섭취조사 및 식생활조사로 구분하여 행한다.
- 건강상태조사는 다음 각 호의 사항에 대하여 행한다.

1. 신체상태
2. 영양관계 증후
3. 기타 건강상태에 관한 사항

- 식품섭취조사는 다음 각 호의 사항에 대하여 행한다.

1. 조사가구의 일반사항
2. 일정한 기간의 식사상황
3. 일정한 기간의 식품섭취상황

- 식생활조사는 다음 각 호의 사항에 대하여 행한다.

1. 가구원의 식사 일반사항
2. 조사가구의 조리시설과 환경

3. 일정한 기간에 사용한 식품의 가격 및 조달방법

- 제2항 내지 제4항의 조사사항의 세부내용은 보건복지부령으로 정한다.

제22조(영양조사원 및 영양지도원)

영양조사를 담당하는 재이하 "영양조사원"이라한다)는 시 ·도지사가 다음 각 호의 1에 해당하는 자 중에서 임명, 또는 위촉한다.

1. 의사, 영양사, 또는 간호사의 자격을 가진 자 --
2. 전문대학 이상의 학교에서 식품학, 또는 영양학의 과정을 이수한 자 --

- 시장, 군수, 구청장은 법 제15조 및 제16조의 영양개선사업을 수행하기위한 국민영양지도를 담당하는 자(이하 "영양조사원"이라 한다)를 두어야 하며 그 영양지도원은 영양사의 자격을 가진 자로 임명한다. 다만, 영양사의 자격을 가진 자가 없는 경우에는 의사 또는 간호사의 자격을 가진 자 중에서 임명할 수 있다.
- 영양조사원 및 영양지도원의 직무에 관하여 필요한 사항은 보건복지부령 l 으로 정한다.

2) 식품위생법(식품위생법, 동시행령, 동 시행규칙)

(1) 영양사 배치의 규정

영양사 배치에 있어서 이하의 법령에 의하여 규정되고 있다.

- 집단급식시설

법 제35조

대통령령이 정하는 집단급식소의 운영자는 대통령령이 정하는 바에 따라 영양사를 두어야 한다. 다만, 집단급식소의 운영자 자신이 영양사가 되어 직접 영양의 지도에 종사하는 경우에는 그러하지 않는다.

법 제19조(영양사를 두어야 할 집단급식소)

① 법 제35조의 규정에 의하여 영양사를 두어야 할 집단급식소는 상시 1회 50인(제조업의 경우 100인) 이상에게 식사를 제공하는 집단급식소를 한다. 다만, 제18조의 규정에 의하여 집단급식소에 두는 조리사가 영양사의 면허를 받은 자인 경우에는 영양사를 따로 두지 아니할 수 있다.

② 상시 1회 급식인원 200인 미만인 중소기업의 집단급식소에는 보건복지부령이 정하는 바에 의하여 공동으로 영양사를 둘 수 있다.

규칙 제45조(영양사를 공동으로 둘 수 있는 범위)

① 집단급식소를 설치, 운영하는 자가 령 제19조 제2항의 규정에 의하여 공동으로 영양사를 둘 수 있는 지역은 동일 시 ·군 ·구, 또는 동일 공업단지내의 집단급식소로 한다.

② 제1항의 규정에 의하여 공동으로 영양사를 두는 경우에는 1인의 영양사에 대하여 급식인원 4%인을 초과하여서는 아니된다.

법 제77조

1년 이하의 징역, 또는 300만원 이하의 벌금에 처한다.

별표 15

행정처분 기준 중 II. 개별기준 3. 접객업

내용 : 집단급식소에서 영양사를 두지 않았올 경우 벌칙 및 행정처분

3) 지역보건법

제1조(목적)

이 법은 보건소등 지역보건의료기관의 설치·운영 및 지역보건의료사업의 연계성 확보에 필요한 사항을 규정함으로써 보건행정을 합리적으로 조직·운영하고, 보건시책을 효율적으로 추진하여 국민보건의 향상에 이바지함을 목적으로 한다.

제2조(국가와 지방자치단체의 의무)

① 국가는 지역보건의료에 관한 조사·연구, 정보의 수집·정리 및 활용, 인력의 양성 및 자질향상에 노력하여야 하고, 특별시·광역시·도(이하 "시·도"라 한다) 및 시·군·구(자치구에 한한다. 이하 같다)의 보건시책의 수립·시행에 필요한 기술적·재정적 지원시책을 강구하여야 한다.

② 시·도는 당해 시·도의 보건시책의 추진을 위한 조사·연구, 인력확보, 자질향상 등에 노력하여야 하고, 시·군·구의 보건시책의 수립·시행에 필요한 기술적·재정 지원을 하여야 한다.

③ 시· 군·구는 당해 시·군·구의 보건시책의 추진을 위하여 보건소등 지역보건 의료기관의 설치·운영, 인력확보, 자질향상등에 노력하여야 한다.

제3조(지역보건의료계획의 수립등)

① 시장·군수·구청장(자치구의 구청장에 한한다. 이하 같다)은 지역주민,

보건의료 관계기관·단체 및 전문가의 의견을 들어 당해 시·군·구의 지역보건의료계획을 수립한 후 당해 시·군·구의회의 의결을 거쳐 특별시장·광역시장·도지사(이하 "시·도지사"라 한다)에게 제출하여야 한다.

② 제1항의 규정에 의하여 관할 시·군·군·구의 지역보건의료계획을 제출받은 시·도지사는 관할 시장·군수·구청장, 지역주민, 보건의료 관계기관·단체 및 전문가의 의견을 들어 시·도의 지역보건의료계획을 수립 후 당해 시·도의회의 의결을 거쳐 보건복지부장관에게 제출하여야 한다.

③ 시·도지사 또는 시장·군수·구청장은 제1항 또는 제2항의 규정에 의한 지역보건의료계획(이하 "지역보건의료계획"이라 한다)을 수립함에 있어서 필요하다고 인정하는 경우에는 보건의료 관계기관·단체등에 대하여 자료 제공 및 협력을 요청할 수 있으며, 그 요청을 받은 당해 기관·단체등은 정당한 사유가 없는 한 이에 응하여야 한다.

④ 보건복지부장관 또는 시·도지사는 지역보건의료계획의 내용에 관하여 필요하다고 인정하는 경우에는 시·도지사 또는 시장·군수·구청장에 대하여 보지복지부령이 정하는 바에 의하여 그 조정을 권고할 수 있다.

제12조(전문인력의 적정배치등)

① 보건소에는 소장과 제9조 각호의 규정에 의한 업무를 수행하는데 필요한 면허 자격 또는 전문지식을 가진 인력(이하 "전문인력등"이라 한다)을 두어야 한다.

② 시·도지사는 보건소의 전문인력등의 적정배치를 위하여 필요하다고 인정하는 때에는 지방공무원법 제30조의2 제2항의 규정에 의하여 보건소간에 전문인력등의 교류를 할 수 있다.

③ 보건복지부장관과 시·도지사는 보건소의 전문인력등의 자질향상을 위하여 필요한 교육훈련을 시행하여야 한다.

④ 보건복지부장관은 보건소의 전문인력등에 대하여 그 배치 및 운영실태를 조사할 수 있으며 그 배치 및 운영이 부적절하다고 판단될 때에는 그 시정을 위하여 시·도지사 또는 시장·군수·구청장에게 조언 또는 권고하거나 지도할 수 있다

⑤ 제1항 규정에 의한 전문인력등의 배치 및 임용자격기준과 제3항의 규정에 의한교육훈련의 대상, 기간, 평가, 그 결과처리등에 관하여 필요한 사항은 대통령령으로 정한다.

제18조(보건교육등의 조사등)

① 지역주민 다수를 대상으로 보건교육을 실시한 자는 그 결과를 보건교육을 실시하는 지역을 관할하는 보건소장에게 제출하여야 한다.

② 의료기관이 아닌 지역주민 다수를 대상으로 건강진단·예방접종·순회진료등 주민의 건강에 영향을 미치는 행위(제1항의 규정에 의한 보건교육을 제외한다. 이하 "건강진단등"이라 한다)를 하고자 할 경우에는 건강진단등을 하고자 하는 지역을 관할하는 보건소장의 승인을 얻어야 한다. 의료기관이 의료기관외의 장소에서 지역주민 다수를 대상으로 건강진단등을 하고자 하는 때에도 또한 같다.

③ 제2항의 규정에 의하여 건강진단등의 승인을 얻은 자는 그 건강진단등의 결과를 보건소장에게 제출하여야 한다.

④ 제2항의 규정에 불구하고 다른 법률의 규정에 의하여 건강진단등을 하는 자는 관할 보건소장과 미리 협의하거나 건강진단등을 행한 후에 그 결과를 제출하여야 한다.

⑤ 제1항 내지 제3항의 규정에 의한 보건교육 또는 건강진단등의 결과제출·승인 또는 제4항의 규정에 의한 협의 또는 결과제출의 대상·절차등에 관하여 필요한 사항은 대통령령으로 정한다.

<지역보건법 시행령>

제1조(목적)

이 영은 지역보건법에서 위임된 사항과 그 시행에 관하여 필요한 사항을 규정함을 목적으로 한다.

제2조(지역보건의료심의위원회의 설치등)

① 지역보건법(이하 "법"이라 한다) 제3조의 규정에 의한 지역보건의료계획의 수립 등 지역보건의료시책의 추진에 필요한 사항에 관하여 특별시장·광역시장·도지사(이하 "시·도지사"라 한다) 또는 시장·군수·구청장)자치구의 구청장에 한한다. 이하 같다)의 자문에 응하기 위하여 특별시·광역시·도(이하 "시·도"라 한다) 및 시·군·구(자치구에 한한다. 이하 같다)에 지역보건 의료심의위원회)이하 "위원회"라 한다)를 둔다.

② 위원회는 다음 각호의 사항에 관하여 시·도지사 또는 시장·군수·구청장의 자문에 응한다.

1. 지역내 보건의료의 실태조사에 관한 사항
2. 지역보건의료계획의 수립에 관한 사항
3. 지역보건의료계획의 시행 및 시행결과의 평가에 관한 사항
4. 기타 시・도지사 또는 시장・군수・구청장이 지역보건의료시책의 추진을 위하여 필요하다고 인정하는 사항

③ 위원회는 위원장 1인을 포함한 20인 이내의 위원으로 구성하되 위원은 다음 각호의 1에 해당하는 자 중에서 시・도지사 또는 시장・군수・구청장이 위촉 또는 임명하는 자로 한다.

1. 지역주민
2. 보건의료관련기관・단체의 임직원
3. 보건의료관련전문가
4. 관계 공무원

④ 위원회에 출석한 위원에게는 예산의 범위안에서 수당과 여비를 지급할 수 있다. 다만, 공무원인 위원이 그 소관업무와 관련하여 출석하는 경우에는 그러하지 아니하다.

⑤ 기타 위원회의 조직 및 운영에 관하여 필요한 사항은 당해 지방 자치단체의 조례로 정한다.

제10조(전문인력 등의 배치기준)

① 법 제12조의 규정에 의하여 보건소 및 보건지소에는 의무・치무・약무・보건・간호・의료기술・식품위생・영양・보건통계・전산등 보건의료에 관한 업무를 전담할 전문인력 등을 둔다.

② 제1항의 규정에 의한 전문인력 등의 면허 또는 자격의 종별에 따른 최소 배치기준은 보건복지부령으로 정한다.

제13조(전문인력 등의 임용자격기준)

법 제12조의 규정에 의하여 전문인력 등의 배치를 위한 임용자격기준은 해당 분야의 면허 또는 자격을 소지한 자로 하되, 당해 분야의 업무에 2년 이상 종사한 자를 우선임용하여야 한다.

제14조(전문인력 등에 대한 교육훈련)

① 보건복지부장관 또는 시・도지사는 법 제12조 제3항의 규정에 의하여 전문인력 등의 신규임용을 위한 기본교육훈련과 직무분야별 전문교육훈련을 실시하여야 한다.

② 보건복지부장관 또는 시・도지사는 제1항의 규정에 의한 교육훈련을 소

속 교육훈련기관에서 받게 하거나 다른 행정기관 소속의 교육훈련기관 또는 민간 교육기관에 위탁하여 받게 할 수 있다.

제15조(전문인력 등의 배치 및 운영실태조사)

① 보건복지부장관은 법 제12조 제4항의 규정에 의하여 전문인력 등의 배치 및 운영실태조사를 2년마다 실시하여야 하며, 필요한 경우에는 시·도 또는 시·군·구에 대하여 수시로 그 실태조사를 실시할 수 있다.

② 보건복지부장관은 제1항의 규정에 의한 실태조사결과 전문인력 등의 적절한 배치 및 운영에 필요하다고 판단될 경우에는 시·도지사에게 전문인력 등의 교류를 권고할 수 있다.

<지역보건법 시행규칙>

제1조(목적)

이 규칙은 지역보건법 및 동법시행령에서 위임된 사항과 그 시행에 관하여 필요한 사항을 규정함을 목적으로 한다.

제6조(전문인력 등의 배치)

① 영 제10조 제2항의 규정에 의한 전문인력 등의 면허 또는 자격의 종별에 따른 최소배치기준은 별표 2와 같다.

② 시장·군수·구청장은 제1항의 규정에 의한 전문인력 등의 최소배치기준에 따른 전문인력 등의 정원을 확보하기 위하여 당해 시군구(자치구를 말한다)의 직제 및 정원에 관한 규칙에 이를 반영하여야 한다.

③ 시장·군수·구청장은 특별한 사유가 없는 한 보건소 및 보건소의 전문인력등을 그 소지한 면허 또는 자격과 관련되는 직위에 보직하여야 한다.

제7조(전문인력 등에 대한 교육훈련)

① 시장·군수·구청장은 신규로 임용되거나 5급 이상 공무원으로 승진임용된 전문인력 등에 대하여는 특별한 사유가 없는 한 그 직급과 직무분야에 상응하는 기본교육훈련과정을 이수하게 한 후에 보직하여야 한다. 다만, 보건복지부장관이 인정하는 교육훈련기관에서 소정의 과정을 마친 자는 보직 후에 기본교육훈련을 실시할 수 있다.

② 시·도지사는 영 제14조 제2항의 규정에 의하여 전문인력 등의 교육훈련을 다른 행정기관 소속의 교육훈련기관 또는 민간교육훈련기관에 위탁하

여 받게 한 때에는 교육훈련비용의 전부 또는 일부를 해당 교육훈련기관에 보조할 수 있다.

③ 전문인력 등에 대한 교육훈련과정, 교육훈련 기관의 선정 등에 관하여 필요한 사항은 보건복지부장관이 정한다.

〈부 칙〉

① (시행일) 이 규칙은 공포한 날부터 시행한다.

② (전문인력 등의 배치에 관한 경과조치) 시장·군수·구청장이 제6조 제2항의 규정에 의하여 당해 시·군·구(자치구를 말한다)의 직제 및 정원에 관한 규칙을 개정한 경우에는 제6조 제1항의 규정에 불구하고 1998년 12월 31일까지는 별표 2의 기준에 의한 전문인력 등을 배치한 것으로 본다.

별표 1 보건소에서 관장할 수 있는 업무의 예시(제5조 제1항 관련)

구 분	업 무
1. 국민건강증진·보건교육·구강건강 및 영양개선사업	
가. 국민건강증진	(1) 주민건강의 증진에 관한 세부계획의 수립·시행 (2) 금연 및 절주운동(교육·홍보) (3) 담배자판기 설치 단속 (4) 19세미만의 자에 대하여 담배를 판매한 자에 대한 과태료 부과 (5) 금연·흡연구역을 구분하여 지정하지 아니한 자에 대한 과태료 부과 (6) 질병의 조기발견을 위한 검진 및 처방 (7) 혼인전 건강확인의료기관의 지정 (8) 지역사회의 보건문제에 관한 조사·연구 (9) 건강상담 및 건강교실의 운영 (10) 보건소 이용주민의 개인별 건강상태 기록·유지

구 분	업 무
나. 보건교육	(1) 개인 또는 집단에 대한 보건교육 실시 (가) 금연·절주 등 건강생활의 실천에 관한 사항 (나) 만성퇴행성질환등 질병의 예방에 관한 사항 (다) 영양 및 식생활에 관한 사항 (라) 구강건강에 관한 사항 (마) 공중위생에 관한 사항 (바) 건강증진을 위한 체육활동에 관한 사항 (사) 기타 건강증진사업에 관한 사항 (2) 보건 교육을 실시할 의무가 있는 사업장·의료기관 및 단체에 대한 보건교육의 계획 및 결과에 관한 자료요청
다. 구강건강	생략
라. 영양개선사업	(1) 영양교육사업 (가) 영양지도의 계획·분석 (나) 영양교육자료의 개발·홍보 및 영양교육 (다) 지역주민의 영양지도(영유아·임산부·수유부·노인·환자 및 성인의 영양관리) 및 상담 (2) 영양개선에 관한 조사·연구사업 (3) 국민영양상태에 관한 평가사업 (가) 영양조사 및 지역주민의 영양평가 실시 (나) 지역주민의 영양조사결과 자료활용 (4) 집단급식시설에 대한 현황파악 및 급식업무지도 (5) 기타 영양과 식생활개선에 관한 사항
2. 전염병의 예방·관리 및 진료	생략
3. 모자보건 및 가족계획사업	생략
4. 노인보건사업	가. 노인요양시설에의 입소조치 나. 노인에 대한 건강진단 및 보건교육 다. 재가노인복지사업을 하는 자에 대한 지원 라. 건강진단의 공고 마. 건강진단기관의 지정

구 분	업 무
5. 공중위생 및 식품위생	
가. 식품접객업소의 위생개선을 위한 지도	(1) 식품위생감시원의 임명 (2) 식품접객영업시설의 설치지도 (3) 식품접객업소의 위생등급 지정 (4) 식품접객업소에 대한 출입·검사·수거 (5) 식품접객업소의 영업허가 및 취소 (6) 식중독에 관한 조사·보고
나. 위생접객업·위생관련영업 및 위생용품제조업의 위생개선 지도	(1) 위생접객업소의 등급 설정 (2) 위생접객업의 신고 수리 (3) 위생관련영업 및 위생용품제조업의 신고수리 (4) 위생접객업의 휴업·폐업신고수리 (5) 영업장의 출입·검사 (6) 공중위생에 관한 지도와 명령 (7) 시설·설비의 개수명령 및 폐기처분 (8) 영업정지 등 행정처분
다. 공중이용시설의 위생관리	(1) 공중이용시설의 신고수리 (2) 공중이용시설의 검사 및 시정지시 (3) 위생관리담당자의 지정·해제신고수리 (4) 공중위생감시원의 임명
6.~11. 생략	생략
12. 가정 및 사회복지시설 등을 방문하여 행하는 보건의료사업	방문보건의료사업
13.~15. 생략	생략
16. 기타 지역주민의 보건의료의 향상 증진 및 이를 위한 연구 등에 관한 사업	지역주민에 대한 각종 질병의 유병률 조사

별표 2 전문인력 등의 면허 또는 자격의 종별에 따른 최소배치기준(제6조 제1항관련)

구 분 / 직종별	특별시의 구	광역시의 구, 인구50만명이상의 시의 구 및 인구30만명이상의 시	인구 30만명 미만의 시	도농복합 형태의 시	군	보건의료원이 설치된 군
의사	3	3	2	2	1	6
치과의사	1	1	1	1	1	1
한의사	-	-	-	1	1	1
조산사	(1)	(1)	(1)	(1)	(1)	(1)
간호사	18	14	10	14	10	23
약사	3	2	1	1	1	2
임상병리사	4	4	3	4	2	4
방사선사	2	2	2	2	2	3
물리치료사	1	1	1	1	1	2
치과위생사	1	1	1	1	1	1
영양사	1	1	1	1	1	2
간호조무사	-	-	-	-	-	1
의무기록사	(2)	(2)	(2)	(2)	(2)	(6)
위생사 ·	-	-	-	-	-	1
위생시험사	(3)	(3)	(2)	(2)	(2)	(2)
정신보건 전문요원	1	1	1	1	1	1
정보처리기사 · 정보처리기능사	(1)	(1)	(1)	(1)	(1)	(1)
응급구조사	-	-	-	-	(1)	1

비고

1. 이 기준은 보건소장을 제외한 기준이며, 당해 지방자치단체의 실정에 따라 이 기준을 초과하여 필요한 전문인력을 배치할 수 있다.
2. 의사 및 치과의사의 기준은 공중보건의사를 포함한다.
3. 한의사의 기준은 공중보건의사로서의 한의사가 배치되는 경우에 적용한다.
4. 조산사 및 간호조무사는 간호사 전체인력의 범위 안에서 간호사에 갈음하여 배치할 수 있다.
5. 위생사 및 위생시험사의 기준은 보건소에서 위생업무를 관장하는 경우에

한하여 적용한다.

6. 정보처리기사 정보처리기능사 및 응급구조사의 기준 중 ( )로 표시된 기준은 당해 시 · 군 · 구의 여건에 따라 이 기준을 조정하여 배치할 수 있다.
7. 영양사는 인구 5만명미만의 군(보건의료원이 설치된 군을 제외한다.)지역의 경우에는 당해군의 여건에 따라 이 기준을 조정하여 배치할 수 있다.

4) 의료법

동 시행규칙 제28조 6의 2항의 2(병원 영양사의 배치의 근거)

① 의료기관은제 1항의 의료인 외에 다음의 기준에 의하여 필요한 인원을 두어야 한다.

② 입원시설을 갖춘 종합병원, 병원, 치과병원, 한방병원, 또는 요양병원에 있어서는 1인 이상의 영양사를 둔다.

5) 학교급식법

1981. 1.29. 법률 제3356호
개 정 : 1982. 3.20. 법률 제3540호

제1조(목적)

이 법은 학교급식에 관한 사항을 규정함으로써 학교급식을 통한 학생의 심신의 건전한 발달을 도모하고 나아가 국민식생활 개선에 기여함을 목적으로 한다.

제2조(정의)

이 법에서 사용되는 용어의 정의는 다음과 같다.

1. "학교급식"이라 함은 제1조의 목적을 달성하기 위하여 제4조 규정에 의한 각급 학교, 또는 학급의 재학생에 대하여 실시하는 급식을 말한다.
2. "급식에 관한 경비"라 함은 학교급식을 위한 식품비, 급식운영비 및 급식시설, 설비비를 말한다.

제3조(국가, 지방자치단체의 임무)

국가와 지방자치단체는 영양교육을 통한 식습관의 개선과 학교급식의 원활한 수행을 위하여 필요한 시책을 강구하여야 한다.

제4조(학교급식대상)

학교급식은 대통령령이 정하는 바에 따라 다음 각 호의 1에 해당하는 학교, 또는 학급에 재학하는 학생을 대상으로 실시한다.

1. 교육법 제81조의 규정에 의한 학교 중 의무교육 대상학교
2. 교육법 제103조의 4 및 제107조의 4의 규정에 의한 근로청소년을 위한 특별학급 및 산업체 부설학교
3. 기타 체육청소년부 장관이 필요하다고 인정하는 학교

제5조(급식시설, 설비)

① 학교급식올 실시할 학교는 학교급식을 위하여 필요한 시설과 설비를 갖추어야 한다. 다만, 2 이상의 학교가 인접하여 있을 경우에는 학교급식을 위한 시설을 공동으로 할 수 있다.

② 제1항의 규정에 의한 시설설비의 종류와 기준은 대통령령으로 정한다.

제6조(학교급식의 운영원칙 및 관리기준)

① 학교급식의 교육의 일환으로 운영되어야 한다.

② 학교급식의 내용은 학생의 발육과 건강에 필요한 영양을 충족할 수 있는 식품으로 구성되어야 하며, 급식관리에 있어서는 위생과 안전에 철저를 기하여야 한다.

③ 학교급식의 영양 및 관리기준은 대통령령으로 정한다.

제7조(전담직원의 배치)

① 학교급식을 실시하는 학교에는 대통령령으로 정하는 일정한 자격을 가진 학교급식 전담직원을 두어야 한다.

② 서울특별시, 부산시, 도교육위원회의 교육감 및 시·군의 교육장(교육구청장을 포함한다)은 학교급식에 관한 업무를 전담하게 하기 위하여 영양에 관한 전문지식이 있는 직원을 둘 수 있다.

제8조(경비부담)

① 학교급식 실시에 필요한 시설, 설비에 요하는 경비와 학교 급식의 운영에 필요한 경비 중 대통령령으로 정하는 경비는 당해 학교의 설립 경영자가 이를 부담한다.

② 제1항에 규정된 경비 이외의 급식에 관한 경비는 대통령이 정하는 바에 따라 학부모 부담을 원칙으로 하되 필요한 경우에는 국가, 또는 지방자치단체가 지원할 수 있다.

제9조(공산품의 직접 사용 등)

① 학교에서 작물재배, 동물사육 기타 각종 생산활동으로 얻은 생산품이나 그 생산품인 매각대금을 다른 법률의 규정에 불구하고 학교급식을 위하여 직접 사용할 수 있다.

② 지방재정법 제49조의 적용을 받는 학교의 급식에 관한 경비(식품비에 한한다)는 이를 도급경비로 지출할 수 있다.

제10조(시행령)

이 법의 시행에 관하여 필요한 사항은 대통령령으로 정한다.

부 칙

이 법은 공포한 날로부터 시행한다.

6) 영양사에 관한 규칙

공 포 : 1963. 6. 12. 보건사회부령 제 112호
개 정 : 1968. 6. 10. 보건사회부령 제 221호
한글화 : 1969. 7. 15. 보건사회부령 제 323호
개 정 : 1972. 1. 29. 보건사회부령 제 390호
개 정 : 1974. 9. 6. 보건사회부령 제 455호
개 정 : 1975. 6. 12. 보건사회부령 제 480호
개 정 : 1977. 3. 3. 보건사회부령 제 554호
개 정 : 1984. 12. 11. 보건사회부령 제 760호
개 정 : 1989. 2. 28 보건사회부령 제 827호
개 정 : 1994. 2. 18 보건사회부령 제 926호

제1조(목적)

이 규칙은 식품위생법(이하 "법"이라 한다) 제41조의 규정에 의하여 영양사의 자격시험(이하 "자격시험"이라 한다), 면허 및 그 수수료 기타 필요한 사항을 규정함을 목적으로 한다.

제2조(정의)

① 법 37조 제1호에서 "식품학, 또는 영양학을 전공한 자"라 함은 영양(학)과, 식품영양(학)과, 영양식품(학)과 식품과학과, 또는 식생활과에서 영양

학, 또는 식품학을 전공하여 졸업한 자를 말한다.

② 법 제37조 제2호 및 제3호에서 "외국"이라 함은 다음 각 호의 1에 해당하는 국가를 말한다.

1. 대한민국과 국교를 맺은 국가 .

2. 대한민국과 국교를 맺지 아니한 국가 중 보건사회부 장관이 외무부 장관과 협의하여 정하는 국가

제3조(자격시험과 시행과 공고)

① 보건사회부 장관은 자격시험을 국립지역사회 원장으로 하여금 시행하게 한다.

② 국립지역사회원장은 매년 1회 이상 자격시험을 시행하여야 한다.

③ 국립지역사회원장은 자격시험을 시행하고자 활 때에는 미려 보건사회부 장관의 승인을 얻어 시험일시, 시험장소, 응시원서 제출기간 기타 시험의 시행에 관하여 필요한 사항을 시험일시 30일 전에 공고하여야 한다.

제4조(자격시험과 과목 등)

① 자격시험의 시험과목은 다음 각 호와 같다.

1. 영양학(기본영양학 고급영양학, 특수영양학)
2. 식이요법
3. 생화학
4. 생리학
5. 영양교육
6. 식품학 및 조리원리(식품화학, 식품미생물학을 포함한다)
7. 단체급식관리(인사관리, 경영관리, 구매법을 포함한다)
8. 식품위생학
9. 식품위생 관계법규

② 자격시험은 필기시험으로 본다.

③ 자격시험의 합격자는 전과목 총점의 60% 이상 득점한 자로 하되, 다음의 과목에 대하여는 그 과목 만점의 40% 이상 득점하여야 한다(영양학, 식이요법, 식품학 및 조리원리, 단체급식 원리)

제5조(부정행위에 대한 제재)

부정한 방법으로 자격시험에 응시한 자나 자격시험에 있어서 부정행위를 한 자에 대하여는 그 수험을 정지시키거나 그 합격을 무효로 한다.

제6조(시험위원)

① 국립지역사회원장은 자격시험을 시행할 때마다 시험과목별로 전문지식을 갖춘 자 중에서 시험위원을 임명, 또는 위촉한다.

② 제1항의 시험위원에게는 예산의 범위 안에서 수당과 여비를 지급할 수 있다.

제7조(자격시험의 응시원서 등)

① 자격시험에 응시하고자 하는 자는 별지 제1호 서식의 응시원서를 국립지역사회위원장에게 제출하여야 한다.

② 자격시험에 합격한 자는 합격자 발표일로부터 20일 이내에 다음 각 호의 서류를 국립지역사회위원장에게 제출하여야 한다.

1. 법 제37조 제1호, 또는 제3호에 해당하는 자는 졸업증명서, 또는 졸업 예정증명서, 법 채 원조 제2호에 해당하는 자는 면허증 사본
2. 법 제38조 제1호 내지 제3호에 해당하는 자가 아님을 증명하는 의사의 진단서
3. 신원증명서
4. 사진 4매(출원 전 6개월 이내에 촬영한 동일 원판의 탈모 정면, 상반신, 반명함판)

제8조(합격자의 보고)

국립지역사회원장은 제3조의 규정에 의하여 자격시험을 시행한 때에는 그 합격자 발표 후 30일 이내에 합격자(법 제37조의 규정에 의한 자격요건에 해당하지 아니하는 자 및 법 제38조의 규정에 의한 결격사유에 해당하는 자를 제외한다)에 대한 다음 각 호의 사항을 보건사회부 장관에게 보고하여야 한다.

1. 성명 및 주민등록번호(외국인은 국적 성명, 생년월일 및 성별)
2. 출신학교 및 졸업년월일
3. 자격시험 합격년월일
4. 사진(응시원서에 첨부된 것과 동일한 것) 2매

제9조(면허증의 교부)

보건사회부 장관은 자격시험 합격자 발표가 있은 날로부터 2월 이내에 제8조의 규정에 의하여 국립지역사회원장으로부터 보고받은 합격자에게 별지 제2호 서식에 의한 면허증을 교부한다.

제10조(면허등록대장)

보건사회부 장관은 제9조의 규정에 의하여 자격시험 합격자에게 면허증을 교부할 때에는 별지 제3호 서식에 의한 영양사 면허등록대장에 그 면허에 관한 사항을 등록한다.

제11조(면허의 말소신청)

① 영양사가 사망하거나 실종의 선고를 받은 때에는 사망, 또는 실종신고를 받은 날로부터 30일 내에 그 호주, 세대주, 또는 가족은 별지 제4호 서식에 의한 사망(실종) 신고서에 그 면허증올 첨부하여 보건사회부 장관에게 제출하여야 한다.

② 보건사회부 장관은 제1항의 신고서를 받은 때에는 지체없이 영양사 면허등록대장의 등록사항을 말소하여야 한다.

제12조(삭제)

1994. 2. 18. 보건사회부령 제 926호

제13조(면허증의 재교부 신청)

① 영양사는 면허증을 분실, 훼손하였거나 성명, 또는 주민등록번호의 변경 둥 면허증 기재사항에 변경이 있을 때에는 별지 제 5호 서식에 의한 신청서에 다음 각 호의 서류를 첨부하여 보건사회부 장관에게 제출하여야 한다.

1. 면허증 분실의 경우에 그 사유설명서
2. 면허증 훼손의 경우에는 그 면허증
3. 성명, 또는 주민등록번호 등이 변경된 경우에는 그 면허증 및 변경된 사실을 증명할 수 있는 서류
4. 사진(탈모 정면 상반신 반명함판) 2매

② 보건사회부 장관은 제1항의 규정에 의한 재교부 신청을 받은 때에는 당해 면허등록 대장에 그 사유를 기재하고 면허증을 재교부하여야 한다.

제14조(면허증의 반납)

영양사가 법 제 63조의 규정에 의하여 그 면허의 취소처분을 받았거나 제13조의 규정에 의하여 면허증을 재교부 받은 후 분실한 면허증을 발견한 때에는 그 면허증을 지체없이 보건사회부장관에게 반납하여야 한다.

제15조(수수료)

제7조, 제13조의 규정에 의한 신청을 하거나 면허의 증명신청을 하는 자는

다음 각 호에 따라 수수료를 수입인지로 납부하여야 한다.

1. 자격시험 응시신청 2,000원
2. 삭제(1994. 2. 18 보건사회부령 제 926호)
3. 면허증의 재교부 신청 2,000원
4 면허증명 신청 통당 500원
5. 면허증의 재교부 신청 2,000원
6. 면허증명 신청(1통당) 500원

부 칙

(1994. 2. 18 보건사회부령 제 926호)

이 규칙은 공포한 날로부터 시행한다.

7) 영유아 보호법

동 시행령 제12조의 ②항(아동복지시설 종사자의 수 및 자격)

② 법 제22조 제2항의 규정에 의한 아동복지시설 종사자의 자격은 별표 와 같다

[별표 2]

아동복지시설 종사자의 자격, 시설장

3. 직업훈련교사 또는 간호사, 영양사로서 사회복지사업에 참여한다.

◈ 참고문헌

김교정, 김영옥, 김정순, 문현경, 백희영, 오세영, 이순영, 이심열, 정효지, J. Dwyer. 한국인의 건강영양조사, 서울대학교 생활과학총서 3, 서울대학교 출판부, 1997

김기학, 이동수, 박정화. 아동의 비만 실태와 비만 판정 기준 작성, 한국체육학회지, 34:436, 1995

김숙희, 김화영. 노화, 민음사, 1995

김숙희, 유춘희, 김선희, 이상선, 강명희, 장남수. 가족영양학, 신광출판사, 1994

김영옥. 지역사회 영양학의 교육 및 연구 방향, 지역사회영양학회지, 1:123-134, 1996

김화영, 강명희, 조미숙. 영양상태판정, 신광출판사, 1999

대한소아과학회. 1998년 한국 소아 및 청소년 신체 발육 표준치 세부자료, 대한소아과학회 보건통계위원회, 2000

대한영양사회. 국민건강증진을 위한 보건소 영양사업 사례집, 대한영양사회, 1998

대한영양사회. 지역사회 영양사업 지도서, 대한영양사회, 1997

대한영양사회. 지역사회 영양사업지도서 - 보건소 영양사업을 중심으로-, 1997

대한영양사회. 학교급식 영양사를 위한 지침서, 개정판, 대한영양사회 학교분과위원회, 1997

모수미. 지역사회 영양학, 한국방송통신대, 1988

모수미. 지역사회 영양학의 역할 및 필요성, 지역사회영양학회지, 1:102-103, 1996

백희영. 보건소 배치 영양사를 위한 교육 프로그램 개발, 대한 영양사회, 한국 영양학회 심포지움 자료집 '우리 나라 보건소 영양사업 어떻게 할 것인가?' 1993

문현경. 영양감시체계, 2000년도 대한지역사회영양학회 추계학술대회 자료집, 7-14, 2000

문현경. 미국의 Nutrition Monitoring 소개. 한국영양학회지 29:413-21, 1996

문현경. 우리 나라 영양정책과 영양전문 인력 현황, 제53차 대한가정학회 추계학술대회자료집, 49-56, 2000

보건복지부, 보건소 시범영양사업 평가보고서, 1997

보건복지부, 1998년도 국민건강 · 영양조사, 여성건강실태, 보건복지부, 1999

보건복지부, 1998년도 국민건강 · 영양조사, 청소년건강실태, 보건복지부, 1999

이현송, 정경희, 한경혜, 이혜경, 강혜규. 여성의 경제활동과 가족 복지, 한국보건사회연구원, 1996

장유경, 정영진, 문현경, 윤진숙, 박혜련. 지역사회영양학, 신광출판사, 1998

정금주. 한국 농촌 영양개선 사업의 실제와 성과, 지역사회영양학회지, 1:107-113, 1996

장순옥, 최영선, 이혜성, 김혜영, 박혜련. 인체영양학, 효일문화사, 1999

장유경, 정영진, 문현경, 윤진숙, 박혜련. 지역사회영양학, 신광출판사, 1998

채범석, 한정호. 한국 지역사회 영양의 현황과 전망, 지역사회영양학회지, 1:9-27, 1996

한국의 보건복지지표. 한국보건사회 연구원, 1999

한국영양학회, 한국인 영양권장량, 제7차 개정판, 한국영양학회, 2000

Behrens RA, Longe ME. Hospital-Based Health Promotion Programs for Children and Youth, American Hospital Publishing, Chicago, 1987

Boyle MA, Morris DH. Community Nutrition in Action: An Entrepreneurial Approach, 2nd ed, West/Wadsworth, 1999

Boyle MA, Morris DH. Community Nutrition in Action. An Entrepreneurial Approach, 2nd ed., Wadsworth Publishing Company, 1999

Dwyer JT and coauthors. Predictors of overweight and overfatness in a multiethnic pediatric population, Am J Clin Nutr 67: 602-610, 1998

Egans MC. Public health nutrition: A historical perspective. J Am Diet Assoc 94:298-304, 1994

Gibson RS. Priciples of Nutritional Assessment. Oxford University Press, Oxford, 1990

Helm KK, Rose JC. The Competitive Edge: Marketing Strategies for the Registered Dietitian, Chicago: American Dietetic Association, 1986

Intervention. 2nd Ed. An Aspen Publication, Gaithersburg, Maryland, 1995

Institute of Medicine. Nutrition During Pregnancy: Weight Gain and Nutrient Supplements, Washington, DC, National Academy Press, 1990

Jerome NW, Ricci JA. Food and nutrition surveillance: an international overview. Am J clin Nutr 65: 1198S-1202S, 1997

Lee RD, Nieman DC. Nutritional Assessment. 2nd ed. Mosby, St. Louis, 1996

Obert JC. Community Nutrition, 2nd ed., John Wiley & Sons, Inc., 1986

Parks SC, Moddy DL. A marketing model: Applications for dietetic professionals. J Am Diet Assoc 86:37-43, 1986

States, 1998, DHHS Pub. No. 98-1232, Hyattsville, MD, US Government Printing Office, 1998

Simko MD, Cowell C, Gilbride JA (eds), Nutrition Assessment: A Comprehensive Guide for Planning

Terry RD. Introductory Community Nutrition, WCB Publishers, 1993

Terry, RD. Introductory Community Nutrition, Wm. C. Brown Publishers, 1993

US Department of Health and Human Services, Centers for Disease Control and Prevention, Health, United

WHO. Guidelines for Training Community Health Workers in Nutrition, 2nd ed, WHO, Geneva, 1986

찾 아 보 기

찾아보기

찾 아 보 기

ㅇ

찾 아 보 기

ㅈ

찾 아 보 기

저자약력

장 남 수(張南洙)

미국 럿거스대학교 대학원 박사 (영양학 전공)
미국 예일대학교와 워싱턴대학 의과대학 영양연구원
호서대학교 자연과학대학 식품영양학과 교수
현재/이화여자대학교 식품영양학과 교수

강 명 희(姜明喜)

이화여자대학교 대학원 이학석사 및 이학박사 (영양학 전공)
미국 캘리포니아대학교(University of California, Davis) 영양학과 박사후 연구원
오스트리아 국립 비엔나대학교(University of Vienna) 영양학과 방문교수
현재/한남대학교 이과대학 응용과학부 식품영양학과 교수

정 혜 경(鄭惠京)

이화여자대학교 대학원 이학석사 및 이학박사 (영양학 전공)
순천향대학교 예방의학교실 연구원
미국 미시간 주립대학교(Michigan State University) 교육부 해외파견교수
현재/호서대학교 자연과학부 식품영양학과 교수

개정판

지역사회영양학

2001년 2월 20일 1판 1쇄 인쇄
2001년 2월 26일 1판 1쇄 발행
2005년 3월 5일 2판 1쇄 발행
2008년 9월 3일 2판 2쇄 발행

지 은 이 / 장남수 · 강명희 · 정혜경
펴 낸 이 / 박 정 태
펴 낸 곳 / **광 문 각**

413-756
경기도 파주시 교하읍 문발리 파주출판문화
정보산업단지 500-8번지
등 록 / 1991. 5.31 제12-484호
전화(代) / 031) 955-8787
팩 스 / 031) 955-3730
E-mail / kwangmk@unitel.co.kr
홈페이지/ www.kwangmoonkag.co.kr

값 23,000원 · ISBN 978-89-7093-484-6 93590